武汉大学学术丛书

作者简介

戴振铎

1915年12月30日~2004年7月30日，江苏省吴县人。1937年清华大学毕业，1944年在美国哈佛大学获硕士学位，1947年在哈佛大学获博士学位并留校任研究员。历任斯坦福研究院高级研究工程师，巴西航空工程学院教授，俄亥俄州立大学教授，瑞典皇家工学院教授，日本东北大学访问教授，美国天线与电波传播学会主席。1964年后一直任密执安大学教授。现为美国电机电子工程学会终身会士，密执安大学荣休教授。长期致力于天线理论、电磁理论和应用数学方面的研究，有大量学术著述。曾获密执安大学杰出成就奖、美国电机电子工程学会百年奖、天线与电波传播学会杰出成就奖等。

鲁　述

1934年11月生，湖南省宁乡县人。1958年武汉大学物理系毕业，留校任教，1988年任教授，1984—1986年加拿大曼尼托巴大学访问教授。长期从事电磁场理论、电磁散射、天线等领域的教学和科研工作，著有专著2本，论文百余篇，曾获国家教委、教育部、航天工业部科技进步一等及二等奖等多项奖励。

武汉大学学术丛书

本书获第十届中国图书奖

电磁理论中的并矢格林函数

戴振铎 鲁述 著

武汉大学出版社

图书在版编目(CIP)数据

电磁理论中的并矢格林函数/戴振铎，鲁述著．—2 版．—武汉：武汉大学出版社，2005.5

(武汉大学学术丛书)

ISBN 7-307-04510-9

Ⅰ.电…　Ⅱ.①戴…　②鲁…　Ⅲ.电磁理论—格林函数

Ⅳ.O441

中国版本图书馆 CIP 数据核字(2005)第 033811 号

责任编辑：史新奎　　　责任校对：王　建　　　版式设计：支　笛

出版发行：**武汉大学出版社**　(430072　武昌　珞珈山)

(电子邮件：wdp4@whu.edu.cn　网址：www.wdp.whu.edu.cn)

印刷：武汉大学出版社印刷总厂

开本：880×1230　1/32　印张：11.375　字数：312 千字

版次：2005 年 5 月第 1 版　　2005 年 5 月第 1 次印刷

ISBN 7-307-04510-9/O·318　　定价：20.00 元

前 言

在求解电磁理论中各类边值问题时，并矢格林函数方法是一种有效的方法. 我在这方面的第一本专著是在 1971 年由国际教科书出版公司出版的. 在那本书中，有几个问题处理得不适当. 例如，关于并矢格林函数的分类，以及在各类并矢格林函数的本征函数展开中奇异项的遗漏. 作为一本经常为学术界所引用的书籍，有必要进行再版，第 2 版于 1994 年完成，并由电机电子工程学会印刷局出版.

在第 2 版完成之前，我还写了一本矢量和并矢分析方面的新书，并在 1992 年由电机电子工程学会印刷局出版. 书中介绍了表示散度及旋度的两个新算符. 但是，由于墨守原来的吉布斯符号，在那本书中我没有采用新的算符. 那本书出版之后，从一些非常认真的读者的反映中可以清楚地看到，我们早就应该使用新的算子符号，那样将有助于消除以往在矢量分析中的混淆和习染. 目前，我正在准备该书的第 2 版，以完成这项使命.

我在编写并矢格林函数专著第 2 版(英文版)时，曾想出版一本这方面的中文专著，以飨国内的青年学者. 武汉大学鲁述教授和他的同事们也有这种建议. 后来，我们决定出版现在的这一本书. 与英文版相比，除在内容上有所扩展，在编排上试图更适合国内的读者之外，这本书最主要的特点是采用了我提出的矢量分析的新算符. 我以为新算符的使用对于以后的学生的电磁理论及相关学科的学习将是非常有益的，为了方便读者，本书专门用一节的篇幅介绍新的符号矢量方法.

参加本书编著工作的还有武汉大学鲁述、徐鹏根、孙震宇、柯亨玉和中国科学院电子所宋文淼研究员. 武汉大学出版社史新奎副总编为本书的出版做了大量工作. 我非常高兴和他们一起在相当短的时间内完成本书的出版.

戴振铎

一九九五年六月

于密执安大学

目　录

第 1 章　电磁理论基础

历史上，麦克斯韦的电磁理论是根据当时已有的基本实验定律创立的，他的主要贡献是引入了位移电流项，修改了安培定律，使其符合电流连续性方程和高斯定律. 本章不准备按照原来的历史发展过程来叙述这个理论，我们的叙述将着重于区别麦克斯韦方程组中的独立方程与非独立方程，并了解限定形式不同于非限定形式的重要意义. 另外，还将用旋度定理导出电场和磁场的边界条件，并温习一下以后各章所需的基础知识.

本书关于矢量分析的内容都采用戴振铎教授提出的"符号矢量"方法. 为了让读者对"符号矢量方法"的意义有所了解，并作为以后各章所需矢量分析知识的基础，本章将首先介绍电磁理论中的"符号矢量"方法，这一方法可用于任何工程学科和物理学科.

1.1　电磁理论中的"符号矢量"方法

矢量场论在电磁理论的教学和研究中是最基本的数学工具. 1873 年，当麦克斯韦的名著《电磁理论》发表的时候[1]，他只在著作中部分地采用哈密顿于 1843 年建立的四元数论表达方式，并引入哈密顿算子 ∇ 以表达场的聚度(散度的负值)和旋度. 在麦克斯韦的理论形成若干年后，矢量场论开始发展起来，其中吉布斯和海维赛做了开创性的工作[2~3]. 他们的理论脱离了四元数论的思想和表达方式，奠定了矢量分析的基础. 由于矢量在物理上的直观性以及矢量分析在数学表述上的简洁明晰，使得矢量场论在物理学的各个分支均得到广泛应用，几乎凡是涉及场的学科都要用到矢量分析，故而有关这门学科的书籍很多.从矢量分析建立至今的一百多年中,各种文字和版本的书已不下百种.一般认为矢量分析已是一门成熟了的学科,因为像梯度、散度和旋度等基本函数定义明确,高斯定理、斯托克斯定理等基本定理已经建立,其基本公式也都正确且有表可查.但是实际上,矢量分析这门学科中还有不少问题有待揭示和解决.因为在绝大多数情况下,其基本函数和基本定理以及运算都是通过 ∇ 算子及其与其他算子的组合表达的.而对于 ∇ 算子的运算法,电磁理论以及数学书籍中都难以找到系统的阐述和严格的论证,绝大多数的书籍和叙述都是在 ∇ 算子现有含义(海维赛和威尔逊[4] 等最初所赋予的含义)下写成的,从而导致 ∇ 算子在运算中出现许多矛盾和错误.历史上有不少数学家和物理学家也发现了其中的一些矛盾和错误,并在符号运算法上作过努力,如美国数学家穆恩和斯宾塞[5] 发现"虽然 ∇ 可以流利地处理矢量分析这门学科,但因为它经常给出不正确的结果,是一个不可靠的工具",他们在著作中用文字叙述方式取代用 ∇ 算子方式表达散度和旋度;又如中国著名数学家华罗庚[6]、前苏联著名数学家希洛夫[7]、柯青[8] 等都在符号运算法则上作过努力,但均没有能系统解决这一问题.

戴振铎教授对矢量场论作了全面的历史回顾,指出了至今仍存在于矢量分析中的混淆和错误,找到了产生错误的根源,并通过"符号矢量"方法,系统全面地建立起一套完善的矢量场的符号运算理论,澄清了矢量分析学科中长期存在的问题[9~12].

1.1.1 ∇算子理论中的问题

众所周知,在笛卡儿坐标系中,∇ 算子的定义如下

$$\nabla = \hat{x}\frac{\partial}{\partial x} + \hat{y}\frac{\partial}{\partial y} + \hat{z}\frac{\partial}{\partial z}. \tag{1.1}$$

式中:$\hat{x}$、$\hat{y}$、$\hat{z}$ 代表沿三个正交坐标轴方向上的单位矢量,若用 x_1、x_2、x_3 取代坐标变量 x、y、z,用 $\hat{x}_1$、$\hat{x}_2$、$\hat{x}_3$ 取代单位矢量 $\hat{x}$、$\hat{y}$、$\hat{z}$,则(1.1)式可表示为

$$\nabla = \sum_{i=1}^{3}\hat{x}_i\frac{\partial}{\partial x_i}. \tag{1.2}$$

在目前通用的矢量分析中，都是利用上述 ∇ 算子表述矢量场的散度和旋度的，表达形式如下：

$$\mathrm{div}\boldsymbol{F}=\nabla\cdot\boldsymbol{F}=\left(\sum_{i=1}^{3}\hat{x}_i\frac{\partial}{\partial x_i}\right)\cdot\boldsymbol{F}=\sum_{i=1}^{3}\hat{x}_i\cdot\frac{\partial\boldsymbol{F}}{\partial x_i},\qquad(1.3)$$

$$\mathrm{rot}\boldsymbol{F}=\nabla\times\boldsymbol{F}=\left(\sum_{i=1}^{3}\hat{x}_i\frac{\partial}{\partial x_i}\right)\times\boldsymbol{F}=\sum_{i=1}^{3}\hat{x}_i\times\frac{\partial\boldsymbol{F}}{\partial x_i}.\qquad(1.4)$$

在上述表示及演算中，首先是认为矢量的散度和旋度是算符 ∇ 与矢量形式的点乘(FSP)和形式的叉乘(FVP)，从以后的讨论可知这是错误的；其次，“$\frac{\partial}{\partial x_i}\cdot$”和“$\frac{\partial}{\partial x_i}\times$”都是没有意义的算符组合. 此外，认为$\frac{\partial}{\partial x_i}$是标量算子，因而可以越过点乘和叉乘符号，直接作用于矢量之上，这一步骤是没有理论根据的，因为数学上不存在$\frac{\partial}{\partial x_i}\cdot=\cdot\frac{\partial}{\partial x_i}$和$\frac{\partial}{\partial x_i}\times=\times\frac{\partial}{\partial x_i}$这样的命题.

笛卡儿坐标系中上述表示方式所造成的错误过去无人指出，以为结果没有问题. 实际上，结果是凑出来的，不是经推算而得到的. 如果这个错误很明显，则将散度和旋度看成是 ∇ 与矢量的点乘和叉乘的概念也不会流传如此之久. 但是，当散度和旋度在其他坐标系中用 ∇ 算符表达时，这种概念造成的错误便会逐渐暴露出来. 众所周知，从物理意义上讲，矢量的散度和旋度是不依赖于坐标系的选择的，算符“∇”和矢量符号“$\boldsymbol{F}$”的形式可用于任何坐标系中. 也就是说，如果FSP和FVP的概念正确，那么在任何坐标系中都可以将矢量的散度和旋度表示成算子 ∇ 和矢量 $\boldsymbol{F}$ 之间的点乘和叉乘.

在正交坐标系中，假定矢量的散度是一个点积，则

$$\nabla\cdot\boldsymbol{F}=\left(\sum_i\frac{\hat{\boldsymbol{u}}_i}{h_i}\frac{\partial}{\partial v_i}\right)\cdot\boldsymbol{F}=\sum_i\frac{1}{h_i}\frac{\partial F_i}{\partial v_i}.\qquad(1.5\text{a})$$

式中：$\nabla=\sum_i\frac{\hat{\boldsymbol{u}}_i}{h_i}\frac{\partial}{\partial v_i}$. (1.5b)

h_i 是度量系数，$\hat{u}_i$ 是 i 坐标轴上的单位矢量，v_i 是相应的坐标变

量. 对于球坐标系,$\hat{u}_i = (\hat{u}_r, \hat{u}_\theta, \hat{u}_\varphi)$, $v_i = (r, \theta, \varphi)$, $h_i = (1, r, r\sin\theta)$,则 ∇ 算符与矢量 $\boldsymbol{F}$ 的点乘积(标量积)为

$$\nabla \cdot \boldsymbol{F} = \frac{\partial}{\partial r}(F_r) + \frac{1}{r}\frac{\partial}{\partial \theta}(F_\theta) + \frac{1}{r\sin\theta}\frac{\partial}{\partial \varphi}(F_\varphi). \tag{1.6}$$

而球坐标系中矢量 $\boldsymbol{F}$ 的散度用正确的方法求得为

$$\mathrm{div}\boldsymbol{F} = \frac{1}{r^2}\frac{\partial}{\partial r}(r^2 F_r) + \frac{1}{r\sin\theta}\frac{\partial}{\partial \theta}(\sin\theta\, F_\theta) + \frac{1}{r\sin\theta}\frac{\partial}{\partial \varphi}(F_\varphi). \tag{1.7}$$

显然,$\nabla \cdot \boldsymbol{F} \neq \mathrm{div}\boldsymbol{F}$. 同样的运算也可说明 $\nabla \times \boldsymbol{F} \neq \mathrm{rot}\boldsymbol{F}$. 莫尔斯等[13] 在寻求正交曲线坐标系中散度和旋度算子的微分表达式时发现,若要用点乘和叉乘表达散度和旋度,则在正交曲线坐标系中,同一个算符 ∇ 表示梯度和散度,必须具有不同的形式,才能得到正确的结果,即

$$\nabla = \sum_i \frac{\hat{u}_i}{h_i}\frac{\partial}{\partial v_i} \quad (\text{对于梯度}), \tag{1.8a}$$

$$\nabla = \sum_i \frac{1}{\Omega}\hat{u}_i \frac{\partial}{\partial v_i}\left(\frac{\Omega}{h_i}\right) \quad (\text{对于散度}). \tag{1.8b}$$

式中:$\Omega = h_1 h_2 h_3$. 而且要按下述计算步骤才能得到正确的散度结果,即

$$\left[\frac{1}{\Omega}\sum_i \hat{u}_i \frac{\partial}{\partial v_i}\left(\frac{\Omega}{h_i}\right)\right] \cdot \boldsymbol{F} \to \frac{1}{\Omega}\sum_i \frac{\partial}{\partial v_i}\left(\frac{\Omega}{h_i}\hat{u}_i \cdot \boldsymbol{F}\right).$$

上述这些现象说明,不能用 ∇ 算符的同一形式(1.8a) 式而只能用公式(1.8b) 表示的另一形式,而且还要加上没有根据的规则才能得到散度表达式的正确结果. 更不可思议的是,根本找不到适合于正交曲线坐标系中旋度的 ∇ 算子表达式. 此外,按 FSP 和 FVP 的概念,还要对含 ∇ 的表达式规定一些运算方法和规则,用以推导和证明矢量恒等式或作必要的运算. 可是,问题在于通过这些运算虽然有时可以得到正确结果,但这不等于从数学上证明了这些运算规则的正确性,而且有时会出现错误结果. 下面的例子就可说明这一问题:

$$\begin{aligned}\nabla \times (\boldsymbol{A} \times \boldsymbol{B}) &= (\nabla \cdot \boldsymbol{B})\boldsymbol{A} - (\nabla \cdot \boldsymbol{A})\boldsymbol{B} \\ &= (\nabla \cdot \boldsymbol{B}_c)\boldsymbol{A} + (\nabla \cdot \boldsymbol{B})\boldsymbol{A}_c - (\nabla \cdot \boldsymbol{A}_c)\boldsymbol{B}\end{aligned}$$

$$-(\nabla\cdot\boldsymbol{A})\boldsymbol{B}_{c}. \tag{1.9}$$

式中:下标 c 是表示该矢量对算子而言是常矢量.

上面第一步运算是把 ∇ 看成矢量,利用矢量恒等式得到;第二步是把 ∇ 看成微分符号,根据两函数乘积的微分法则得出.从所得结果看,$(\nabla\cdot\boldsymbol{B})\boldsymbol{A}$ 不是 $(\mathrm{div}\boldsymbol{B})A$ 而是 $(\nabla\cdot\boldsymbol{B}_{c})\boldsymbol{A}+(\nabla\cdot\boldsymbol{B})\boldsymbol{A}_{c}$.其次,按规定 $\boldsymbol{B}_{c}$ 是常矢量,那么 $\nabla\cdot\boldsymbol{B}_{c}=0$,结果是错误的,在传统的矢量分析中,为了避免这一错误,不得不规定算子 ∇ 必须作用于变矢量,故将 $(\nabla\cdot\boldsymbol{B}_{c})\boldsymbol{A}$ 改为 $(\boldsymbol{B}_{c}\cdot\nabla)\boldsymbol{A}=(\boldsymbol{B}\cdot\nabla)\boldsymbol{A}$,这种处理虽然可以得到正确结果,但无合理的解释.

1.1.2 新算符 $\nabla\!\!\!\!\!\cdot\;$ 和 $\nabla\!\!\!\!\!\times$ 的引入

戴振铎教授通过分析 ∇ 算子应用于矢量场论中出现的问题,发现其错误的根源在于 ∇ 只是梯度算子,散度和旋度算子根本就不是 ∇ 与其他算子的复合.也就是说,散度和旋度算子与梯度算子 ∇ 是相互独立的.戴振铎教授引入了两个新符号 $\nabla\!\!\!\!\!\cdot\;$ 和 $\nabla\!\!\!\!\!\times$ 分别表示散度和旋度算子[9].在笛卡儿坐标系中,原有的梯度算子 ∇ 和引入的散度及旋度新算子分别定义为

$$\nabla=\sum_{i}\hat{x}_{i}\frac{\partial}{\partial x_{i}}, \tag{1.10}$$

$$\nabla\!\!\!\!\!\cdot\;=\sum_{i}\hat{x}_{i}\cdot\frac{\partial}{\partial x_{i}}, \tag{1.11}$$

$$\nabla\!\!\!\!\!\times=\sum_{i}\hat{x}_{i}\times\frac{\partial}{\partial x_{i}}. \tag{1.12}$$

在正交曲线坐标系中,∇、$\nabla\!\!\!\!\!\cdot\;$ 和 $\nabla\!\!\!\!\!\times$ 分别定义为

$$\nabla=\sum_{i}\frac{\hat{u}_{i}}{h_{i}}\frac{\partial}{\partial v_{i}}, \tag{1.13}$$

$$\nabla\!\!\!\!\!\cdot\;=\sum_{i}\frac{\hat{u}_{i}}{h_{i}}\cdot\frac{\partial}{\partial v_{i}}, \tag{1.14}$$

$$\nabla\!\!\!\!\!\times=\sum_{i}\frac{\hat{u}_{i}}{h_{i}}\times\frac{\partial}{\partial v_{i}}. \tag{1.15}$$

∇、$\nabla\!\!\!\!\!\cdot\;$ 及 $\nabla\!\!\!\!\!\times$ 算子具有不依赖坐标系选择的性质.

1.1.3 "符号矢量"方法

1. 基本定义及基本函数的表述

1988 年秋,戴振铎教授就曾指出,近百年来,为完善矢量分析所作的努力之所以失败,原因在于受 ∇ 符号原有涵义的限制.要解决符号运算法问题,关键在于跳出 ∇ 的框框,引入新符号.1991 年,戴振铎教授正式提出"符号矢量"方法,并于1992年作了进一步的分析和论证[10],1995 年写成了专著[12],形成了系统的理论.其核心思想是引入符号矢量∇,并将∇的表达式 $T(\nabla)$ 定义为

$$T\nabla=\lim_{\Delta V\to 0}\frac{\oiint_S T(\hat{n})\mathrm{d}S}{\Delta V}. \tag{1.16}$$

式中:ΔV 为任意小体积,S 是包围 ΔV 的表面积,$\hat{n}$ 是 S 面上小面元 $\mathrm{d}S$ 的单位外法矢.$T(\nabla)$ 是一个符号表达式,包含一个符号矢量∇,∇称为虚矢量.将一个有意义的矢量表达式中的某矢量用符号矢量∇代替就得到一个符号表达式 $T(\nabla)$,例如 $T(\boldsymbol{d},\boldsymbol{a},\boldsymbol{b})$ 是一个矢量表达式,其具体形式为

$$a\boldsymbol{d},\boldsymbol{a}\cdot\boldsymbol{d},\boldsymbol{a}\times\boldsymbol{d},\boldsymbol{a}\cdot(\boldsymbol{d}\times\boldsymbol{b}),\boldsymbol{d}\cdot(\boldsymbol{ab}),\boldsymbol{d}\times(\boldsymbol{a}\times\boldsymbol{b}).$$

将其中矢量 $\boldsymbol{d}$ 用符号矢量∇代替,就得到符号表达式 $T(\nabla,a,b)$ 的具体形式为

$$a\nabla,\boldsymbol{a}\cdot\nabla,\boldsymbol{a}\times\nabla,\boldsymbol{a}\cdot(\nabla\times\boldsymbol{b}),\nabla\cdot(\boldsymbol{ab}),\nabla\times(\boldsymbol{a}\times\boldsymbol{b}).$$

(1.16) 式是"符号矢量" 方法的基础,它表示一个物理量的行为在趋于某一点时的量值及空间特性.这个物理量就是等号右侧被求极限的那个量,面积分中的核表示该物理量与封闭面 S 外法矢 $\hat{n}$ 的作用,其作用方式则由等号左侧符号表达式 $T(\nabla)$ 的具体形式来限定,符号矢量与物理量的作用方式就是积分核中单位外法矢 $\hat{n}$ 对物理量的作用方式.可用笛卡儿坐标系为例说明这个问题.选择 $T(\nabla)=\boldsymbol{F}\cdot\nabla$,那么 $T(\hat{n})$ 的形式就被限定为 $T(\hat{n})=\boldsymbol{F}\cdot\hat{n}$,于是得到

$$\boldsymbol{F}\cdot\nabla=\lim_{\Delta V\to 0}\frac{\oiint_S \boldsymbol{F}\cdot\hat{n}\mathrm{d}S}{\Delta V}=\mathrm{div}\boldsymbol{F}=\sum_i\hat{x}_i\cdot\frac{\partial\boldsymbol{F}}{\partial x_i}. \tag{1.17}$$

如果选择 $T(\triangledown)=\nabla\cdot\boldsymbol{F}$,结果不变,因为 $\hat{n}\cdot\boldsymbol{F}=\boldsymbol{F}\cdot\hat{n}$. 因此

$$\nabla\cdot\boldsymbol{F}=\boldsymbol{F}\cdot\triangledown=\triangledown\boldsymbol{F}.$$

上面所得结论是很好理解的. 我们知道,矢量 $\boldsymbol{F}$ 穿过 S 面的通量与 ΔV 之比在 $\Delta V\to 0$ 时的极限称做 $\boldsymbol{F}$ 的散度,$\boldsymbol{F}$ 的通量是由 $\boldsymbol{F}$ 和 S 外法矢 $\hat{n}$ 的点乘在 S 面上积分得到的,这个作用正是通过符号矢量 $\triangledown$ 与 $\boldsymbol{F}$ 的点乘表达的,然后通过(1.16)式得到了 $\boldsymbol{F}$ 的散度,这是一种三维作用.

如果选择 $T(\triangledown)$ 的形式为 $f\triangledown$ 或 $\triangledown f$,由(1.16)式就可得梯度表达式

$$\nabla f=f\triangledown=\triangledown f. \tag{1.18}$$

如果选择 $T(\triangledown)=\nabla\times\boldsymbol{F}=-\boldsymbol{F}\times\triangledown$,由(1.16)式可得到旋度表达式

$$\nabla\times\boldsymbol{F}=-\boldsymbol{F}\times\triangledown=\triangledown\boldsymbol{F}. \tag{1.19}$$

上述结果也是显而易见的,因为矢量 $\boldsymbol{F}$ 的旋度是指 $\boldsymbol{F}$ 在某点的最大环量面密度,这是一种二维表现形式,实际上是三维作用在 ΔV 趋近零时的结果. 对三维体积 ΔV,$\boldsymbol{F}$ 沿表面的最大流量由 $\oiint_S \boldsymbol{F}\times\hat{n}\mathrm{d}S$ 算出,该量在除以 ΔV 之后随 ΔV 趋近零($\Delta V\to\Delta S, S\to l$)便逐渐过渡到二维的最大环量面密度. 这个作用正是通过符号矢量 $\triangledown$ 与 $\boldsymbol{F}$ 的叉乘表述的,然后通过(1.16)式得到了 $\boldsymbol{F}$ 的旋度. 同理,标量场 f 在某点的最大变化率的大小与方向即为 f 的梯度. 由 $\oiint_S f\hat{n}\mathrm{d}S$ 得到的是 f 增加最快的方向,即所谓的流量,取极限时就得到标量场 f 在该点的梯度 ∇f. 这个过程也是通过选择 $T(\triangledown)=\triangledown f$,然后由(1.16)式得到的. 对于矢量场 $\boldsymbol{F}$ 的梯度 $\nabla\boldsymbol{F}$,也可按此思路求出.

由以上分析可知,符号矢量 $\triangledown$ 可以作为梯度算子 ∇、散度算子 $\nabla\cdot$ 及旋度算子 $\nabla\times$ 的生成矢量.

在正交曲线坐标系中,(1.16)式所定义的 $T(\triangledown)$ 可通过计算而得到其表达式为[10]

$$T(\triangledown)=\frac{1}{\Omega}\sum\frac{\partial}{\partial v_i}\left(\frac{\Omega}{h_i}T(\hat{u}_i)\right). \tag{1.20}$$

如果把(1.20)式中的符号表达式 $T(\nabla)$ 分别选择为 $T(\nabla)=\nabla f=f\nabla, T(\nabla)=\nabla\cdot\boldsymbol{F}=\boldsymbol{F}\cdot\nabla$ 和 $T(\nabla)=\nabla\times\boldsymbol{F}=-\boldsymbol{F}\times\nabla$,就可得到正交曲线坐标系中三个基本函数梯度、散度和旋度的表达式

$$\nabla f=f\nabla=\sum_i\frac{\hat{u}_i}{h_i}\frac{\partial f}{\partial v_i}=\nabla f, \tag{1.21}$$

$$\nabla\cdot\boldsymbol{F}=\boldsymbol{F}\cdot\nabla=\sum_i\frac{\hat{u}_i}{h_i}\cdot\frac{\partial\boldsymbol{F}}{\partial v_i}=\nabla\!\!\!\!\cdot\;\boldsymbol{F}, \tag{1.22}$$

$$\nabla\times\boldsymbol{F}=-\boldsymbol{F}\times\nabla=\sum_i\frac{\hat{u}_i}{h_i}\times\frac{\partial\boldsymbol{F}}{\partial v_i}=\nabla\!\!\!\!\times\;\boldsymbol{F}. \tag{1.23}$$

利用以下关系式

$$\sum_i\frac{\partial}{\partial v_i}\left(\frac{\Omega}{h_i}\hat{u}_i\right)=0, \tag{1.24}$$

$$\frac{\partial\hat{u}_i}{\partial v_i}=-\left(\frac{1}{h_j}\frac{\partial h_i}{\partial v_j}\hat{u}_j+\frac{1}{h_k}\frac{\partial h_i}{\partial v_k}\hat{u}_k\right), \tag{1.25}$$

$$\frac{\partial\hat{u}_i}{\partial v_j}=\frac{1}{h_i}\frac{\partial h_j}{\partial v_i}\hat{u}_j\quad(i\neq j), \tag{1.26}$$

可将(1.22)式和(1.23)式改写为

$$\nabla\!\!\!\!\cdot\;\boldsymbol{F}=\frac{1}{\Omega}\sum_i\frac{\partial}{\partial v_i}\left(\frac{\Omega}{h_i}F_i\right), \tag{1.27}$$

$$\nabla\!\!\!\!\times\;\boldsymbol{F}=\frac{1}{\Omega}\sum_{i,j,k}h_i\,\hat{u}_i\left[\frac{\partial(h_kF_k)}{\partial v_j}-\frac{\partial(h_jF_j)}{\partial v_k}\right]. \tag{1.28}$$

(1.26)式和(1.28)式中的 $i,j,k=1,2,3$ 顺序循环取值.

2. 关于 $T(\nabla)$ 定义式的两个引理

引理 1 对于任意的 $T(\nabla)$ 表达式,式中的符号矢量 ∇ 可以作为一个矢量,矢量代数中的恒等式均可适用.

当 $T(\nabla)$ 除 ∇ 以外还包含一个以上的函数,例如 a 和 b,它们可以都是标量或都是矢量,或者一个是标量,一个是矢量.这时,我们就用 $T(\nabla,a,b)$ 来表示符号表达式.

引理 2 对于含有两个函数的符号表达式,有

$$T(\nabla,a,b)=T(\nabla_a,a,b)+T(\nabla_b,a,b).$$

式中:∇_a 和 ∇_b 是两个部分符号矢量,含有部分符号矢量的符号表达

式 $T(\nabla_a, a, b)$ 定义如下

$$T(\nabla_a, a, b) = \lim_{\Delta V \to 0} \frac{\left[\oiint_s T(\hat{n}, a, b) \mathrm{d}S \right]_{b=\text{常量}}}{\Delta V} \tag{1.29}$$

在正交曲线坐标系中,上式可化为

$$T(\nabla_a, a, b) = \frac{1}{\Omega} \sum_i \frac{\partial}{\partial v_i} \left[\frac{\Omega}{h_i} T(\hat{u}_i, a, b) \right]_{b=\text{常量}} \tag{1.30}$$

引理 1 表述的是符号矢量∇可以作为一个普通的矢量对待,这是由上面提到的它与 $\hat{n}$ 的对应关系决定的,因为 $\hat{n}$ 是一个普通矢量. 引理 2 表述的是符号矢量作为算子生成矢量所具有的微分特性,这个特性是由(1.16) 式右侧的微分(极限) 性质所赋予的,因而∇不完全是一个普通矢量,而具有矢量和微分双重性.

利用符号矢量方法推导矢量分析中的恒等式,不仅结果正确,而且过程清晰. 下面我们以(1.9) 式为例加以阐明.

对于(1.9) 式中所要计算的 $\nabla \times (\boldsymbol{A} \times \boldsymbol{B})$, 即 $\mathrm{curl}(\boldsymbol{A} \times \boldsymbol{B})$ 或 $\mathrm{rot}(\boldsymbol{A} \times \boldsymbol{B})$, 由引理 2 得

$$\nabla \times (\boldsymbol{A} \times \boldsymbol{B}) = \nabla_A \times (\boldsymbol{A} \times \boldsymbol{B}) + \nabla_B \times (\boldsymbol{A} \times \boldsymbol{B}).$$

由引理 1,并根据三矢量叉积公式有

$$\begin{aligned} & \nabla_A \times (\boldsymbol{A} \times \boldsymbol{B}) \\ &= (\nabla_A \cdot \boldsymbol{B})\boldsymbol{A} - (\nabla_A \cdot \boldsymbol{A})\boldsymbol{B} \\ &= (\boldsymbol{B} \cdot \nabla_A)\boldsymbol{A} - (\nabla_A \cdot \boldsymbol{A})\boldsymbol{B} \\ &= \boldsymbol{B} \cdot \nabla \boldsymbol{A} - \boldsymbol{B} \nabla \boldsymbol{A}. \end{aligned}$$

这是由于∇的矢量性,因此$\nabla_A \cdot \boldsymbol{B} = \boldsymbol{B} \cdot \nabla_A$ 同理,有

$$\begin{aligned} \nabla_B \times (\boldsymbol{A} \times \boldsymbol{B}) &= (\nabla_B \cdot \boldsymbol{B})\boldsymbol{A} - (\nabla_B \cdot \boldsymbol{A})\boldsymbol{B} \\ &= (\nabla_B \cdot \boldsymbol{B})\boldsymbol{A} - (\boldsymbol{A} \cdot \nabla_B)\boldsymbol{B} \\ &= \boldsymbol{A} \nabla \boldsymbol{B} - \boldsymbol{A} \cdot \nabla \boldsymbol{B}. \end{aligned}$$

因此,

$$\begin{aligned} \nabla(\boldsymbol{A} \times \boldsymbol{B}) &= \nabla \times (\boldsymbol{A} \times \boldsymbol{B}) \\ &= \boldsymbol{B} \cdot \nabla \boldsymbol{A} + \boldsymbol{A} \nabla \boldsymbol{B} - \boldsymbol{A} \cdot \nabla \boldsymbol{B} - \boldsymbol{B} \nabla \boldsymbol{A}. \end{aligned}$$

从上述例子与(1.9) 式计算的比较可以看出,在 FSP 和 FVP 概

念中参加点乘和叉乘的 ∇ 算子实际上对应于"符号矢量"方法中的符号矢量$\bigtriangledown$,但它们的本质是不同的. ∇ 算子有明确的意义和表达式,故而(1.9)式中 $\nabla\cdot\boldsymbol{B}_c\neq\boldsymbol{B}_c\cdot\nabla$(等号左边表示常矢量 $\boldsymbol{B}_c$ 取散度,即 $\nabla\cdot\boldsymbol{B}_c=0$,等号右边是一加权算子). 因此用 ∇ 算子与矢量的点乘或叉乘参与矢量的散度或旋度运算是错误的. 符号矢量$\bigtriangledown$不是一个算子,只起一个表征作用,没有具体表达式,故$\bigtriangledown_A\cdot\boldsymbol{B}=\boldsymbol{B}\cdot\bigtriangledown_A$,所以用$\bigtriangledown$与矢量的点乘和叉乘表示矢量的散度和旋度是正确的.

矢量分析中常用的矢量微分恒等式在文献[10]中都给予了证明.

3. 一般曲线坐标系 (GCCS) 中的"符号矢量"方法

(1.16)式不依赖于坐标系的选择,因此在一般曲线坐标系中,它仍是利用"符号矢量"方法计算梯度、散度和旋度三个基本函数的依据.

在一般曲线坐标系中,矢量 $\boldsymbol{F}$ 可用么矢量 $\boldsymbol{p}_i$ 或互易么矢量 $\boldsymbol{r}_j$ 来表示,即

$$\boldsymbol{F}=\sum_i f_i\boldsymbol{p}_i=\sum_j g_j\boldsymbol{r}_j. \tag{1.31}$$

f_i 和 g_j 分别叫做矢量 $\boldsymbol{F}$ 的逆变分量和协变分量,它们满足变换关系

$$f_i=\sum_j\beta_{ij}g_j, \tag{1.32}$$

$$g_i=\sum_j\alpha_{ij}f_j. \tag{1.33}$$

式中:

$$\begin{aligned}
&\alpha_{ij}=\boldsymbol{p}_i\cdot\boldsymbol{p}_j=\boldsymbol{\alpha}_{ji};\\
&\beta_{ij}=\boldsymbol{r}_i\cdot\boldsymbol{r}_j=\boldsymbol{\beta}_{ji};\\
&\boldsymbol{r}_1=\frac{1}{\Lambda}\boldsymbol{p}_2\times\boldsymbol{p}_3,\boldsymbol{r}_2=\frac{1}{\Lambda}\boldsymbol{p}_3\times\boldsymbol{p}_1,\boldsymbol{r}_3=\frac{1}{\Lambda}\boldsymbol{p}_1\times\boldsymbol{p}_2;\\
&\boldsymbol{p}_1=\Lambda(\boldsymbol{r}_2\times\boldsymbol{r}_3),\boldsymbol{p}_2=\Lambda(\boldsymbol{r}_3\times\boldsymbol{r}_1),\boldsymbol{p}_3=\Lambda(\boldsymbol{r}_1\times\boldsymbol{r}_2);\\
&\Lambda=\boldsymbol{p}_1\cdot(\boldsymbol{p}_2\times\boldsymbol{p}_3)=\boldsymbol{p}_2\cdot(\boldsymbol{p}_3\times\boldsymbol{p}_1)=\boldsymbol{p}_3\cdot(\boldsymbol{p}_1\times\boldsymbol{p}_2);
\end{aligned} \tag{1.34}$$

$$\boldsymbol{r}_i\cdot\boldsymbol{p}_j=\delta_{ij}=\begin{cases}1 & (i=j),\\ 0 & (i\neq j).\end{cases} \tag{1.35}$$

由以上变换关系，在任意曲线坐标系中矢量 $\boldsymbol{F}$ 及(1.16)式可分别表示为

$$\boldsymbol{F} = \sum_i (\boldsymbol{F}, r_i)\boldsymbol{p}_i = \sum_j (\boldsymbol{F}, \boldsymbol{p}_j)\boldsymbol{r}_j, \tag{1.36}$$

$$\begin{aligned} T(\nabla) &= \lim_{\Delta V \to 0} \frac{\sum_i T(\hat{n}_i)\Delta S_i}{\Delta V} \\ &= \frac{1}{\Lambda}\sum_i \frac{\partial}{\partial v_i} T(\boldsymbol{p}_j \times \boldsymbol{p}_k) \\ &= \sum_i \frac{\partial}{\partial v_i} T(\boldsymbol{r}_i). \end{aligned} \tag{1.37}$$

式中：$i, j, k = 1, 2, 3$ 顺序循环取值. 体积元和面元与么矢及坐标变量的改变量的关系为

$$\hat{n}_i \Delta S_i = \Delta \boldsymbol{S}_i = (\boldsymbol{p}_j \times \boldsymbol{p}_k)\Delta v_j \Delta v_k; \tag{1.38a}$$

$$\Delta V = \Lambda \Delta v_1 \Delta v_2 \Delta v_3. \tag{1.38b}$$

对于梯度，取 $T(\nabla) = \nabla f = f\nabla$，代入(1.37)式，可分别求得一般曲线坐标系中梯度算子和矢量的梯度分别为

$$\nabla = \frac{1}{\Lambda}\sum_i (\boldsymbol{p}_j \times \boldsymbol{p}_k)\frac{\partial}{\partial v_i} = \sum_i \boldsymbol{r}_i \frac{\partial}{\partial v_i}, \tag{1.39a}$$

$$\nabla f = \frac{1}{\Lambda}\sum_i (\boldsymbol{p}_j \times \boldsymbol{p}_k)\frac{\partial f}{\partial v_i} = \sum_i \boldsymbol{r}_i \frac{\partial f}{\partial v_i}. \tag{1.39b}$$

类似地，取 $T(\nabla) = \nabla \cdot \boldsymbol{F} = \boldsymbol{F} \cdot \nabla$，或取 $T(\nabla) = \nabla \times \boldsymbol{F} = -\boldsymbol{F} \times \nabla$，可求得一般曲线坐标系中的散度和旋度算子分别为

$$\nabla\cdot = \frac{1}{\Lambda}\sum_i (\boldsymbol{p}_j \times \boldsymbol{p}_k)\cdot\frac{\partial}{\partial v_i} = \sum_i \boldsymbol{r}_i \cdot \frac{\partial}{\partial v_i}, \tag{1.40a}$$

且有

$$\nabla\cdot \boldsymbol{F} = \frac{1}{\Lambda}\sum_i \frac{\partial}{\partial v_i}(\Lambda f_i); \tag{1.40b}$$

及

$$\nabla\times = \frac{1}{\Lambda}\sum_i (\boldsymbol{p}_j \times \boldsymbol{p}_k)\times\frac{\partial}{\partial v_i} = \sum_i \boldsymbol{r}_i \times \frac{\partial}{\partial v_i}, \tag{1.41a}$$

且有

$$\nabla\times \boldsymbol{F} = \frac{1}{\Lambda}\sum_i \boldsymbol{p}_i\left(\frac{\partial g_k}{\partial v_j} - \frac{\partial g_j}{\partial v_k}\right). \tag{1.41b}$$

正交曲线坐标系是一般曲线坐标系的特例，它们之间的矢量满足下述对应关系：

$$\boldsymbol{p}_i = h_i \hat{u}_i, \boldsymbol{r}_i = \frac{\hat{u}_i}{h_i}, f_i = \boldsymbol{F} \cdot \boldsymbol{r}_i = F_i / h_i, g_i = \boldsymbol{F} \cdot \boldsymbol{p}_i = h_i F_i,$$

$$\Lambda = \Omega = h_1 h_2 h_3, \ \hat{u}_i \times \hat{u}_j = \begin{cases} 0 & (i \neq j), \\ \hat{u}_k & (i \neq j \neq k). \end{cases}$$

将上述对应关系式代入(1.39)～(1.41)式，就可得正交曲线坐标系中的三个基本算子和三个基本函数的表示式. 与前面所导出的(1.13)～(1.15)式及(1.21)～(1.23)式完全一致.

戴振铎教授创建的“符号矢量”方法是一种完整的理论方法，它重新构造了矢量场论的基础，用一个统一的数学基础将矢量场论系统化、科学化，使其最终形成为完整、系统、严格的理论. 戴振铎教授即将出版一本关于矢量与并矢分析方面的新著，该书详细论述“符号矢量”方法和它的应用，这将是百年来第一部新的矢量分析著作.

1.2 麦克斯韦方程组的独立方程和非独立方程，限定形式和非限定形式

麦克斯韦电磁理论方程组中有三个独立方程，即

$$\nabla \boldsymbol{E} = -\frac{\partial \boldsymbol{B}}{\partial t} \quad \text{（法拉第定律）}, \tag{1.42}$$

$$\nabla \boldsymbol{H} = \boldsymbol{J} + \frac{\partial \boldsymbol{D}}{\partial t} \quad \text{（麦克斯韦 - 安培定律）}, \tag{1.43}$$

$$\nabla \boldsymbol{J} = -\frac{\partial \rho}{\partial t} \quad \text{（连续性方程）}. \tag{1.44}$$

式中： $\boldsymbol{E}$—— 电场强度 (V/m)；

$\boldsymbol{D}$—— 电通量密度 (C/m²)；

$\boldsymbol{H}$—— 磁场强度 (A/m)；

$\boldsymbol{B}$—— 磁通量密度 (Wb/m²)；

$\boldsymbol{J}$—— 电流密度 (A/m²)；

ρ—— 电荷密度 、 (C/m^3).

大家知道,所有场量,包括电流密度和电荷密度都是位置和时间的函数. 取(1.42)式的散度,并使其对时间的积分常数为零,就得到

$$\nabla B = 0 \quad (\text{磁高斯定律}). \tag{1.45}$$

同样,取(1.43)式的散度并与(1.44)式联立消去 $\boldsymbol{J}$,则得

$$\nabla D = \rho \quad (\text{电高斯定律}). \tag{1.46}$$

由于(1.45)式和(1.46)式被认为是从(1.42) ~ (1.44)式导出的,所以这个方程应该说是(1.42) ~ (1.46)式这样一个完整系统中的辅助方程,或称非独立方程. 另一种做法是取(1.42)、(1.43)和(1.46)3个方程作为独立方程,而将(1.44)和(1.45)两个方程作为非独立方程,这种不同的选择没有改变基本的观点.

因为一个矢量方程等效于3个标量方程,所以,由方程(1.42) ~ (1.44)所描述的3个独立方程实际上是由7个标量方程构成的. 每一个矢量函数有3个分量,所以我们总共有16个未知标量函数. 显然,要求解所有这些未知函数,3个独立方程是不足以构成一个完整的方程系的. 为清楚起见,只要各场量之间的结构关系是未知的或者不确定的,我们就把方程(1.42) ~ (1.44)作为麦克斯韦方程的非限定形式. 在这种情况下,我们可以用许多替换形式来描述麦克斯韦理论. 其中一种常用形式就是引进两个物质场矢量 $\boldsymbol{P}$ 和 $\boldsymbol{M}$,它们定义为

$$\boldsymbol{D} = \varepsilon_0 \boldsymbol{E} + \boldsymbol{P}, \tag{1.47}$$

$$\boldsymbol{B} = \mu(\boldsymbol{H} + \boldsymbol{M}). \tag{1.48}$$

式中: $\boldsymbol{P}$—— 极化矢量(C/m^2);

$\boldsymbol{M}$—— 磁化矢量(A/m);

ε_0—— 介电常数;

$\varepsilon_0 = 8.854 \times 10^{-12}(F/m)$

$\approx \frac{1}{36\pi} \times 10^{-9}(F/m)$;

μ_0—— 磁导率;

$\mu_0 = 4\pi \times 10^{-7}(H/m)$.

当利用 $\boldsymbol{E}$、$\boldsymbol{H}$、$\boldsymbol{P}$ 及 $\boldsymbol{M}$ 时，未知量的数目和方程的数目保持一致，麦克斯韦方程的基本特性不变，这就是麦克斯韦方程的不变性. 当然，要限定麦克斯韦方程，还需要更多的知识，这些另外的知识可由规定场量之间关系的物质方程给出. 例如，在各向同性的简单的媒质中，场量之间的关系如下：

$$\boldsymbol{D} = \varepsilon \boldsymbol{E}, \tag{1.49}$$

$$\boldsymbol{B} = \mu \boldsymbol{H}, \tag{1.50}$$

$$\boldsymbol{J} = \sigma \boldsymbol{E}. \tag{1.51}$$

式中：ε、μ、σ 分别表示媒质的介电常数、磁导率、电导率. (1.49) ~ (1.51) 式给出了九个另外的标量方程，这就使得未知数的数目和方程的数目一致. 当场量之间的物质方程已知时，麦克斯韦方程就变成限定的. 在很多边值问题中，当电流密度函数作为源项时，$\boldsymbol{D}$、$\boldsymbol{B}$ 和 $\boldsymbol{E}$、$\boldsymbol{H}$ 之间的关系通常是已知的. 这种情况下，我们着力于寻求满足一定边界条件的由 $\boldsymbol{J}$ 所产生的 $\boldsymbol{E}$ 和 $\boldsymbol{H}$. 本书中讨论的很多内容都属于这类情况. 若我们讨论的媒质是真空，实际上是空气，则麦克斯韦方程的限定形式是

$$\nabla\times \boldsymbol{E} = -\mu_0 \frac{\partial \boldsymbol{H}}{\partial t}, \tag{1.52}$$

$$\nabla\times \boldsymbol{H} = \boldsymbol{J} + \varepsilon_0 \frac{\partial \boldsymbol{E}}{\partial t}, \tag{1.53}$$

$$\nabla\cdot \boldsymbol{J} = -\frac{\partial \rho}{\partial t}, \tag{1.54}$$

$$\nabla(\mu_0 \boldsymbol{H}) = 0, \tag{1.55}$$

$$\nabla(\varepsilon_0 \boldsymbol{E}) = \rho. \tag{1.56}$$

对于更复杂的媒质，类似的方程将在后面介绍.

1.3 麦克斯韦方程组的积分形式

下面简单地讨论一下麦克斯韦方程组的积分形式，它们在推导

电磁场的边界条件时很有用.为了全面讨论电磁场边界条件,我们从麦克斯韦方程的非限定形式出发.将(1.42)～(1.46)式对一闭合面 S 所包围的体积 V 积分,可得

$$\iiint \nabla\times \boldsymbol{E}\mathrm{d}V=-\iiint \frac{\partial \boldsymbol{B}}{\partial t}\mathrm{d}V, \tag{1.57}$$

$$\iiint \nabla\times \boldsymbol{H}\mathrm{d}V=\iiint\left(\boldsymbol{J}+\frac{\partial \boldsymbol{D}}{\partial t}\right)\mathrm{d}V, \tag{1.58}$$

$$\iiint \nabla\cdot \boldsymbol{J}\mathrm{d}V=-\iiint \frac{\partial \rho}{\partial t}\mathrm{d}V, \tag{1.59}$$

$$\iiint \nabla\cdot \boldsymbol{B}\mathrm{d}V=0, \tag{1.60}$$

$$\iiint \nabla\cdot \boldsymbol{D}\mathrm{d}V=\iiint \rho\mathrm{d}V. \tag{1.61}$$

若场及它们的一次微商在积分区域内处处连续,则可利用旋度定理和散度定理得到

$$\oiint(\hat{n}\times \boldsymbol{E})\mathrm{d}S=-\iiint \frac{\partial \boldsymbol{B}}{\partial t}\mathrm{d}V, \tag{1.62}$$

$$\oiint(\hat{n}\times \boldsymbol{H})\mathrm{d}S=\iiint\left(\boldsymbol{J}+\frac{\partial \boldsymbol{D}}{\partial t}\right)\mathrm{d}V, \tag{1.63}$$

$$\oiint(\hat{n}\cdot \boldsymbol{J})\mathrm{d}S=-\iiint \frac{\partial \rho}{\partial t}\mathrm{d}V, \tag{1.64}$$

$$\oiint(\hat{n}\cdot \boldsymbol{B})\mathrm{d}S=0, \tag{1.65}$$

$$\oiint(\hat{n}\cdot \boldsymbol{D})\mathrm{d}S=\iiint \rho\mathrm{d}V. \tag{1.66}$$

若用(1.42)、(1.43)两式对开面积分,则得

$$\iint \nabla\times \boldsymbol{E}\cdot\mathrm{d}\boldsymbol{S}=-\iint \frac{\partial \boldsymbol{B}}{\partial t}\cdot\mathrm{d}\boldsymbol{S}, \tag{1.67}$$

$$\iint \nabla\times \boldsymbol{H}\cdot\mathrm{d}\boldsymbol{S}=\iint\left(\boldsymbol{J}+\frac{\partial \boldsymbol{D}}{\partial t}\right)\cdot\mathrm{d}\boldsymbol{S}. \tag{1.68}$$

此时,若场及其一次微商连续,则可利用斯托克斯定律将(1.67)式和(1.68)式变换成下面的形式:

$$\oint \boldsymbol{E} \cdot \mathrm{d}\boldsymbol{l} = -\iint \frac{\partial \boldsymbol{B}}{\partial t} \cdot \mathrm{d}\boldsymbol{S}, \tag{1.69}$$

$$\oint \boldsymbol{H} \cdot \mathrm{d}\boldsymbol{l} = \iint \left(\boldsymbol{J} + \frac{\partial \boldsymbol{D}}{\partial t}\right) \cdot \mathrm{d}\boldsymbol{S}. \tag{1.70}$$

应该着重指出,(1.62) ~ (1.66) 式及(1.69)、(1.70) 等公式仅在场及其一次微商连续时才成立,这是将散度定理、旋度定理和斯托克斯定理用于原有积分式必需的条件.

1.4 边界条件

有两种方法表述电场和磁场的边界条件. 在第一种方法中,以给定的边界条件为前提,导出既可用于连续场量又可用于不连续场量的麦克斯韦理论的积分形式. 第二种方法的程序与此相反,首先给出积分形式,然后导出边界条件. 这两种方法都说明,从麦克斯韦写出的微分方程是无法直接推得边界条件的.

先介绍第一种方法. 将(1.63) 式应用于图 1-1 所示的两个相邻区域. 假设在 V_1 中场 $\boldsymbol{H}_1$、$\boldsymbol{D}_1$ 及它们的一次微商连续,在 V_2 中场 $\boldsymbol{H}_2$、$\boldsymbol{D}_2$ 及它们的一次微商连续. 在这些条件下,旋度定理可适用于(1.58) 式,于是给出(1.63) 式. 在 V_1 中得

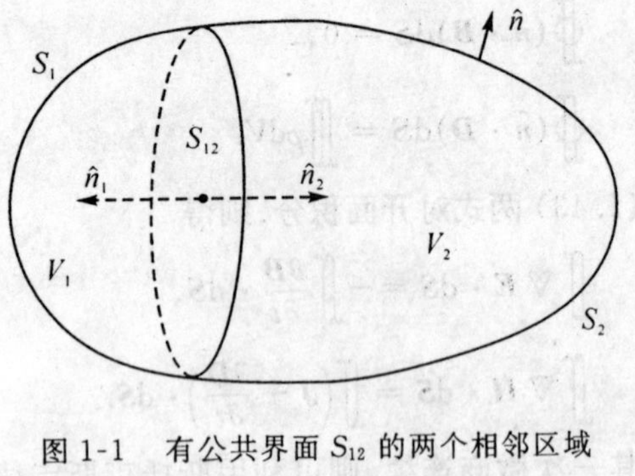

图 1-1 有公共界面 S_{12} 的两个相邻区域

$$\iint_{S_1}(\hat{n}\times\boldsymbol{H}_1)\mathrm{d}S+\iint_{S_{12}}(-\hat{n}_1\times\boldsymbol{H}_1)\mathrm{d}S=\iiint_{V_1}\left(\boldsymbol{J}_1+\frac{\partial\boldsymbol{D}_1}{\partial t}\right)\mathrm{d}V. \tag{1.71}$$

在 V_2 中得

$$\iint_{S_2}(\hat{n}\times\boldsymbol{H}_2)\mathrm{d}S+\iint_{S_{12}}(-\hat{n}_2\times\boldsymbol{H}_2)\mathrm{d}S=\iiint_{V_2}\left(\boldsymbol{J}_2+\frac{\partial\boldsymbol{D}_2}{\partial t}\right)\mathrm{d}V. \tag{1.72}$$

在 V_1 与 V_2 的边界面 S_{12} 上,假设有一面电流密度为 K 的面电流,则在整个区域内的总电流矩为

$$\iiint_{V_1}\boldsymbol{J}_1\mathrm{d}V+\iiint_{V_2}\boldsymbol{J}_2\mathrm{d}V+\iint_{S_{12}}\boldsymbol{K}\mathrm{d}S=\iiint_{V}\boldsymbol{J}\mathrm{d}V. \tag{1.73}$$

(1.71) 式与(1.72) 式相加,得

$$\oiint\hat{n}\times\boldsymbol{H}\mathrm{d}S-\iint_{S_{12}}\hat{n}_1\times(\boldsymbol{H}_1-\boldsymbol{H}_2)\mathrm{d}S$$
$$=\iiint_{V}\boldsymbol{J}\mathrm{d}V-\iint_{S_{12}}\boldsymbol{K}\mathrm{d}S+\iiint_{V}\frac{\partial\boldsymbol{D}}{\partial t}\mathrm{d}V. \tag{1.74}$$

设 S_{12} 上的边界条件为

$$\hat{n}_1\times(\boldsymbol{H}_1-\boldsymbol{H}_2)=\boldsymbol{K}, \tag{1.75}$$

则(1.74) 式简化为

$$\oiint\hat{n}\times\boldsymbol{H}\mathrm{d}S=\iiint_{V}\left(\boldsymbol{J}+\frac{\partial\boldsymbol{D}}{\partial t}\right)\mathrm{d}V. \tag{1.76}$$

(1.76) 式与(1.63) 式有相同的形式,但是,当界面 S_{12} 上的不连续性满足由(1.75) 式表示的边界条件时,(1.76) 式却能对不连续场 $\boldsymbol{H}$ 也成立.(1.76) 式中所含的电流包括 V 内体分布电流和面分布电流.因此,麦克斯韦一安培定律的积分形式比它的微分形式有更广的意义.

对于法拉第定律,若给定在界面 S_{12} 上的边界条件为

$$\hat{n}_1\times(\boldsymbol{E}_1-\boldsymbol{E}_2)=0, \tag{1.77}$$

则用和前面一样的程序,可得到法拉第定律的一般积分形式

$$\oiint_S(\hat{n}\times\boldsymbol{E})\mathrm{d}S=-\iiint_V\frac{\partial\boldsymbol{B}}{\partial t}\mathrm{d}V. \tag{1.78}$$

对于高斯定律,将(1.66)式用到两个不同区域,得

$$\iint_{S_1}(\hat{n}\cdot\boldsymbol{D}_1)\mathrm{d}S-\iint_{S_{12}}(\hat{n}_1\cdot\boldsymbol{D}_1)\mathrm{d}S=\iiint_{V_1}\rho_1\mathrm{d}V,\tag{1.79}$$

$$\iint_{S_2}(\hat{n}\cdot\boldsymbol{D}_2)\mathrm{d}S-\iint_{S_{12}}(\hat{n}_2\cdot\boldsymbol{D}_2)\mathrm{d}S=\iiint_{V_2}\rho_2\mathrm{d}V.\tag{1.80}$$

设在 S_{12} 有一面电荷层,其面电荷密度为 ρ_S,则整个区域内总电荷为

$$\iiint_{V_1}\rho_1\mathrm{d}V+\iiint_{V_2}\rho_2\mathrm{d}V+\iint_{S_{12}}\rho_S\mathrm{d}S=\iiint_V\rho\mathrm{d}V.\tag{1.81}$$

(1.79)式与(1.80)式相加得

$$\begin{aligned}&\oiint(\hat{n}\cdot\boldsymbol{D})\mathrm{d}S-\iint_{S_{12}}\hat{n}_1\cdot(\boldsymbol{D}_1-\boldsymbol{D}_2)\mathrm{d}S\\&\quad=\iiint_V\rho\mathrm{d}V-\iint_{S_{12}}\rho_S\mathrm{d}S.\end{aligned}\tag{1.82}$$

设 S_{12} 上边界条件为

$$\hat{n}_1\cdot(\boldsymbol{D}_1-\boldsymbol{D}_2)=\rho_S,\tag{1.83}$$

则

$$\oiint_S(\hat{n}\cdot\boldsymbol{D})\mathrm{d}S=\iiint_V\rho\mathrm{d}V.\tag{1.84}$$

(1.84)式与(1.66)式有相同的形式.但是,当界面 S_{12} 上的不连续性满足由(1.83)式表示的边界条件时,(1.84)式却能对不连续场 $\boldsymbol{D}$ 也成立.(1.84)式中由体积分项表示的总电荷包括 V 内体分布电荷和面分布电荷,一般用 Q 表示.

对于(1.65)式,在两个区域应用与前面相同的程序,就能得到磁高斯定律的一般积分形式,即

$$\oiint(\hat{n}\cdot\boldsymbol{B})\mathrm{d}S=0.\tag{1.85}$$

这个积分公式在有不连续场 $\boldsymbol{B}$ 的区域成立,只要满足下述边界条件

$$\hat{n}_1\cdot(\boldsymbol{B}_1-\boldsymbol{B}_2)=0.\tag{1.86}$$

对于电荷守恒定律,我们从在两个区域中应用(1.64)式开始着手.在这两个区域中分别有电流 $\boldsymbol{J}_1$ 和 $\boldsymbol{J}_2$ 而且它们的一次微商在各自的区域中是连续的.于是

$$\iint_{S_1}\hat{n}\cdot\boldsymbol{J}_1\mathrm{d}S-\iint_{S_{12}}\hat{n}_1\cdot\boldsymbol{J}_1\mathrm{d}S=-\iiint_{V_1}\frac{\partial\rho_1}{\partial t}\mathrm{d}V, \tag{1.87}$$

$$\iint_{S_2}\hat{n}\cdot\boldsymbol{J}_2\mathrm{d}S-\iint_{S_{12}}\hat{n}_2\cdot\boldsymbol{J}_2\mathrm{d}S=-\iiint_{V_2}\frac{\partial\rho_2}{\partial t}\mathrm{d}V. \tag{1.88}$$

在 S_{12} 上,设有密度为 $\boldsymbol{K}$ 的面电流和密度为 ρ_S 的面电荷. 于是,整个面上流出的总电流为

$$\oiint\hat{n}\cdot\boldsymbol{J}\mathrm{d}S=\iint_{S_1}\hat{n}\cdot\boldsymbol{J}_1\mathrm{d}S+\iint_{S_2}\hat{n}\cdot\boldsymbol{J}_2\mathrm{d}S+\oint_l\hat{n}\cdot\boldsymbol{K}\mathrm{d}l. \tag{1.89}$$

式中:l 为围绕 S_{12} 的轮廓线. 体积内总电荷变化速率为:

$$\iiint\frac{\partial\rho}{\partial t}\mathrm{d}V=\iiint_{V_1}\frac{\partial\rho_1}{\partial t}\mathrm{d}V+\iiint_{V_2}\frac{\partial\rho_2}{\partial t}\mathrm{d}V+\iint_{S_{12}}\frac{\partial\rho_S}{\partial t}\mathrm{d}S. \tag{1.90}$$

(1.87) 式与(1.88) 式相加为

$$\oiint\hat{n}\cdot\boldsymbol{J}\mathrm{d}S-\oint_l\hat{n}\cdot\boldsymbol{K}\mathrm{d}l-\iint_{S_{12}}\hat{n}_1\cdot(\boldsymbol{J}_1-\boldsymbol{J}_2)\mathrm{d}S$$
$$=-\iiint\frac{\partial\rho}{\partial t}\mathrm{d}V+\iint\frac{\partial\rho_S}{\partial t}\mathrm{d}S. \tag{1.91}$$

利用矢量分析中的面高斯定理[10]

$$\iint_{S_{12}}\nabla_S\boldsymbol{K}\mathrm{d}S=\oint_l\boldsymbol{K}\cdot\hat{n}\mathrm{d}l, \tag{1.92}$$

式中:$\nabla_S\boldsymbol{K}$ 表示 $\boldsymbol{K}$ 的面散度,故(1.91) 式中的线积分可改变为面积分. 现设边界条件为

$$\nabla_S\boldsymbol{K}=-\hat{n}_1\cdot(\boldsymbol{J}_1-\boldsymbol{J}_2)-\frac{\partial\rho_S}{\partial t}, \tag{1.93}$$

于是,(1.91) 式简化为

$$\oiint\hat{n}\cdot\boldsymbol{J}\mathrm{d}S=-\iiint\frac{\partial\rho}{\partial t}\mathrm{d}V. \tag{1.94}$$

(1.94) 式与(1.64) 式有相同的形式,只是(1.94) 式现适用于一个包含不连续的体电流密度函数和一个面电荷分布以及一个面电流的区域. 结果,我们通过引入由(1.75)、(1.77)、(1.83)、(1.86) 及(1.93) 等式表示的边界条件,得到了麦克斯韦方程的一般积分形式(1.76)、

(1.78)、(1.84)、(1.85)和(1.94)式.

第二种方法最初是谢昆诺夫提出的[15]. 这种方法首先引入麦克斯韦方程的积分形式

$$\oint \boldsymbol{E} \cdot \mathrm{d}\boldsymbol{l} = -\iint \frac{\partial \boldsymbol{B}}{\partial t} \cdot \mathrm{d}\boldsymbol{S}, \tag{1.95}$$

$$\oint \boldsymbol{H} \cdot \mathrm{d}\boldsymbol{l} = \iint \left(\boldsymbol{J} + \frac{\partial \boldsymbol{D}}{\partial t}\right) \cdot \mathrm{d}\boldsymbol{S}, \tag{1.96}$$

以及由(1.64)、(1.65)及(1.66)表示的三个公式. (1.95)式和(1.96)式给出了法拉第定律和安培-麦克斯韦定律的另一种积分形式,它们与(1.78)、(1.76)式有不同的形式. 像(1.76)式及(1.78)式的情形一样,当 $\boldsymbol{E}$ 及 $\boldsymbol{H}$ 不连续时,由(1.42)式及(1.43)式不能推导出(1.95)式及(1.96)式. 通过假设这两个方程对于包括不连续场在内的任意场成立,则由(1.75)式和(1.77)式所表述的 $\boldsymbol{E}$ 和 $\boldsymbol{H}$ 的边界条件就能由这两个积分形式推导出来. 对于公式(1.64)及(1.66)也同样是如此,只需假定它们对于连续的和不连续的场都是成立的. 将这个方法用于(1.76)式,我们考虑一厚度为 h、面积为 ΔS 的薄层流层. 取

$$\lim_{h \to 0} \boldsymbol{J} h = \boldsymbol{K},$$

并设在积分区内 $\boldsymbol{D}$ 是有限的,则由(1.76)式得

$$(\hat{n}_1 \times \boldsymbol{H}_1 + \hat{n}_2 \times \boldsymbol{H}_2)\Delta S = \boldsymbol{K}\Delta S,$$

即

$$\hat{n}_1 \times (\boldsymbol{H}_1 - \boldsymbol{H}_2) = \boldsymbol{K}. \tag{1.97}$$

这就是我们在第一种方法中曾经假设的边界条件. 其他边界条件也可用类似的方法得到. 还要再一次强调指出,电磁场的边界条件不能由麦克斯韦的原始微分方程推演得到.

就 $\boldsymbol{E}$ 和 $\boldsymbol{H}$ 的边界条件而论,可以从(1.67)、(1.68)两式着手而得到同样的结果. 但是利用体积分则更为方便,因为对所有的方程都可使用同样的办法.

为便于参考,表 1-1 列出了相应于几个微分方程的边界条件. 除一般边界条件之外,还列出了在边值问题中经常遇到的两种特殊情况.

表 1-1 **边界条件**

微分方程	边界条件
$\nabla \times \boldsymbol{E} = -\dfrac{\partial \boldsymbol{B}}{\partial t}$	1. $\hat{n}_1 \times (\boldsymbol{E}_1 - \boldsymbol{E}_2) = 0$
	2. $\hat{n}_1 \times (\boldsymbol{E}_1 - \boldsymbol{E}_2) = 0$
	3. $\hat{n}_1 \times \boldsymbol{E}_1 = 0$
$\nabla \times \boldsymbol{H} = \boldsymbol{J} + \dfrac{\partial \boldsymbol{D}}{\partial t}$	1. $\hat{n}_1 \times (\boldsymbol{H}_1 - \boldsymbol{H}_2) = \boldsymbol{K}$
	2. $\hat{n}_1 \times (\boldsymbol{H}_1 - \boldsymbol{H}_2) = 0$
	3. $\hat{n}_1 \times \boldsymbol{H}_1 = \boldsymbol{K}$
$\nabla \cdot \boldsymbol{J} = -\dfrac{\partial \rho}{\partial t}$	1. $\nabla_s \cdot \boldsymbol{K} = -\hat{n}_1 \cdot (\boldsymbol{J}_1 - \boldsymbol{J}_2) - \dfrac{\partial \rho_s}{\partial t}$
	2. $\hat{n}_1 \cdot (\boldsymbol{J}_1 - \boldsymbol{J}_2) = -\dfrac{\partial \rho_s}{\partial t}$
	3. $\nabla_s \cdot \boldsymbol{K} = -\hat{n}_1 \cdot \boldsymbol{J}_1 - \dfrac{\partial \rho_s}{\partial t}$
$\nabla \cdot \boldsymbol{D} = \rho$	1. $\hat{n}_1 \cdot (\boldsymbol{D}_1 - \boldsymbol{D}_2) = \rho_s$
	2. $\hat{n}_1 \cdot (\boldsymbol{D}_1 - \boldsymbol{D}_2) = 0$
	3. $\hat{n}_1 \cdot \boldsymbol{D}_1 = \rho_s$
$\nabla \cdot \boldsymbol{B} = 0$	1. $\hat{n}_1 \cdot (\boldsymbol{B}_1 - \boldsymbol{B}_2) = 0$
	2. $\hat{n}_1 \cdot (\boldsymbol{B}_1 - \boldsymbol{B}_2) = 0$
	3. $\hat{n}_1 \cdot \boldsymbol{B}_1 = 0$

情况 1　一般边界条件

情况 2　两种相邻媒质中没有一种是完纯导体

情况 3　媒质 2 是完纯导体

注:单位矢量 $\hat{n}_1$ 由界面指向媒质 1.

1.5 自由空间中的简谐场

当麦克斯韦方程中的场量是具有单一振荡角频 ω 的谐和振荡函数时,则方程组可以显著地简化. 为了避免由于复数时间函数的两种可能的选取所产生的混乱,下面来举一个例子. 首先,我们用余弦函

数来描写时变部分. 于是,电场就可表示为

$$\begin{aligned}\boldsymbol{E}(x,y,z,t) = & E_{x0}\cos(\omega t-\varphi_x)\hat{x} \\ & + E_{y0}\cos(\omega t-\varphi_y)\hat{y} \\ & + E_{z0}\cos(\omega t-\varphi_z)\hat{z}.\end{aligned} \tag{1.98}$$

式中:角频率 $\omega = 2\pi f$.

振幅函数和相位函数一般都是位置的函数. 我们引进由下式定义的复数矢量函数

$$\boldsymbol{E}(x,y,z) = E_{x0}\mathrm{e}^{\mathrm{i}\varphi_x}\hat{x} + E_{y0}\mathrm{e}^{\mathrm{i}\varphi_y}\hat{y} + E_{z0}\mathrm{e}^{\mathrm{i}\varphi_z}\hat{z}, \tag{1.99}$$

于是

$$\boldsymbol{E}(x,y,z,t) = \mathrm{Re}[\boldsymbol{E}(x,y,z)\mathrm{e}^{-\mathrm{i}\omega t}]. \tag{1.100}$$

所以,在本书中我们用时间函数 $\mathrm{e}^{-\mathrm{i}\omega t}$. 自由空间中带有源函数 $\boldsymbol{J}$ 时,麦克斯韦方程组用复数函数可以表示为

$$\nabla\times\boldsymbol{E} = \mathrm{i}\omega\mu_0\boldsymbol{H}, \tag{1.101}$$

$$\nabla\times\boldsymbol{H} = \boldsymbol{J} - \mathrm{i}\omega\varepsilon_0\boldsymbol{E}, \tag{1.102}$$

$$\nabla\cdot\boldsymbol{J} = \mathrm{i}\omega\rho, \tag{1.103}$$

$$\nabla\cdot(\varepsilon_0\boldsymbol{E}) = \rho, \tag{1.104}$$

$$\nabla\cdot(\mu_0\boldsymbol{H}) = 0. \tag{1.105}$$

为简便起见,式中省去了空间函数变量(x,y,z). 联立(1.101) 和(1.102) 式以消去 $\boldsymbol{E}$ 或 $\boldsymbol{H}$,得:

$$\nabla\times\nabla\times\boldsymbol{E} - k^2\boldsymbol{E} = \mathrm{i}\omega\mu_0\boldsymbol{J}, \tag{1.106}$$

及

$$\nabla\times\nabla\times\boldsymbol{H} - k^2\boldsymbol{H} = \nabla\times\boldsymbol{J}. \tag{1.107}$$

式中:$k = \omega\sqrt{\mu_0\varepsilon_0} = 2\pi/\lambda$,$\lambda$ 表示自由空间波长. (1.106) 式和(1.107) 式所表述的这种类型的方程称为非齐次矢量波动方程. 并矢格林函数方法的全部内容主要是研究在各种边界条件下求解这类方程. 当所研究的区域无限时,有几种不同的方法求解(1.106) 式和(1.107) 式. 下一节中,将回顾一下经典的位函数方法. 在第二章中,我们才开始根据经典解讨论并矢格林函数方法.

1.6 位函数方法

由(1.105) 式和矢量恒等式 $\nabla\cdot\nabla\times\boldsymbol{A} = 0$,可定义一个矢量位函

数 $\boldsymbol{A}$:

$$\mu_0 \boldsymbol{H} = \nabla\times\boldsymbol{A}. \tag{1.108}$$

将它代入(1.101)式，同时承认恒等式$\nabla\times\nabla\psi = 0$，就可引入一个标量位函数 ψ，即

$$\boldsymbol{E} = \mathrm{i}\omega\boldsymbol{A} - \nabla\psi. \tag{1.109}$$

将(1.108)式及(1.109)式代入(1.102)式，则可得

$$\nabla\times\nabla\times\boldsymbol{A} = \mu_0\boldsymbol{J} + k^2\boldsymbol{A} + \mathrm{i}\omega\mu_0\varepsilon_0\nabla\psi. \tag{1.110}$$

利用下列矢量恒等式

$$\nabla\times\nabla\times\boldsymbol{a} = \nabla\nabla\cdot\boldsymbol{a} - \nabla\cdot\nabla\boldsymbol{a},$$

可将(1.110)式变换为

$$-\nabla\cdot\nabla\boldsymbol{A} + \nabla\nabla\cdot\boldsymbol{A} = \mu_0\boldsymbol{J} + k^2\boldsymbol{A} + \mathrm{i}\omega\mu_0\varepsilon_0\nabla\psi. \tag{1.111}$$

现在我们强加一个规范条件

$$\nabla\cdot\boldsymbol{A} = \mathrm{i}\omega\mu_0\varepsilon_0\psi, \tag{1.112}$$

于是，方程(1.111)就简化为仅含有矢量位函数 $\boldsymbol{A}$ 的矢量微分方程，即

$$\nabla\cdot\nabla\boldsymbol{A} + k^2\boldsymbol{A} = -\mu_0\boldsymbol{J}. \tag{1.113}$$

与(1.106)式所定义的矢量波动方程不同，我们把(1.113)式称为非齐次矢量亥姆霍兹方程. 取(1.113)式的散度并利用(1.103)式就可得到 ψ 的微分方程

$$\nabla\cdot\nabla\psi + k^2\psi = -\rho/\varepsilon_0. \tag{1.114}$$

这个公式称为非齐次标量波动方程. (1.113)式及(1.114)式的解中相应于从源的出射波由下式给出，即

$$\boldsymbol{A}(\boldsymbol{R}) = \mu_0\iiint\boldsymbol{J}(\boldsymbol{R})G_0(\boldsymbol{R},\boldsymbol{R}')\mathrm{d}V', \tag{1.115}$$

$$\psi(\boldsymbol{R}) = \frac{1}{\varepsilon_0}\iiint\rho(\boldsymbol{R}')G_0(\boldsymbol{R},\boldsymbol{R}')\mathrm{d}V'. \tag{1.116}$$

式中：$G_0(\boldsymbol{R},\boldsymbol{R}') = \dfrac{\mathrm{e}^{\mathrm{i}k|\boldsymbol{R}-\boldsymbol{R}'|}}{4\pi|\boldsymbol{R}-\boldsymbol{R}'|}$;

$$|\boldsymbol{R}-\boldsymbol{R}'| = [(x-x')^2 + (y-y')^2 + (z-z')^2]^{1/2}. \tag{1.117}$$

函数 $G_0(\boldsymbol{R},\boldsymbol{R}')$ 称为三维标量波动方程的自由空间格林函数，$\boldsymbol{R}'$ 表

示源点的位置矢量，$\boldsymbol{R}$ 表示场点或观察点的位置矢量. 求得 $\boldsymbol{A}(\boldsymbol{R})$ 的解以后，电磁场 $\boldsymbol{E}$ 和 $\boldsymbol{H}$ 的解就可求出. 由(1.108)、(1.109) 式和(1.112) 式的结果，有

$$\boldsymbol{E} = \mathrm{i}\omega\left(\boldsymbol{A} + \frac{1}{k^2}\nabla\ \nabla\boldsymbol{A}\right), \tag{1.118}$$

$$\boldsymbol{H} = \frac{1}{\mu_0}\nabla\boldsymbol{A}. \tag{1.119}$$

若 $|\boldsymbol{R}| \gg |\boldsymbol{R}'|$，且 $kR \gg 1$ 或 $R \gg \lambda$，就得到 $G_0(\boldsymbol{R},\boldsymbol{R}')$ 的远区场近似式

$$G_0(\boldsymbol{R},\boldsymbol{R}') = \frac{\mathrm{e}^{\mathrm{i}k(R-\boldsymbol{R}'\cdot\hat{R})}}{4\pi R}. \tag{1.120}$$

式中：$\boldsymbol{R}\cdot\hat{R} = R'[\sin\theta\sin\theta'\cos(\varphi-\varphi') + \cos\theta\cos\theta']$. (1.121)

因此，$\boldsymbol{A}(\boldsymbol{R}) = \dfrac{\mu_0\mathrm{e}^{\mathrm{i}kR}}{4\pi R}\iiint \boldsymbol{J}(\boldsymbol{R}')\mathrm{e}^{-\mathrm{i}k\boldsymbol{R}'\cdot\hat{R}}\mathrm{d}V' = \dfrac{\mu_0\mathrm{e}^{\mathrm{i}kR}}{4\pi R}\boldsymbol{N}$. (1.122)

函数 $\boldsymbol{N}$ 称为辐射矢量，它在球坐标中仅只是角度变量(θ,φ) 的函数，而不是 $\boldsymbol{R}$ 的函数，将(1.122) 式代入(1.118) 式及(1.119) 式并略去高次项，则有

$$\boldsymbol{E} = \frac{\mathrm{i}\omega\mu_0\mathrm{e}^{\mathrm{i}kR}}{4\pi R}\boldsymbol{N}_t = \frac{\mathrm{i}kZ_0\mathrm{e}^{\mathrm{i}kR}}{4\pi R}\boldsymbol{N}_t, \tag{1.123}$$

$$\boldsymbol{H} = \frac{\mathrm{i}k\mathrm{e}^{\mathrm{i}kR}}{4\pi R}\hat{R}\times\boldsymbol{N}_t = \frac{1}{Z_0}\hat{R}\times\boldsymbol{E}. \tag{1.124}$$

式中：$\boldsymbol{N}_t$ 表示辐射矢量 $\boldsymbol{N}$ 的相对于 $\hat{R}$ 的横向部分. 即

$$\boldsymbol{N}_t = \boldsymbol{N} - N_R\hat{R}. \tag{1.125}$$

常数 Z_0 表示自由空间波阻抗，它等于$(\mu_0/\varepsilon_0)^{1/2} \approx 120\pi\Omega$，公式(1.123) 及(1.124) 中略去了 $\dfrac{1}{kR^2}$ 数量级项或者与 $\dfrac{1}{R}$ 相比较为高阶无穷小量的项. 于是，由任意电流分布产生的远区场满足下列条件

$$\lim_{R\to\infty}\left[\nabla\begin{pmatrix}\boldsymbol{E}\\ \boldsymbol{H}\end{pmatrix} - \mathrm{i}k\hat{R}\times\begin{pmatrix}\boldsymbol{E}\\ \boldsymbol{H}\end{pmatrix}\right] = 0, \tag{1.126}$$

这个公式称为自由空间电磁场辐射条件.

我们将讨论两个特殊情况,即短电偶极子和任意形状小电流环的场. 取坐标原点位于电流源内,电流源的最大线度与波长和R相比较很小,即$k\mid \boldsymbol{R}'\mid \ll 1$, $\mid \boldsymbol{R}'\mid \ll R$. 在这种情况下矢量位的近似表达式为

$$\boldsymbol{A}(\boldsymbol{R})=\frac{\mu_0 \mathrm{e}^{\mathrm{i}kR}}{4\pi R}\iiint \boldsymbol{J}(\boldsymbol{R}')\mathrm{d}V'. \tag{1.127}$$

当然,这里已经假定

$$\iiint \boldsymbol{J}(\boldsymbol{R}')\mathrm{d}V'\neq 0. \tag{1.128}$$

(1.127) 式中对$\boldsymbol{J}(\boldsymbol{R}')$的体积分称为电流矩并用$\boldsymbol{c}$表示,故

$$\boldsymbol{A}(\boldsymbol{R})=\frac{\mu_0 \boldsymbol{c}\mathrm{e}^{\mathrm{i}kR}}{4\pi R}, \tag{1.129}$$

$$\boldsymbol{c}=\iiint \boldsymbol{J}(\boldsymbol{R}')\mathrm{d}V'. \tag{1.130}$$

由(1.118)及(1.119)式就可算出相应的电磁场$\boldsymbol{E}$及$\boldsymbol{H}$. 为简单起见,取$\boldsymbol{c}$指向z方向,即

$$\boldsymbol{c}=c\hat{z}=c(\hat{R}\cos\theta-\hat{\theta}\sin\theta). \tag{1.131}$$

则有

$$E_R=\frac{kc\,\mathrm{e}^{\mathrm{i}kR}}{2\pi\omega\varepsilon_0 R^2}\left(1+\frac{\mathrm{i}}{kR}\right)\cos\theta, \tag{1.132}$$

$$E_\theta=-\frac{\mathrm{i}k^2 c\,\mathrm{e}^{\mathrm{i}kR}}{4\pi\omega\varepsilon_0 R}\left(1+\frac{\mathrm{i}}{kR}-\frac{1}{k^2R^2}\right)\sin\theta, \tag{1.133}$$

$$H_\varphi=-\frac{\mathrm{i}kc\,\mathrm{e}^{\mathrm{i}kR}}{4\pi R}\left(1+\frac{\mathrm{i}}{kR}\right)\sin\theta. \tag{1.134}$$

若电流源是一长度为l的线电流. 有均匀电流分布I,且指向z方向,它相当于如图 1-2(a) 所示的赫兹偶极子. 电流I与电偶极子的正电荷q的关系为 $I=-\mathrm{i}\omega q$,于是

$$\boldsymbol{c}=Il\hat{z}=-\mathrm{i}\omega ql\hat{z}=-\mathrm{i}\omega\boldsymbol{p}. \tag{1.135}$$

$\boldsymbol{p}=ql\hat{z}$ 称为电偶极矩. 若电流分布不均匀,仍然可以通过下式定义电偶极矩

$$\boldsymbol{c}=\iiint \boldsymbol{J}(\boldsymbol{R}')\mathrm{d}V'=-\mathrm{i}\omega\boldsymbol{p}. \tag{1.136}$$

例如，若电流为三角形分布，如图 1-2(b) 所示，则称为阿布拉罕偶极子. 当 l 与波长相比较很小时，它非常近似于正弦电流分布. 此时，有

$$\boldsymbol{c}=\frac{Il}{2}\hat{z},\text{且 } \boldsymbol{p}=\frac{\mathrm{i}Il}{2\omega}\hat{z}.$$

所以，阿布拉罕偶极子的有效偶极矩等于具有同样长度及均匀电流 I 的赫兹偶极子电流矩的一半.

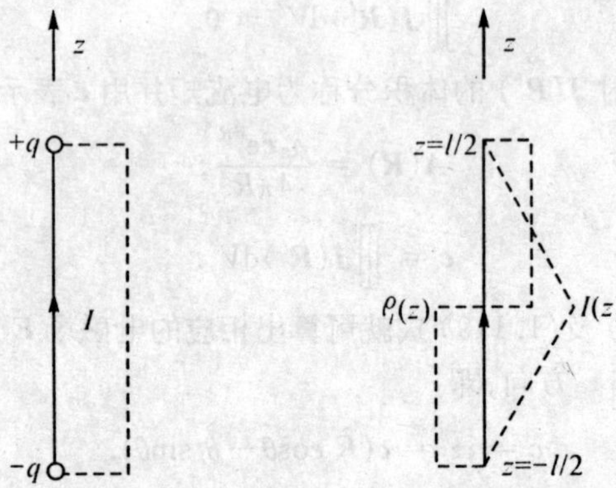

(a) 赫兹偶极子 (b) 阿布拉罕偶极子

图 1-2

若电流分布具有零电流矩，例如有均匀电流 I 的小电流环，有

$$\iiint \boldsymbol{J}(\boldsymbol{R}')\mathrm{d}V'=\oint I\mathrm{d}\boldsymbol{l}=0. \tag{1.137}$$

此时，为求得相应的电磁场可进一步假定小环具有任意形状，其最大线度与 R 相比很小. 则

$$|\boldsymbol{R}-\boldsymbol{R}'|=R\left(1-\frac{\boldsymbol{R}'\cdot\hat{R}}{R}\right).$$

因此，$\dfrac{\mathrm{e}^{\mathrm{i}k|\boldsymbol{R}-|\boldsymbol{R}'|}}{4\pi|\boldsymbol{R}-\boldsymbol{R}'|}=\dfrac{\mathrm{e}^{\mathrm{i}kR}}{4\pi R}\mathrm{e}^{-\mathrm{i}k\boldsymbol{R}'\cdot\hat{R}}\left(1+\dfrac{\boldsymbol{R}'\cdot\hat{R}}{R}\right).$

用这个近似式可得

$$\boldsymbol{A}(\boldsymbol{R})=\frac{\mu_0\,\mathrm{e}^{\mathrm{i}kR}}{4\pi R}\iiint\boldsymbol{J}(\boldsymbol{R}')\mathrm{e}^{-\mathrm{i}k\boldsymbol{R}'\cdot\hat{R}}\left(1+\frac{\boldsymbol{R}'\cdot\hat{R}}{R}\right)\mathrm{d}V',\qquad(1.138)$$

或

$$\boldsymbol{A}(\boldsymbol{R})=\frac{\mu_0\,\mathrm{e}^{\mathrm{i}kR}}{4\pi R}\iiint\boldsymbol{J}(\boldsymbol{R}')(1-\mathrm{i}k\boldsymbol{R}'\cdot\hat{R})\left(1+\frac{\boldsymbol{R}'\cdot\hat{R}}{R}\right)\mathrm{d}V'.\qquad(1.139)$$

由(1.137)式,并忽略(1.139)式中的 $-\mathrm{i}k(\boldsymbol{R}'\cdot\hat{R})^2/R$ 项,可得

$$\boldsymbol{A}(\boldsymbol{R})=\frac{\mu_0\,\mathrm{e}^{\mathrm{i}kR}}{4\pi R}I\left(-\mathrm{i}k+\frac{1}{R}\right)\oint\boldsymbol{R}'\cdot\hat{R}\mathrm{d}\boldsymbol{l}'.\qquad(1.140)$$

因为 $$\boldsymbol{R}'\cdot\hat{R}=\frac{\boldsymbol{R}'\cdot\boldsymbol{R}}{R}=\frac{xx'+yy'+zz'}{R},$$

$$\nabla'(\boldsymbol{R}'\cdot\hat{R})=\frac{x\hat{x}+y\hat{y}+z\hat{z}}{R}=\frac{\boldsymbol{R}}{R}=\hat{R},$$

利用叉积 - 梯度定理

$$\oint f\mathrm{d}\boldsymbol{l}=\iint\boldsymbol{u}_n'\times\nabla'f\mathrm{d}S'=\iint\mathrm{d}\boldsymbol{S}'\times\nabla'f,$$

其中取 $f=\boldsymbol{R}'\cdot\hat{R}$,则(1.140)式简化为

$$\boldsymbol{A}(\boldsymbol{R})=\frac{\mu_0 I\mathrm{e}^{\mathrm{i}kR}}{4\pi R}\left(-\mathrm{i}k+\frac{1}{R}\right)\iint\mathrm{d}\boldsymbol{S}'\times\hat{R}$$

$$=\frac{\mu_0\boldsymbol{IS}\times\hat{R}\mathrm{e}^{\mathrm{i}kR}}{4\pi R}\left(-\mathrm{i}k+\frac{1}{R}\right).\qquad(1.141)$$

式中:$\boldsymbol{S}$ 表示任意形状小环的有向面积. $\boldsymbol{IS}$ 称为磁偶极矩,用 $\boldsymbol{m}$ 表示,故

$$\boldsymbol{A}(\boldsymbol{R})=-\frac{\mathrm{i}k\mu_0\boldsymbol{m}\times\hat{R}\mathrm{e}^{\mathrm{i}kR}}{4\pi R}\left(1+\frac{\mathrm{i}}{kR}\right).\qquad(1.142)$$

利用(1.118)式及(1.119)式,由已知的 $\boldsymbol{A}(\boldsymbol{R})$ 就可求得相应的 $\boldsymbol{E}$ 及 $\boldsymbol{H}$. 若取 $\boldsymbol{m}$ 的指向沿 z 轴方向,则

$$\boldsymbol{m}\times\hat{R}=m\sin\theta\,\hat{\varphi}.\qquad(1.143)$$

于是得到

$$H_R=-\frac{\mathrm{i}km\,\mathrm{e}^{\mathrm{i}kR}}{2\pi R^2}\left(1+\frac{\mathrm{i}}{kR}\right)\cos\theta,\qquad(1.144)$$

$$H_\theta = -\frac{k^2 m e^{ikR}}{4\pi R}\left(1 + \frac{i}{kR} - \frac{1}{k^2 R^2}\right)\sin\theta, \tag{1.145}$$

$$E_\varphi = \frac{k^2 Z_0 m e^{ikR}}{4\pi R}\left(1 + \frac{i}{kR}\right)\sin\theta. \tag{1.146}$$

由(1.132)～(1.134)式和(1.144)～(1.146)式给出的两组场方程表明了电磁理论中的二重性原理. 若用 $\boldsymbol{E}_e$、$\boldsymbol{H}_e$ 表示源 $\boldsymbol{p} = ic/\omega$ 产生的第一组场,用 $\boldsymbol{E}_m$、$\boldsymbol{H}_m$ 表示由源 $\boldsymbol{m}$ 产生的第二组场,则 $\boldsymbol{H}_m = -\boldsymbol{E}_e$ 和 $E_m = H_e$,并可用第二组场的 $-\mu_0\boldsymbol{m}$ 替换第一组场的 $\boldsymbol{p}$.

参考文献

[1] Maxwell J C. A Treatise on Electricity and Magnetism, Oxford University Press, Oxford, 1873.

[2] Heaviside, Oliver, Electromagnetic Theory, Vol. Ⅰ, completed in 1893, Vol. Ⅱ in 1898, Vol. Ⅲ in 1912, Complete and Unabridged Edition of the Volumes Reproduced by Dover Publications in 1950 With a Critical and Historical Introduction by Ernst Weber.

[3] Gibbs J W. Elements of Vector Analysis, Privately Printed (First Part in 1881. Second Part in 1884); Reproduced in the Scientific Papers of J. Willard Gibbs, Vol. Ⅲ, Longmans, Green & Co., London, 1906; Reprinted by Dover Publications, New York, 1961.

[4] Wilson E B. Vector Analysis, Charles Scribner's Sons, New York, 1901.

[5] Moon P and Spencer D E. Vectors, D Van Nostrand, N J, 1965.

[6] 华罗庚.高等数学引论.北京:科学出版社,1958.

[7] Shilov G E. Lectures on Vector Analysis (in Russian), The Government publishing House of Technical Theoretical

Literature, 1954.

[8] 柯青 H E. 史福培译. 向量计算及张量计算初步(中译本). 上海:商务印书馆, 1954.

[9] Tai C T. From the history-Another Matter of History, IEEE Antennas Propagation Magazine, Vol. 33, No. 1,20 ~ 26, 1991; Correction, Vol. 33, No. 2,27, 1991; The Evidence, Vol. 33, No. 4,39, 1991.

[10] Tai C T. Generalized Vector and Dyadic Analysis, IEEE Press, Piscataway N J, 1992.

[11] Tai C T. A survey of the Improper Uses of ∇ in Vector Analysis, Technical Report RL 909, Radiation Labratory, Dept EECS, Univ. of Michigan, 1994.

[12] Tai C T. A Historical study of Vector Analysis, rechnical Report RL915, Radiation Lab., Dept. EECS, Univ. of Michigan, 1995.

[13] Morse P M. and Feshbach, H., Methods of Theoretical physics, McGraw-Hill, New York, 1953.

[14] Schelkunoff S A. On the Teaching of the Undergraduate Electromagnetic theory, IEEE Trans. Educ., Vol. 15, 1972.

[15] Tai C T. Dyadic Green Functions in Electromagnetic Theory, Second Edition, IEEE press, New Jersey, 1993.

[16] 徐鹏根. 电磁场理论中的符号矢量方法. 武汉大学学报(自然科学版). No. 1, 1997.

第 2 章　并矢格林函数

用并矢格林函数方法处理电磁场问题，是在 20 世纪 40 年代以后逐渐发展起来的. 40 年代初，史文格最早用并矢格林函数方法处理电磁场边值问题. 1950 年，他和莱文一道应用这一方法，得到了无限大导电平面上开孔的电磁波绕射问题的解. 对于这一方法进行系统深入的研究，则是由戴振铎教授于 40 年代末开始的. 从那时起，他用这种方法求解各类电磁场边值问题和各类复杂媒质中的电磁场问题，使并矢格林函数方法成为处理电磁场问题的一种系统的理论和有效的方法. 本章介绍并矢格林函数的基础理论，后面各章将分别介绍其在各种边值问题和各种复杂媒质电磁场问题中的应用.

2.1　麦克斯韦方程组的并矢形式，电型和磁型并矢格林函数

为了在电磁理论中引入并矢格林函数的概念，我们首先导出麦克斯韦方程组的并矢形式. 考虑由三个不同的电流分布 $\boldsymbol{J}_j$ $(j = 1, 2, 3)$ 所产生的三组简谐场，它们具有相同的振荡频率且处于相同的环境条件. 此时，麦克斯韦方程可以表示为如下形式：

$$\nabla\times\boldsymbol{E}_j = \mathrm{i}\omega\mu_0\boldsymbol{H}_j, \tag{2.1}$$

$$\nabla\times\boldsymbol{H}_j = \boldsymbol{J}_j - \mathrm{i}\omega\varepsilon_0\boldsymbol{E}_j, \tag{2.2}$$

$$\nabla\cdot\boldsymbol{J}_j = \mathrm{i}\omega\rho_j, \tag{2.3}$$

$$\nabla\cdot(\varepsilon_0\boldsymbol{E}_j) = \rho_j, \tag{2.4}$$

$$\nabla\cdot(\mu_0\boldsymbol{H}_j) = 0. \tag{2.5}$$

此处媒质为空气，若为其他各向同性均匀媒质，则需将常数 μ_0

和ε_0换为μ和ε. 现在将符号(x,y,z)换成(x_1,x_2,x_3)，在(2.1)～(2.5)式两边分别后置单位矢量$\hat{x}_j$，并将用j表示的三组方程相加，就得到麦克斯韦方程组的并矢形式：

$$\nabla \times \overline{\overline{E}} = \mathrm{i}\omega\mu_0 \overline{\overline{H}}, \tag{2.6}$$

$$\nabla \times \overline{\overline{H}} = \overline{\overline{J}} - \mathrm{i}\omega\varepsilon_0 \overline{\overline{E}}, \tag{2.7}$$

$$\nabla \cdot \overline{\overline{J}} = \mathrm{i}\omega\rho, \tag{2.8}$$

$$\nabla \cdot (\varepsilon_0 \overline{\overline{E}}) = \rho, \tag{2.9}$$

$$\nabla \cdot (\mu_0 \overline{\overline{H}}) = 0. \tag{2.10}$$

式中：

$$\overline{\overline{E}} = \sum_j \boldsymbol{E}_j \hat{x}_j = \sum_i \sum_j E_{ij} \hat{x}_i \hat{x}_j, \tag{2.11}$$

$$\overline{\overline{H}} = \sum_j \boldsymbol{H}_j \hat{x}_j = \sum_i \sum_j H_{ij} \hat{x}_i \hat{x}_j, \tag{2.12}$$

$$\overline{\overline{J}} = \sum_j \boldsymbol{J}_j \hat{x}_j = \sum_i \sum_j J_{ij} \hat{x}_i \hat{x}_j, \tag{2.13}$$

$$\rho = \sum_j \rho_j \hat{x}_j. \tag{2.14}$$

一个并矢函数，例如$\overline{\overline{E}}$，有三个矢量分量$\boldsymbol{E}_j (j = 1,2,3)$. 矢量电荷密度函数$\rho$含有三个不同的标量电荷分布.

我们考虑位于$\boldsymbol{R} = \boldsymbol{R}'$的三个无穷小电偶极子，它们分别指向$\hat{x}$，$\hat{y}$，$\hat{z}$或$\hat{x}_1$，$\hat{x}_2$，$\hat{x}_3$，相应的电流分布可表示为

$$\boldsymbol{J}_j = C_j \delta(\boldsymbol{R} - \boldsymbol{R}') \hat{x}_j \quad (j = 1,2,3). \tag{2.15}$$

C_j表示偶极子的电流矩，即

$$\iiint \boldsymbol{J}_j \,\mathrm{d}V = C_j \hat{x}_j. \tag{2.16}$$

现将电流矩归一化，使

$$\mathrm{i}\omega\mu_0 C_j = 1. \tag{2.17}$$

于是

$$\mathrm{i}\omega\mu_0 \boldsymbol{J}_j = \mathrm{i}\omega\mu_0 C_j \delta(\boldsymbol{R} - \boldsymbol{R}') \hat{x}_j = \delta(\boldsymbol{R} - \boldsymbol{R}') \hat{x}_j. \tag{2.18}$$

引入一组新的符号：

$$\overline{\overline{E}} = \overline{\overline{G}}_e, \tag{2.19}$$

$$\mathrm{i}\omega\mu_0 \overline{\overline{H}} = \overline{\overline{G}}_m, \tag{2.20}$$

$$\mathrm{i}\omega\mu_0 \overline{\overline{J}} = \overline{\overline{I}} \delta(\boldsymbol{R} - \boldsymbol{R}'), \tag{2.21}$$

$$\rho = \frac{1}{\mathrm{i}\omega} \nabla \cdot \overline{\overline{J}} = -\frac{1}{\omega^2 \mu_0} \nabla \cdot [\overline{\overline{I}} \delta(\boldsymbol{R} - \boldsymbol{R}')]$$

$$= -\frac{\varepsilon_0}{k^2}\nabla\delta(\boldsymbol{R}-\boldsymbol{R}'). \tag{2.22}$$

式中：
$$k=\omega(\mu_0\varepsilon_0)^{1/2}=\frac{\omega}{c};$$

$$c=(\mu_0\varepsilon_0)^{1/2}\quad(\text{为空气中的光速}).$$

利用上面这些符号,(2.6)～(2.7)式及(2.9)～(2.10)式可写成下面的形式：

$$\nabla\times\overline{\overline{G}}_e=\overline{\overline{G}}_m, \tag{2.23}$$

$$\nabla\times\overline{\overline{G}}_m=\overline{\overline{I}}\delta(\boldsymbol{R}-\boldsymbol{R}')+k^2\overline{\overline{G}}_e, \tag{2.24}$$

$$\nabla\cdot\overline{\overline{G}}_e=-\frac{1}{k^2}\nabla\delta(\boldsymbol{R}-\boldsymbol{R}'), \tag{2.25}$$

$$\nabla\cdot\overline{\overline{G}}_m=0. \tag{2.26}$$

这样定义的 $\overline{\overline{G}}_e$ 称为电型并矢格林函数或电并矢格林函数,$\overline{\overline{G}}_m$ 称为磁型并矢格林函数或磁并矢格林函数.若将 $\overline{\overline{G}}_e$、$\overline{\overline{G}}_m$ 写成

$$\overline{\overline{G}}_e=\sum_j\overline{\overline{G}}_{ej}\hat{x}_j, \tag{2.27}$$

$$\overline{\overline{G}}_m=\sum_j\overline{\overline{G}}_{mj}\hat{x}_j, \tag{2.28}$$

则 $\boldsymbol{G}_{ej}$ 和 $\boldsymbol{G}_{mj}$ 分别表示电型矢量格林函数和磁型矢量格林函数. $\boldsymbol{G}_{ej}$ 表示位于 $\boldsymbol{R}=\boldsymbol{R}'$ 指向 $\hat{x}_j$ 的无穷小电偶极子所产生的电场,于是

$$\overline{\overline{G}}_e=\overline{\overline{G}}_e(\boldsymbol{R},\boldsymbol{R}'), \tag{2.29}$$

$$\overline{\overline{G}}_m=\overline{\overline{G}}_m(\boldsymbol{R},\boldsymbol{R}'). \tag{2.30}$$

$\boldsymbol{R}$ 是场点的位置矢量,$\boldsymbol{R}'$ 是源点的位置矢量.可以想象,若已知三个无穷小正交电偶极子产生的电磁场,则任意电流分布所产生的场即可以通过积分求得.三个矢量格林函数 $\boldsymbol{G}_{ej}$ 的物理意义示于图 2-1.

除麦克斯韦方程组之外,边界条件也可表示为并矢形式.切向电场和切向磁场的边界条件是

$$\hat{n}\times(\boldsymbol{E}^+-\boldsymbol{E}^-)=0, \tag{2.31}$$

$$\hat{n}\times(\boldsymbol{H}^+-\boldsymbol{H}^-)=\boldsymbol{J}_s. \tag{2.32}$$

$\hat{n}$ 是单位外法矢,$\boldsymbol{J}_s$ 是面电流密度,考虑到三个无穷小正交电偶极子产生的三组电场,则切向电场边界条件可由(2.31)式改为

$$\hat{n}\times(\overline{\overline{G}}{}_e^+-\overline{\overline{G}}{}_e^-)=0. \tag{2.33}$$

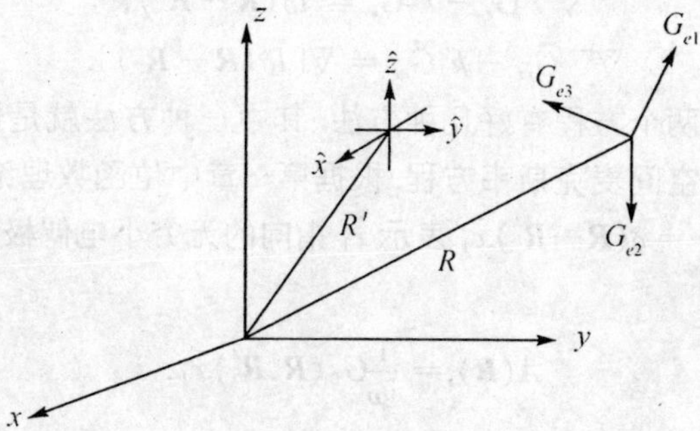

图 2-1 位于 $\boldsymbol{R}'$ 指向 x,y,z 的三个无穷小电偶极子所产生的电场

当表面电流密度函数 $\boldsymbol{J}_s$ 对应的是两个切向无穷小电偶极子时，我们可以定义一个并矢表面电流密度 $\overline{\overline{J}}_s$，即

$$\mathrm{i}\omega\mu_0\overline{\overline{J}}_s=\overline{\overline{I}}_s\delta(\boldsymbol{r}-\boldsymbol{r}'). \tag{2.34}$$

这里，$\overline{\overline{I}}_s$ 表示二维归本因子

$$\overline{\overline{I}}_s=\overline{\overline{I}}-\hat{n}\hat{n}, \tag{2.35}$$

$\delta(\boldsymbol{r}-\boldsymbol{r}')$ 表示二维 δ 函数

$$\iint\delta(\boldsymbol{r}-\boldsymbol{r}')\mathrm{d}S=1,$$

或

$$\iint f(\boldsymbol{r})\delta(\boldsymbol{r}-\boldsymbol{r}')\mathrm{d}S=f(\boldsymbol{r}').$$

积分区域包含表面上所有矢径为 $\boldsymbol{r}'$ 之点. 此时，切向磁场边界条件可由(2.32) 式改为

$$\hat{n}\times(\overline{\overline{G}}_m^+-\overline{\overline{G}}_m^-)=\overline{\overline{I}}_s\delta(\boldsymbol{r}-\boldsymbol{r}'). \tag{2.36}$$

这里，$\overline{\overline{G}}_m^+$ 和 $\overline{\overline{G}}_m^-$ 分别代表 $\mathrm{i}\omega\mu_0\overline{\overline{H}}^+$ 和 $\mathrm{i}\omega\mu_0\overline{\overline{H}}^-$. 由(2.33) 和(2.36) 式所表述的两个并矢边界条件是本书后面经常要用到的主要关系式.

2.2 自由空间并矢格林函数

电型和磁型并矢格林函数满足(2.23) 和(2.24) 式. 从两个方程

可得

$$\nabla\nabla \overline{\overline{G}}_e - k^2\overline{\overline{G}}_e = \overline{\overline{I}}\delta(\boldsymbol{R}-\boldsymbol{R}'), \tag{2.37}$$

$$\nabla\nabla \overline{\overline{G}}_m - k^2\overline{\overline{G}}_m = \nabla[\overline{\overline{I}}\delta(\boldsymbol{R}-\boldsymbol{R}')]. \tag{2.38}$$

求解这两个方程有好几种方法.其中一种方法就是借助于用位方法解自由空间麦克斯韦方程.根据第一章中位函数理论的公式,若用 $\mathrm{i}\omega\mu_0\boldsymbol{J}(\boldsymbol{R})=\delta(\boldsymbol{R}-\boldsymbol{R}')\hat{x}_1$ 表示 $\hat{x}_1$ 指向的无穷小电偶极子的电流分布,则可得

$$\boldsymbol{A}(\boldsymbol{R}) = \frac{1}{\mathrm{i}\omega}G_0(\boldsymbol{R},\boldsymbol{R}')\hat{x}_1. \tag{2.39}$$

于是

$$\boldsymbol{E}_{01}(\boldsymbol{R}) = \boldsymbol{G}_{e01}(\boldsymbol{R},\boldsymbol{R}') = \left(1+\frac{1}{k^2}\nabla\nabla\right)G_0(\boldsymbol{R},\boldsymbol{R}')\hat{x}_1. \tag{2.40}$$

这里,$\boldsymbol{G}_{e01}$ 表示 $\hat{x}_1$ 指向的源的自由空间电型矢量格林函数.同样,对于 $\hat{x}_2$ 指向的源和 $\hat{x}_3$ 指向的源分别得到

$$\boldsymbol{E}_{02}(\boldsymbol{R}) = \boldsymbol{G}_{e02}(\boldsymbol{R},\boldsymbol{R}') = \left(1+\frac{1}{k^2}\nabla\nabla\right)G_0(\boldsymbol{R},\boldsymbol{R}')\hat{x}_2, \tag{2.41}$$

$$\boldsymbol{E}_{03}(\boldsymbol{R}) = \boldsymbol{G}_{e03}(\boldsymbol{R},\boldsymbol{R}') = \left(1+\frac{1}{k^2}\nabla\nabla\right)G_0(\boldsymbol{R},\boldsymbol{R}')\hat{x}_3. \tag{2.42}$$

在(2.40)～(2.42)式两边的后面分别并置 $\hat{x}_i(i=1,2,3)$,并将三式相加,就构成自由空间电型并矢格林函数

$$\begin{aligned}\overline{\overline{G}}_{e0}(\boldsymbol{R},\boldsymbol{R}') &= \sum_{i=1}^{3}\boldsymbol{G}_{e01}(\boldsymbol{R},\boldsymbol{R}')\hat{x}_i \\ &= \sum_{i=1}^{3}\left(1+\frac{1}{k^2}\nabla\nabla\right)G_0(\boldsymbol{R},\boldsymbol{R}')\hat{x}_i\hat{x}_i.\end{aligned} \tag{2.43}$$

上面用到的 $G_0(\boldsymbol{R},\boldsymbol{R}')$ 是指

$$G_0(\boldsymbol{R},\boldsymbol{R}') = \mathrm{e}^{\mathrm{i}k|\boldsymbol{R}-\boldsymbol{R}'|}/4\pi\,|\boldsymbol{R}-\boldsymbol{R}'|.$$

由于 $\sum_i \hat{x}_i\hat{x}_i = \overline{\overline{I}}$,

且按附录(A.71)式有

$$\nabla[G_0(\boldsymbol{R},\boldsymbol{R}')\overline{\overline{I}}] = \nabla G_0(\boldsymbol{R},\boldsymbol{R}'),$$

于是,(2.43)式可写作

$$\overline{\overline{G}}_{e0}(\boldsymbol{R},\boldsymbol{R}') = \left(\overline{\overline{I}} + \frac{1}{k^2}\nabla\nabla\right)G_0(\boldsymbol{R},\boldsymbol{R}'). \tag{2.44}$$

$\overline{\overline{G}}_{e0}$ 和 G_0 的下角标"0"表示自由空间情况. 由(2.23)式可得自由空间磁并矢格林函数

$$\begin{aligned}\overline{\overline{G}}_{m0}(\boldsymbol{R},\boldsymbol{R}') &= \nabla[\overline{\overline{I}}G_0(\boldsymbol{R},\boldsymbol{R}')] \\ &= [\nabla G_0(\boldsymbol{R},\boldsymbol{R}')] \times \overline{\overline{I}}.\end{aligned} \tag{2.45}$$

这里利用了恒等式

$$\nabla(a\overline{\overline{b}}) = a\nabla\overline{\overline{b}} + (\nabla a)\times\overline{\overline{b}}. \tag{2.46}$$

可以证明,(2.44)和(2.45)式满足方程(2.23)~(2.26).

莱文和史文格用另一方法推得了 $\overline{\overline{G}}_{e0}$ 的表达式[1]. 由于后面推导运动媒质中并矢格林函数时要用到他们的方法,下面作一简单介绍.

将式(2.37)中的 $\overline{\overline{G}}_e$ 换成 $\overline{\overline{G}}_{e0}$,并利用恒等式(A.62)(见附录)

$$\nabla\nabla\overline{\overline{G}}_{e0} = -\nabla\nabla\overline{\overline{G}}_{e0} + \nabla\nabla\overline{\overline{G}}_{e0}, \tag{2.47}$$

就得到

$$-\nabla^2\overline{\overline{G}}_{e0} + \nabla\nabla\overline{\overline{G}}_{e0} - k^2\overline{\overline{G}}_{e0} = \overline{\overline{I}}\delta(\boldsymbol{R}-\boldsymbol{R}'). \tag{2.48}$$

又取(2.37)式的散度,并将 $\overline{\overline{G}}_0$ 换成 $\overline{\overline{G}}_{e0}$,我们有

$$\nabla\overline{\overline{G}}_{e0} = -\frac{1}{k^2}\nabla[\overline{\overline{I}}\delta(\boldsymbol{R},\boldsymbol{R}')] = -\frac{1}{k^2}\nabla\delta(\boldsymbol{R}-\boldsymbol{R}'). \tag{2.49}$$

将(2.49)式代入(2.48)式,就得到

$$(\nabla\nabla + k^2)\overline{\overline{G}}_{e0} = -\left(\overline{\overline{I}} + \frac{1}{k^2}\nabla\nabla\right)\delta(\boldsymbol{R},\boldsymbol{R}'). \tag{2.50}$$

为了求解 $\overline{\overline{G}}_{e0}$,令

$$\overline{\overline{G}}_{e0}(\boldsymbol{R},\boldsymbol{R}') = \left(\overline{\overline{I}} + \frac{1}{k^2}\nabla\nabla\right)\psi(\boldsymbol{R},\boldsymbol{R}'). \tag{2.51}$$

式中:$\psi(\boldsymbol{R},\boldsymbol{R}')$ 是一待定标量函数. 将(2.51)式代入(2.50)式,并将各项重新排列一下,我们得到

$$\left(\overline{\overline{I}} + \frac{1}{k^2}\nabla\nabla\right)[(\nabla\nabla + k^2)\psi(\boldsymbol{R},\boldsymbol{R}') = -\delta(\boldsymbol{R},\boldsymbol{R}')]. \tag{2.52}$$

若 $\psi(\boldsymbol{R},\boldsymbol{R}')$ 满足标量波动方程

$$(\nabla\nabla + k^2)\psi(\boldsymbol{R},\boldsymbol{R}') = -\delta(\boldsymbol{R}-\boldsymbol{R}'), \tag{2.53}$$

则(2.51)式所表示的$\overline{\overline{G}}_{e0}(\boldsymbol{R},\boldsymbol{R}')$是(2.52)式的解.按附录B中所述,在自由空间,$\psi(\boldsymbol{R},\boldsymbol{R}')$应为

$$\psi(\boldsymbol{R},\boldsymbol{R}') = G_0(\boldsymbol{R},\boldsymbol{R}'). \tag{2.54}$$

因此,(2.51)式就写成

$$\overline{\overline{G}}_{e0}(\boldsymbol{R},\boldsymbol{R}') = \left(\overline{\overline{I}} + \frac{1}{k^2}\nabla\nabla\right)G_0(\boldsymbol{R},\boldsymbol{R}'). \tag{2.55}$$

这一结果与(2.44)式完全一样.将(2.38)式中的$\overline{\overline{G}}_m$换成$\overline{\overline{G}}_{m0}$,用上面同样的方法就可得到

$$\begin{aligned}\overline{\overline{G}}_{m0}(\boldsymbol{R},\boldsymbol{R}') &= \nabla[\overline{\overline{I}}G_0(\boldsymbol{R},\boldsymbol{R}')] \\ &= \nabla G_0(\boldsymbol{R},\boldsymbol{R}') \times \overline{\overline{I}}.\end{aligned} \tag{2.56}$$

2.3 并矢格林函数的分类

并矢格林函数方法可以用一种系统的方式去表述各种典型的电磁问题,避免了许多特殊情况的处理.某些典型的问题示于图2-2,图中(a)表示空气中有一导体球存在时的电流源;(b)表示一开口导体圆柱,其口径场由柱内的源所激励;(c)表示其中有一电流源的矩形波导;(d)表示具有平面界面的两种半无限各向同性媒质,在其中的一个区域内有一电流源.假如在这些问题中,其电流源具有某种特殊的分布,我们就必须把它们作为特殊情况来考虑.例如,波导的激励源可以是横向电偶极子或纵向偶极子或磁偶极子.在图2-2(a)中,如果导体球不存在,就只须用自由空间并矢格林函数去研究自由空间中不同分布的电流源所产生的场.除非另有说明,我们都假定,对于像图2-2(a)、(b)和(c)那样只有一种媒质的问题,媒质就是空气,波数k则等于$\omega(\mu_0\varepsilon_0)^{1/2} = 2\pi/\lambda$.这时,电磁场是下列波动方程的解:

$$\nabla\nabla\, \boldsymbol{E}(\boldsymbol{R}) - k^2\boldsymbol{E}(\boldsymbol{R}) = \mathrm{i}\omega\mu_0\boldsymbol{J}(\boldsymbol{R}), \tag{2.57}$$

$$\nabla\nabla\, \boldsymbol{H}(\boldsymbol{R}) - k^2\boldsymbol{H}(\boldsymbol{R}) = \nabla\, \boldsymbol{J}(\boldsymbol{R}). \tag{2.58}$$

场必须满足这些问题中所要求的边界条件.例如,在矩形波导内壁上切向电场分量应为零.

对于像图2-2(d)那样包含两种各向同性媒质的问题,有两组场

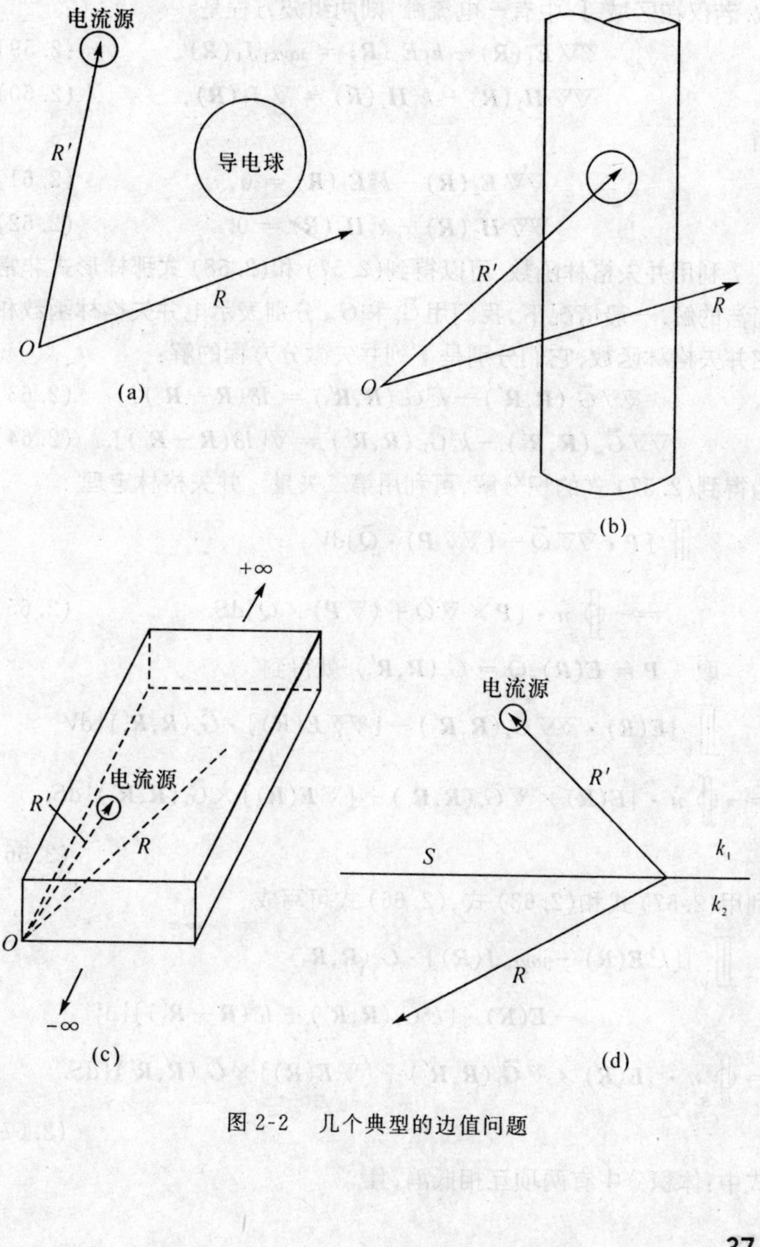

图 2-2　几个典型的边值问题

量. 我们用 $k_1=\omega(\mu_1\varepsilon_1)^{1/2}$ 和 $k_2=\omega(\mu_2\varepsilon_2)^{1/2}$ 表示两个区域内的波数. 若仅在区域 Ⅰ 中有一电流源,则两组波方程是

$$\nabla\nabla\,\boldsymbol{E}_1(\boldsymbol{R})-k_1^2\boldsymbol{E}_1(\boldsymbol{R})=\mathrm{i}\omega\mu_1\boldsymbol{J}_1(\boldsymbol{R}),\tag{2.59}$$

$$\nabla\nabla\,\boldsymbol{H}_1(\boldsymbol{R})-k_1^2\boldsymbol{H}_1(\boldsymbol{R})=\nabla\,\boldsymbol{J}_1(\boldsymbol{R}),\tag{2.60}$$

和

$$\nabla\nabla\,\boldsymbol{E}_2(\boldsymbol{R})-k_2^2\boldsymbol{E}_2(\boldsymbol{R})=0,\tag{2.61}$$

$$\nabla\nabla\,\boldsymbol{H}_2(\boldsymbol{R})-k_2^2\boldsymbol{H}_2(\boldsymbol{R})=0.\tag{2.62}$$

利用并矢格林函数,可以得到(2.57)和(2.58)式那样形式非常简洁的解. 一般情况下,我们用 $\bar{\bar{G}}_e$ 和 $\bar{\bar{G}}_m$ 分别表示电并矢格林函数和磁并矢格林函数,它们分别是下列并矢微分方程的解:

$$\nabla\nabla\,\bar{\bar{G}}_e(\boldsymbol{R},\boldsymbol{R}')-k^2\bar{\bar{G}}_e(\boldsymbol{R},\boldsymbol{R}')=\bar{\bar{I}}\delta(\boldsymbol{R}-\boldsymbol{R}'),\tag{2.63}$$

$$\nabla\nabla\,\bar{\bar{G}}_m(\boldsymbol{R},\boldsymbol{R}')-k^2\bar{\bar{G}}_m(\boldsymbol{R},\boldsymbol{R}')=\nabla[\bar{\bar{I}}\delta(\boldsymbol{R}-\boldsymbol{R}')].\tag{2.64}$$

为得到(2.57)式的积分解,可利用第二矢量 - 并矢格林定理

$$\iiint_V[\boldsymbol{P}\cdot\nabla\nabla\,\bar{\bar{\boldsymbol{Q}}}-(\nabla\nabla\,\boldsymbol{P})\cdot\bar{\bar{\boldsymbol{Q}}}]\mathrm{d}V$$

$$=-\oiint_S\hat{n}\cdot[\boldsymbol{P}\times\nabla\,\bar{\bar{\boldsymbol{Q}}}+(\nabla\,\boldsymbol{P})\times\bar{\bar{\boldsymbol{Q}}}]\mathrm{d}S.\tag{2.65}$$

取 $\boldsymbol{P}=\boldsymbol{E}(\boldsymbol{R}),\bar{\bar{\boldsymbol{Q}}}=\bar{\bar{G}}_e(\boldsymbol{R},\boldsymbol{R}')$,就得到

$$\iiint_V\{\boldsymbol{E}(\boldsymbol{R})\cdot\nabla\nabla\,\bar{\bar{G}}_e(\boldsymbol{R},\boldsymbol{R}')-[\nabla\nabla\,\boldsymbol{E}(R)]\cdot\bar{\bar{G}}_e(\boldsymbol{R},\boldsymbol{R}')\}\mathrm{d}V$$

$$=-\oiint_S\hat{n}\cdot\{\boldsymbol{E}(\boldsymbol{R})\times\nabla\,\bar{\bar{G}}_e(\boldsymbol{R},\boldsymbol{R}')+[\nabla\,\boldsymbol{E}(\boldsymbol{R})]\times\bar{\bar{G}}_e(\boldsymbol{R},\boldsymbol{R}')\}\mathrm{d}S.\tag{2.66}$$

利用(2.57)式和(2.63)式,(2.66)式可写成

$$\iiint_V\{[k^2\boldsymbol{E}(\boldsymbol{R})-\mathrm{i}\omega\mu_0\boldsymbol{J}(\boldsymbol{R})]\cdot\bar{\bar{G}}_e(\boldsymbol{R},\boldsymbol{R}')$$

$$-\boldsymbol{E}(\boldsymbol{R})\cdot[k^2\bar{\bar{G}}_e(\boldsymbol{R},\boldsymbol{R}')+\bar{\bar{I}}\delta(\boldsymbol{R}-\boldsymbol{R}')]\}\mathrm{d}V$$

$$=\oiint_S\hat{n}\cdot\{\boldsymbol{E}(\boldsymbol{R})\times\nabla\,\bar{\bar{\boldsymbol{G}}}_e(\boldsymbol{R},\boldsymbol{R}')+[\nabla\,\boldsymbol{E}(\boldsymbol{R})]\times\bar{\bar{G}}_e(\boldsymbol{R},\boldsymbol{R}')\}\mathrm{d}S.\tag{2.67}$$

式中:体积分中有两项互相抵消,且

$$\iiint_V \boldsymbol{E}(\boldsymbol{R}) \cdot \bar{\bar{I}}\delta(\boldsymbol{R}-\boldsymbol{R}')\mathrm{d}V = \iiint_V \boldsymbol{E}(\boldsymbol{R})\delta(\boldsymbol{R}-\boldsymbol{R}')\mathrm{d}V = \boldsymbol{E}(\boldsymbol{R}'),\tag{2.68}$$

因此,

$$\begin{aligned}&\boldsymbol{E}(\boldsymbol{R}') - \mathrm{i}\omega\mu_0 \iiint_V \boldsymbol{J}(\boldsymbol{R}) \cdot \bar{\bar{G}}_e(\boldsymbol{R},\boldsymbol{R}')\mathrm{d}V \\ &= -\oiint_S \hat{n} \cdot \{\boldsymbol{E}(\boldsymbol{R}) \times \nabla \bar{\bar{G}}_e(\boldsymbol{R},\boldsymbol{R}') + [\nabla \boldsymbol{E}(\boldsymbol{R})] \times \bar{\bar{G}}_e(\boldsymbol{R},\boldsymbol{R}')\}\mathrm{d}S.\end{aligned}\tag{2.69}$$

用 $\mathrm{i}\omega\mu_0 \boldsymbol{H}(\boldsymbol{R})$ 替换$\nabla \boldsymbol{E}(\boldsymbol{R})$,并注意到

$$\boldsymbol{a} \cdot (\boldsymbol{b} \times \bar{\bar{c}}) = -\boldsymbol{b} \cdot (\boldsymbol{a} \times \bar{\bar{c}}) = (\boldsymbol{a} \times \boldsymbol{b}) \cdot \bar{\bar{c}},\tag{2.70}$$

于是,(2.69) 式中的面积分可写成另一种形式

$$\begin{aligned}&\boldsymbol{E}(\boldsymbol{R}') - \mathrm{i}\omega\mu_0 \iiint_V \boldsymbol{J}(\boldsymbol{n}) \cdot \bar{\bar{G}}_e(\boldsymbol{R},\boldsymbol{R}')\mathrm{d}V \\ &= \oiint_S \{[\mathrm{i}\omega\mu_0 \boldsymbol{H}(\boldsymbol{R})] \cdot [\hat{n} \times \bar{\bar{G}}_e(\boldsymbol{R},\boldsymbol{R}')] - [\hat{n} \times \boldsymbol{E}(\boldsymbol{R})] \\ &\quad \cdot \nabla \bar{\bar{G}}_e(\boldsymbol{R},\boldsymbol{R}')\}\mathrm{d}S.\end{aligned}\tag{2.71}$$

(2.71) 式中,$\boldsymbol{R}'$ 是场点的位置矢量,$\boldsymbol{R}$ 是源点的位置矢量,只要求得 $\boldsymbol{E}(\boldsymbol{R}')$,由麦克斯韦方程很容易就能求得 $\boldsymbol{H}(\boldsymbol{R}')$. 但是,为了讨论满足不同边界条件的电型并矢格林函数的分类,需要得到 $\boldsymbol{H}(\boldsymbol{R}')$ 的积分表达式. 为此,在(2.65) 式中取 $\boldsymbol{P} = \boldsymbol{H}(\boldsymbol{R}), \bar{\bar{Q}} = \boldsymbol{G}_e(\boldsymbol{R},\boldsymbol{R}')$,得

$$\begin{aligned}&\iiint_V \{\boldsymbol{H}(\boldsymbol{R}) \cdot \nabla\nabla \bar{\bar{G}}_e(\boldsymbol{R},\boldsymbol{R}') - [\nabla\nabla \boldsymbol{H}(\boldsymbol{R})] \cdot \bar{\bar{G}}_e(\boldsymbol{R},\boldsymbol{R}')\}\mathrm{d}V \\ &= -\oiint_S \hat{n} \cdot \{\boldsymbol{H}(\boldsymbol{R}) \times \nabla \bar{\bar{G}}_e(\boldsymbol{R},\boldsymbol{R}') + [\nabla \boldsymbol{H}(\boldsymbol{R})] \times \bar{\bar{G}}_e(\boldsymbol{R},\boldsymbol{R}')\}\mathrm{d}S.\end{aligned}\tag{2.72}$$

利用(2.58)、(2.63) 和(2.70) 式,(2.72) 式可写成如下形式:

$$\begin{aligned}&\iiint_V \{\boldsymbol{H}(\boldsymbol{R}) \cdot [k^2 \bar{\bar{G}}_e(\boldsymbol{R},\boldsymbol{R}') + \bar{\bar{I}}\delta(\boldsymbol{R}-\boldsymbol{R}')] - [k^2 \boldsymbol{H}(\boldsymbol{R}) \\ &\qquad + \nabla \boldsymbol{J}(\boldsymbol{R})\bar{\bar{G}}_e(\boldsymbol{R},\boldsymbol{R}')]\}\mathrm{d}V \\ &= \oiint_S \{\boldsymbol{H}(\boldsymbol{R}) \cdot [\hat{n} \times \nabla \bar{\bar{G}}_e(\boldsymbol{R},\boldsymbol{R}')] - [\hat{n} \times \nabla \boldsymbol{H}(\boldsymbol{R})]\end{aligned}$$

$$\cdot \overline{\overline{G}}_e(\boldsymbol{R},\boldsymbol{R}')\}\mathrm{d}S, \tag{2.73}$$

或

$$\boldsymbol{H}(\boldsymbol{R}') - \iiint_V [\nabla \boldsymbol{J}(\boldsymbol{R})] \cdot \overline{\overline{G}}_e(\boldsymbol{R},\boldsymbol{R}')\mathrm{d}V$$
$$= \oiint_S \{\boldsymbol{H}(\boldsymbol{R}) \cdot [\hat{n} \times \nabla \overline{\overline{G}}_e(\boldsymbol{R},\boldsymbol{R}')] - [\hat{n} \times \nabla \boldsymbol{H}(\boldsymbol{R})] \cdot \overline{\overline{G}}_e(\boldsymbol{R},\boldsymbol{R}')\}\mathrm{d}S. \tag{2.74}$$

利用
$$\nabla(\boldsymbol{a} \times \overline{\overline{b}}) = (\nabla \boldsymbol{a}) \cdot \overline{\overline{b}} - \boldsymbol{a} \cdot \nabla \overline{\overline{b}}, \tag{2.75}$$

可将(2.74)式中的体积分分为两项,即

$$\iiint_V [\nabla \boldsymbol{J}(\boldsymbol{R})] \cdot \overline{\overline{G}}_e(\boldsymbol{R},\boldsymbol{R}')\mathrm{d}V$$
$$= \iiint_V \{\nabla[\boldsymbol{J}(\boldsymbol{R}) \times \overline{\overline{G}}_e(\boldsymbol{R},\boldsymbol{R}')] + \boldsymbol{J}(\boldsymbol{R}) \cdot \nabla \overline{\overline{G}}_e(\boldsymbol{R},\boldsymbol{R}')\}\mathrm{d}V. \tag{2.76}$$

利用并矢散度定理,并矢函数散度的体积分可变换为面积分

$$\iiint_V \nabla[\boldsymbol{J}(\boldsymbol{R}) \times \overline{\overline{G}}_e(\boldsymbol{R},\boldsymbol{R}')]\mathrm{d}V$$
$$= \oiint_S \hat{n} \cdot [\boldsymbol{J}(\boldsymbol{R}) \times \overline{\overline{G}}_e(\boldsymbol{R},\boldsymbol{R}')]\mathrm{d}S$$
$$= \oiint_S [\hat{n} \times \boldsymbol{J}(\boldsymbol{R})] \cdot \overline{\overline{G}}_e(\boldsymbol{R},\boldsymbol{R}')\mathrm{d}S. \tag{2.77}$$

于是,(2.74)式可以写成

$$\boldsymbol{H}(\boldsymbol{R}') - \iiint_V \boldsymbol{J}(\boldsymbol{R}) \cdot \nabla \overline{\overline{G}}_e(\boldsymbol{R},\boldsymbol{R}')\,\mathrm{d}V$$
$$= \oiint_S \{\boldsymbol{H}(\boldsymbol{R}) \cdot [\hat{n} \times \nabla \overline{\overline{G}}_e(\boldsymbol{R},\boldsymbol{R}')] - (\hat{n} \times [\nabla \boldsymbol{H}(\boldsymbol{R}) - \boldsymbol{J}(\boldsymbol{R})])$$
$$\cdot \overline{\overline{G}}_e(\boldsymbol{R},\boldsymbol{R}')\}\mathrm{d}S. \tag{2.78}$$

因为
$$\nabla \boldsymbol{H}(\boldsymbol{R}) = \boldsymbol{J}(\boldsymbol{R}) - \mathrm{i}\omega\varepsilon_0 \boldsymbol{E}(\boldsymbol{R}),$$

故

$$\boldsymbol{H}(\boldsymbol{R}') - \iiint_V \boldsymbol{J}(\boldsymbol{R}) \cdot \nabla \overline{\overline{G}}_e(\boldsymbol{R},\boldsymbol{R}')\mathrm{d}V$$
$$= \oiint_s \{\boldsymbol{H}(\boldsymbol{R}) \cdot [\hat{n} \times \nabla \overline{\overline{G}}_e(\boldsymbol{R},\boldsymbol{R}')] - \mathrm{i}\omega\varepsilon_0[\hat{n} \times \boldsymbol{E}(\boldsymbol{R})]$$
$$\cdot \overline{\overline{G}}_e(\boldsymbol{R},\boldsymbol{R}')\}\mathrm{d}S. \tag{2.79}$$

(2.79)式是与(2.71)式相对应的方程,它们之间的关系将在后面给

出.现在考虑内部由物体表面 S_d 外部由无限大球面 S_∞ 所界定的区域.在 S_∞,$\boldsymbol{E}(\boldsymbol{R})$ 和 $\boldsymbol{H}(\boldsymbol{R})$ 满足辐射条件

$$\lim_{R\to\infty} R[\nabla \boldsymbol{E}(\boldsymbol{R}) - \mathrm{i}k\hat{R}\times\boldsymbol{E}(\boldsymbol{R})] = 0, \tag{2.80}$$

及

$$\lim_{R\to\infty} R[\nabla \boldsymbol{H}(\boldsymbol{R}) - \mathrm{i}k\hat{R}\times\boldsymbol{H}(\boldsymbol{R})] = 0. \tag{2.81}$$

电矢量格林函数 $\overline{\overline{\boldsymbol{G}}}_{ej}(\boldsymbol{R},\boldsymbol{R}')(j=1,2,3)$ 满足与(2.80)式同样的条件,将 $\overline{\overline{\boldsymbol{G}}}_{ej}(\boldsymbol{R},\boldsymbol{R}')(j=1,2,3)$ 的三个方程合并成并矢形式,就得到 $\overline{\overline{G}}_e(\boldsymbol{R},\boldsymbol{R}')$ 的辐射条件

$$\lim_{R\to\infty} R[\nabla \overline{\overline{G}}_e(\boldsymbol{R},\boldsymbol{R}') - \mathrm{i}k\hat{R}\times\overline{\overline{G}}_e(\boldsymbol{R},\boldsymbol{R}')] = 0. \tag{2.82}$$

$\overline{\overline{G}}_m(\boldsymbol{R},\boldsymbol{R}')$ 函数在无穷远处也满足同样的条件.根据辐射条件,(2.71)及(2.79)式中的面积分项在 S_∞ 上应等于零,只需考虑 S_d 的贡献,因此,在式中可用 S_d 替换 S.

电型并矢格林函数是根据在 S_d 上这一函数所满足的边界条件来分类的.第一类电型并矢格林函数 $\overline{\overline{G}}_{e1}(\boldsymbol{R},\boldsymbol{R}')$ 在 S_d 上需满足并矢狄里克莱条件

$$\hat{n}\times\overline{\overline{G}}_{e1}(\boldsymbol{R},\boldsymbol{R}') = 0 \quad (\text{在 } S_d \text{ 上}). \tag{2.83}$$

此时,(2.71)式简化为

$$\boldsymbol{E}(\boldsymbol{R}') - \mathrm{i}\omega\mu_0\iiint_V \boldsymbol{J}(\boldsymbol{R})\cdot\overline{\overline{G}}_{e1}(\boldsymbol{R},\boldsymbol{R}')\mathrm{d}V$$
$$= -\oiint_{S_d}[\hat{n}\times\boldsymbol{E}(\boldsymbol{R})]\cdot\nabla\overline{\overline{G}}_{e1}(\boldsymbol{R},\boldsymbol{R}')\mathrm{d}S. \tag{2.84}$$

如果面 S_d 表示的是一完纯导体的表面,如图 2-2(a) 所示,则 $\hat{n}\times\boldsymbol{E}(\boldsymbol{R})=0$,沿 S_d 表面积分为零,就得到

$$\boldsymbol{E}(\boldsymbol{R}') = \mathrm{i}\omega\mu_0\iiint_V \boldsymbol{J}(\boldsymbol{R})\cdot\overline{\overline{G}}_{e1}(\boldsymbol{R},\boldsymbol{R}')\mathrm{d}V. \tag{2.85}$$

若已知 $\overline{\overline{G}}_{e1}(\boldsymbol{R},\boldsymbol{R}')$,就可求得 $\boldsymbol{E}(\boldsymbol{R}')$.本书许多章节详细讨论了一些简单形体的这类并矢格林函数的求解.

对于像图 2-2(b) 所示的开孔导电柱体,柱外无电流源,则(2.71)式简化为

$$\boldsymbol{E}(\boldsymbol{R}') = -\iint_{S_A}[\hat{n}\times\boldsymbol{E}(\boldsymbol{R})]\cdot\nabla\overline{\overline{G}}_{e1}(\boldsymbol{R},\boldsymbol{R}')\mathrm{d}S. \tag{2.86}$$

这里，S_A 表示柱上的口径面. 给定口径场分布，利用 $\nabla\bar{\bar{G}}_{e1}(\boldsymbol{R},\boldsymbol{R}')$ 就可计算柱外场的分布.

若电型并矢格林函数在 S_d 上需满足并矢纽曼边界条件，即

$$\hat{n}\times\nabla\bar{\bar{G}}_{e2}(\boldsymbol{R},\boldsymbol{R}')=0\quad(在\ S_d\ 上),\tag{2.87}$$

则 $\bar{\bar{G}}_{e2}(\boldsymbol{R},\boldsymbol{R}')$ 称为第二类电型并矢格林函数，在(2.79)式中用 S_d 替换 S，用 $\bar{\bar{G}}_{e2}(\boldsymbol{R},\boldsymbol{R}')$ 替换 $\bar{\bar{G}}_e(\boldsymbol{R},\boldsymbol{R}')$，就得到

$$\begin{aligned}\boldsymbol{H}(\boldsymbol{R}')&-\iiint_V\boldsymbol{J}(\boldsymbol{R})\cdot\nabla\bar{\bar{G}}_{e2}(\boldsymbol{R},\boldsymbol{R}')\mathrm{d}V\\&=-\mathrm{i}\omega\epsilon_0\iint_{S_d}[\hat{n}\times\boldsymbol{E}(\boldsymbol{R})]\cdot\bar{\bar{G}}_{e2}(\boldsymbol{R},\boldsymbol{R}')\mathrm{d}S.\end{aligned}\tag{2.88}$$

对于完纯导体，面积分项为零，可得

$$\boldsymbol{H}(\boldsymbol{R}')=\iiint\boldsymbol{J}(\boldsymbol{R})\cdot\nabla\bar{\bar{G}}_{e2}(\boldsymbol{R},\boldsymbol{R}')\mathrm{d}V.\tag{2.89}$$

对于开孔的导体面，若体外无电流源，则(2.88)式简化为

$$\boldsymbol{H}(\boldsymbol{R}')=-\mathrm{i}\omega\epsilon_0\iint_{S_A}[\hat{n}\times\boldsymbol{E}(\boldsymbol{R})]\cdot\bar{\bar{G}}_{e2}(\boldsymbol{R},\boldsymbol{R}')\mathrm{d}S.\tag{2.90}$$

后面将会说明，(2.88)式与(2.84)式是相当的.

磁型并矢格林函数 $\bar{\bar{G}}_m$ 的分类可以从 $\bar{\bar{G}}_e$ 和 $\bar{\bar{G}}_m$ 之间的关系导出，$\bar{\bar{G}}_e$ 和 $\bar{\bar{G}}_m$ 之间有关系

$$\nabla\bar{\bar{G}}_e=\bar{\bar{G}}_m,\tag{2.91}$$

$$\nabla\bar{\bar{G}}_m=\bar{\bar{I}}\delta(\boldsymbol{R}-\boldsymbol{R}')+k^2\bar{\bar{G}}_e.\tag{2.92}$$

第一类磁型并矢格林函数 $\bar{\bar{G}}_{m1}$ 在 S_d 上需满足的边界条件为

$$\hat{n}\times\bar{\bar{G}}_{m1}=0\quad(在\ S_d\ 上).\tag{2.93}$$

由(2.91)式及(2.87)式可以看出，(2.93)式所表述的条件与 $\bar{\bar{G}}_{e2}$ 所满足的纽曼边界条件相当，于是

$$\nabla\bar{\bar{G}}_{e2}=\bar{\bar{G}}_{m1}.\tag{2.94}$$

第二类磁型并矢格林函数 $\bar{\bar{G}}_{m2}$ 在 S_d 上需满足边界条件

$$\hat{n}\times\nabla\bar{\bar{G}}_{m2}=0\quad(在\ S_d\ 上).\tag{2.95}$$

由(2.92)式及(2.83)式可以看出，(2.95)式所表述的条件与 $\bar{\bar{G}}_{e1}$ 所满足的狄里克莱边界条件相当，于是

$$\nabla\bar{\bar{G}}_{m2}=\bar{\bar{I}}\delta(\boldsymbol{R}-\boldsymbol{R}')+k^2\bar{\bar{G}}_{e1}.\tag{2.96}$$

$\overline{\overline{G}}_{m2}$ 是一有旋并矢函数

$$\nabla \overline{\overline{G}}_{m2} = 0. \tag{2.97}$$

$\overline{\overline{G}}_{m2}$ 较易确定，于是，由(2.96)式就容易得到 $\overline{\overline{G}}_{e1}$ 的表达式.

对于像图 2-2(d) 所示的包含两种各向同性媒质的问题，将用到第三类并矢格林函数. 这类函数将用有两个数字的上角标来表示，分别用 $\overline{\overline{G}}_e^{(11)}$、$\overline{\overline{G}}_e^{(12)}$、$\overline{\overline{G}}_e^{(22)}$、$\overline{\overline{G}}_e^{(21)}$ 表示四个电型并矢格林函数，用 $\overline{\overline{G}}_m^{(11)}$、$\overline{\overline{G}}_m^{(12)}$、$\overline{\overline{G}}_m^{(22)}$、$\overline{\overline{G}}_m^{(21)}$ 表示四个磁型并矢格林函数. 对于两种以上媒质的问题，其并矢格林函数可用 $\overline{\overline{G}}_e^{(ij)}$、$\overline{\overline{G}}_m^{(ij)}$ 表示，i 和 j 取值从 1 到媒质种量. 这样，由于用了两个数字的上角标，就无须再用下标"3"来表示第三类并矢格林函数. 若电流源在区域 Ⅰ 中，则电磁场的波方程为

$$\nabla\nabla \boldsymbol{E}_1(\boldsymbol{R}) - k_1^2\boldsymbol{E}_1(\boldsymbol{R}) = \mathrm{i}\omega\mu_1\boldsymbol{J}_1(\boldsymbol{R}), \tag{2.98}$$

$$\nabla\nabla \boldsymbol{E}_2(\boldsymbol{R}) - k_2^2\boldsymbol{E}_2(\boldsymbol{R}) = 0, \tag{2.99}$$

$$\nabla\nabla \boldsymbol{H}_1(\boldsymbol{R}) - k_1^2\boldsymbol{H}_1(\boldsymbol{R}) = \nabla \boldsymbol{J}_1(\boldsymbol{R}), \tag{2.100}$$

$$\nabla\nabla \boldsymbol{H}_2(\boldsymbol{R}) - k_2^2\boldsymbol{H}_2(\boldsymbol{R}) = 0. \tag{2.101}$$

若电流源在区域 Ⅱ 中，则相应的波方程为

$$\nabla\nabla \boldsymbol{E}_1(\boldsymbol{R}) - k_1^2\boldsymbol{E}_1(\boldsymbol{R}) = 0, \tag{2.102}$$

$$\nabla\nabla \boldsymbol{E}_2(\boldsymbol{R}) - k_2^2\boldsymbol{E}_2(\boldsymbol{R}) = \mathrm{i}\omega\mu_2\boldsymbol{J}_2(\boldsymbol{R}), \tag{2.103}$$

$$\nabla\nabla \boldsymbol{H}_1(\boldsymbol{R}) - k_1^2\boldsymbol{H}_1(\boldsymbol{R}) = 0, \tag{2.104}$$

$$\nabla\nabla \boldsymbol{H}_2(\boldsymbol{R}) - k_2^2\boldsymbol{H}_2(\boldsymbol{R}) = \nabla \boldsymbol{J}_2(\boldsymbol{R}). \tag{2.105}$$

用以积分(2.98)和(2.99)式的电型并矢格林函数波方程为

$$\nabla\nabla \overline{\overline{G}}_e^{(11)}(\boldsymbol{R},\boldsymbol{R}') - k_1^2\overline{\overline{G}}_e^{(11)}(\boldsymbol{R},\boldsymbol{R}') = \overline{\overline{I}}\delta(\boldsymbol{R}-\boldsymbol{R}'), \tag{2.106}$$

$$\nabla\nabla \overline{\overline{G}}_e^{(21)}(\boldsymbol{R},\boldsymbol{R}') - k_2^2\overline{\overline{G}}_e^{(21)}(\boldsymbol{R},\boldsymbol{R}') = 0. \tag{2.107}$$

(2.102)、(2.103) 两式需用到 $\overline{\overline{G}}_e^{(12)}$、$\overline{\overline{G}}_e^{(22)}$，它们满足

$$\nabla\nabla \overline{\overline{G}}_e^{(12)}(\boldsymbol{R},\boldsymbol{R}') - k_1^2\overline{\overline{G}}_e^{(12)}(\boldsymbol{R},\boldsymbol{R}') = 0, \tag{2.108}$$

$$\nabla\nabla \overline{\overline{G}}_e^{(22)}(\boldsymbol{R},\boldsymbol{R}') - k_2^2\overline{\overline{G}}_e^{(22)}(\boldsymbol{R},\boldsymbol{R}') = \overline{\overline{I}}\delta(\boldsymbol{R}-\boldsymbol{R}'). \tag{2.109}$$

$\overline{\overline{G}}_e^{(11)}$ 的上角标表示场点和源点都在区域 Ⅰ 中，$\overline{\overline{G}}_e^{(12)}$ 的上角标则表示场点在区域 Ⅰ 中而源点在区域 Ⅱ 中，其余依次类推. 第三类磁型并矢格林函数与第三类电型并矢格林函数之间的关系为

$$\nabla \overline{\overline{G}}_e^{(ii)}(\boldsymbol{R},\boldsymbol{R}') = \overline{\overline{G}}_m^{(ii)}(\boldsymbol{R},\boldsymbol{R}'), \tag{2.110}$$

$$\nabla \overline{\overline{G}}_m^{(ii)}(\boldsymbol{R},\boldsymbol{R}') = \overline{\overline{I}}\delta(\boldsymbol{R}-\boldsymbol{R}') - k_i^2\overline{\overline{G}}_e^{(ii)}(\boldsymbol{R},\boldsymbol{R}'). \tag{2.111}$$

此处，$i=1,2$. 对于 $i,j=1,2$ 且 $i\neq j$，有

$$\nabla\times\bar{\bar{G}}_e^{(ij)}(\boldsymbol{R},\boldsymbol{R}')=\bar{\bar{G}}_m^{(ij)}(\boldsymbol{R},\boldsymbol{R}'),\tag{2.112}$$

$$\nabla\times\bar{\bar{G}}_m^{(ij)}(\boldsymbol{R},\boldsymbol{R}')=k_j^2\bar{\bar{G}}_e^{(ij)}(\boldsymbol{R},\boldsymbol{R}').\tag{2.113}$$

对(2.106) ~ (2.109)式取旋度并利用(2.110)式和(2.112)式，可得到 $\bar{\bar{G}}_m^{(ij)}$ 的波方程，借助于第三类电型并矢格林函数可得到(2.98) ~ (2.99)式和(2.102) ~ (2.103)式的积分解. 在区域 Ⅰ 中应用第二矢量 - 并矢格林定理，在(2.65)式中取

$$\boldsymbol{P}=\boldsymbol{E}_1(\boldsymbol{R}),$$

$$\bar{\bar{Q}}=\bar{\bar{G}}_e^{(11)}(\boldsymbol{R},\boldsymbol{R}').$$

这里，$\boldsymbol{E}_1(\boldsymbol{R})$ 满足(2.98)式. $\bar{\bar{G}}_e^{(11)}(\boldsymbol{R},\boldsymbol{R}')$ 满足(2.106)式. 消去对于无穷远处的面积分后，得到

$$\begin{aligned}&\boldsymbol{E}_1(\boldsymbol{R}')-\mathrm{i}\omega\mu_1\iiint_{V_1}\boldsymbol{J}_1(\boldsymbol{R})\cdot\bar{\bar{G}}_e^{(11)}(\boldsymbol{R},\boldsymbol{R}')\mathrm{d}V\\&=-\iint_S\{[\hat{n}_1\times\nabla\times\boldsymbol{E}_1(\boldsymbol{R})]\cdot\bar{\bar{G}}_e^{(11)}(\boldsymbol{R},\boldsymbol{R}')\\&\quad+[\hat{n}_1\times\boldsymbol{E}_1(\boldsymbol{R})]\cdot\nabla\times\bar{\bar{G}}_e^{(11)}(\boldsymbol{R},\boldsymbol{R}')\}\mathrm{d}S.\end{aligned}\tag{2.114}$$

式中：V_1 表示区域 Ⅰ 的体积；S 表示两媒质界面；$\hat{n}_1$ 表示区域 Ⅰ 的单位外法矢.

将(2.65)式应用到区域 Ⅱ 中，取

$$\boldsymbol{P}=\boldsymbol{E}_2(\boldsymbol{R}),$$

$$\bar{\bar{Q}}=\bar{\bar{G}}_e^{(21)}(\boldsymbol{R},\boldsymbol{R}').$$

$\boldsymbol{E}_2(\boldsymbol{R})$、$\bar{\bar{G}}_e^{(21)}(\boldsymbol{R},\boldsymbol{R}')$ 分别满足(2.99)式和(2.107)式. 消去对于无穷远处的面积分后，得到

$$\begin{aligned}&\iint_S\{[\hat{n}_1\times\nabla\times\boldsymbol{E}_2(\boldsymbol{R})]\cdot\bar{\bar{G}}_e^{(21)}(\boldsymbol{R},\boldsymbol{R}')+[\hat{n}_1\times\boldsymbol{E}_2(\boldsymbol{R})]\\&\quad\cdot\nabla\times\bar{\bar{G}}_e^{(21)}(\boldsymbol{R},\boldsymbol{R}')\}\mathrm{d}S=0.\end{aligned}\tag{2.115}$$

在界面上，电磁场和相应的并矢格林函数满足边界条件

$$\hat{n}_1\times[\boldsymbol{E}_1(\boldsymbol{R})-\boldsymbol{E}_2(\boldsymbol{R})]=0,\tag{2.116}$$

$$\hat{n}_1\times[\boldsymbol{H}_1(\boldsymbol{R})-\boldsymbol{H}_2(\boldsymbol{R})]=0,\tag{2.117}$$

$$\hat{n}_1\times[\bar{\bar{G}}_e^{(11)}(\boldsymbol{R},\boldsymbol{R}')-\bar{\bar{G}}_e^{(21)}(\boldsymbol{R},\boldsymbol{R}')]=0,\tag{2.118}$$

$$\hat{n}_1 \times \left[\frac{\nabla \bar{\bar{G}}_e^{(11)}(\boldsymbol{R},\boldsymbol{R}')}{\mu_1} - \frac{\nabla \bar{\bar{G}}_e^{(21)}(\boldsymbol{R},\boldsymbol{R}')}{\mu_2}\right] = 0. \quad (2.119)$$

方程(2.118)和(2.119)分别是(2.116)式和(2.117)式对于点源的并矢形式.(2.119)式中出现μ_1和μ_2是由于

$$\nabla \boldsymbol{E}_1(\boldsymbol{R}) = \mathrm{i}\omega\mu_1 \boldsymbol{H}_1(\boldsymbol{R}), \quad (2.120)$$

$$\nabla \boldsymbol{E}_2(\boldsymbol{R}) = \mathrm{i}\omega\mu_2 \boldsymbol{H}_2(\boldsymbol{R}), \quad (2.121)$$

和

$$\nabla \bar{\bar{G}}_e^{(11)}(\boldsymbol{R},\boldsymbol{R}') = \bar{\bar{G}}_m^{(11)}(\boldsymbol{R},\boldsymbol{R}'), \quad (2.122)$$

$$\nabla \bar{\bar{G}}_e^{(21)}(\boldsymbol{R},\boldsymbol{R}') = \bar{\bar{G}}_m^{(21)}(\boldsymbol{R},\boldsymbol{R}'). \quad (2.123)$$

利用这些边界条件,可以看到,(2.114)式中的面积分项恰与(2.115)式只差一个负号.因此,(2.114)式的面积分项为零,简化为

$$\boldsymbol{E}_1(\boldsymbol{R}') = \mathrm{i}\omega\mu_1 \iiint_{V_1} \boldsymbol{J}_1(\boldsymbol{R}) \cdot \bar{\bar{G}}_e^{(11)}(\boldsymbol{R},\boldsymbol{R}')\mathrm{d}V. \quad (2.124)$$

这里,$\boldsymbol{R}'$是场点的位置矢量,$\boldsymbol{R}$是电流源中一点的位置矢量.

当电流源在区域Ⅰ中时,为了求得$\boldsymbol{E}_2(\boldsymbol{R})$,在区域Ⅱ中应用(2.65)式,并取$\boldsymbol{P} = \boldsymbol{E}_2(\boldsymbol{R}), \bar{\bar{Q}} = \bar{\bar{G}}_e^{(22)}(\boldsymbol{R},\boldsymbol{R}')$,$\boldsymbol{E}_2(\boldsymbol{R})$和$\bar{\bar{G}}_e^{(22)}$分别满足(2.99)和(2.109)式,于是

$$\begin{aligned}\boldsymbol{E}_2(\boldsymbol{R}') = \iint_S \{&[\hat{n}_1 \times \nabla \boldsymbol{E}_2(\boldsymbol{R})] \cdot \bar{\bar{G}}_e^{(22)}(\boldsymbol{R},\boldsymbol{R}') \\ &- [\hat{n}_1 \times \boldsymbol{E}_2(\boldsymbol{R})] \cdot \nabla \bar{\bar{G}}_e^{(22)}(\boldsymbol{R},\boldsymbol{R}')\}\mathrm{d}S. \end{aligned} \quad (2.125)$$

式中已经消去了无穷远处的面积分.除(2.116)和(2.117)两式之外,$\bar{\bar{G}}_e^{(22)}$和$\nabla \bar{\bar{G}}_e^{(22)}$的边界条件是

$$\hat{n}_1 \times [\bar{\bar{G}}_e^{(22)}(\boldsymbol{R},\boldsymbol{R}') - \bar{\bar{G}}_e^{(12)}(\boldsymbol{R},\boldsymbol{R}')] = 0, \quad (2.126)$$

$$\hat{n}_1 \times \left[\frac{\nabla \bar{\bar{G}}_e^{(22)}(\boldsymbol{R},\boldsymbol{R}')}{\mu_2} - \frac{\nabla \bar{\bar{G}}_e^{(12)}(\boldsymbol{R},\boldsymbol{R}')}{\mu_1}\right] = 0. \quad (2.127)$$

因此,(2.125)式可写为

$$\begin{aligned}\boldsymbol{E}_2(\boldsymbol{R}') = \frac{\mu_2}{\mu_1}\iint_S \{&[\hat{n}_1 \times \nabla \boldsymbol{E}_1(\boldsymbol{R})] \cdot \bar{\bar{G}}_e^{(12)}(\boldsymbol{R},\boldsymbol{R}') \\ &+ [\hat{n}_1 \times \boldsymbol{E}_1(\boldsymbol{R})] \cdot \nabla \bar{\bar{G}}_e^{(12)}(\boldsymbol{R},\boldsymbol{R}')\}\mathrm{d}S. \end{aligned} \quad (2.128)$$

在区域Ⅰ中应用(2.65)式,并取$\boldsymbol{P} = \boldsymbol{E}_1(\boldsymbol{R}), \bar{\bar{Q}} = \bar{\bar{G}}_e^{(12)}(\boldsymbol{R},\boldsymbol{R}')$,$\boldsymbol{E}_1$和$\bar{\bar{G}}_e^{(12)}$分别满足(2.98)式和(2.108)式,可得

$$\mathrm{i}\omega\mu_1\iiint_{V_1}\boldsymbol{J}_1(\boldsymbol{R})\cdot\overline{\overline{G}}_e^{(12)}(\boldsymbol{R},\boldsymbol{R}')\mathrm{d}V$$
$$=\iint_S\{[\hat{n}_1\times\nabla\boldsymbol{E}_1(\boldsymbol{R})]$$
$$\cdot\overline{\overline{G}}_e^{(12)}(\boldsymbol{R},\boldsymbol{R}')+[\hat{n}_1\times\boldsymbol{E}_1(\boldsymbol{R})]\cdot\nabla\overline{\overline{G}}_e^{(12)}(\boldsymbol{R},\boldsymbol{R}')\}\mathrm{d}S.\quad(2.129)$$

可以看到,(2.128)和(2.129)两式中的面积分是一样的,于是得到

$$\boldsymbol{E}_2(\boldsymbol{R}')=\mathrm{i}\omega\mu_2\iiint_{V_1}\boldsymbol{J}_1(\boldsymbol{R})\cdot\overline{\overline{G}}_e^{(12)}(\boldsymbol{R},\boldsymbol{R}')\mathrm{d}S.\quad(2.130)$$

由(2.124)和(2.130)式可以十分清楚地看到两个电型并矢格林函数$\overline{\overline{G}}_e^{(11)}$和$\overline{\overline{G}}_e^{(12)}$的重要性.这里讨论的问题类似于由具有不同线常数的两截半无限长传输线组成的组合传输线的问题.可以看到,导磁率μ_1出现在(2.124)式中,而μ_2出现在(2.130)式中,若考虑的媒质是非磁性的,则$\mu_1=\mu_2=\mu_0$.

由于区域Ⅰ和Ⅱ的符号是任意的.在(2.124)式和(2.130)式中将"1"和"2"对换,就得到当电流源在区域Ⅱ中时(2.102)式和(2.103)式的解.它们是

$$\boldsymbol{E}_2(\boldsymbol{R}')=\mathrm{i}\omega\mu_2\iiint_{V_2}\boldsymbol{J}_2(\boldsymbol{R})\cdot\overline{\overline{G}}_e^{(22)}(\boldsymbol{R},\boldsymbol{R}')\mathrm{d}V,\quad(2.131)$$

$$\boldsymbol{E}_1(\boldsymbol{R}')=\mathrm{i}\omega\mu_1\iiint_{V_2}\boldsymbol{J}_2(\boldsymbol{R})\cdot\overline{\overline{G}}_e^{(21)}(\boldsymbol{R},\boldsymbol{R}')\mathrm{d}V.\quad(2.132)$$

至此,四个第三类电型并矢格林函数就全部在公式中得到应用.

前面,已经利用第一类、第二类和第三类并矢格林函数得到了不同类型的电磁场问题的积分解,惟一的不便之处是在(2.124)、(2.130)、(2.131)及(2.132)四式中$\boldsymbol{R}'$被用来表示场点的位置矢量,而$\boldsymbol{R}$则表示源内一点的位置矢量.这种不便还不仅表现在表示符号上,它还含有更深的蕴涵.例如,在(2.131)式中若将$\boldsymbol{R}'$与$\boldsymbol{R}$互换,则有

$$\boldsymbol{E}_2(\boldsymbol{R})=\mathrm{i}\omega\mu_2\iiint_{V_2}\boldsymbol{J}_2(\boldsymbol{R}')\cdot\overline{\overline{G}}_e^{(22)}(\boldsymbol{R},\boldsymbol{R}')\mathrm{d}V'.\quad(2.133)$$

式中:$\boldsymbol{R}$变成了场点的位置矢量,而$\boldsymbol{R}'$则变成了源点的位置矢量,这当然是一种方便的表示法.但是,$\overline{\overline{G}}_e^{(22)}(\boldsymbol{R}',\boldsymbol{R})$中两个位置矢量的这

种排列顺序暗含这一函数满足微分方程

$$\nabla'\nabla'\overline{\overline{G}}_e^{(22)}(\boldsymbol{R}',\boldsymbol{R})-k_2^2\overline{\overline{G}}_e^{(22)}(\boldsymbol{R}',\boldsymbol{R})=\overline{\overline{I}}\delta(\boldsymbol{R}'-\boldsymbol{R}).\quad(2.134)$$

换句话说,它是被定义在一个带撇的坐标系,源则位于位置矢量为 $\boldsymbol{R}$ 之点,为了能用原来不带撇的坐标系,就需要知道 $\overline{\overline{G}}_e^{(22)}(\boldsymbol{R},\boldsymbol{R}')$ 和 $\overline{\overline{G}}_e^{(22)}(\boldsymbol{R}',\boldsymbol{R})$ 之间的对称关系,这样才能将(2.133)式变换为利用 $\overline{\overline{G}}_e^{(22)}(\boldsymbol{R},\boldsymbol{R}')$ 表示的形式.并矢格林函数的对称关系不仅仅是数学上的变换关系,它们与电磁理论中的互易定理有密切的联系.这个问题将在后面两节中详细讨论.

2.4 并矢格林函数的对称性

在2.2节中,曾得到自由空间并矢格林函数 $\overline{\overline{G}}_{e0}$ 与 $\overline{\overline{G}}_{m0}$ 的显式,由此可以推得它们的对称关系.下面,先重写(2.44)、(2.45)式:

$$\overline{\overline{G}}_{e0}(\boldsymbol{R},\boldsymbol{R}')=\left(\overline{\overline{I}}+\frac{1}{k^2}\nabla\nabla\right)G_0(\boldsymbol{R},\boldsymbol{R}'),\quad(2.135)$$

$$\overline{\overline{G}}_{m0}(\boldsymbol{R},\boldsymbol{R}')=\nabla[\overline{\overline{I}}G_0(\boldsymbol{R},\boldsymbol{R}')].\quad(2.136)$$

式中: $$G_0(\boldsymbol{R},\boldsymbol{R}')=\mathrm{e}^{ik|\boldsymbol{R}-\boldsymbol{R}'|}/4\pi\,|\boldsymbol{R}-\boldsymbol{R}'|.\quad(2.137)$$

用 ∇' 表示带撇的变量 (x',y',z') 的梯度算子,则有 $\nabla'G_0=-\nabla G_0$, $\nabla'\nabla'G_0=\nabla\nabla G_0$,将(2.135)式中的 $\boldsymbol{R}$ 和 $\boldsymbol{R}'$ 互换,则

$$\begin{aligned}\overline{\overline{G}}_{e0}(\boldsymbol{R}',\boldsymbol{R})&=\left(\overline{\overline{I}}+\frac{1}{k^2}\nabla'\nabla'\right)G_0(\boldsymbol{R}',\boldsymbol{R})\\&=\left(\overline{\overline{I}}+\frac{1}{k^2}\nabla\nabla\right)G_0(\boldsymbol{R},\boldsymbol{R}')\\&=\overline{\overline{G}}_{e0}(\boldsymbol{R},\boldsymbol{R}').\end{aligned}\quad(2.138)$$

可见,$\overline{\overline{G}}_{e0}(\boldsymbol{R},\boldsymbol{R}')$ 或 $\overline{\overline{G}}_{e0}(\boldsymbol{R}',\boldsymbol{R})$ 是一对称并矢:

$$[\overline{\overline{G}}_{e0}(\boldsymbol{R}',\boldsymbol{R})]^{\mathrm{T}}=\overline{\overline{G}}_{e0}(\boldsymbol{R}',\boldsymbol{R}),\quad(2.139)$$

因此, $$[\overline{\overline{G}}_{e0}(\boldsymbol{R}',\boldsymbol{R})]^{\mathrm{T}}=\overline{\overline{G}}_{e0}(\boldsymbol{R},\boldsymbol{R}').\quad(2.140)$$

这就是 $\overline{\overline{G}}_{e0}(\boldsymbol{R}',\boldsymbol{R})$ 和 $\overline{\overline{G}}_{e0}(\boldsymbol{R},\boldsymbol{R}')$ 的对称关系.对于 $\overline{\overline{G}}_{m0}$,若将(2.136)式中的 $\boldsymbol{R}$ 与 $\boldsymbol{R}'$ 互换,则

$$\bar{\bar{G}}_{m0}(\boldsymbol{R}',\boldsymbol{R}) = \nabla'[\bar{\bar{I}}G_0(\boldsymbol{R}',\boldsymbol{R})]$$
$$= -\nabla[\bar{\bar{I}}G_0(\boldsymbol{R},\boldsymbol{R}')] = -\bar{\bar{G}}_{m0}(\boldsymbol{R},\boldsymbol{R}'). \tag{2.141}$$

可见，$\bar{\bar{G}}_{m0}(\boldsymbol{R}',\boldsymbol{R})$ 是一反对称并矢，即

$$[\bar{\bar{G}}_{m0}(\boldsymbol{R}',\boldsymbol{R})]^{\mathrm{T}} = -\bar{\bar{G}}_{m0}(\boldsymbol{R}',\boldsymbol{R}), \tag{2.142}$$

因此

$$[\bar{\bar{G}}_{m0}(\boldsymbol{R}',\boldsymbol{R})]^{\mathrm{T}} = \bar{\bar{G}}_{m0}(\boldsymbol{R},\boldsymbol{R}'). \tag{2.143}$$

这就是 $\bar{\bar{G}}_{m0}(\boldsymbol{R}',\boldsymbol{R})$ 和 $\bar{\bar{G}}_{m0}(\boldsymbol{R},\boldsymbol{R}')$ 之间的对称关系.

若散射体不存在，则(2.71)式和(2.79)式中的面积分不存在，函数 $\bar{\bar{G}}_e$ 和 $\bar{\bar{G}}_m$ 在该点就相当于 $\bar{\bar{G}}_{e0}(\boldsymbol{R}',\boldsymbol{R})$ 和 $\bar{\bar{G}}_{m0}(\boldsymbol{R}',\boldsymbol{R})$，因而

$$\boldsymbol{E}(\boldsymbol{R}') = \mathrm{i}\omega\mu_0 \iiint \boldsymbol{J}(\boldsymbol{R}) \cdot \bar{\bar{G}}_{e0}(\boldsymbol{R},\boldsymbol{R}')\mathrm{d}V, \tag{2.144}$$

$$\boldsymbol{H}(\boldsymbol{R}') = \iiint \boldsymbol{J}(\boldsymbol{R}) \cdot \nabla \bar{\bar{G}}_{e0}(\boldsymbol{R},\boldsymbol{R}')\mathrm{d}V$$
$$= \iiint \boldsymbol{J}(\boldsymbol{R}) \cdot \bar{\bar{G}}_{m0}(\boldsymbol{R},\boldsymbol{R}')\mathrm{d}V. \tag{2.145}$$

在上两式中将 $\boldsymbol{R}$ 与 $\boldsymbol{R}'$ 互换，并利用(2.140)式和(2.143)式，可得

$$\boldsymbol{E}(\boldsymbol{R}) = \mathrm{i}\omega\mu_0 \iiint \boldsymbol{J}(\boldsymbol{R}') \cdot \bar{\bar{G}}_{e0}(\boldsymbol{R}',\boldsymbol{R})\mathrm{d}V'$$
$$= \mathrm{i}\omega\mu_0 \iiint [\bar{\bar{G}}_{e0}(\boldsymbol{R}',\boldsymbol{R})]^{\mathrm{T}} \cdot \boldsymbol{J}(\boldsymbol{R}')\mathrm{d}V'.$$

于是

$$\boldsymbol{E}(\boldsymbol{R}) = \mathrm{i}\omega\mu_0 \iiint \bar{\bar{G}}_{e0}(\boldsymbol{R},\boldsymbol{R}') \cdot \boldsymbol{J}(\boldsymbol{R}')\mathrm{d}V'. \tag{2.146}$$

同样，

$$\boldsymbol{H}(\boldsymbol{R}) = \iiint \boldsymbol{J}(\boldsymbol{R}') \cdot \bar{\bar{G}}_{m0}(\boldsymbol{R}',\boldsymbol{R})\mathrm{d}V'$$
$$= \iiint [\bar{\bar{G}}_{m0}(\boldsymbol{R}',\boldsymbol{R})]^{\mathrm{T}} \cdot \boldsymbol{J}(\boldsymbol{R}')\mathrm{d}V'$$
$$= \iiint \bar{\bar{G}}_{m0}(\boldsymbol{R},\boldsymbol{R}') \cdot \boldsymbol{J}(\boldsymbol{R}')\mathrm{d}V', \tag{2.147}$$

或

$$\boldsymbol{H}(\boldsymbol{R}) = \iiint \nabla \bar{\bar{G}}_{e0}(\boldsymbol{R},\boldsymbol{R}') \cdot \boldsymbol{J}(\boldsymbol{R}')\mathrm{d}V'. \tag{2.148}$$

方程(2.146)和(2.148)是“标准的”表达式，可以用来计算自由空间有一电流分布 $\boldsymbol{J}(\boldsymbol{R}')$ 时的电磁场. 这里，$\boldsymbol{R}$ 是场点的位置矢量，

$\boldsymbol{R}'$ 是源点的位置矢量. 显然,

$$\nabla \boldsymbol{E}(\boldsymbol{R}) = \mathrm{i}\omega\mu_0 \boldsymbol{H}(\boldsymbol{R}),$$

$$\begin{aligned}\nabla \boldsymbol{H}(\boldsymbol{R}) &= \iiint \nabla\nabla \overline{\overline{G}}_{e0}(\boldsymbol{R},\boldsymbol{R}') \cdot \boldsymbol{J}(\boldsymbol{R}')\mathrm{d}V' \\ &= \iiint [k^2\overline{\overline{G}}_{e0}(\boldsymbol{R},\boldsymbol{R}') + \overline{\overline{I}}\delta(\boldsymbol{R}-\boldsymbol{R}')] \cdot \boldsymbol{J}(\boldsymbol{R}')\mathrm{d}V' \\ &= \boldsymbol{J}(\boldsymbol{R}) + k^2\iiint \overline{\overline{G}}_{e0}(\boldsymbol{R},\boldsymbol{R}') \cdot \boldsymbol{J}(\boldsymbol{R}')\mathrm{d}V' \\ &= \boldsymbol{J}(\boldsymbol{R}) - \mathrm{i}\omega\varepsilon_0 \boldsymbol{E}(\boldsymbol{R}).\end{aligned}$$

所以,由(2.146)式和(2.148)式给出的 $\boldsymbol{E}(\boldsymbol{R})$ 和 $\boldsymbol{H}(\boldsymbol{R})$ 满足麦克斯韦方程.

上面讨论了自由空间并矢格林函数的对称性,讨论中利用了这些函数的已知的表达式,下面将推导 $\overline{\overline{G}}_{e1}$、$\overline{\overline{G}}_{e2}$ 和 $\overline{\overline{G}}_e^{(ij)}$ 等函数的对称关系. 讨论中会用到附录 A 中引入的第二并矢 — 并矢格林定理,即

$$\iiint_V \{[\nabla\nabla \overline{\overline{Q}}]^{\mathrm{T}} \cdot \overline{\overline{P}} - [\overline{\overline{Q}}]^{\mathrm{T}} \cdot \nabla\nabla \overline{\overline{P}}\}\mathrm{d}V$$

$$= \oiint_S \{[\hat{n} \times \overline{\overline{Q}}]^{\mathrm{T}} \cdot \nabla \overline{\overline{P}} - [\nabla \overline{\overline{Q}}]^{\mathrm{T}} \cdot (\hat{n} \times \overline{\overline{P}})\}\mathrm{d}S. \tag{2.149}$$

取

$$\overline{\overline{P}} = \overline{\overline{G}}_{e1}(\boldsymbol{R},\boldsymbol{R}_a), \tag{2.150}$$

$$\overline{\overline{Q}} = \overline{\overline{G}}_{e1}(\boldsymbol{R},\boldsymbol{R}_b). \tag{2.151}$$

$\boldsymbol{R}_a$ 和 $\boldsymbol{R}_b$ 分别表示处于不同位置的两个点源的位置矢量, $\overline{\overline{G}}_{e1}$ 表示对于某一电磁场问题的第一类电型并矢格林函数,如图 2-1(a) 或(b)所示. 这两个函数是下列波方程的解:

$$\nabla\nabla \overline{\overline{G}}_{e1}(\boldsymbol{R},\boldsymbol{R}_a) - k^2\overline{\overline{G}}_{e1}(\boldsymbol{R},\boldsymbol{R}_a) = \overline{\overline{I}}\delta(\boldsymbol{R}-\boldsymbol{R}_a), \tag{2.152}$$

$$\nabla\nabla \overline{\overline{G}}_{e1}(\boldsymbol{R},\boldsymbol{R}_b) - k^2\overline{\overline{G}}_{e1}(\boldsymbol{R},\boldsymbol{R}_b) = \overline{\overline{I}}\delta(\boldsymbol{R}-\boldsymbol{R}_b). \tag{2.153}$$

它们在无穷远处都满足辐射条件,在 S_d 上,都满足狄里克莱边界条件 $\hat{n} \times \overline{\overline{G}}_{e1} = 0$.

将(2.150)及(2.151)两式代入(2.149)式并利用(2.152)式及(2.153)式,可得

$$\iiint_V \{k^2[\overline{\overline{G}}_{e1}(\boldsymbol{R},\boldsymbol{R}_b)]^{\mathrm{T}} - \overline{\overline{I}}\delta(\boldsymbol{R}-\boldsymbol{R}_b)\} \cdot \overline{\overline{G}}_{e1}((\boldsymbol{R},\boldsymbol{R}_a)$$

$$-[\overline{\overline{G}}_{e1}(\boldsymbol{R},\boldsymbol{R}_b)]^{\mathrm{T}}\cdot[k^2\overline{\overline{G}}_{e1}(\boldsymbol{R},\boldsymbol{R}_a)+\overline{\overline{I}}\delta(\boldsymbol{R}-\boldsymbol{R}_a)]\}\mathrm{d}V$$

$$=\oiint_S\{[\hat{n}\times\overline{\overline{G}}_{e1}(\boldsymbol{R},\boldsymbol{R}_b)]^{\mathrm{T}}\cdot\nabla\overline{\overline{G}}_{e1}(\boldsymbol{R},\boldsymbol{R}_a)$$

$$-[\nabla\overline{\overline{G}}_{e1}(\boldsymbol{R},\boldsymbol{R}_b)]^{\mathrm{T}}\cdot[\hat{n}\times\overline{\overline{G}}_{e1}(\boldsymbol{R},\boldsymbol{R}_a)]\}\mathrm{d}S. \tag{2.154}$$

上式中,因为在 S_∞ 上的辐射条件及在 S_d 上的狄里克莱边界条件,故式中面积分项为零.由体积分项有

$$[\overline{\overline{G}}_{e1}(\boldsymbol{R}_a,\boldsymbol{R}_b)]^{\mathrm{T}}=\overline{\overline{G}}_{e1}(\boldsymbol{R}_b,\boldsymbol{R}_a). \tag{2.155}$$

将 R_a 及 R_b 分别换成 $\boldsymbol{R}'$ 及 $\boldsymbol{R}$ 有

$$[\overline{\overline{G}}_{e1}(\boldsymbol{R}',\boldsymbol{R})]^{\mathrm{T}}=\overline{\overline{G}}_{e1}(\boldsymbol{R},\boldsymbol{R}'). \tag{2.156}$$

这就是第一类电型并矢格林函数的对称关系.

由于 $\overline{\overline{G}}_{e1}$ 和 $\overline{\overline{G}}_{m2}$ 满足关系

$$\nabla\overline{\overline{G}}_{m2}(\boldsymbol{R},\boldsymbol{R}')=\overline{\overline{I}}\delta(\boldsymbol{R}-\boldsymbol{R}')+k^2\overline{\overline{G}}_{e1}(\boldsymbol{R},\boldsymbol{R}'), \tag{2.157}$$

及

$$[\overline{\overline{I}}]^{\mathrm{T}}=\overline{\overline{I}}, \tag{2.158}$$

故方程(2.156)意味着

$$[\nabla'\overline{\overline{G}}_{m2}(\boldsymbol{R}',\boldsymbol{R})]^{\mathrm{T}}=\nabla\overline{\overline{G}}_{m2}(\boldsymbol{R},\boldsymbol{R}'). \tag{2.159}$$

同样可得

$$[\overline{\overline{G}}_{e2}(\boldsymbol{R}',\boldsymbol{R})]^{\mathrm{T}}=\overline{\overline{G}}_{e2}(\boldsymbol{R},\boldsymbol{R}'). \tag{2.160}$$

这个公式相当于

$$[\nabla'\overline{\overline{G}}_{m1}(\boldsymbol{R}',\boldsymbol{R})]^{\mathrm{T}}=\nabla\overline{\overline{G}}_{m1}(\boldsymbol{R},\boldsymbol{R}'). \tag{2.161}$$

还有两个对称关系需要推导,它们包含 $\overline{\overline{G}}_{e1}$ 和 $\nabla\overline{\overline{G}}_{e2}$,或者等效地包含 $\overline{\overline{G}}_{m2}$ 和 $\overline{\overline{G}}_{m1}$.为此,取

$$\overline{\overline{P}}=\overline{\overline{G}}_{e1}(\boldsymbol{R},\boldsymbol{R}_a), \tag{2.162}$$

$$\overline{\overline{Q}}=\nabla\overline{\overline{G}}_{e2}(\boldsymbol{R},\boldsymbol{R}_b). \tag{2.163}$$

这两个函数需满足边界条件

$$\hat{n}\times\overline{\overline{G}}_{e1}(\boldsymbol{R},\boldsymbol{R}_a)=0\quad(\text{在 } S_d \text{ 上}), \tag{2.164}$$

$$\hat{n}\times\nabla\overline{\overline{G}}_{e2}(\boldsymbol{R},\boldsymbol{R}_b)=0\quad(\text{在 } S_d \text{ 上}). \tag{2.165}$$

S_d 是散射体的表面.将(2.162)式及(2.163)式代入(2.149)式,得到

$$\iiint_V \{[\nabla\nabla\nabla\bar{\bar{G}}_{e2}(\boldsymbol{R},\boldsymbol{R}_b)]^{\mathrm{T}}\cdot\bar{\bar{G}}_{e1}(\boldsymbol{R},\boldsymbol{R}_a)$$
$$-[\nabla\bar{\bar{G}}_{e2}(\boldsymbol{R},\boldsymbol{R}_b)]^{\mathrm{T}}\cdot\nabla\nabla\bar{\bar{G}}_{e1}(\boldsymbol{R},\boldsymbol{R}_a)\}\mathrm{d}V$$
$$=\oiint_S\{[\hat{n}\times\nabla\bar{\bar{G}}_{e2}(\boldsymbol{R},\boldsymbol{R}_b)]^{\mathrm{T}}\cdot\nabla\bar{\bar{G}}_{e1}(\boldsymbol{R},\boldsymbol{R}_a)$$
$$-[\nabla\nabla\bar{\bar{G}}_{e2}(\boldsymbol{R},\boldsymbol{R}_b)]^{\mathrm{T}}\cdot[\hat{n}\times\bar{\bar{G}}_{e1}(\boldsymbol{R},\boldsymbol{R}_a)]\}\mathrm{d}S. \tag{2.166}$$

由于$\bar{\bar{G}}_{e1}$和$\bar{\bar{G}}_{e2}$是并矢波方程(2.152)以及在(2.153)式中用$\bar{\bar{G}}_{e2}(\boldsymbol{R},\boldsymbol{R}_b)$替换$\bar{\bar{G}}_{e1}(\boldsymbol{R},\boldsymbol{R}_b)$之后所求得的解，因而(2.166)式可改写为

$$\iiint_V\{[k^2\nabla\bar{\bar{G}}_{e2}(\boldsymbol{R},\boldsymbol{R}_b)+\nabla[\bar{\bar{I}}\delta(\boldsymbol{R}-\boldsymbol{R}_b)]]^{\mathrm{T}}\cdot\bar{\bar{G}}_{e1}(\boldsymbol{R},\boldsymbol{R}_a)$$
$$-[\nabla\bar{\bar{G}}_{e2}(\boldsymbol{R},\boldsymbol{R}_b)]^{\mathrm{T}}\cdot[k^2\bar{\bar{G}}_{e1}(\boldsymbol{R},\boldsymbol{R}_a)+\bar{\bar{I}}\delta(\boldsymbol{R}-\boldsymbol{R}_a)]\}\mathrm{d}V$$
$$=\oiint_S\{[\hat{n}\times\nabla\bar{\bar{G}}_{e2}(\boldsymbol{R},\boldsymbol{R}_b)]^{\mathrm{T}}\cdot\nabla\bar{\bar{G}}_{e1}(\boldsymbol{R},\boldsymbol{R}_a)$$
$$-[k^2\bar{\bar{G}}_{e2}(\boldsymbol{R},\boldsymbol{R}_b)+\bar{\bar{I}}\delta(\boldsymbol{R}-\boldsymbol{R}_b)]^{\mathrm{T}}\cdot[\hat{n}\times\bar{\bar{G}}_{e1}(\boldsymbol{R},\boldsymbol{R}_a)]\}\mathrm{d}S. \tag{2.167}$$

由于无穷远处的辐射条件及S_d上的边界条件，面积分项为零，(2.167)式简化为

$$\iiint_V\{\nabla[\bar{\bar{I}}\delta(\boldsymbol{R}-\boldsymbol{R}_b)]\}^{\mathrm{T}}\cdot\bar{\bar{G}}_{e1}(\boldsymbol{R},\boldsymbol{R}_a)\mathrm{d}V=[\nabla_a\bar{\bar{G}}_{e2}(\boldsymbol{R}_a,\boldsymbol{R}_b)]^{\mathrm{T}}. \tag{2.168}$$

这个体积分可以利用矢量—并矢散度定理进行计算.它的具体形式是

$$\iiint_V[(\nabla\boldsymbol{A})\cdot\bar{\bar{B}}-\boldsymbol{A}\cdot\nabla\bar{\bar{B}}]\mathrm{d}V$$
$$=\oiint_S\hat{n}\cdot(\boldsymbol{A}\times\bar{\bar{B}})\mathrm{d}S. \tag{2.169}$$

也可写成

$$\iiint_V[(\bar{\bar{B}})^{\mathrm{T}}\cdot\nabla\boldsymbol{A}-(\nabla\bar{\bar{B}})^{\mathrm{T}}\cdot\boldsymbol{A}]\mathrm{d}V=\oiint_S\hat{n}\cdot(\boldsymbol{A}\times\bar{\bar{B}})\mathrm{d}S. \tag{2.170}$$

现取$\bar{\bar{B}}$为$\bar{\bar{I}}\delta(\boldsymbol{R}-\boldsymbol{R}_b)$，并取$\bar{\bar{G}}_{e1}(\boldsymbol{R},\boldsymbol{R}_a)$的三个矢量分量为$\boldsymbol{A}_i(\boldsymbol{R})(i=$

1,2,3),即

$$\overline{\overline{G}}_{e1}(\boldsymbol{R},\boldsymbol{R}_a)=\sum_i \boldsymbol{A}_i(\boldsymbol{R})\hat{x}_i=\sum_i \boldsymbol{G}_{e1i}(\boldsymbol{R},\boldsymbol{R}_a)\hat{x}_i, \quad (2.171)$$

于是,(2.170) 式变为

$$\iiint_V \{[\overline{\overline{I}}\delta(\boldsymbol{R}-\boldsymbol{R}_b)]^{\mathrm{T}}\cdot\nabla \boldsymbol{A}_i(\boldsymbol{R})-[\nabla\overline{\overline{I}}\delta(\boldsymbol{R}-\boldsymbol{R}_b)]^{\mathrm{T}}\cdot \boldsymbol{A}_i(\boldsymbol{R})\}\mathrm{d}V$$

$$=\oiint_S \hat{n}\cdot[\boldsymbol{A}_i(\boldsymbol{R})\times\overline{\overline{I}}\delta(\boldsymbol{R}-\boldsymbol{R}_b)]\mathrm{d}S \quad (i=1,2,3). \quad (2.172)$$

因为当位置矢量位于 S 之外的区域中时,(2.172) 式的面积分为零,所以,由(2.172) 式可得

$$\nabla_b \boldsymbol{A}_i(\boldsymbol{R}_b)=\iiint_V [\nabla\times\overline{\overline{I}}\delta(\boldsymbol{R}-\boldsymbol{R}_b)]^{\mathrm{T}}\cdot \boldsymbol{A}_i(\boldsymbol{R})\mathrm{d}V. \quad (2.173)$$

在(2.173) 式的后面并置一个单位矢量 $\hat{x}_i$,并将所得的三个方程相加,就得到

$$\nabla_b\overline{\overline{G}}_{e1}(\boldsymbol{R}_b,\boldsymbol{R}_a)=\iiint_V [\nabla\overline{\overline{I}}\delta(\boldsymbol{R}-\boldsymbol{R}_b)]^{\mathrm{T}}\cdot\overline{\overline{G}}_{e1}(\boldsymbol{R},\boldsymbol{R}_a)\mathrm{d}V. \quad (2.174)$$

(2.174) 式中的体积分与(2.168) 式中的积分相等,由此得到对称关系

$$[\nabla_a\overline{\overline{G}}_{e2}(\boldsymbol{R}_a,\boldsymbol{R}_b)]^{\mathrm{T}}=\nabla_b\overline{\overline{G}}_{e1}(\boldsymbol{R}_b,\boldsymbol{R}_a). \quad (2.175)$$

取 $\boldsymbol{R}_a=\boldsymbol{R}'$,$\boldsymbol{R}_b=\boldsymbol{R}$,(2.175) 式就可写成

$$[\nabla'\overline{\overline{G}}_{e2}(\boldsymbol{R}',\boldsymbol{R})]^{\mathrm{T}}=\nabla\overline{\overline{G}}_{e1}(\boldsymbol{R},\boldsymbol{R}'). \quad (2.176)$$

因为转置并矢函数的转置就等于原来的并矢函数,所以,(2.176) 式意味着

$$[\nabla'\overline{\overline{G}}_{e1}(\boldsymbol{R}',\boldsymbol{R})]^{\mathrm{T}}=\nabla\overline{\overline{G}}_{e2}(\boldsymbol{R},\boldsymbol{R}'). \quad (2.177)$$

上面两个对称关系等效于

$$[\overline{\overline{G}}_{m1}(\boldsymbol{R}',\boldsymbol{R})]^{\mathrm{T}}=\overline{\overline{G}}_{m2}(\boldsymbol{R},\boldsymbol{R}'), \quad (2.178)$$

$$[\overline{\overline{G}}_{m2}(\boldsymbol{R}',\boldsymbol{R})]^{\mathrm{T}}=\overline{\overline{G}}_{m1}(\boldsymbol{R},\boldsymbol{R}'). \quad (2.179)$$

为了经常参考的方便,现将迄今已经推得的对称关系列成表2-1.只要知道了第一类和第二类并矢格林函数的对称关系,就可根

据上节得到的公式，用 $\boldsymbol{R}$ 作为场点的位置矢量，用 $\boldsymbol{R}'$ 作为源内一点的位置矢量，将电磁场的积分表达式列为标准形式. 例如，在(2.84)式中，将 $\boldsymbol{R}$ 和 $\boldsymbol{R}'$ 互换就可使公式变为下面的形式

$$\boldsymbol{E}(\boldsymbol{R}) - \mathrm{i}\omega\mu_0\iiint_V \boldsymbol{J}(\boldsymbol{R}')\cdot\overline{\overline{G}}_{e1}(\boldsymbol{R}',\boldsymbol{R})\mathrm{d}V'$$
$$=-\oiint_{S_d}[\hat{n}'\times\boldsymbol{E}(\boldsymbol{R}')]\cdot\nabla'\overline{\overline{G}}_{e1}(\boldsymbol{R}',\boldsymbol{R})\mathrm{d}S',$$

或

$$\boldsymbol{E}(\boldsymbol{R}) - \mathrm{i}\omega\mu_0\iiint_V [\overline{\overline{G}}_{e1}(\boldsymbol{R}',\boldsymbol{R})]^{\mathrm{T}}\cdot\boldsymbol{J}(\boldsymbol{R}')\mathrm{d}V'$$
$$=-\oiint_{S_d}[\nabla'\overline{\overline{G}}_{e1}(\boldsymbol{R}',\boldsymbol{R})]^{\mathrm{T}}\cdot[\hat{n}'\times\boldsymbol{E}(\boldsymbol{R}')]\mathrm{d}S'. \quad (2.180)$$

利用(2.155)和(2.177)式，上式可写成

$$\boldsymbol{E}(\boldsymbol{R}) = \mathrm{i}\omega\mu_0\iiint_V \overline{\overline{G}}_{e1}(\boldsymbol{R},\boldsymbol{R}')\cdot\boldsymbol{J}(\boldsymbol{R}')\mathrm{d}V'$$
$$-\oiint_{S_d}[\nabla\overline{\overline{G}}_{e2}(\boldsymbol{R},\boldsymbol{R}')]\cdot[\hat{n}'\times\boldsymbol{E}(\boldsymbol{R}')]\mathrm{d}S'. \quad (2.181)$$

表 2-1 **自由空间并矢格林函数和第一类、第二类并矢格林函数的对称关系**

$[\overline{\overline{G}}_{e0}(\boldsymbol{R}',\boldsymbol{R})]^{\mathrm{T}} = \overline{\overline{G}}_{e0}(\boldsymbol{R},\boldsymbol{R}')$
$[\overline{\overline{G}}_{m0}(\boldsymbol{R}',\boldsymbol{R})]^{\mathrm{T}} = \overline{\overline{G}}_{m0}(\boldsymbol{R},\boldsymbol{R}')$
$[\overline{\overline{G}}_{e1}(\boldsymbol{R}',\boldsymbol{R})]^{\mathrm{T}} = \overline{\overline{G}}_{e1}(\boldsymbol{R},\boldsymbol{R}')$
$[\overline{\overline{G}}_{e2}(\boldsymbol{R}',\boldsymbol{R})]^{\mathrm{T}} = \overline{\overline{G}}_{e2}(\boldsymbol{R},\boldsymbol{R}')$
$[\overline{\overline{G}}_{m1}(\boldsymbol{R}',\boldsymbol{R})]^{\mathrm{T}} = \overline{\overline{G}}_{m2}(\boldsymbol{R},\boldsymbol{R}')$
$[\overline{\overline{G}}_{m2}(\boldsymbol{R}',\boldsymbol{R})]^{\mathrm{T}} = \overline{\overline{G}}_{m1}(\boldsymbol{R},\boldsymbol{R}')$
$[\nabla'\overline{\overline{G}}_{e0}(\boldsymbol{R}',\boldsymbol{R})]^{\mathrm{T}} = \nabla\overline{\overline{G}}_{e0}(\boldsymbol{R},\boldsymbol{R}')$
$[\nabla'\overline{\overline{G}}_{m0}(\boldsymbol{R}',\boldsymbol{R})]^{\mathrm{T}} = \nabla\overline{\overline{G}}_{m0}(\boldsymbol{R},\boldsymbol{R}')$
$[\nabla'\overline{\overline{G}}_{e1}(\boldsymbol{R}',\boldsymbol{R})]^{\mathrm{T}} = \nabla\overline{\overline{G}}_{e2}(\boldsymbol{R},\boldsymbol{R}')$
$[\nabla'\overline{\overline{G}}_{e2}(\boldsymbol{R}',\boldsymbol{R})]^{\mathrm{T}} = \nabla\overline{\overline{G}}_{e1}(\boldsymbol{R},\boldsymbol{R}')$
$[\nabla'\overline{\overline{G}}_{m1}(\boldsymbol{R}',\boldsymbol{R})]^{\mathrm{T}} = \nabla\overline{\overline{G}}_{m1}(\boldsymbol{R},\boldsymbol{R}')$
$[\nabla'\overline{\overline{G}}_{m2}(\boldsymbol{R}',\boldsymbol{R})]^{\mathrm{T}} = \nabla\overline{\overline{G}}_{m2}(\boldsymbol{R},\boldsymbol{R}')$

考虑另一类导体散射体，它的表面上有一口径. 此时，(2.180)式中的面积分项不为零. 用同样的方法，(2.85)、(2.86)、(2.88)～(2.90)各式所表示的积分解可以变换成以 $\boldsymbol{R}$ 表示场点位置矢量，以 $\boldsymbol{R}'$ 表示一源点位置矢量的标准形式：

$$\boldsymbol{E}(\boldsymbol{R})=\mathrm{i}\omega\mu_0\iiint_V \overline{\overline{G}}_{e1}(\boldsymbol{R},\boldsymbol{R}')\cdot\boldsymbol{J}(\boldsymbol{R}')\mathrm{d}V', \tag{2.182}$$

$$\boldsymbol{E}(\boldsymbol{R})=-\iint_{S_a}[\nabla\overline{\overline{G}}_{e2}(\boldsymbol{R},\boldsymbol{R}')]\cdot[\hat{n}'\times\boldsymbol{E}(\boldsymbol{R}')]\mathrm{d}S', \tag{2.183}$$

$$\begin{aligned}\boldsymbol{H}(\boldsymbol{R})-\iiint_V[\overleftarrow{\nabla}\overline{\overline{G}}_{e1}(\boldsymbol{R},\boldsymbol{R}')]\cdot\boldsymbol{J}(\boldsymbol{R}')\mathrm{d}V'\\=-\mathrm{i}\omega\varepsilon_0\oiint_{S_d}\overline{\overline{G}}_{e2}(\boldsymbol{R},\boldsymbol{R}')\cdot[\hat{n}'\times\boldsymbol{E}(\boldsymbol{R}')]\mathrm{d}S',\end{aligned} \tag{2.184}$$

$$\boldsymbol{H}(\boldsymbol{R})=\iiint_V[\nabla\overline{\overline{G}}_{e1}(\boldsymbol{R},\boldsymbol{R}')]\cdot\boldsymbol{J}(\boldsymbol{R}')\mathrm{d}V', \tag{2.185}$$

$$\boldsymbol{H}(\boldsymbol{R})=-\mathrm{i}\omega\varepsilon_0\iint_{S_a}\overline{\overline{G}}_{e2}(\boldsymbol{R},\boldsymbol{R}')\cdot[\hat{n}'\times\boldsymbol{E}(\boldsymbol{R}')]\mathrm{d}S'. \tag{2.186}$$

第三类并矢格林函数对称关系的推导更为复杂. 首先考虑图2-2(d)所示电磁场问题的 $\overline{\overline{G}}_e^{(11)}$ 函数，图中两个半无限区域的界面为 S. 函数 $\overline{\overline{G}}_e^{(11)}$ 在区域 Ⅰ 中满足方程(2.106)，在此区域中应用(2.149)式表示的并矢 - 并矢格林定理，并取

$$\overline{\overline{P}}=\overline{\overline{G}}_e^{(11)}(\boldsymbol{R},\boldsymbol{R}_a), \tag{2.187}$$

$$\overline{\overline{Q}}=\overline{\overline{G}}_e^{(11)}(\boldsymbol{R},\boldsymbol{R}_b). \tag{2.188}$$

式中：$\boldsymbol{R}_a$、$\boldsymbol{R}_b$ 表示区域中两个点源的位置矢量. 可得

$$\begin{aligned}&\iiint_{V_1}\{[k_1^2[\overline{\overline{G}}_e^{(11)}(\boldsymbol{R},\boldsymbol{R}_b)]^{\mathrm{T}}+\overline{\overline{I}}\delta(\boldsymbol{R}-\boldsymbol{R}_b)]\cdot\overline{\overline{G}}_e^{(11)}(\boldsymbol{R},\boldsymbol{R}_a)\\&\quad-[\overline{\overline{G}}_e^{(11)}(\boldsymbol{R},\boldsymbol{R}_b)]^{\mathrm{T}}\cdot[k_1^2\overline{\overline{G}}_e(\boldsymbol{R},\boldsymbol{R}_a)+\overline{\overline{I}}\delta(\boldsymbol{R}-\boldsymbol{R}_a)]\}\mathrm{d}V\\&=\oiint_S\{[\hat{n}_1\times\overline{\overline{G}}_e^{(11)}(\boldsymbol{R},\boldsymbol{R}_b)]^{\mathrm{T}}\cdot\nabla\overline{\overline{G}}_e^{(11)}(\boldsymbol{R},\boldsymbol{R}_a)\\&\quad-[\nabla\overline{\overline{G}}_e^{(11)}(\boldsymbol{R},\boldsymbol{R}_b)]^{\mathrm{T}}\cdot[\hat{n}_1\times\overline{\overline{G}}_e^{(11)}(\boldsymbol{R},\boldsymbol{R}_a)]\}\mathrm{d}S.\end{aligned} \tag{2.189}$$

这里，$\hat{n}_1$ 表示区域 Ⅰ 界面 S 上的单位外法矢. 式中已经利用辐射条件而消去了这一区域中无穷远处无限半球面上的面积分. 将(2.189)

式中的体积分进行简化,得到

$$\begin{aligned}&\overline{\overline{G}}_e^{(11)}(\boldsymbol{R}_b,\boldsymbol{R}_a)-[\overline{\overline{G}}_e^{(11)}(\boldsymbol{R}_a,\boldsymbol{R}_b)]^{\mathrm{T}}\\&=\oiint_S\{[\hat{n}_1\times\overline{\overline{G}}_e^{(11)}(\boldsymbol{R},\boldsymbol{R}_b)]^{\mathrm{T}}\cdot\nabla\overline{\overline{G}}_e^{(11)}(\boldsymbol{R},\boldsymbol{R}_a)\\&\quad-[\nabla\overline{\overline{G}}_e^{(11)}(\boldsymbol{R},\boldsymbol{R}_b)]^{\mathrm{T}}\cdot[\hat{n}_1\times\overline{\overline{G}}_e^{(11)}(\boldsymbol{R},\boldsymbol{R}_a)]\}\mathrm{d}S.\end{aligned}\tag{2.190}$$

现在来说明(2.189)式中的面积分为零.为此,将(2.149)式应用于区域Ⅱ中,并取

$$\overline{\overline{P}}=\overline{\overline{G}}_e^{(21)}(\boldsymbol{R},\boldsymbol{R}_a),\tag{2.191}$$

$$\overline{\overline{Q}}=\overline{\overline{G}}_e^{(21)}(\boldsymbol{R},\boldsymbol{R}_b).\tag{2.192}$$

式中:$\overline{\overline{G}}_e^{(21)}$ 满足(2.107)式,$\boldsymbol{R}_a$,$\boldsymbol{R}_b$ 则是前面用于$\overline{\overline{G}}_e^{(11)}$ 中的同样的位置矢量.将(2.191)、(2.192)式代入(2.149)式中,利用辐射条件消去区域Ⅱ中无穷远处无限半球面上的面积分,就得到

$$\begin{aligned}&\oiint_S\{[\hat{n}_1\times\overline{\overline{G}}_e^{(21)}(\boldsymbol{R},\boldsymbol{R}_b)]^{\mathrm{T}}\cdot\nabla\overline{\overline{G}}_e^{(21)}(\boldsymbol{R},\boldsymbol{R}_a)\\&\quad-[\nabla\overline{\overline{G}}_e^{(21)}(\boldsymbol{R},\boldsymbol{R}_b)]^{\mathrm{T}}\cdot[\hat{n}_1\times\overline{\overline{G}}_e^{(21)}(\boldsymbol{R},\boldsymbol{R}_a)]\}\mathrm{d}S=0.\end{aligned}\tag{2.193}$$

S 上电磁场边界条件为

$$\hat{n}_1\times[\boldsymbol{E}_1(\boldsymbol{R})-\boldsymbol{E}_2(\boldsymbol{R})]=0,$$

$$\hat{n}_1\times[\boldsymbol{H}_1(\boldsymbol{R})-\boldsymbol{H}_2(\boldsymbol{R})]=0.$$

将这些条件推广到并矢格林函数,则有

$$\hat{n}_1\times[\overline{\overline{G}}_e^{(11)}(\boldsymbol{R},\boldsymbol{R}')-\overline{\overline{G}}_e^{(21)}(\boldsymbol{R},\boldsymbol{R}')]=0,\tag{2.194}$$

$$\hat{n}_1\times\left[\frac{\nabla\overline{\overline{G}}_e^{(11)}(\boldsymbol{R},\boldsymbol{R}')}{\mu_1}-\frac{\nabla\overline{\overline{G}}_e^{(21)}(\boldsymbol{R},\boldsymbol{R}')}{\mu_2}\right]=0.\tag{2.195}$$

(2.194)、(2.195)式中的R'表示$\boldsymbol{R}_a$或$\boldsymbol{R}_b$.(2.195)式中导磁率μ_1和μ_2的出现是由于$\overline{\overline{G}}_m$ 有如下定义

$$\nabla\overline{\overline{G}}_e=\overline{\overline{G}}_m,$$

且

$$\nabla\boldsymbol{E}=\mathrm{i}\omega\mu\boldsymbol{H}.$$

由(2.194)式和(2.195)式可以看出,(2.190)式中的面积分项与(2.193)式中的面积分项相等,而后者等于零.于是

$$[\overline{\overline{G}}_e^{(11)}(\boldsymbol{R}_a,\boldsymbol{R}_b)]^{\mathrm{T}}=\overline{\overline{G}}_e^{(11)}(\boldsymbol{R}_b,\boldsymbol{R}_a),$$

或

$$[\overline{\overline{G}}_e^{(11)}(\boldsymbol{R}',\boldsymbol{R})]^{\mathrm{T}}=\overline{\overline{G}}_e^{(11)}(\boldsymbol{R},\boldsymbol{R}').\tag{2.196}$$

因为区域Ⅰ和Ⅱ的符号是任意的,显然有

$$[\overline{\overline{G}}_e^{(22)}(\boldsymbol{R}',\boldsymbol{R})]^{\mathrm{T}}=\overline{\overline{G}}_e^{(22)}(\boldsymbol{R},\boldsymbol{R}'). \tag{2.197}$$

下面讨论$\overline{\overline{G}}_e^{(12)}$和$\overline{\overline{G}}_e^{(21)}$的对称关系. 首先,在区域 Ⅰ 中应用公式(2.149),并取

$$\overline{\overline{P}}=\overline{\overline{G}}_e^{(12)}(\boldsymbol{R},\boldsymbol{R}_2), \tag{2.198}$$

$$\overline{\overline{Q}}=\overline{\overline{G}}_e^{(11)}(\boldsymbol{R},\boldsymbol{R}_1). \tag{2.199}$$

这两个函数分别满足(2.108)式和(2.106)式. $\boldsymbol{R}_2$ 表示区域 Ⅱ 中一点源的位置矢量,$\boldsymbol{R}_1$ 表示区域 Ⅰ 中一点源的位置矢量,函数的上标已经说明了源的位置. 将(2.198)、(2.199)式代入(2.149)式,消去区域 Ⅰ 中无限半球面上的面积分,就得到

$$\overline{\overline{G}}_e^{(12)}(\boldsymbol{R}_1,\boldsymbol{R}_2)=\oiint_S\{[\hat{n}_1\times\overline{\overline{G}}_e^{(11)}(\boldsymbol{R},\boldsymbol{R}_1)]^{\mathrm{T}}\cdot\nabla\overline{\overline{G}}_e^{(12)}(\boldsymbol{R},\boldsymbol{R}_2)$$
$$-[\nabla\overline{\overline{G}}_e^{(11)}(\boldsymbol{R},\boldsymbol{R}_1)]^{\mathrm{T}}\cdot[\hat{n}_1\times\overline{\overline{G}}_e^{(12)}(\boldsymbol{R},\boldsymbol{R}_2)]\}\mathrm{d}S. \tag{2.200}$$

其次,将公式(2.149)用于区域 Ⅱ,并取

$$\overline{\overline{P}}=\overline{\overline{G}}_e^{(22)}(\boldsymbol{R},\boldsymbol{R}_2), \tag{2.201}$$

$$\overline{\overline{Q}}=\overline{\overline{G}}_e^{(21)}(\boldsymbol{R},\boldsymbol{R}_1). \tag{2.202}$$

消去无限远处的面积分,就得到

$$[\overline{\overline{G}}_e^{(21)}(\boldsymbol{R}_2,\boldsymbol{R}_1)]^{\mathrm{T}}=\oiint_S\{[\hat{n}_1\times\overline{\overline{G}}_e^{(21)}(\boldsymbol{R},\boldsymbol{R}_1)]^{\mathrm{T}}\cdot\nabla\overline{\overline{G}}_e^{(22)}(\boldsymbol{R},\boldsymbol{R}_2)$$
$$-[\nabla\overline{\overline{G}}_e^{(21)}(\boldsymbol{R},\boldsymbol{R}_1)]^{\mathrm{T}}\cdot[\hat{n}_1\times\overline{\overline{G}}_e^{(22)}(\boldsymbol{R},\boldsymbol{R}_2)]\}\mathrm{d}S. \tag{2.203}$$

由(2.194)、(2.195)式所表示的边界条件及下面所列的对于$\overline{\overline{G}}_e^{(22)}$、$\overline{\overline{G}}_e^{(21)}$的两个类似的条件

$$\hat{n}_1\times[\overline{\overline{G}}_e^{(22)}(\boldsymbol{R},\boldsymbol{R}')-\overline{\overline{G}}_e^{(12)}(\boldsymbol{R},\boldsymbol{R}')]=0,$$

$$\hat{n}_1\times\left[\frac{\nabla\overline{\overline{G}}_e^{(22)}(\boldsymbol{R},\boldsymbol{R}')}{\mu_2}-\frac{\nabla\overline{\overline{G}}_e^{(12)}(\boldsymbol{R},\boldsymbol{R}')}{\mu_1}\right]=0,$$

可以发现,(2.200)和(2.203)两式中两个面积分之比等于μ_1/μ_2,因此可得对称关系

$$\frac{1}{\mu_2}[\overline{\overline{G}}_e^{(21)}(\boldsymbol{R}_2,\boldsymbol{R}_1)]^{\mathrm{T}}=\frac{1}{\mu_1}\overline{\overline{G}}_e^{(12)}(\boldsymbol{R}_1,\boldsymbol{R}_2).$$

在上面的方程中,用$\boldsymbol{R}'$和$\boldsymbol{R}$替换$\boldsymbol{R}_2$和$\boldsymbol{R}_1$,就得到对称关系的标准形式

$$\frac{1}{\mu_2}[\overline{\overline{G}}_e^{(21)}(\boldsymbol{R}',\boldsymbol{R})]^{\mathrm{T}}=\frac{1}{\mu_1}\overline{\overline{G}}_e^{(12)}(\boldsymbol{R},\boldsymbol{R}'). \tag{2.204}$$

$\nabla\overline{\overline{G}}_e^{(ij)}$ 或$\overline{\overline{G}}_m^{(ij)}(i\neq j)$ 的对称关系的推导后面还要讨论,其结果是

$$\frac{1}{k_i^2}[\nabla'\overline{\overline{G}}_e^{(ij)}(\boldsymbol{R}',\boldsymbol{R})]^{\mathrm{T}}=\frac{1}{k_j^2}\nabla\overline{\overline{G}}_e^{(ji)}(\boldsymbol{R},\boldsymbol{R}'). \tag{2.205}$$

(2.204)、(2.205) 式是在两个区域都是半无限大的条件下得到的. 但是,若其中一个区域是有界的,例如空气中有一个介质体的问题,则(2.204)、(2.205) 式仍然是成立的. 概括起来,第三类并矢格林函数的对称关系是

$$\frac{1}{\mu_i}[\overline{\overline{G}}_e^{(ij)}(\boldsymbol{R}',\boldsymbol{R})]^{\mathrm{T}}=\frac{1}{\mu_j}\overline{\overline{G}}_e^{(ji)}(\boldsymbol{R},\boldsymbol{R}'), \tag{2.206}$$

$$\frac{1}{k_i^2}[\nabla'\overline{\overline{G}}_e^{(ij)}(\boldsymbol{R}',\boldsymbol{R})]^{\mathrm{T}}=\frac{1}{k_j^2}\nabla\overline{\overline{G}}_e^{(ji)}(\boldsymbol{R},\boldsymbol{R}'). \tag{2.207}$$

式中:i 等于或不等于 j. 这些关系的应用范围可以扩展到两种以上的各向同性媒质的情况,例如一个介质柱体被另一个不同介电常数的介质层覆盖的情况.

利用这些关系,(2.124)、(2.130) ~ (2.132) 式可以变换成以 $\boldsymbol{R}$ 表示场点位置矢量,以 $\boldsymbol{R}'$ 表示一源点的位置矢量的标准形式. 即

$$\boldsymbol{E}_1(\boldsymbol{R})=\mathrm{i}\omega\mu_1\iiint_{V_1}\overline{\overline{G}}_e^{(11)}(\boldsymbol{R},\boldsymbol{R}')\cdot\boldsymbol{J}_1(\boldsymbol{R}')\mathrm{d}V', \tag{2.208}$$

$$\boldsymbol{E}_2(\boldsymbol{R})=\mathrm{i}\omega\mu_2\iiint_{V_1}\overline{\overline{G}}_e^{(21)}(\boldsymbol{R},\boldsymbol{R}')\cdot\boldsymbol{J}_1(\boldsymbol{R}')\mathrm{d}V', \tag{2.209}$$

$$\boldsymbol{E}_2(\boldsymbol{R})=\mathrm{i}\omega\mu_2\iiint_{V_2}\overline{\overline{G}}_e^{(22)}(\boldsymbol{R},\boldsymbol{R}')\cdot\boldsymbol{J}_2(\boldsymbol{R}')\mathrm{d}V', \tag{2.210}$$

$$\boldsymbol{E}_1(\boldsymbol{R})=\mathrm{i}\omega\mu_1\iiint_{V_2}\overline{\overline{G}}_e^{(12)}(\boldsymbol{R},\boldsymbol{R}')\cdot\boldsymbol{J}_2(\boldsymbol{R}')\mathrm{d}V'. \tag{2.211}$$

2.5 互易定理

考虑两个不同的电流源激发的两组电磁场,它们所处的环境条件都相同,都像图 2-1 所表示的那样. 它们的波方程是

$$\nabla\nabla\boldsymbol{E}_a(\boldsymbol{R})-k^2\boldsymbol{E}_a(\boldsymbol{R})=\mathrm{i}\omega\mu\boldsymbol{J}_a(\boldsymbol{R}),\tag{2.212}$$

$$\nabla\nabla\boldsymbol{H}_a(\boldsymbol{R})-k^2\boldsymbol{H}_a(\boldsymbol{R})=\nabla\boldsymbol{J}_a(\boldsymbol{R}),\tag{2.213}$$

$$\nabla\nabla\boldsymbol{E}_b(\boldsymbol{R})-k^2\boldsymbol{E}_b(\boldsymbol{R})=\mathrm{i}\omega\mu\boldsymbol{J}_b(\boldsymbol{R}),\tag{2.214}$$

$$\nabla\nabla\boldsymbol{H}_b(\boldsymbol{R})-k^2\boldsymbol{H}_b(\boldsymbol{R})=\nabla\boldsymbol{J}_b(\boldsymbol{R}).\tag{2.215}$$

为了导出互易定理，先重新写出矢量格林定理

$$\iiint_V(\boldsymbol{P}\cdot\nabla\nabla\boldsymbol{Q}-\boldsymbol{Q}\cdot\nabla\nabla\boldsymbol{P})\mathrm{d}V$$
$$=-\oiint_S[(\hat{n}\times\nabla\boldsymbol{P})\cdot\boldsymbol{Q}+(\hat{n}\times\boldsymbol{P})\cdot\nabla\boldsymbol{Q}]\mathrm{d}S.\tag{2.216}$$

考虑如图 2-2(a) 所示的问题，对于式中的 $\boldsymbol{P}$ 和 $\boldsymbol{Q}$ 有两种可能的选取方法.

第一种：取 $\boldsymbol{P}=\boldsymbol{E}_a(\boldsymbol{R}),\boldsymbol{Q}=\boldsymbol{E}_b(\boldsymbol{R})$.

于是

$$\iiint_V\{\boldsymbol{E}_a(\boldsymbol{R})\cdot[k^2\boldsymbol{E}_b(\boldsymbol{R})+\mathrm{i}\omega\mu\boldsymbol{J}_b(\boldsymbol{R})]-\boldsymbol{E}_b(\boldsymbol{R})\cdot[k^2\boldsymbol{E}_a(\boldsymbol{R})+\mathrm{i}\omega\mu\boldsymbol{J}_a(\boldsymbol{R})]\}\mathrm{d}V$$
$$=-\oiint_S\{[\hat{n}\times\nabla\boldsymbol{E}_a(\boldsymbol{R})]\cdot\boldsymbol{E}_b(\boldsymbol{R})-[\hat{n}\times\boldsymbol{E}_a(\boldsymbol{R})]\cdot\nabla\boldsymbol{E}_b\}\mathrm{d}S.\tag{2.217}$$

因此

$$\iiint_V[\boldsymbol{J}_b(\boldsymbol{R})\cdot\boldsymbol{E}_a(\boldsymbol{R})-\boldsymbol{J}_a(\boldsymbol{R})\cdot\boldsymbol{E}_b(\boldsymbol{R})]\mathrm{d}V$$
$$=-\oiint_S\{[\hat{n}\times\boldsymbol{H}_a(\boldsymbol{R})]\cdot\boldsymbol{E}_b(\boldsymbol{R})+[\hat{n}\times\boldsymbol{E}_a(\boldsymbol{R})]\cdot\boldsymbol{H}_b(\boldsymbol{R})\}\mathrm{d}S$$
$$=\oiint_S\hat{n}\cdot[\boldsymbol{E}_b(\boldsymbol{R})\times\boldsymbol{H}_a(\boldsymbol{R})-\boldsymbol{E}_a(\boldsymbol{R})\times\boldsymbol{H}_b(\boldsymbol{R})]\mathrm{d}S.\tag{2.218}$$

这里，用了关系 $\nabla\times\boldsymbol{E}=\mathrm{i}\omega\mu\boldsymbol{H}$ 将(2.217)式变为(2.218)式. 若散射体是完纯导体，积分区域 V 是散射体外的无界区域，它由导体表面和无限大球面所界定. 利用辐射条件知无穷远处的面积分项为零，在导体面上则有 $\hat{n}\times\boldsymbol{E}_a=0,\hat{n}\times\boldsymbol{E}_b=0$，于是，(2.218) 式中的整个面积分为零. 而有

$$\iiint_{V_a}\boldsymbol{J}_a(\boldsymbol{R})\cdot\boldsymbol{E}_b(\boldsymbol{R})\mathrm{d}V=\iiint_{V_b}\boldsymbol{J}_b(\boldsymbol{R})\cdot\boldsymbol{E}_a(\boldsymbol{R})\mathrm{d}V.\tag{2.219}$$

方程(2.219)就是熟知的瑞利—卡森互易定理.当然,在散射体不存在时,这个定理也是成立的.此时,只需考虑无穷大球面.在(2.219)式中,若将电流密度函数看做是具有同样大小电流矩但有不同指向的两个无限小电偶极子,如

$$\boldsymbol{J}_a(\boldsymbol{R}) = \boldsymbol{C}_i\delta(\boldsymbol{R}-\boldsymbol{R}_a) = C\hat{x}_i\delta(\boldsymbol{R}-\boldsymbol{R}_a), \tag{2.220}$$

$$\boldsymbol{J}_b(\boldsymbol{R}) = \boldsymbol{C}_j\delta(\boldsymbol{R}-\boldsymbol{R}_b) = C\hat{x}_j\delta(\boldsymbol{R}-\boldsymbol{R}_b). \tag{2.221}$$

按照定义,当 $\mathrm{i}\omega\mu_0 C = 1$ 时,这些源产生的电场应等于电矢量格林函数,即

$$\boldsymbol{E}_a(\boldsymbol{R}) = \boldsymbol{G}_{e1i}(\boldsymbol{R},\boldsymbol{R}_a), \tag{2.222}$$

$$\boldsymbol{E}_b(\boldsymbol{R}) = \boldsymbol{G}_{e1j}(\boldsymbol{R},\boldsymbol{R}_b). \tag{2.223}$$

因为考虑的是一个完纯导电散射体的问题,所以这里用第一类函数,它们满足狄里克莱边界条件.将(2.220)～(2.221)式代入(2.129)式,可得

$$\hat{x}_i\cdot\boldsymbol{G}_{e1j}(\boldsymbol{R}_a,\boldsymbol{R}_b) = \hat{x}_j\cdot\boldsymbol{G}_{e1i}(\boldsymbol{R}_b,\boldsymbol{R}_a),$$

或

$$[\bar{\bar{G}}_{e1}(\boldsymbol{R}_a,\boldsymbol{R}_b)]_{ij} = [\bar{\bar{G}}_{e1}(\boldsymbol{R}_b,\boldsymbol{R}_a)]_{ji}. \tag{2.224}$$

带有下脚标"ij"的量表示电型并矢格林函数 $\bar{\bar{G}}_{e1}(\boldsymbol{R}_a,\boldsymbol{R}_b)$ 的标量分量,按并矢分析理论,(2.224)式意即

$$\bar{\bar{G}}_{e1}(\boldsymbol{R}_a,\boldsymbol{R}_b) = [\bar{\bar{G}}_{e1}(\boldsymbol{R}_b,\boldsymbol{R}_a)]^{\mathrm{T}}. \tag{2.225}$$

这就是前面已经得到的电型并矢格林函数的对称关系.显然,这一关系不仅是一个数学变换,其物理意义已由瑞利—卡森互易定理表明.

若在(2.217)式的积分区域中除去 $\boldsymbol{J}_a$ 和 $\boldsymbol{J}_b$ 占有的区域,则面积分的积分表面将由包围 $\boldsymbol{J}_a$ 和 $\boldsymbol{J}_b$ 的两个面 S_a 和 S_b 以及 S_∞ 组成.于是,(2.217)式就简化为

$$\iint_{S_a+S_b}\hat{n}\cdot[\boldsymbol{E}_b(\boldsymbol{R})\times\boldsymbol{H}_a(\boldsymbol{R})-\boldsymbol{E}_a(\boldsymbol{R})\times\boldsymbol{H}_b(\boldsymbol{R})]\mathrm{d}S = 0. \tag{2.226}$$

其中,考虑到辐射条件,所以对于 S_∞ 的面积分为零,已在式中除去.方程(2.226)在电磁理论中称为洛仑兹互易定理,它也可写成下面的形式:

$$\iiint_V \nabla[\boldsymbol{E}_b(\boldsymbol{R}) \times \boldsymbol{H}_a(\boldsymbol{R}) - \boldsymbol{E}_a(\boldsymbol{R}) \times \boldsymbol{H}_b(\boldsymbol{R})]\mathrm{d}V = 0. \quad (2.227)$$

V 是 S_a、S_b 以外的空间.

第二种:取 $\boldsymbol{P} = \boldsymbol{E}_a(\boldsymbol{R}), \boldsymbol{Q} = \boldsymbol{H}_b(\boldsymbol{R})$.

将其代入(2.212)式,得

$$\begin{aligned}\iiint_V &\{\boldsymbol{E}_a(\boldsymbol{R}) \cdot [k^2 \boldsymbol{H}_b(\boldsymbol{R}) + \nabla \boldsymbol{J}_b(\boldsymbol{R})] - \boldsymbol{H}_b(\boldsymbol{R}) \cdot [k^2 \boldsymbol{E}_a(\boldsymbol{R}) \\ &+ \mathrm{i}\omega\mu_0 \boldsymbol{J}_a(\boldsymbol{R})]\}\mathrm{d}V \\ = -\oiint_S &\{[\hat{n} \times \nabla \boldsymbol{E}_a(\boldsymbol{R})] \cdot \boldsymbol{H}_b(\boldsymbol{R}) + [\hat{n} \times \boldsymbol{E}_a(\boldsymbol{R})] \cdot \nabla \boldsymbol{H}_b(\boldsymbol{R})\}\mathrm{d}S,\end{aligned}$$

或

$$\begin{aligned}\iiint_V &[\boldsymbol{E}_a(\boldsymbol{R}) \cdot \nabla \boldsymbol{J}_b(\boldsymbol{R}) - \mathrm{i}\omega\mu_0 \boldsymbol{J}_a(\boldsymbol{R}) \cdot \boldsymbol{H}_b(\boldsymbol{R})]\mathrm{d}V \\ = -\oiint_S &\{\mathrm{i}\omega\mu_0 [\hat{n} \times \boldsymbol{H}_a(\boldsymbol{R})] \cdot \boldsymbol{H}_b(\boldsymbol{R}) \\ &+ [\hat{n} \times \boldsymbol{E}_a(\boldsymbol{R})] \cdot [\boldsymbol{J}_b(\boldsymbol{R}) - \mathrm{i}\omega\varepsilon_0 \boldsymbol{E}_b(\boldsymbol{R})]\}\mathrm{d}S. \quad (2.228)\end{aligned}$$

上式中体积分的第一项可以分成两项:

$$\begin{aligned}&\iiint_V \boldsymbol{E}_a(\boldsymbol{R}) \cdot \nabla \boldsymbol{J}_b(\boldsymbol{R})\mathrm{d}V \\ &= \iiint_V \{\nabla[\boldsymbol{J}_b(\boldsymbol{R}) \times \boldsymbol{E}_a(\boldsymbol{R})] + \boldsymbol{J}_b(\boldsymbol{R}) \cdot \nabla \boldsymbol{E}_a(\boldsymbol{R})\}\mathrm{d}V \\ &= \oiint_S \hat{n} \cdot [\boldsymbol{J}_b(\boldsymbol{R}) \times \boldsymbol{E}_a(\boldsymbol{R})]\mathrm{d}S + \iiint_V \boldsymbol{J}_b(\boldsymbol{R}) \cdot [\mathrm{i}\omega\mu_0 \boldsymbol{H}_a(\boldsymbol{R})]\mathrm{d}V. \\ &\qquad (2.229)\end{aligned}$$

在(2.228)式和(2.229)式中包含电流体密度 $\boldsymbol{J}_b$ 的面积分项为零. 于是由(2.228)式和(2.229)式可得

$$\begin{aligned}&\iiint_V [\boldsymbol{J}_b(\boldsymbol{R}) \cdot \boldsymbol{H}_a(\boldsymbol{R}) - \boldsymbol{J}_a(\boldsymbol{R}) \cdot \boldsymbol{H}_b(\boldsymbol{R})]\mathrm{d}V \\ &= \oiint_S \hat{n} \cdot [\boldsymbol{E}_a(\boldsymbol{R}) \times \boldsymbol{E}_b(\boldsymbol{R})/Z_0^2 - \boldsymbol{H}_a(\boldsymbol{R}) \times \boldsymbol{H}_b(\boldsymbol{R})]\mathrm{d}S. \quad (2.230)\end{aligned}$$

式中:$Z_0 = (\mu_0/\varepsilon_0)^{1/2}$ 表示空气中波阻抗.

由(2.230)式可以得到两个互易定理. 若两组场所在的环境相同,都处于一无界空间,但在此空间中还放置着另一种包含完纯导电体的媒质的话,此时上式中面积分的第一项为零. 但由于在完纯导电

体表面 $\hat{n}\times\boldsymbol{H}_a$ 和 $\hat{n}\times\boldsymbol{H}_b$ 均不为零,故面积分的第二项不等于零.为了使整个面积分项为零,需要有两个辅助的模型或辅助的表面 S_e 和 S_m,使

$$\begin{aligned}\hat{n}\times\boldsymbol{E}_a&=0\quad(\text{在 } S_e \text{ 上}),\\ \hat{n}\times\boldsymbol{H}_b&=0\quad(\text{在 } S_m \text{ 上}).\end{aligned}\tag{2.231}$$

第一个模型 S_e 表示所讨论的问题原来的环境.第二个模型具有与第一个模型相同的几何关系,而 S_m 则表示一完纯导磁体表面.在所讨论的问题中,带有 S_m 的模型在电磁意义上不是实际存在的,但是,作为推导我们寻求的新的互易定理的工具是完全可以接受的.($\boldsymbol{E}_a$,$\boldsymbol{H}_a$)和($\boldsymbol{E}_b$,$\boldsymbol{H}_b$)各自在无穷远处满足辐射条件.在这些条件下,(2.230)式中的整个面积分等于零.于是,在 S_e 和 S_m 以外的区域有

$$\iiint_V[\boldsymbol{J}_b(\boldsymbol{R})\cdot\boldsymbol{H}_a(\boldsymbol{R})-\boldsymbol{J}_a(\boldsymbol{R})\cdot\boldsymbol{H}_b(\boldsymbol{R})]\mathrm{d}V=0.\tag{2.232}$$

和瑞利—卡森的 **J·E** 互易定理相对应,公式(2.232)称为 **J·H** 辅助互易定理.或者为简短起见,简称 **J·H** 定理.这里用"辅助"这个词是为了强调这个问题的表述中要求有两个辅助的表面.当然,**J·H** 定理在自由空间是成立的,那时是一个只有辐射条件的简单情况.

对于除去 $\boldsymbol{J}_a$ 和 $\boldsymbol{J}_b$ 所占区域的空间,由(2.230)式可得

$$\iint_{S_a+S_b}\hat{n}\cdot\left[\frac{\boldsymbol{E}_a(\boldsymbol{R})\times\boldsymbol{E}_b(\boldsymbol{R})}{Z_0^2}-\boldsymbol{H}_a(\boldsymbol{R})\times\boldsymbol{H}_b(\boldsymbol{R})\right]\mathrm{d}S=0.\tag{2.233}$$

和洛仑兹(**E**,**H**)互易定理相对应,(2.233)式称为(**E**,**H**)辅助互易定理,或者简称$(\mathbf{E},\mathbf{H})_c$ 定理.

这样得到的 **J·H** 互易定理与磁型并矢格林函数的对称性有密切的关系.为了说明它们的联系,令由(2.220)式和(2.221)式定义的 $\boldsymbol{J}_a$ 和 $\boldsymbol{J}_b$ 相同,但它们是处在两个辅助的环境之中.将它们代入(2.232)式,得到

$$\hat{x}_i\cdot\boldsymbol{H}_b(\boldsymbol{R}_a)=\hat{x}_j\cdot\boldsymbol{H}_a(\boldsymbol{R}_b).\tag{2.234}$$

磁场 $\boldsymbol{H}_b(\boldsymbol{R}_a)$ 是由处于具有一完纯导磁体表面的环境之中,位于 $\boldsymbol{R}_b$ 且指向 $\hat{x}_i$ 的电流元产生的.按定义它等于 $\bar{\bar{G}}_{m1j}(\boldsymbol{R}_a,\boldsymbol{R}_b)$,它是位于 $\boldsymbol{R}_b$

指向 $\hat{x}_j$ 的电流元产生的$\overline{\overline{G}}_{m1}(\boldsymbol{R}_a,\boldsymbol{R}_b)$的矢量分量. 磁场 $\boldsymbol{H}_a(\boldsymbol{R}_b)$ 则是由处于具有一完纯导电体表面的环境之中,位于$\boldsymbol{R}_a$ 且指向$\hat{x}_i$ 的电流元产生的. 在上面两个环境中,表面和媒质的几何关系是相同的. 按定义,$\boldsymbol{H}_a(\boldsymbol{R}_b)$ 等于 $\overline{\overline{G}}_{m2i}(\boldsymbol{R}_b,\boldsymbol{R}_a)$,它是位于 $\boldsymbol{R}_a$ 且指向 $\hat{x}_i$ 并具适当归一化电流矩的电流元产生的 $\overline{\overline{G}}_{m2}(\boldsymbol{R}_b,\boldsymbol{R}_a)$ 的矢量分量. 于是, 由 (2.234) 式可引出

$$\overline{\overline{G}}_{m1}(\boldsymbol{R}_a,\boldsymbol{R}_b) = [\overline{\overline{G}}_{m2}(\boldsymbol{R}_b,\boldsymbol{R}_a)]^{\mathrm{T}},$$

或

$$[\overline{\overline{G}}_{m2}(\boldsymbol{R}',\boldsymbol{R})]^{\mathrm{T}} = \overline{\overline{G}}_{m1}(\boldsymbol{R},\boldsymbol{R}'). \tag{2.235}$$

写成电型并矢格林函数的形式,则(2.235) 式可变为

$$[\nabla'\overline{\overline{G}}_{e1}(\boldsymbol{R}',\boldsymbol{R})]^{\mathrm{T}} = \nabla\overline{\overline{G}}_{e2}(\boldsymbol{R},\boldsymbol{R}'). \tag{2.236}$$

公式(2.236) 与前面利用并矢 - 并矢格林定理得到的(2.177) 式完全相同,而推导(2.177) 式时没有引入 **J · H** 辅助互易定理所需的辅助模型的概念. 这里介绍的两个辅助互易定理是由戴振铎教授在中国天线学会 1987 年年会(南京) 上首先提出的[2],当时未作很详细的说明. 为了进一步说明 **J · H** 定理的物理意义和它的应用,后面将给出这个定理的传输线模型. 在第 10 章将讨论利用 **J · H** 辅助定理推导具有两种各向同性媒质并在一种媒质中有一个导体的电磁场问题的并矢格林函数的对称关系. 这个问题是下节所讨论的辅助传输线理论的三维模型.

2.6 辅助互易定理的传输线模型

考虑两段具有相同线常数的传输线. 一段传输线在 $x = 0$ 处短路,且在终端 $x = d$ 处接有阻抗 Z_a. 另一段传输线在 $x = 0$ 处开路,且在终端 $x = d$ 处接有阻抗 Z_b. 这两段传输线被两个分布电流源所激励,如图 2-3 所示. 这两段线上的电压电流方程是

$$\frac{\mathrm{d}i_a(x)}{\mathrm{d}x} = \mathrm{i}\omega C v_a(x) + K_a(x), \tag{2.237}$$

$$\frac{\mathrm{d}v_a(x)}{\mathrm{d}x} = \mathrm{i}\omega L i_a(x), \tag{2.238}$$

$$\frac{\mathrm{d}i_b(x)}{\mathrm{d}x} = \mathrm{i}\omega C v_b(x) + K_b(x), \tag{2.239}$$

$$\frac{\mathrm{d}v_b(x)}{\mathrm{d}x}=\mathrm{i}\omega L i_b(x). \tag{2.240}$$

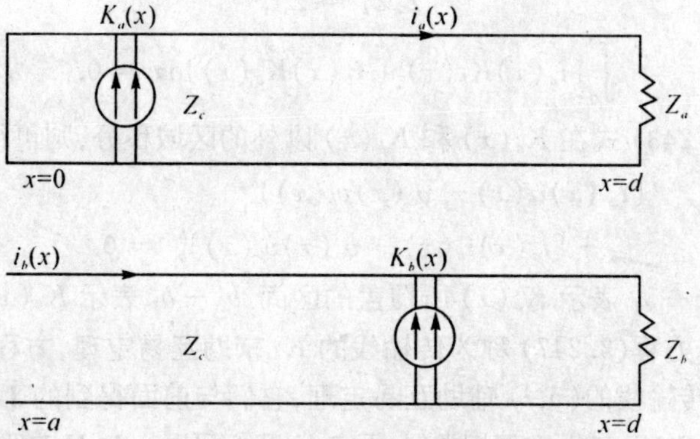

图 2-3 具有辅助边界条件 $Z_aZ_b=Z_c^2$ 的两段传输线

线上电压和电流的边界条件是

$$v_a(0)=0,\quad i_b(0)=0, \tag{2.241}$$

$$v_a(d)=Z_ai_a(d),\quad v_b(d)=Z_bi_b(d). \tag{2.242}$$

用 i_b 乘(2.237)式两边,用 i_a 乘(2.239)式两边,然后将所得两式相加,并利用(2.238)式及(2.240)式,得

$$i_a(x)K_b(x)+i_b(x)K_a(x)=\frac{\mathrm{d}}{\mathrm{d}x}\left[i_a(x)i_b(x)-\frac{v_a(x)v_b(x)}{Z_c^2}\right]. \tag{2.243}$$

这里,$Z_c=(L/C)^{1/2}$ 是传输线的特性阻抗.将(2.243)式对 x 从零到 d 积分,有

$$\int_0^d[i_a(x)K_b(x)+i_b(x)K_a(x)]\mathrm{d}x=\left[i_a(x)i_b(x)-\frac{v_a(x)v_b(x)}{Z_c^2}\right]_0^d. \tag{2.244}$$

由 $x=0$ 及 $x=d$ 的边界条件,(2.244)式可写为

$$\int_0^d [i_a(x)K_b(x)+i_b(x)K_a(x)]\mathrm{d}x = i_a(d)i_b(d)\left(1-\frac{Z_aZ_b}{Z_c^2}\right). \tag{2.245}$$

若取
$$Z_aZ_b = Z_c^2, \tag{2.246}$$

则
$$\int_0^d [i_a(x)K_b(x)+i_b(x)K_a(x)]\mathrm{d}x = 0. \tag{2.247}$$

若对(2.243)式在 $K_a(x)$ 和 $K_b(x)$ 以外的区域积分，则可得

$$[i_a(x)i_b(x)-v_a(x)v_b(x)]_{a_1}^{a_2} + [i_a(x)i_b(x)-v_a(x)v_b(x)]_{b_1}^{b_2} = 0. \tag{2.248}$$

这里，a_2-a_1 表示 $K_a(x)$ 所覆盖的区间，b_2-b_1 表示 $K_b(x)$ 所覆盖的区间. 方程(2.247)称为传输线的 K_i 辅助互易定理，方程(2.248)则称为传输线的(v,i)辅助互易定理，它们与前面得到的 $\mathbf{J}\cdot\mathbf{H}$ 辅助定理及$(\mathbf{E},\mathbf{H})_c$ 辅助定理相类似. 事实上，我们可以从 $\mathbf{J}\cdot\mathbf{H}$ 定理和$(\mathbf{E},\mathbf{H})_c$ 定理推得 K_i 和$(v,i)_c$ 定理. 为方便起见，(2.246)式将称为辅助阻抗条件，下面讨论这个条件的两种特殊情况.

情况 1 $Z_a = Z_b = Z_c$.

此时，终端阻抗相当于半无限长传输线，或相当于 $d\to\infty$.

情况 2 $Z_a = 0, Z_b\to\infty$ 或 $Z_a\to\infty, Z_b = 0$.

这个条件非常清楚地说明这个模型的物理意义. 将上面所讨论的两线问题作为辅助传输线问题处理是十分合适的.

若分布电流 $K_a(x)$ 和 $K_b(x)$ 的位置给定为 x_a 和 x_b，即

$$K_a(x) = I_a(x_a)\delta(x-x_a),$$
$$K_b(x) = I_b(x_b)\delta(x-x_b).$$

于是由 K_i 定理得出

$$i_a(x_b)I_b(x_b) = -i_b(x_a)I_a(x_a). \tag{2.249}$$

这是一网络公式，类似于

$$V(x_b)I(x_b) = V(x_a)I(x_a). \tag{2.250}$$

将瑞利 — 卡森定理应用于任意终端的单线就可得到这个公式. 在(2.250)式中：$V(x)$ 表示线电压，$I(x_a)$ 和 $I(x_b)$ 表示在两个不同位置作用在同一线上的激励电流.

2.7 导电平面半空间的并矢格林函数

将上半空间内原并矢电流源的自由空间电型并矢格林函数和原电流源在下半空间的镜像所产生的自由空间电型并矢格林函数相叠加,就可求得导电平面半空间的第一类电型并矢格林函数. 图 2-4(a) 和(b) 表示原问题和它的等效问题.

图 2-4(a) 表示的上半空间内并矢电流源产生的自由空间电型并矢格林函数由下式给出:

$$\overline{\overline{G}}_{e0}(\boldsymbol{R},\boldsymbol{R}') = \left(\overline{\overline{I}} + \frac{1}{k^2}\nabla\nabla\right)G_0(\boldsymbol{R},\boldsymbol{R}'). \tag{2.251}$$

式中:

$$G_0(\boldsymbol{R},\boldsymbol{R}') = \frac{\mathrm{e}^{\mathrm{i}k|\boldsymbol{R}-\boldsymbol{R}'|}}{4\pi|\boldsymbol{R}-\boldsymbol{R}'|};$$

$$|\boldsymbol{R}-\boldsymbol{R}'| = [(x-x')^2+(y-y')^2+(z-z')^2]^{1/2}.$$

原电流源在下半空间的镜像并矢源在位置矢量为 $\boldsymbol{R}$ 之点产生的自由空间并矢格林函数为

$$\overline{\overline{G}}_{e0i} = \left[(-\hat{x}\hat{x}-\hat{y}\hat{y}+\hat{z}\hat{z}) + \frac{1}{k^2}\nabla\left(-\hat{x}\frac{\partial}{\partial x}-\hat{y}\frac{\partial}{\partial y}+\hat{z}\frac{\partial}{\partial z}\right)\right]\cdot G_0(\boldsymbol{R},\boldsymbol{R}'_i). \tag{2.252}$$

式中:

$$G_0(\boldsymbol{R},\boldsymbol{R}'_i) = \frac{\mathrm{e}^{\mathrm{i}k|\boldsymbol{R}-\boldsymbol{R}'_i|}}{4\pi|\boldsymbol{R}-\boldsymbol{R}'_i|};$$

$$|\boldsymbol{R}-\boldsymbol{R}'_i| = [(x-x')^2+(y-y')^2+(z+z')^2]^{1/2}.$$

于是,有

$$\overline{\overline{G}}_{e1}(\boldsymbol{R},\boldsymbol{R}') = \overline{\overline{G}}_{e0}(\boldsymbol{R},\boldsymbol{R}') + \overline{\overline{G}}_{e0i}(\boldsymbol{R},\boldsymbol{R}'_i). \tag{2.253}$$

(2.252) 式可以改写为

$$\begin{aligned}\overline{\overline{G}}_{e0i}(\boldsymbol{R},\boldsymbol{R}') &= \left[-\overline{\overline{I}}+2\hat{z}\hat{z}+\frac{1}{k^2}\nabla\left(\hat{x}\frac{\partial}{\partial x'}+\hat{y}\frac{\partial}{\partial y'}+\hat{z}\frac{\partial}{\partial z'}\right)\right]\\ &\quad\cdot G_0(\boldsymbol{R},\boldsymbol{R}'_i)\\ &= \left[-\overline{\overline{I}}+\frac{1}{k^2}\nabla\nabla'\right]G_0(\boldsymbol{R},\boldsymbol{R}'_i) - 2\hat{z}\hat{z}G_0(\boldsymbol{R},\boldsymbol{R}'_i).\end{aligned} \tag{2.254}$$

(2.251) 式也可改写为

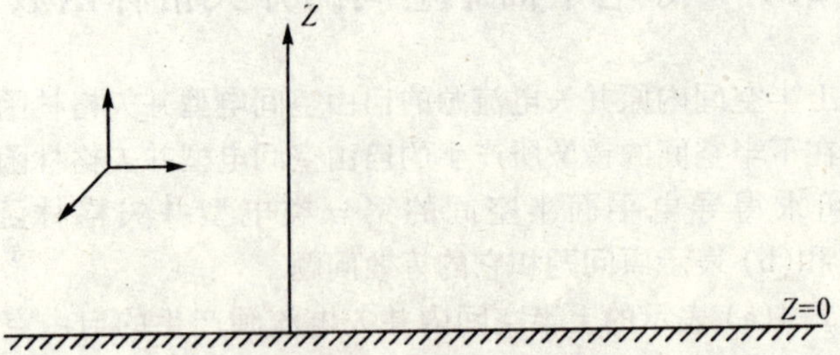

(a) 无限大导电平面半空间

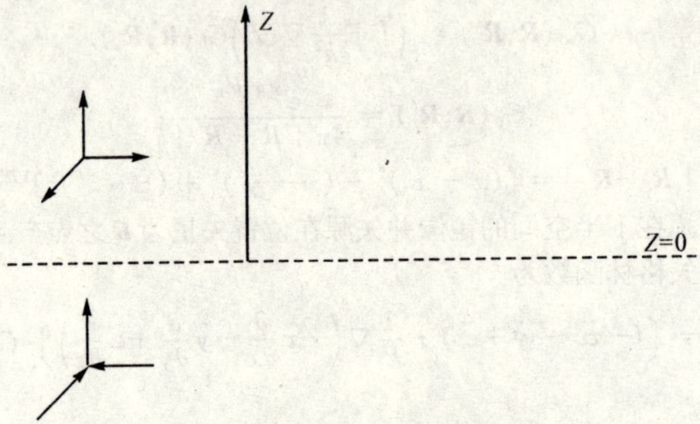

(b) 含有原电流源和它们的镜像的自由空间

图 2-4

$$\overline{\overline{G}}_{e0}(\boldsymbol{R},\boldsymbol{R}') = \left(\overline{\overline{I}} - \frac{1}{k^2}\nabla\nabla'\right)G_0(\boldsymbol{R},\boldsymbol{R}'). \tag{2.255}$$

因此,

$$\overline{\overline{G}}_{e1}(\boldsymbol{R},\boldsymbol{R}') = \left(\overline{\overline{I}} - \frac{1}{k^2}\nabla\nabla'\right)[G_0(\boldsymbol{R},\boldsymbol{R}') - G_0(\boldsymbol{R},\boldsymbol{R}'_i)] + 2\hat{z}\hat{z}G_0(\boldsymbol{R},\boldsymbol{R}'_i). \tag{2.256}$$

可以证明,在位于 $z=0$ 的导电平面上,

$$\hat{z}\times\overline{\overline{G}}_{e1}(\boldsymbol{R},\boldsymbol{R}') = 0. \tag{2.257}$$

这是 $\overline{\overline{G}}_{e1}$ 所需满足的边界条件. 若引入辅助单位并矢

$$\overline{\overline{I}}_i = -\hat{x}\hat{x} - \hat{y}\hat{y} + \hat{z}\hat{z} = -\overline{\overline{I}} + 2\hat{z}\hat{z},$$

则 $$\nabla \bar{\bar{G}}_{e1}(\boldsymbol{R},\boldsymbol{R}') = \bar{\bar{G}}_{m2}(\boldsymbol{R},\boldsymbol{R}')$$

$$= \nabla\{\bar{\bar{I}}[G_0(\boldsymbol{R},\boldsymbol{R}') - G_0(\boldsymbol{R},\boldsymbol{R}_i')] + 2\hat{z}\hat{z}G_0(\boldsymbol{R},\boldsymbol{R}_i')\}$$

$$= \nabla[\bar{\bar{I}}G_0(\boldsymbol{R},\boldsymbol{R}') + \bar{\bar{I}}_i G_0(\boldsymbol{R},\boldsymbol{R}_i')]$$

$$= \nabla G_0(\boldsymbol{R},\boldsymbol{R}') \times \bar{\bar{I}} + \nabla G_0(\boldsymbol{R},\boldsymbol{R}_i') \times \bar{\bar{I}}_i. \tag{2.258}$$

这就是第二类磁型并矢格林函数的表达式.

镜像法可以推广到导电劈的情况,只要劈角 π/n 的 n 是一整数. 在 $n=1$ 时,它就是上面讨论的平面导体面的情况. 当 n 是大于 1 的整数时,镜像的个数是有限的. 这个问题的第一类电型并矢格林函数可以用同样的方法得到.

到现在为止,我们仅仅是得到了自由空间并矢格林函数和半空间并矢格林函数的表达式. 从下一章开始,将求得一些典型问题的并矢格林函数的本征函数展开.

在结束本章之前,简单地提一下电型并矢格林函数的奇异性的问题. 布兰德于 1961 年首先对这个问题进行了研究,后来加以扩展写成专著[3]. 柯林在 1991 年对这一问题进行了非常透彻和有益的分析[4],在他的专著的 2-12 节的末尾有一段论述,特别使人受到启发. 本书第 3 章的末尾,我们将通过矩形波导电型并矢格林函数的本征函数展开对并矢格林函数的奇异性问题进行讨论.

参 考 文 献

[1] Levine Hand Schwinger J. On the Theory of Electromagnetic Wave Diffraction by An Aperture in an Infinite Plane Conducting Screen, Comm. Pure and Appl. Math., Vol. Ⅲ, 1950

[2] Tai C T. Different Form of Reciprocity Theorems, In: Proc. of Ann. Symp. Chinese Antenna Soc. (Nanjing, China), 1987.

[3] Bladel J Van. Singular electromagnetic field and Sources, Clarendon, Oxford, 1991.

[4] Collin R E. Field Theory of Guided Waves, IEEE Press, Piscataway, N. J., 1991.

[5] Tai C T. Dyadic Green Functions in Electromagnetic Theory, 2nd ed., IEEE press, New York, 1993.

第3章 矩形波导

在本章我们将推导矩形波导的第一类和第二类并矢格林函数表达式. 本章使用的方法和步骤在以后处理其他物体问题时仍可适用. 读者若能抓住其基本概念和关键步骤,以后阅读余下章节内容时将会畅通无阻.

3.1 直角坐标系中的矢量波函数

矢量波函数是构成各类并矢格林函数的本征函数展开式的积木块. 20 世纪 30 年代中期,汉森在解决某些电磁问题时,首先引进了矢量波函数[1-3]. 其后,斯特莱顿肯定了这些函数的有效性. 例如,他处理平面电磁波被球散射时,使用了球矢量波函数,重推了米氏绕射定理[4]. 在汉森的著作中,引进了三类矢量波函数,分别以 $\boldsymbol{L}$、$\boldsymbol{M}$、$\boldsymbol{N}$ 表示,它们都是齐次亥姆霍兹矢量方程的解. 这些表示法都被斯特莱顿、莫尔斯和费什巴赫等人所仿效[5]. 为了推导磁型并矢格林函数的本征函数展开式,不需要使用 $\boldsymbol{L}$ 函数,磁型并矢格林函数是无散量并满足矢量波动方程. 但如果我们要导出电型并矢格林函数的本征函数展开式时,那就必须引进 $\boldsymbol{L}$ 矢量函数. 以后我们将会说明,导出$\overline{G}_m$ 的表示式相对地比导出$\overline{G}_e$ 的表示式简单. 对导出$\overline{G}_e$ 的直接方法将给出详尽的分析,那时可知,此法的复杂性是显而易见的.

由定义,一个矢量波函数是一个本征函数或称特征函数,它是下面齐次矢量波动方程的解:

$$\nabla\nabla \boldsymbol{F} - \kappa^2 \boldsymbol{F} = 0. \tag{3.1}$$

式中:κ 是任意的. 有两组独立无关的矢量波函数,它由满足标量波

动方程的特征函数构成,该特征函数作为源函数,其中一类矢量波函数称做直角坐标系矢量波函数,构成如下:

如果我们设
$$\boldsymbol{F}=\nabla\times(\psi_1\boldsymbol{c}),\tag{3.2}$$
式中:ψ_1 代表一特征函数,它满足标量波动方程
$$\nabla^2\psi+\kappa^2\psi=0,\tag{3.3}$$
而 $\boldsymbol{c}$ 代表一常矢量,比如单位矢量 $\hat{x}$、$\hat{y}$ 或 $\hat{z}$. 为了方便起见,以后把 $\boldsymbol{c}$ 称为领示矢量,称 ψ 为源函数. 另外一类矢量波函数是球矢量波函数,它的领示矢量取球径向矢量 $\boldsymbol{R}$,稍后我们再引进它. 除了讨论球问题之外,我们处理问题经常用的是直角坐标系矢量波函数.

把(3.2)式代入(3.1)式,得到
$$\nabla\times[\nabla\times\nabla\times(\psi_1\boldsymbol{c})-\kappa^2(\psi_1\boldsymbol{c})]=0.$$
采用附录 A 的恒等式(A.18),上式等效于
$$\nabla\times[\boldsymbol{c}(\nabla\ \nabla\psi_1+\kappa^2\psi_1)]=0.$$
如果 ψ_1 是(3.3)式的解,那么(3.2)式即是(3.1)式的解. 上面得到的这组函数我们用 $\boldsymbol{M}$ 表示,即
$$\boldsymbol{M}_1=\nabla\times(\psi_1\boldsymbol{c}).\tag{3.4}$$
另外一组矢量波函数用 $\boldsymbol{N}$ 表示,它由下式构成
$$\boldsymbol{N}_2=\frac{1}{\kappa}\nabla\times\nabla\times(\psi_2\boldsymbol{c}),\tag{3.5}$$
式中:ψ_2 表示一特征函数,它也满足(3.3)式,但与定义 $\boldsymbol{M}_1$ 时所用函数可不相同. 把(3.5)式代入(3.1)式,得到
$$\nabla\times\nabla\times[\boldsymbol{c}(\nabla\ \nabla\psi_2+\kappa^2\psi_2)]=0.$$
因而,如果 ψ_2 满足(3.3)式,$\boldsymbol{N}_2$ 就是(3.1)式的解. 在这种情况下,对 $\boldsymbol{M}$ 和 $\boldsymbol{N}$ 可取一个恒等的源函数. 这样,两种形式下的函数之间有一个对称的关系,即
$$\boldsymbol{N}=\frac{1}{\kappa}\nabla\times\boldsymbol{M},\tag{3.6}$$
$$\boldsymbol{M}=\frac{1}{\kappa}\nabla\times\boldsymbol{N}.\tag{3.7}$$
(3.6)式可直接从(3.4)和(3.5)式导出. 如果对(3.6)式取旋度,就能得到

$$\nabla \boldsymbol{N} = \frac{1}{\kappa} \nabla \nabla \boldsymbol{M} = \kappa \boldsymbol{M}.$$

从(3.6)与(3.7)式可知,在$\boldsymbol{N}$函数的定义中引入常数κ,目的是使两组函数有理想的对称性.

两组矢量波函数确切的表达式不仅依赖于所选用的标量波函数的特殊表达式,而且也依赖于领示矢量$\boldsymbol{c}$的选取. 在本章讨论矩形波导时,所选取的直角坐标系如图 3-1 所示,取单位矢量$\hat{z}$作为领示矢量$\boldsymbol{c}$. 这样选取的话,构成的两组矢量波函数可用来描述矩形波导理论中的 TE 模和 TM 模.

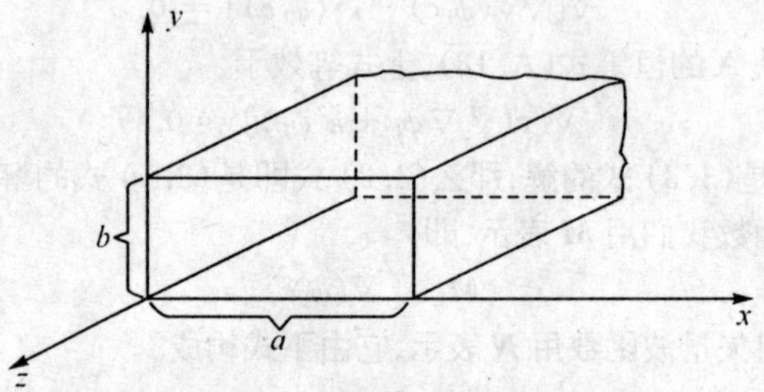

图 3-1　矩形波导

用分离变量法解标量波动方程(3.3)式,得

$$\psi = (A\cos k_x x + B\sin k_x x)(C\cos k_y y + D\sin k_y y)\mathrm{e}^{ihz}. \tag{3.8}$$

式中:$k_x^2 + k_y^2 + h^2 = \kappa^2$.

现在,我们来求两组矢量波函数$\boldsymbol{M}$和$\boldsymbol{N}$. 它们在波导壁上应满足矢量狄里克莱边界条件

$$\hat{n} \times \boldsymbol{M} = 0 \tag{3.9}$$

和

$$\hat{n} \times \boldsymbol{N} = 0. \tag{3.10}$$

那么,常数k_x和k_y只能取某些本征值.(3.9)式和(3.10)式所表征的边界条件相应于在一完纯导体表面上电场应满足的条件. 使用

(3.4)式,用$\hat{z}$代替$\boldsymbol{c}$,不难证明,在这种情况下,只许该函数取余弦函数或偶函数的形式.常数k_x和k_y应取下列本征值:

$$k_x = \frac{m\pi}{a}, m = 0,1,\cdots \tag{3.11}$$

$$k_y = \frac{n\pi}{b}, n = 0,1,\cdots \tag{3.12}$$

因此,满足矢量狄里克莱边界条件的$\boldsymbol{M}$函数组的完整表达式是

$$\begin{aligned} \boldsymbol{M}_{emn}(h) &= \nabla[\psi_{emn}(h)\hat{z}] = \nabla(C_x C_y \mathrm{e}^{ihz}\hat{z}) \\ &= (-k_y C_x S_y \hat{x} + k_x S_x C_y \hat{y})\mathrm{e}^{ihz}. \end{aligned} \tag{3.13}$$

式中:

$$k_x = \frac{m\pi}{a}, k_y = \frac{n\pi}{b};$$

$$S_x = \sin k_x x, C_x = \cos k_x x;$$

$$S_y = \sin k_y y, C_y = \cos k_y y.$$

在(3.1)式中,κ与k_x、k_y、h的关系为

$$\kappa^2 = k_x^2 + k_y^2 + h^2 = k_c^2 + h^2, \tag{3.14}$$

$$k_c^2 = k_x^2 + k_y^2.$$

常数k_c表示矩形波导的截止波数.在上面省略书写中,为了简化起见,下标字母"e"表示偶函数.

采用类似的方式,对$\boldsymbol{N}$函数组,满足矢量狄里克莱边界条件时,可以得到

$$\begin{aligned} \boldsymbol{N}_{omn}(h) &= \frac{1}{\kappa}\nabla\nabla[\psi_{omn}(h)\hat{z}] = \frac{1}{\kappa}\nabla\nabla(S_x S_y \mathrm{e}^{ihz}\hat{z}) \\ &= \frac{1}{\kappa}(\mathrm{i}hk_x C_x S_y \hat{x} + \mathrm{i}hk_y S_x C_y \hat{y} + k_c^2 S_x S_y \hat{z})\mathrm{e}^{ihz}. \end{aligned} \tag{3.15}$$

式中:下标字母"o"表示奇函数.m、n取值为,$m = 0,1,2,\cdots,n = 0,1,2,\cdots$,对$m = 0$或$n = 0$的模式称为零模.显而易见,上面式中的$\boldsymbol{M}_{emn}(h)$代表$\mathrm{TE}_{mn}$模式的电场,而$\boldsymbol{N}_{omn}(h)$代表$\mathrm{TM}_{mn}$模式的电场.由(3.6)和(3.7)式,我们得到

$$\boldsymbol{M}_{omn}(h) = \frac{1}{\kappa}\nabla\boldsymbol{N}_{omn}(h) = \nabla[\psi_{omn}(h)\hat{z}]$$

$$= (k_y S_x C_y \hat{x} - k_x C_x S_y \hat{y}) e^{ihz} \tag{3.16}$$

和

$$\mathbf{N}_{emn}(h) = \frac{1}{\kappa} \nabla \mathbf{M}_{emn}(h) = \frac{1}{\kappa} \nabla\nabla [\psi_{emn}(h)\hat{z}]$$

$$= \frac{1}{\kappa}(-ihk_x S_x C_y \hat{x} - ihk_y C_x S_y \hat{y} + k_c^2 C_x C_y \hat{z}) e^{ihz}. \tag{3.17}$$

上述矢量函数 $\mathbf{M}_{omn}(h)$ 和 $\mathbf{N}_{emn}(h)$ 是一合适的表示矩形波导中 $\mathbf{H}$ 场的函数，它们在边界上满足矢量纽曼边界条件，即

$$\hat{n} \times \begin{Bmatrix} \nabla \mathbf{M}_{omn}(h) \\ \nabla \mathbf{N}_{emn}(h) \end{Bmatrix} = 0. \tag{3.18}$$

总而言之，能够表示矩形波导内电磁场的矢量波函数取下述形式：

$$\mathbf{M}_{\substack{e\\o}mn}(h) = \nabla[\psi_{\substack{e\\o}mn}(h)\hat{z}], \tag{3.19}$$

$$\mathbf{N}_{\substack{e\\o}mn}(h) = \frac{1}{\kappa} \nabla\nabla[\psi_{\substack{e\\o}mn}(h)\hat{z}]. \tag{3.20}$$

式中：

$$\psi_{\substack{e\\o}mn}(h) = \begin{vmatrix} \cos\dfrac{m\pi x}{a}\cos\dfrac{n\pi y}{b} \\ \sin\dfrac{m\pi x}{a}\sin\dfrac{n\pi y}{b} \end{vmatrix} e^{ihz} = \begin{pmatrix} C_x C_y \\ S_x S_y \end{pmatrix} e^{ihz};$$

$$\kappa^2 = \left(\frac{m\pi}{a}\right)^2 + \left(\frac{n\pi}{b}\right)^2 + h^2 = k_c^2 + h^2.$$

$$(m, n = 0, 1, 2, \cdots)$$

为了方便起见，今后我们称这些函数为直角坐标系矢量波函数.

需要指出，上述函数是当领示矢量 $\mathbf{c}$ 在(3.4)式及(3.5)式中作了某种选择后所得到的结果. 如果我们作另外的选择，如选择单位矢 $\hat{x}$ 作为 $\mathbf{c}$，将会产生混合模直角坐标系波函数. 例如，这个函数被定义为

$$\mathbf{M}_{mn}^{(x)}(h) = \nabla(S_x C_y e^{ihz} \hat{x})$$
$$= (ihS_x C_y \hat{y} + k_y S_x S_y \hat{z}) e^{ihz}.$$

在 $x = 0, a$ 和 $y = 0, b$ 时，满足矢量狄里克莱边界条件，但不是对于 z 轴的纯 TE 或 TM 模. 事实上，能够证明

$$\boldsymbol{M}_{mn}^{(x)}(h)=\frac{1}{k_c^2}[\kappa k_y\boldsymbol{N}_{omn}(h)+\mathrm{i}hk_x\boldsymbol{M}_{emn}(h)].$$

即表示该函数是 TE_{mn} 模和 TM_{mn} 模的叠加结果. 在附录 E 中,我们将列出各种混合模矢量波函数以及它们与 $\boldsymbol{M}_{\substack{e\\o}mn}$ 和 $\boldsymbol{N}_{\substack{e\\o}mn}$ 的关系式. 为了参考方便,还将列出各种类型的矢量波函数的完整表达式.

对上述定义的直角坐标系矢量波函数,我们现在来讨论它们的正交性. 进行相对简单的证明,可得

$$\left.\begin{aligned}\iiint\boldsymbol{M}_{\substack{e\\o}mn}(h)\cdot\boldsymbol{M}_{\substack{e\\o}m'n'}(-h')\mathrm{d}V=0\\ \iiint\boldsymbol{M}_{\substack{e\\o}mn}(h)\cdot\boldsymbol{N}_{\substack{e\\o}m'n'}(-h')\mathrm{d}V=0\end{aligned}\right\}. \tag{3.21}$$

它对奇、偶函数的任何组合都成立,并且

$$\left.\begin{aligned}\iiint\boldsymbol{M}_{emn}(h)\cdot\boldsymbol{M}_{om'n'}(-h')\mathrm{d}V=0\\ \iiint\boldsymbol{N}_{emn}(h)\cdot\boldsymbol{N}_{om'n'}(-h')\mathrm{d}V=0\end{aligned}\right\}. \tag{3.22}$$

式中:m、n、h 和 m'、n'、h' 代表两组本征值,它们可以不相同或者一样. 体积分区间为:x 从 0 到 a,y 从 0 到 b,z 从 $-\infty$ 到 $+\infty$. 实际上,正交关系证明时积分仅对 x 和 y 进行就可以了.

当 $m\neq m'$ 或 $n\neq n'$ 时,简单证明可得

$$\left.\begin{aligned}\iiint\boldsymbol{M}_{emn}(h)\cdot\boldsymbol{M}_{em'n'}(-h')\mathrm{d}V=0\\ \iiint\boldsymbol{M}_{omn}(h)\cdot\boldsymbol{M}_{om'n'}(-h')\mathrm{d}V=0\\ \iiint\boldsymbol{N}_{emn}(h)\cdot\boldsymbol{N}_{em'n'}(-h')\mathrm{d}V=0\\ \iiint\boldsymbol{N}_{omn}(h)\cdot\boldsymbol{N}_{om'n'}(-h')\mathrm{d}V=0\end{aligned}\right\}. \tag{3.23}$$

从上可知,所有直角坐标系矢量波函数都是互相正交的. 余下的问题是确定 $m=m'$ 和 $n=n'$ 时的归一化系数. 假设 h 和 h' 不同,先对 x 和 y 积分,我们得到

$$\int_0^a\int_0^b\int_{-\infty}^{\infty}\boldsymbol{M}_{emn}(h)\cdot\boldsymbol{M}_{emn}(-h')\mathrm{d}x\mathrm{d}y\mathrm{d}z$$

$$= (1+\delta_0)\frac{abk_c^2}{4}\int_{-\infty}^{\infty} e^{i(h-h')z}dz \tag{3.24}$$

$$= (1+\delta_0)\frac{\pi abk_c^2}{2}\delta(h-h').$$

式中：$\delta(h-h')$ 函数利用了附录(C.29)式，δ_0 是克罗内克符号

$$\delta_0 = \begin{cases} 1 & (m\text{或}n = 0), \\ 0 & (m\text{和}n \neq 0). \end{cases}$$

类似地，我们有

$$\int_0^a\int_0^b\int_{-\infty}^{\infty} \boldsymbol{M}_{omn}(h)\cdot\boldsymbol{M}_{omn}(-h')dxdydz$$

$$= \frac{\pi abk_c^2}{2}\delta(h-h') \quad (m\neq 0, n\neq 0). \tag{3.25}$$

当 m 或 n 等于零时，$\boldsymbol{M}_{omn}$ 是一个零函数，它的归一化系数等于零. 我们可以把零模包含在(3.25)式中. 像 $\boldsymbol{M}_{emn}$ 一样，$\boldsymbol{M}_{omn}$ 可以写成

$$\int_0^a\int_0^b\int_{-\infty}^{\infty} \boldsymbol{M}_{omn}(h)\cdot\boldsymbol{M}_{omn}(-h')dxdydz$$

$$= (1+\delta_0)\frac{\pi abk_c^2}{2}\delta(h-h'), n\neq 0, m\neq 0. \tag{3.26}$$

对 $\boldsymbol{N}_{emn}$ 和 $\boldsymbol{N}_{omn}$ 函数都可用同样的方法，求得它的归一化系数. 完成积分后得到

$$\int_0^a\int_0^b\int_{-\infty}^{\infty} \boldsymbol{N}_{emn}(h)\cdot\boldsymbol{N}_{emn}(-h')dxdydz$$

$$= (1+\delta_0)\frac{\pi abk_c^2}{2\kappa\kappa'}(k_c^2+hh')\delta(h-h'), \tag{3.27}$$

$$\kappa^2 = k_c^2 + h^2,$$

$$\kappa'^2 = k_c^2 + h'^2.$$

由于在(3.27)式中有 $\delta(h-h')$ 函数，对该函数前面的系数，不必要区别 h'、κ' 与 h、κ，于是上式等效于下式

$$\int_0^a\int_0^b\int_{-\infty}^{\infty} \boldsymbol{N}_{emn}(h)\cdot\boldsymbol{N}_{emn}(-h')dxdydz$$

$$= (1+\delta_0)\frac{\pi abk_c^2}{2}\delta(h-h'). \tag{3.28}$$

类似还有

$$\int_0^a\int_0^b\int_{-\infty}^{\infty}\boldsymbol{N}_{omn}(h)\cdot\boldsymbol{N}_{omn}(-h')\mathrm{d}x\mathrm{d}y\mathrm{d}z$$

$$=(1+\delta_0)\frac{\pi abk_c^2}{2}\delta(h-h'). \tag{3.29}$$

在(3.29)式中，已经包含了 $\boldsymbol{N}_{omn}$ 函数的零模情况. 最后，我们从(3.24)、(3.26)、(3.28)和(3.29)四式可以发现，$\boldsymbol{M}_{\zeta_{\delta}mn}$ 和 $\boldsymbol{N}_{\zeta_{\delta}mn}$ 函数都具有相同的归一化系数.

3.2 $\overline{\overline{G}}_m$ 方法

现在我们应用欧姆—瑞利方法推导出矩形波导的第二类磁型并矢格林函数. 为了简便起见，我们称这个方法为 $\overline{\overline{G}}_m$ 方法. 并矢函数 $\overline{\overline{G}}_{m2}(\boldsymbol{R},\boldsymbol{R}')$ 满足方程

$$\nabla\nabla\overline{\overline{G}}_{m2}(\boldsymbol{R},\boldsymbol{R}')-k^2\,\overline{\overline{G}}_{m2}(\boldsymbol{R},\boldsymbol{R}')=\nabla[\overline{\overline{I}}\delta(\boldsymbol{R}-\boldsymbol{R}')]. \tag{3.30}$$

其定义域为：$0\leqslant x\leqslant a, 0\leqslant y\leqslant b, -\infty<z<\infty$，在 $x=0, x=a$ 和 $y=0, y=b$ 满足边界条件

$$\hat{n}\times\nabla\overline{\overline{G}}_{m2}(\boldsymbol{R},\boldsymbol{R}')=0. \tag{3.31}$$

在波导的开口端，函数应满足一种辐射条件. 它与开放空间的辐射条件不同. 它相应于这种情况：在波导安放一个源，从源向两个方向激励外行导波. 它的特殊形式将在以后讨论. 考虑(3.30)式中的传播常数 k，当我们假定媒质是空气时，取 $k=\omega(\mu_0\varepsilon_0)^{1/2}$；对一种介质媒质，可以用 ε 取代 ε_0，ε 可以是复数.

依据欧姆—瑞利方法，我们首先应用前节引入的无散矢量波函数，寻找源函数 $\nabla[\overline{\overline{I}}\delta(\boldsymbol{R}-\boldsymbol{R}')]$ 的一个本征函数展开式. 合适的函数应取 $\boldsymbol{N}_{emn}(h)$ 和 $\boldsymbol{M}_{omn}(h)$，因为它们能满足由(3.31)式所表征的边界条件. 我们假设

$$\nabla[\overline{\overline{I}}\delta(\boldsymbol{R}-\boldsymbol{R}')]=\int_{-\infty}^{\infty}\mathrm{d}h\sum_{m=0}^{\infty}\sum_{n=0}^{\infty}[\boldsymbol{N}_{emn}(h)\boldsymbol{A}_{emn}(h)$$
$$+\boldsymbol{M}_{omn}(h)\boldsymbol{B}_{omn}(h)]. \tag{3.32}$$

式中：$\boldsymbol{A}_{emn}(h)$ 和 $\boldsymbol{B}_{omn}(h)$ 是两个待定的未知矢量系数．这两个未知函数的求法，与在 2.6 节中我们处理无限长传输线的方法一样．不同的是，这里讨论的是三维问题，使用的本征函数是无散矢量波函数．用函数 $\boldsymbol{N}_{em'n'}(-h')$，取本征值为 m'、n'、h'，与(3.32)式作前标积，我们得到

$$\iiint_V \boldsymbol{N}_{em'n'}(-h')\cdot\nabla[\overline{\overline{I}}\delta(\boldsymbol{R}-\boldsymbol{R}')]\mathrm{d}V = \iiint_V \mathrm{d}V\int_{-\infty}^{\infty}\mathrm{d}h\sum_m\sum_n \boldsymbol{N}_{em'n'}(-h') \cdot[\boldsymbol{N}_{emn}(h)\boldsymbol{A}_{emn}(h)+\boldsymbol{M}_{omn}(h)\boldsymbol{B}_{omn}(h)]. \tag{3.33}$$

借助附录 A 中的(A.62)式，(3.33)式左边的积分可分成两项：

$$\begin{aligned}\iiint_V &\boldsymbol{N}_{em'n'}(-h')\cdot\nabla[\overline{\overline{I}}\delta(\boldsymbol{R}-\boldsymbol{R}')]\mathrm{d}V\\ &=\iiint_V\{\nabla\boldsymbol{N}_{em'n'}(-h')\cdot\overline{\overline{I}}\delta(\boldsymbol{R}-\boldsymbol{R}')\\ &\quad-\nabla[\boldsymbol{N}_{em'n'}(-h')\times\overline{\overline{I}}\delta(\boldsymbol{R}-\boldsymbol{R}')]\}\mathrm{d}V\\ &=\nabla'\boldsymbol{N}'_{em'n'}(-h')\\ &\quad-\oiint_s\hat{n}\cdot[\boldsymbol{N}_{em'n'}(-h')\times\overline{\overline{I}}\delta(\boldsymbol{R}-\boldsymbol{R}')]\mathrm{d}S.\end{aligned} \tag{3.34}$$

对上式作变换时，我们使用了并矢高斯定理，它把一个体积分变换成一个面积分．由于向径 $\boldsymbol{R}'$ 位于体积 V 内，上式中面积分等于零．函数 $\nabla'\boldsymbol{N}'$ 是对带撇变量 x'、y'、z' 定义的．利用(3.23)式正交关系和(3.27)式归一化系数公式，对(3.33)式完成运算，我们得到

$$\nabla'\boldsymbol{N}'_{em'n'}(-h')=(1+\delta_0)\frac{\pi abk'^2_c}{2}\boldsymbol{A}_{em'n'}(h'). \tag{3.35}$$

式中：

$$k'^2_c=\left(\frac{m'\pi}{a}\right)^2+\left(\frac{n'\pi}{b}\right)^2.$$

或者，解出系数

$$\begin{aligned}\boldsymbol{A}_{em'n'}(h')&=\frac{(2-\delta_0)}{\pi abk'^2_c}\nabla'\boldsymbol{N}'_{em'n'}(-h')\\ &=\frac{2-\delta_0}{\pi abk'^2_c}\kappa'\boldsymbol{M}'_{em'n'}(-h').\end{aligned} \tag{3.36}$$

本征值上的撇号可以去掉，但不能去掉函数 $\boldsymbol{M}'$ 上的撇号，上式可以改写成

$$\boldsymbol{A}_{emn}(h)=\frac{(2-\delta_0)\kappa}{\pi ab k_c^2}\boldsymbol{M}'_{emn}(-h). \tag{3.37}$$

上式就是我们在(3.32)式中要求的未知系数 $\boldsymbol{A}_{emn}(h)$. 再用类似的方法，用 $\boldsymbol{M}_{om'n'}(-h')$ 与(3.32)式作前标积，完成同样的程序，可以求得

$$\boldsymbol{B}_{omn}(h)=\frac{(2-\delta_0)\kappa}{\pi ab k_c^2}\boldsymbol{N}'_{omn}(-h). \tag{3.38}$$

这样，我们就求得了 $\nabla[\bar{\bar{I}}\delta(\boldsymbol{R}-\boldsymbol{R}')]$ 的本征函数展开式

$$\nabla[\bar{\bar{I}}\delta(\boldsymbol{R}-\boldsymbol{R}')]=\int_{-\infty}^{\infty}\mathrm{d}h\sum_{m,n}\frac{(2-\delta_0)\kappa}{\pi ab k_c^2}\cdot[\boldsymbol{N}_{emn}(h)\boldsymbol{M}'_{emn}(-h)+\boldsymbol{M}_{omn}(h)\boldsymbol{N}'_{omn}(-h)]. \tag{3.39}$$

式中：

$$\kappa=(k_c^2+h^2)^{1/2};$$

$$k_c^2=\left(\frac{m\pi}{a}\right)^2+\left(\frac{n\pi}{b}\right)^2.$$

为了求出 $\bar{\bar{G}}_{m2}(\boldsymbol{R},\boldsymbol{R}')$，我们假设

$$\bar{\bar{G}}_{m2}(\boldsymbol{R},\boldsymbol{R}')=\int_{-\infty}^{\infty}\mathrm{d}h\sum_{m,n}\frac{(2-\delta_0)\kappa}{\pi ab k_c^2}\cdot[a(h)\boldsymbol{N}_{emn}(h)\boldsymbol{M}'_{emn}(-h)+b(h)\boldsymbol{M}_{omn}(h)\boldsymbol{N}'_{omn}(-h)], \tag{3.40}$$

式中：系数 $a(h)$ 和 $b(h)$ 可以用(3.39)和(3.40)两式代入(3.30)式求得：

$$a(h)=b(h)=\frac{1}{\kappa^2-k^2}. \tag{3.41}$$

上面推导过程中我们利用了恒等式

$$\nabla\nabla\begin{bmatrix}\boldsymbol{N}_{emn}\\ \boldsymbol{M}_{omn}\end{bmatrix}=\kappa^2\begin{bmatrix}\boldsymbol{N}_{emn}\\ \boldsymbol{M}_{omn}\end{bmatrix}.$$

因而，$\bar{\bar{G}}_{m2}(\boldsymbol{R},\boldsymbol{R}')$ 的本征函数展开式为

$$\bar{\bar{G}}_{m2}(\boldsymbol{R},\boldsymbol{R}')=\int_{-\infty}^{\infty}\mathrm{d}h\sum_{m,n}\frac{(2-\delta_0)\kappa}{\pi ab k_c^2(\kappa^2-k^2)}$$

$$\cdot[\boldsymbol{N}_{emn}(h)\boldsymbol{M}'_{emn}(-h)+\boldsymbol{M}_{omn}(h)\boldsymbol{N}'_{omn}(-h)]. \tag{3.42}$$

在上式中的傅立叶积分可以用回路积分法积出,因为 $\kappa^2-k^2=k_c^2+h^2-k^2$,积分在 $h=\pm(k^2-k_c^2)^{\frac{1}{2}}$ 处有两个极点,在无穷远处,它满足约当引理.最后结果是

$$\overline{\overline{G}}_{m2}^{\pm}(\boldsymbol{R},\boldsymbol{R}')=\frac{\mathrm{i}k}{ab}\sum_{m,n}\frac{2-\delta_0}{k_c^2k_g}[\boldsymbol{N}_{emn}(\pm k_g)\boldsymbol{M}'_{emn}(\mp k_g)+\boldsymbol{M}_{omn}(\pm k_g)\boldsymbol{N}'_{omn}(\mp k_g)],z\gtrless z'. \tag{3.43}$$

式中:

$$k_g=(k^2-k_c^2)^{\frac{1}{2}},\mathrm{Re}(k_g)>0,\mathrm{Im}(k_g)>0.$$

在(3.43)式中,上行符号对应 $z>z'$,下行符号对应 $z<z'$,在 $z=z'$ 处,函数不连续.对不连续的磁型并矢格林函数,我们已经导出方程(2.36)式:

$$\hat{n}\times(\overline{\overline{G}}_m^+-\overline{\overline{G}}_m^-)=\overline{\overline{I}}_s\delta(\boldsymbol{r}-\boldsymbol{r}'). \tag{3.44}$$

适用现在的问题,上式变成为

$$\hat{z}\times(\overline{\overline{G}}_{m2}^+-\overline{\overline{G}}_{m2}^-)=(\overline{\overline{I}}-\hat{z}\hat{z})\delta(x-x')\delta(y-y'). \tag{3.45}$$

式中:$\overline{\overline{G}}_{m2}^+$ 适用于 $z>z'$,$\overline{\overline{G}}_{m2}^-$ 适用于 $z<z'$.点源安放在 $\boldsymbol{R}'$ 处.

为了求出$\overline{\overline{G}}_{e1}(\boldsymbol{R},\boldsymbol{R}')$,我们利用关系式

$$\nabla\times\overline{\overline{G}}_{m2}(\boldsymbol{R},\boldsymbol{R}')=\overline{\overline{I}}\delta(\boldsymbol{R}-\boldsymbol{R}')+k^2\,\overline{\overline{G}}_{e1}(\boldsymbol{R},\boldsymbol{R}'). \tag{3.46}$$

由于$\overline{\overline{G}}_{m2}$ 在 $z=z'$ 处不连续,我们可以写成

$$\overline{\overline{G}}_{m2}(\boldsymbol{R},\boldsymbol{R}')=\overline{\overline{G}}_{m2}^+(\boldsymbol{R},\boldsymbol{R}')U(z-z')+\overline{\overline{G}}_{m2}^-(\boldsymbol{R},\boldsymbol{R}')U(z'-z).$$

式中:两个单位阶跃函数为

$$U(z-z')=\begin{cases}1 & (z>z'),\\ 0 & (z<z'),\end{cases}$$

$$U(z'-z)=\begin{cases}1 & (z<z'),\\ 0 & (z>z').\end{cases}$$

因此,

$$\nabla\times\overline{\overline{G}}_{m2}(\boldsymbol{R},\boldsymbol{R}')=[\nabla\times\overline{\overline{G}}_{m2}^+(\boldsymbol{R},\boldsymbol{R}')]U(z-z')+\nabla U(z-z')\times\overline{\overline{G}}_{m2}^+(\boldsymbol{R},\boldsymbol{R}')$$

$$+[\nabla\overline{\overline{G}}_{m2}^{-}(\boldsymbol{R},\boldsymbol{R}')]U(z'-z)$$
$$+\nabla U(z'-z)\times\overline{\overline{G}}_{m2}^{-}(\boldsymbol{R},\boldsymbol{R}').$$

式中推导时，我们利用了附录 A 中的并矢恒等式(A.60)式. 由广义函数理论可知

$$\nabla U(z-z')=\hat{z}\delta(z-z'),$$
$$\nabla U(z'-z)=-\hat{z}\delta(z-z').$$

因而

$$\nabla\overline{\overline{G}}_{m2}(\boldsymbol{R},\boldsymbol{R}')=[\nabla\overline{\overline{G}}_{m2}^{+}(\boldsymbol{R},\boldsymbol{R}')]U(z-z')+[\nabla\overline{\overline{G}}_{m2}^{-}(\boldsymbol{R},\boldsymbol{R}')]U(z'-z)+\hat{z}\delta(z-z')\times[\overline{\overline{G}}_{m2}^{+}(\boldsymbol{R},\boldsymbol{R}')-\overline{\overline{G}}_{m2}^{-}(\boldsymbol{R},\boldsymbol{R}')]. \quad (3.47)$$

由(3.45)式，上面的方程又可写成下列形式：

$$\nabla\overline{\overline{G}}_{m2}(\boldsymbol{R},\boldsymbol{R}')=[\nabla\overline{\overline{G}}_{m2}^{+}(\boldsymbol{R},\boldsymbol{R}')]U(z-z')+[\nabla\overline{\overline{G}}_{m2}^{-}(\boldsymbol{R},\boldsymbol{R}')]U(z'-z)+(\overline{\overline{I}}-\hat{z}\hat{z})\delta(x-x')\delta(y-y')\delta(z-z'), \quad (3.48)$$

上式对所有 x,y,z 值都适用. 由于 $\delta(x-x')\delta(y-y')\delta(z-z')$ 即是 $\delta(\boldsymbol{R}-\boldsymbol{R}')$，把(3.48)式代入(3.46)式，我们得到

$$\overline{\overline{G}}_{e1}(\boldsymbol{R},\boldsymbol{R}')=\frac{1}{k^2}\{-\hat{z}\hat{z}\delta(\boldsymbol{R}-\boldsymbol{R}')+[\nabla\overline{\overline{G}}_{m2}^{+}(\boldsymbol{R},\boldsymbol{R}')]U(z-z')+[\nabla\overline{\overline{G}}_{m2}^{-}(\boldsymbol{R},\boldsymbol{R}')]U(z'-z)\}$$
$$=-\frac{1}{k^2}\hat{z}\hat{z}\delta(\boldsymbol{R}-\boldsymbol{R}')+\frac{\mathrm{i}}{ab}\sum_{m,n}\frac{2-\delta_0}{k_c^2k_g}[\boldsymbol{M}_{emn}(\pm k_g)\boldsymbol{M}'_{emn}(\mp k_g)+\boldsymbol{N}_{omn}(\pm k_g)\boldsymbol{N}'_{omn}(\mp k_g)],\ z\gtrless z'. \quad (3.49)$$

上式两个级数表示中，上行符号适用于 $z>z'$，下行符号适用于 $z<z'$. 上式中的两个函数 $\boldsymbol{M}_{emn}$ 和 $\boldsymbol{N}_{omn}$ 还利用了下面两个关系式：

$$\nabla\boldsymbol{N}_{emn}(\pm k_g)=k\boldsymbol{M}_{emn}(\pm k_g), \quad (3.50)$$
$$\nabla\boldsymbol{M}_{omn}(\pm k_g)=k\boldsymbol{N}_{omn}(\pm k_g). \quad (3.51)$$

如果知道了 $\overline{\overline{G}}_{e1}(\boldsymbol{R},\boldsymbol{R}')$ 表达式，在波导中的电场就可以用下述公式计算出来：

$$\boldsymbol{E}(\boldsymbol{R}) = \mathrm{i}\omega\mu_0 \iiint \overline{\overline{G}}_{e1}(\boldsymbol{R},\boldsymbol{R}') \cdot \boldsymbol{J}(\boldsymbol{R}')\mathrm{d}V'. \tag{3.52}$$

由$\overline{\overline{G}}_{e1}$的组成形式,我们把后置函数$\boldsymbol{M}'_{emn}$和$\boldsymbol{N}'_{omn}$称之为激励函数,把前置函数$\boldsymbol{M}_{emn}$和$\boldsymbol{N}_{omn}$称之为场函数.前者相应于$\mathrm{TE}_{mn}$模,后者相应于$\mathrm{TM}_{mn}$模.$\boldsymbol{M}_{emn}$不存在$z$分量,磁场正比例于$\nabla \boldsymbol{E}(\boldsymbol{R})$,又由关系式$\nabla \boldsymbol{N}_{omn}(\pm k_g) = k\boldsymbol{M}_{omn}(\pm k_g)$,这样磁场就没有$z$分量,这是称之为$\mathrm{TM}_{mn}$模的原因.当$\boldsymbol{J}(\boldsymbol{R}')$与某激励函数的标积为零时,就是指相应的模式不被激励.例如,在z方向放置一赫兹偶极子,$\boldsymbol{J}(\boldsymbol{R}')$仅有纵向分量,$\boldsymbol{J}(\boldsymbol{R}')$和$\boldsymbol{M}'_{emn}$之间就没有耦合,仅只能激励TM模.

当波导用沿波导壁的孔径和隙缝场激励时,利用第2章(2.183)式,我们就可以去计算波导内部场.即

$$\boldsymbol{E}(\boldsymbol{R}) = -\oiint_{S_A} [\nabla\overline{\overline{G}}_{e2}(\boldsymbol{R},\boldsymbol{R}')] \cdot [\hat{n}' \times \boldsymbol{E}(\boldsymbol{R}')]\mathrm{d}S'. \tag{3.53}$$

根据定义:$\nabla\overline{\overline{G}}_{e2} = \overline{\overline{G}}_{m1}$,我们可以用推导$\overline{\overline{G}}_{m2}$同样的方法导出$\overline{\overline{G}}_{m1}$:

$$\begin{aligned}\overline{\overline{G}}_{m1}(\boldsymbol{R},\boldsymbol{R}') = {} & \frac{\mathrm{i}k}{ab}\sum_{m,n}\frac{2-\delta_0}{k_c^2 k_g} \\ & \cdot [\boldsymbol{M}_{emn}(\pm k_g)\boldsymbol{N}'_{emn}(\mp k_g) \\ & + \boldsymbol{N}_{omn}(\pm k_g)\boldsymbol{M}'_{omn}(\mp k_g)],\ z \gtrless z'.\end{aligned} \tag{3.54}$$

最后,我们讨论辐射条件和阐明在波导无穷远端(对$z \gtrless z'$)面积分项消失问题.利用第2章(2.71)式,用$\overline{\overline{G}}_{e1}$取代$\overline{\overline{G}}_e$,取$\hat{n} = \hat{z}$,面积分项为

$$\begin{aligned}-\oiint_{S_c} \{ & [\hat{z} \times \nabla \boldsymbol{E}(\boldsymbol{R})] \cdot \overline{\overline{G}}_{e1}(\boldsymbol{R},\boldsymbol{R}') - \boldsymbol{E}(\boldsymbol{R}) \\ & \cdot [\hat{z} \times \nabla\overline{\overline{G}}_{e1}(\boldsymbol{R},\boldsymbol{R}')]\}\mathrm{d}S.\end{aligned} \tag{3.55}$$

式中:S_c表示波导的截面.我们用$a_{mn}\boldsymbol{M}_{emn}(k_g)$表示总场$\boldsymbol{E}(\boldsymbol{R})$中一个典型的$\mathrm{TE}_{mn}$模的电场,$\overline{\overline{G}}_{e1}(\boldsymbol{R},\boldsymbol{R}')$中激励该模式的相应项用$\boldsymbol{M}_{emn}(k_g)\boldsymbol{A}'_{emn}(k_g)$表示,我们求得

$$\begin{aligned}\hat{z} \times \nabla[a_{mn}\boldsymbol{M}_{emn}(k_g)] &= \hat{z} \times [ka_{mn}\boldsymbol{N}_{emn}(k_g)] \\ &= -\mathrm{i}k_g a_{mn}\boldsymbol{M}_{emn}(k_g),\end{aligned} \tag{3.56}$$

$$\hat{z} \times \nabla[\boldsymbol{M}_{emn}(k_g)\boldsymbol{A}'_{emn}(k_g)] = \hat{z} \times [k\boldsymbol{N}_{emn}(k_g)\boldsymbol{A}'_{emn}(k_g)]$$

$$= -\mathrm{i}k_g \boldsymbol{M}_{emn}(k_g)\boldsymbol{A}'_{emn}(k_g). \tag{3.57}$$

把上述两项代入(3.55)式,两个标积会互相抵消.在$\overline{\overline{G}}_{e1}(\boldsymbol{R},\boldsymbol{R}')$中具有不同本征值和属于 TM 模式的项不会与$\boldsymbol{M}_{emn}$相互作用,这是由矢量波函数的正交性所决定的.对 TM_{mn} 模,我们用函数$\boldsymbol{N}_{omn}(k_g)$,采用相同的步骤,其结果也会是同样的.现在,我们验证了在波导一端的所谓辐射条件.对另一端,即$z < z'$,利用函数$\boldsymbol{M}_{emn}(-k_g)$和$\boldsymbol{N}_{omn}(-k_g)$,将得到相同的结论.

3.3 $\overline{\overline{G}}_e$ 方 法

用$\overline{\overline{G}}_m$方法求得的$\overline{\overline{G}}_e$表达式,也可以用欧姆—瑞利方法求解下面$\overline{\overline{G}}_{e1}$的微分方程,直接得到

$$\nabla\times\nabla\times\overline{\overline{G}}_{e1}(\boldsymbol{R},\boldsymbol{R}') - k^2\,\overline{\overline{G}}_{e1}(\boldsymbol{R},\boldsymbol{R}') = \overline{\overline{I}}\delta(\boldsymbol{R}-\boldsymbol{R}'). \tag{3.58}$$

但是,要采用复杂的公式推导,其复杂性部分是由于这样一个情况,即$\overline{\overline{G}}_{e1}$不像$\overline{\overline{G}}_{m2}$,它不是一个无散并矢函数.由于除了$\boldsymbol{R}\neq\boldsymbol{R}'$之外,下式

$$\begin{aligned}\nabla\cdot\overline{\overline{G}}_{e1}(\boldsymbol{R},\boldsymbol{R}') &= -\frac{1}{k^2}\nabla\cdot[\overline{\overline{I}}\delta(\boldsymbol{R}-\boldsymbol{R}')] \\ &= -\frac{1}{k^2}\nabla\delta(\boldsymbol{R}-\boldsymbol{R}')\end{aligned} \tag{3.59}$$

不等于零,故无散矢量波函数$\boldsymbol{M}_{emn}$和$\boldsymbol{N}_{omn}$不再有效,我们需要另外一组非无散量.引入的另外一组矢量波函数用$\boldsymbol{L}_{omn}$标记,它正是前面已提到过的由汉森所引入的$\boldsymbol{L}$、$\boldsymbol{M}$和$\boldsymbol{N}$三组之一.

函数$\boldsymbol{L}_{omn}(h)$被定义为

$$\begin{aligned}\boldsymbol{L}_{omn}(h) &= \nabla[\psi_{omn}(h)] = \nabla(S_x S_y \mathrm{e}^{\mathrm{i}hz}) \\ &= (k_x C_x S_y \hat{x} + k_y S_x C_y \hat{y} + \mathrm{i}h S_x S_y \hat{z})\mathrm{e}^{\mathrm{i}hz}.\end{aligned} \tag{3.60}$$

式中:$m,n = 1,2,\cdots$,它们是齐次矢量亥姆霍兹方程的解.其方程为

$$\nabla\times\nabla\times\boldsymbol{F} + \kappa^2\boldsymbol{F} = 0. \tag{3.61}$$

式中： $\kappa^2 = k_x^2 + k_y^2 + h^2 = k_c^2 + h^2$.

常数 k_x 和 k_y 以及函数 S_x, C_x, S_y 和 C_y 含义与3.1节相同. 这组函数本身以及与其他两组函数的正交关系如下式所示：

$$\iiint_V \boldsymbol{L}_{omn}(h) \cdot \boldsymbol{L}_{om'n'}(-h')\mathrm{d}V$$
$$= \begin{cases} 0 & (m \neq m', n \neq n'), \\ \dfrac{\pi ab\kappa^2}{2}\delta(h-h') & (m = m', n = n'), \end{cases} \tag{3.62}$$

$$\iiint_V \boldsymbol{L}_{omn}(h) \cdot \boldsymbol{M}_{em'n'}(-h')\mathrm{d}V = 0, \tag{3.63}$$

$$\iiint_V \boldsymbol{L}_{omn}(h) \cdot \boldsymbol{N}_{om'n'}(-h')\mathrm{d}V$$
$$= \begin{cases} 0 & (m \neq m', n \neq n'), \\ \dfrac{\mathrm{i}\pi abk_c^2}{2\kappa}(h-h')\delta(h-h') & (m = m', n = n'). \end{cases} \tag{3.64}$$

由上式可以看出, $\boldsymbol{L}_{omn}(h)$ 和 $\boldsymbol{N}_{omn}(-h')$ 在空域内形式上不正交，但包括 h 域在内时就正交：

$$\int_{-\infty}^{\infty}\mathrm{d}h\iiint_V \boldsymbol{L}_{omn}(h) \cdot \boldsymbol{N}_{omn}(-h)\mathrm{d}V = 0.$$

根据欧姆—瑞利方法，我们设

$$\bar{\bar{I}}\delta(\boldsymbol{R}-\boldsymbol{R}') = \int_{-\infty}^{\infty}\mathrm{d}h\sum_{m,n}[\boldsymbol{L}_{omn}(h)\boldsymbol{A}_{omn}(h)$$
$$+\boldsymbol{M}_{emn}(h)\boldsymbol{B}_{emn}(h) + \boldsymbol{N}_{omn}(h)\boldsymbol{C}_{omn}(h)]. \tag{3.65}$$

由三组矢量波函数在空域和 h 域内的正交性，我们可以很容易地确定(3.65)式中的三个系数 $\boldsymbol{A}$、$\boldsymbol{B}$、$\boldsymbol{C}$，它们分别是：

$$\boldsymbol{A}_{omn}(h) = \frac{2-\delta_0}{\pi ab\kappa^2}\boldsymbol{L}'_{omn}(-h),$$

$$\boldsymbol{B}_{omn}(h) = \frac{2-\delta_0}{\pi abk_c^2}\boldsymbol{M}'_{emn}(-h),$$

$$\boldsymbol{C}_{omn}(h) = \frac{2-\delta_0}{\pi abk_c^2}\boldsymbol{N}'_{omn}(-h).$$

在系数 A_o 和 $\boldsymbol{C}_o$ 中的因子 $2-\delta_0$ 常常等于2，因为对 $m=0$ 和 /或

$n=0$,函数 $\boldsymbol{L}_o$ 和 $\boldsymbol{N}_o$ 为零.因而,函数$\overline{\overline{I}}\delta(\boldsymbol{R}-\boldsymbol{R}')$ 的本征函数展开式为

$$\overline{\overline{I}}\delta(\boldsymbol{R}-\boldsymbol{R}')=\int_{-\infty}^{\infty}\mathrm{d}h\sum_{m,n}C_{mn}\Big[\frac{k_c^2}{\kappa^2}\boldsymbol{L}_{omn}(h)\boldsymbol{L}'_{omn}(-h)$$
$$+\boldsymbol{M}_{emn}(h)\boldsymbol{M}'_{emn}(-h)+\boldsymbol{N}_{omn}(h)\boldsymbol{N}'_{omn}(-h)\Big]. \qquad (3.66)$$

式中:

$$C_{mn}=\frac{2-\delta_0}{\pi abk_c^2},\delta_0=\begin{cases}1 & (n\text{或}m=0),\\0 & (n\text{和}m\neq 0),\end{cases}$$
$$k_c^2=k_x^2+k_y^2.$$

现在,假定

$$\overline{\overline{G}}_{e1}(\boldsymbol{R},\boldsymbol{R}')=\int_{-\infty}^{\infty}\mathrm{d}h\sum_{m,n}C_{mn}\left(a\frac{k_c^2}{\kappa^2}\boldsymbol{L}_o\boldsymbol{L}'_o+b\boldsymbol{M}_e\boldsymbol{M}'_e+c\boldsymbol{N}_o\boldsymbol{N}'_o\right). \qquad (3.67)$$

为了简化写法,我们略去了函数的下标"mn",把(3.66)式和(3.67)式代入(3.58)式,可求出

$$a=-\frac{1}{k^2},b=c=\frac{1}{\kappa^2-k^2}=\frac{1}{h^2+k_c^2-k^2}.$$

$\overline{\overline{G}}_{e1}(\boldsymbol{R},\boldsymbol{R}')$ 的完整表示式可写成

$$\overline{\overline{G}}_{e1}(\boldsymbol{R},\boldsymbol{R}')=\int_{-\infty}^{\infty}\mathrm{d}h\sum_{m,n}C_{mn}\Big[-\frac{k_c^2}{k^2\kappa^2}\boldsymbol{L}_o\boldsymbol{L}'_o$$
$$+\frac{1}{\kappa^2-k^2}(\boldsymbol{M}_e\boldsymbol{M}'_e+\boldsymbol{N}_o\boldsymbol{N}'_o)\Big]. \qquad (3.68)$$

为了对(3.68)式使用留数定理,我们把 $\boldsymbol{L}_o$ 和 $\boldsymbol{N}_o$ 分成两部分:

$$\boldsymbol{L}_o=\boldsymbol{L}_{ot}+\boldsymbol{L}_{oz},$$
$$\boldsymbol{N}_o=\boldsymbol{N}_{ot}+\boldsymbol{N}_{oz}.$$

$\boldsymbol{L}_{ot}$ 和 $\boldsymbol{N}_{ot}$ 代表横向分量,$\boldsymbol{L}_{oz}$ 和 $\boldsymbol{N}_{oz}$ 代表纵向 z 分量,由以前的定义有

$$\boldsymbol{L}_{ot}=(k_xC_xS_y\hat{x}+k_yS_xC_y\hat{y})\mathrm{e}^{\mathrm{i}hz}, \qquad (3.69)$$
$$\boldsymbol{L}_{oz}=\mathrm{i}hS_xS_y\mathrm{e}^{\mathrm{i}hz}\hat{z}, \qquad (3.70)$$
$$\boldsymbol{N}_{ot}=\frac{1}{\kappa}\mathrm{i}h(k_xC_xS_y\hat{x}+k_yS_xC_y\hat{y})\mathrm{e}^{\mathrm{i}hz}, \qquad (3.71)$$

$$N_{oz}=\frac{1}{\kappa}k_c^2S_xS_y\mathrm{e}^{\mathrm{i}hz}\hat{z}. \tag{3.72}$$

分析上面各项的关系,可以用 N_{ot} 表示L_{ot},用 N_{oz} 表示L_{oz},对带撇的函数也用同样的表示.即

$$L_{ot}=\frac{-\mathrm{i}\kappa}{h}N_{ot},L'_{ot}=\frac{\mathrm{i}\kappa}{h}N'_{ot},$$

$$L_{oz}=\frac{\mathrm{i}h\kappa}{k_c^2}N_{oz},L'_{oz}=\frac{-\mathrm{i}h\kappa}{k_c^2}N'_{oz}.$$

这样,我们可以把(3.68)式改写成下式:

$$\begin{aligned}\overline{\overline{G}}_{e1}(R,R')=\int_{-\infty}^{\infty}\mathrm{d}h\sum_{m,n}C_{mn}\Big\{&\frac{1}{\kappa^2-k^2}M_eM'_e\\&+\frac{\kappa^2}{k^2(\kappa^2-k^2)}\Big(\frac{k^2-k_c^2}{h^2}N_{ot}N'_{ot}\\&+N_{ot}N'_{oz}+N_{oz}N'_{ot}+\frac{k^2-h^2}{k_c^2}N_{oz}N'_{oz}\Big)\Big\}.\end{aligned} \tag{3.73}$$

在上式中,分量 $N_{oz}N'_{oz}$ 是奇异项.从(3.66)式,可以写出下式:

$$\begin{aligned}\hat{z}\hat{z}\delta(R-R')&=\int_{-\infty}^{\infty}\mathrm{d}h\sum_{m,n}C_{mn}\Big(\frac{k_c^2}{\kappa^2}L_{oz}L'_{oz}+N_{oz}N'_{oz}\Big)\\&=\int_{-\infty}^{\infty}\mathrm{d}h\sum_{m,n}C_{mn}\frac{\kappa^2}{k_c^2}N_{oz}N'_{oz}.\end{aligned} \tag{3.74}$$

我们把(3.73)式中 $N_{oz}N'_{oz}$ 的系数分解成两项,写成下面的形式:

$$\begin{aligned}\overline{\overline{G}}_{e1}(R,R')=&-\int_{-\infty}^{\infty}\mathrm{d}h\sum_{m,n}C_{mn}\frac{\kappa^2}{k^2k_c^2}N_{oz}N'_{oz}\\&+\int_{-\infty}^{\infty}\mathrm{d}h\sum_{m,n}C_{mn}\Big\{\frac{1}{\kappa^2-k^2}M_eM'_e\\&+\frac{\kappa^2}{k^2(\kappa^2-k^2)}\Big(\frac{k^2-k_c^2}{h^2}N_{ot}N'_{ot}+N_{ot}N'_{oz}\\&+N_{oz}N'_{ot}+N_{oz}N'_{oz}\Big)\Big\}.\end{aligned} \tag{3.75}$$

上式中利用了关系式

$$\kappa^2=k_c^2+h^2,$$

$$\frac{k^2-h^2}{k_c^2}=1-\frac{\kappa^2-k^2}{k_c^2}. \tag{3.76}$$

由(3.74)式,(3.75)式中第一个积分项等于

$$-\frac{1}{k^2}\hat{z}\hat{z}\delta(\boldsymbol{R}-\boldsymbol{R}'),$$

而第二个积分我们用 $\overline{\overline{S}}_{e1}(\boldsymbol{R},\boldsymbol{R}')$ 表示. 用围线积分法计算,认为被积函数在上、下 h 平面的无穷远处下降到零. 最终结果如下式:

$$\overline{\overline{S}}_{e1}(\boldsymbol{R},\boldsymbol{R}')=\frac{\mathrm{i}}{ab}\sum_{m,n}\frac{2-\delta_0}{k_c^2k_g}[\boldsymbol{M}_{emn}(\pm k_g)\boldsymbol{M}'_{emn}(\mp k_g)$$
$$+\boldsymbol{N}_{omn}(\pm k_g)\boldsymbol{N}'_{omn}(\mp k_g)],z\gtrless z', \tag{3.77}$$

$$\overline{\overline{G}}_{e1}(\boldsymbol{R},\boldsymbol{R}')=-\frac{1}{k^2}\hat{z}\hat{z}\delta(\boldsymbol{R}-\boldsymbol{R}')+\overline{\overline{S}}_{e1}(\boldsymbol{R},\boldsymbol{R}'). \tag{3.78}$$

上面结果与(3.49)式是一致的.

3.4 $\overline{\overline{G}}_A$ 方 法

迄今为止,我们用了两种方法求得了$\overline{\overline{G}}_{e1}$ 的本征函数展开式. 本节我们将论述另外一种方法,称$\overline{\overline{G}}_A$ 方法. 它建立在位势方法的并矢形式上. 由上一章(2.23) ~ (2.26)式,$\overline{\overline{G}}_e$ 和$\overline{\overline{G}}_m$ 的系列方程为

$$\nabla\times\overline{\overline{G}}_e=\overline{\overline{G}}_m, \tag{3.79}$$

$$\nabla\times\overline{\overline{G}}_m=\overline{\overline{I}}\delta(\boldsymbol{R}-\boldsymbol{R}')+k^2\overline{\overline{G}}_e, \tag{3.80}$$

$$\nabla\cdot\overline{\overline{G}}_e=-\frac{1}{k^2}\nabla\delta(\boldsymbol{R}-\boldsymbol{R}'), \tag{3.81}$$

$$\nabla\cdot\overline{\overline{G}}_m=0. \tag{3.82}$$

由(3.82)式,我们可以定义一个位势型并矢格林函数. 用$\overline{\overline{G}}_A$ 表示,它满足下式

$$\overline{\overline{G}}_m=\nabla\times\overline{\overline{G}}_A. \tag{3.83}$$

把上式代入(3.79)式,可以发现:$\overline{\overline{G}}_e$ 和$\overline{\overline{G}}_A$ 之间的差别只是一无散并矢函数. 因而,我们能够定义一个矢量函数 $\boldsymbol{\Phi}$,它满足

$$\overline{\overline{G}}_e=\overline{\overline{G}}_A-\nabla\boldsymbol{\Phi}. \tag{3.84}$$

$\boldsymbol{\Phi}$ 是电标量位函数的矢量形式. 把(3.81)及(3.84)式代入(3.80)

式,引入规范条件

$$\nabla \cdot \overline{\overline{G}}_A = -k^2 \boldsymbol{\Phi}, \tag{3.85}$$

得到

$$\nabla \nabla \cdot \overline{\overline{G}}_A + k^2 \overline{\overline{G}}_A = \overline{\overline{I}}\delta(\boldsymbol{R}-\boldsymbol{R}'). \tag{3.86}$$

上式是$\overline{\overline{G}}_A$ 的波动方程.讨论波导问题时,应考虑该函数取第一类形式,用$\overline{\overline{G}}_{A1}$ 表示.我们用求$\overline{\overline{G}}_{e1}$ 相类似的方法求得它的本征函数表达式,其结果是

$$\overline{\overline{G}}_{A1}(\boldsymbol{R},\boldsymbol{R}') = \int_{-\infty}^{\infty} \mathrm{d}h \sum_{m,n} C_{mn} \frac{1}{\kappa^2 - k^2}\Big(\frac{k_c^2}{\kappa^2}\boldsymbol{L}_o\boldsymbol{L}'_o + \boldsymbol{M}_e\boldsymbol{M}'_e + \boldsymbol{N}_o\boldsymbol{N}'_o\Big). \tag{3.87}$$

对(3.85)式取散度,得到

$$\nabla \boldsymbol{\Phi} = -\frac{1}{k^2}\nabla \nabla \cdot \overline{\overline{G}}_A.$$

把它代入(3.84)式,有

$$\overline{\overline{G}}_{e1}(\boldsymbol{R},\boldsymbol{R}') = \overline{\overline{G}}_{A1} + \frac{1}{k^2}\nabla \nabla \cdot \overline{\overline{G}}_{A1}. \tag{3.88}$$

将(3.87)式代入(3.88)式,我们有

$$\overline{\overline{G}}_{e1}(\boldsymbol{R},\boldsymbol{R}') = \int_{-\infty}^{\infty} \mathrm{d}h \sum_{m,n} C_{mn}\Big[-\frac{k_c^2}{k^2\kappa^2}\boldsymbol{L}_o\boldsymbol{L}'_o + \frac{1}{\kappa^2 - k^2}(\boldsymbol{M}_e\boldsymbol{M}'_e + \boldsymbol{N}_o\boldsymbol{N}'_o)\Big]. \tag{3.89}$$

上式与(3.68)式相同,余下的处理方法也是一样的.

由以上的分析讨论,我们可以得出明确的结论.$\overline{\overline{G}}_m$ 方法是最简单的方法,它在推导本征函数展开式时不需要引入非无散矢量波函数 $\boldsymbol{L}_{omn}$;而$\overline{\overline{G}}_e$ 方法和$\overline{\overline{G}}_A$ 方法就复杂得多,在公式推导过程中要利用 $\boldsymbol{L}_{omn}$,虽然最后结果没有显含这组函数.以后我们推导其他典型问题的本征函数展开式 时,将只用$\overline{\overline{G}}_m$ 方法.

3.5 平行板波导

为了推导填充有两种介质的波导的有关公式,我们先导出平行

板波导的并矢格林函数，然后使用散射叠加方法去构造组合波导的相应函数[6]. 在实际问题中，平行板波导的并矢格林函数也有它的用处.

所谓平行板波导. 是在 $y=0$ 和 $y=b$ 之间用两块导体平板构成的. 磁型第二类并矢格林函数满足下述方程

$$\nabla\nabla\overline{\overline{G}}_{m2}-k_1^2\,\overline{\overline{G}}_{m2}=\nabla[\overline{\overline{I}}\delta(\boldsymbol{R}-\boldsymbol{R}')]. \tag{3.90}$$

在问题所讨论的区域内波数以 k_1 表示. 另外还应满足边界条件：

$$\hat{y}\times\nabla\overline{\overline{G}}_{m2}=0,\ y=0\ 和\ y=b.$$

为了导出 $\overline{\overline{G}}_{m2}$，我们使用下面几个矢量波函数：

$$\boldsymbol{M}_{om}(h_1,h)=\nabla\left[\sin\left(\frac{m\pi y}{b}\right)e^{i(h_1x+hz)}\,\hat{x}\right], \tag{3.91}$$

$$\boldsymbol{N}_{em}(h_1,h)=\frac{1}{\kappa}\nabla\nabla\left[\cos\left(\frac{m\pi y}{b}\right)e^{i(h_1x+hz)}\,\hat{x}\right]. \tag{3.92}$$

式中：

$$\kappa=[h_1^2+h_2^2+h^2]^{\frac{1}{2}},h_2=\frac{m\pi}{b}.$$

h_1 和 h 是两个连续的本征值，m 为整数，对 $\boldsymbol{N}_{em}$，还包括 $m=0$. 在以后讨论电型并矢格林函数时，还要补充两个矢量波函数，它们是

$$\boldsymbol{M}_{em}(h_1,h)=\nabla\left[\cos\left(\frac{m\pi y}{b}\right)e^{i(h_1x+hz)}\,\hat{x}\right], \tag{3.93}$$

$$\boldsymbol{N}_{om}(h_1,h)=\frac{1}{\kappa}\nabla\nabla\left[\sin\left(\frac{m\pi y}{b}\right)e^{i(h_1x+hz)}\,\hat{x}\right]. \tag{3.94}$$

这些函数之间有下列关系式：

$$\nabla\boldsymbol{M}_{\substack{e\\o}m}=\kappa\boldsymbol{N}_{\substack{e\\o}m}, \tag{3.95}$$

$$\nabla\boldsymbol{N}_{\substack{e\\o}m}=\kappa\boldsymbol{M}_{\substack{e\\o}m}. \tag{3.96}$$

由(3.91)～(3.94)式所定义的四个矢量波函数都是齐次波动方程

$$\nabla\nabla\boldsymbol{F}-\kappa^2\boldsymbol{F}=0$$

的解. 这些函数的正交关系式是

$$\iiint_V\boldsymbol{M}_{\substack{e\\o}m}(h_1,h)\cdot\boldsymbol{N}_{\substack{e\\o}m'}(h_1',h')\mathrm{d}V=0.$$

它对奇、偶函数的任何组合和对任何两组本征值(m,h_1,h)、(m',h_1',h)都成立.积分体积相应于平行板波导内整个空域.这些函数的归一化系数由下列关系表示:

$$\begin{aligned}&\iiint_V \boldsymbol{M}_{em}(h_1,h)\cdot\boldsymbol{M}_{em'}(-h_1',-h')\mathrm{d}V\\&=\iiint_V \boldsymbol{N}_{em}(h_1,h)\cdot\boldsymbol{N}_{em'}(-h_1',-h')\mathrm{d}V\\&=\begin{cases}0,m\neq m'\\(1+\delta_0)2\pi^2(h_2^2+h^2)\delta(h_1-h_1')\delta(h-h'),\\m=m'=0,1,2,\cdots\end{cases}\end{aligned}\tag{3.97}$$

式中:

$$\delta_0=\begin{cases}1 & (m=0)\\0 & (m\neq 0).\end{cases}$$

$$\begin{aligned}&\iiint_V \boldsymbol{M}_{om}(h_1,h)\cdot\boldsymbol{M}_{om'}(-h_1',-h')\mathrm{d}V\\&=\iiint_V \boldsymbol{N}_{om}(h_1,h)\cdot\boldsymbol{N}_{om'}(-h_1',-h')\mathrm{d}V\\&=\begin{cases}0 & (m\neq m'),\\2\pi^2(h_2^2+h^2)\delta(h_1-h_1')\delta(h-h') & (m=m'=1,2,\cdots).\end{cases}\end{aligned}\tag{3.98}$$

为了求出$\overline{\overline{G}}_{m2}$,我们首先假设

$$\begin{aligned}&\nabla[\overline{\overline{I}}\delta(\boldsymbol{R}-\boldsymbol{R}')]\\&=\int_{-\infty}^{\infty}\mathrm{d}h_1\int_{-\infty}^{\infty}\mathrm{d}h\sum_{m=0}^{\infty}\cdot[\boldsymbol{M}_{om}(h_1,h)\boldsymbol{A}_{om}(h_1,h)\\&\quad+\boldsymbol{N}_{em}(h_1,h)\boldsymbol{B}_{em}(h_1,h)].\end{aligned}\tag{3.99}$$

作$\boldsymbol{M}_{om}(-h_1',-h')$和$\boldsymbol{N}_{em}(-h_1',-h')$与(3.99)式的前标积,在整个区域$V$积分,利用上述矢量波函数的正交性,最后可以求得这两个矢量系数$\boldsymbol{A}_{om}$和$\boldsymbol{B}_{em}$:

$$\boldsymbol{A}_{om}(h_1,h)=\frac{(2-\delta_0)\kappa\boldsymbol{N}'_{om}(-h_1,h)}{4\pi^2 b(h_2^2+h^2)},\tag{3.100}$$

$$\boldsymbol{B}_{em}(h_1,h)=\frac{(2-\delta_0)\kappa\boldsymbol{M}'_{em}(-h_1,h)}{4\pi^2 b(h_2^2+h^2)}.\tag{3.101}$$

在上两式中,带撇的函数是对变量(x',y',z')即位置矢量$\boldsymbol{R}'$定义的.对$m=0$,函数$\boldsymbol{N}'_{o0}$为零,即$\boldsymbol{A}_{o0}$为零.对(3.98)式,我们把$m=0$的情况包含在$(2-\delta_0)$系数中.在(3.101)式中,也采用了类似形式.把(3.100)和(3.101)两式代入(3.99)式,得到

$$\nabla\overline{\overline{I}}\delta(\boldsymbol{R}-\boldsymbol{R}')=\int_{-\infty}^{\infty}\mathrm{d}h_1\int_{-\infty}^{\infty}\mathrm{d}h\sum_{m=0}^{\infty}\frac{(2-\delta_0)\kappa}{4\pi^2 b(h_2^2+h^2)}\cdot[\boldsymbol{M}_{om}(h_1,h)\boldsymbol{N}'_{om}(-h_1,-h)+\boldsymbol{N}_{em}(h_1,h)\boldsymbol{M}'_{em}(-h_1,-h)]. \tag{3.102}$$

现在,我们再设

$$\overline{\overline{G}}_{m2}=\int_{-\infty}^{\infty}\mathrm{d}h_1\int_{-\infty}^{\infty}\mathrm{d}h\sum_{m=0}^{\infty}\frac{(2-\delta_0)\kappa}{4\pi^2 b(h_2^2+h^2)}\cdot[a_{om}\boldsymbol{M}_{om}(h_1,h)\boldsymbol{N}'_{om}(-h_1,-h)+b_{em}\boldsymbol{N}_{em}(h_1,h)\boldsymbol{M}'_{em}(-h_1,-h)]. \tag{3.103}$$

然后,把(3.102)和(3.103)两式代入(3.90)式,同时利用归一化系数关系(3.97)式和(3.98)式,求得

$$a_{om}=b_{em}=\frac{1}{\kappa^2-k_1^2}.$$

应用留数定理对h_1做完积分后得到

$$\overline{\overline{G}}_{m2}=\int_{-\infty}^{\infty}\mathrm{d}h\sum_{m=0}^{\infty}\frac{\mathrm{i}(2-\delta_0)k_1}{4\pi b\beta_1(h_2^2+h^2)}[\boldsymbol{M}_{om}(\pm\beta_1,h)\boldsymbol{N}'_{om}(\mp\beta_1,-h)+\boldsymbol{N}_{em}(\pm\beta_1,h)\boldsymbol{M}'_{em}(\mp\beta_1,-h)],x\gtrless x'. \tag{3.104}$$

式中:$\beta_1=(k_1^2-h_2^2-h^2)^{\frac{1}{2}}$.上行符号对应$x>x'$,下行符号对应$x<x'$.仿效在3.2节中联系电型并矢格林函数和磁型并矢格林函数的关系式,我们也可以求出

$$\overline{\overline{G}}_{e1}=\frac{1}{k_1^2}\hat{x}\hat{x}\delta(\boldsymbol{R},\boldsymbol{R}')+\int_{-\infty}^{\infty}\mathrm{d}h\sum_{m=0}^{\infty}\frac{\mathrm{i}(2-\delta_0)}{4\pi b\beta_1(h_2^2+h^2)}\cdot[\boldsymbol{M}_{em}(\pm\beta_1,h)\boldsymbol{M}_{em}(\mp\beta_1,-h)+\boldsymbol{N}_{om}(\pm\beta_1,h)\boldsymbol{N}'_{om}(\mp\beta_1,-h)],x\gtrless x'. \tag{3.105}$$

在下节我们讨论填充有两种介质的波导,建立它们的并矢格林函数时,将会用到上面的公式.

3.6 两种介质填充的矩形波导

本节讨论的波导相应于图 3-2 所示的情况. 矩形波导中填充了两种介质,以 k_1 和 k_2 表示相应的波数.

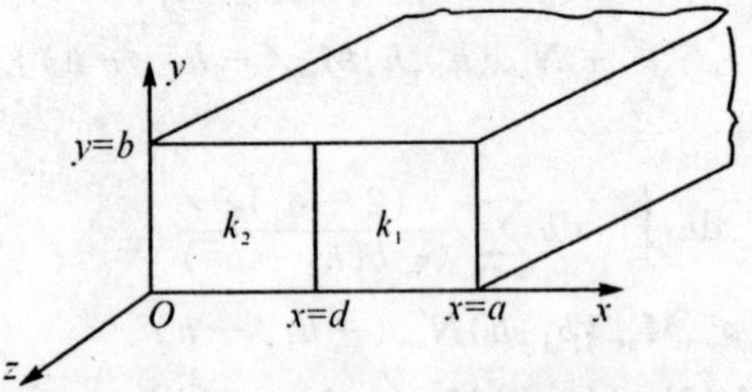

图 3-2 两种介质填充的波导

平凯莱在 1944 年曾研究过用两种均匀介质填充的矩形波导中的导波和模式[7]. 马可维兹在 1951 年的著作中也论述了类似的问题[8]. 下面就来推导这种波导的并矢格林函数. 采用的方法是选取两组无散矢量波函数,其领示矢量选在垂直于界面的法线方向. 这种选取与前面讨论空波导的情况不同,那里领示矢量指向纵向. 从并矢格林函数的博立叶积分表示导出一个留数级数,它产生导引波,这正是以前平凯莱的研究结果. 这里得出的公式适合任何电流源,将能得出相应波的激励系数. 源的形式有孔径源、安放在波导的内源.

在图 3-2 中,区域 $1(d \leqslant x \leqslant a)$ 填充波数为 k_1 的介质,它可能是空气;在区域 $2(0 \leqslant x \leqslant d)$ 填充另一介质,波数为 k_2.

如果电流源安放在区域 1 中,我们要求的函数是第三类电型并矢格林函数,它与第一类 $\overline{\overline{G}}_{e1}^{(11)}$ 和 $\overline{\overline{G}}_{e1}^{(21)}$ 一样. 已知这两个函数,用下面的公式就能够求得波导内两个区域的电场:

$$\boldsymbol{E}_1(\boldsymbol{R}) = \mathrm{i}\omega\mu_0 \iiint_{V_1} \overline{\overline{G}}_{e1}^{(11)}(\boldsymbol{R},\boldsymbol{R}') \cdot \boldsymbol{J}_1(\boldsymbol{R}')\mathrm{d}V', \qquad (3.106)$$

$$\boldsymbol{E}_2(\boldsymbol{R}) = \mathrm{i}\omega\mu_0 \iiint_{V_1} \overline{\overline{G}}_{e1}^{(21)}(\boldsymbol{R},\boldsymbol{R}') \cdot \boldsymbol{J}_1(\boldsymbol{R}')\mathrm{d}V'. \qquad (3.107)$$

式中:V_1 表示$\boldsymbol{J}_1$所占有的体积,电流源$\boldsymbol{J}_1$安放在区域1中,两媒质都是非磁介质.为了构造$\overline{\overline{G}}_{e1}^{(11)}$ 和$\overline{\overline{G}}_{e1}^{(21)}$,我们要定义下列新的矢量波函数:

$$\boldsymbol{M}_{oem}(\beta_2,h) = \nabla(\sin\beta_2 x \sinh_2 y \mathrm{e}^{\mathrm{i}hz}\hat{x}), \qquad (3.108)$$

$$\boldsymbol{N}_{oem}(\beta_2,h) = \frac{1}{k^2}\nabla\boldsymbol{M}_{oem}(\beta_2,h), \qquad (3.109)$$

$$\boldsymbol{M}_{eom}(\beta_2,h) = \nabla(\cos\beta_2 x \cosh_2 y \mathrm{e}^{\mathrm{i}hz}\hat{x}), \qquad (3.110)$$

$$\boldsymbol{N}_{eom}(\beta_2,h) = \frac{1}{k_2}\nabla\boldsymbol{M}_{eom}(\beta_2,h). \qquad (3.111)$$

式中:

$$\beta_2 = (k_2^2 - h_2^2 - h^2)^{\frac{1}{2}}, \quad h_2 = m\pi/b.$$

上述函数都是在区域2中齐次矢量波动方程

$$\nabla\nabla\boldsymbol{F} - k_2^2\boldsymbol{F} = 0$$

的解.此外,还有下列关系式:

$$\nabla\boldsymbol{N}_{oem} = k_2\boldsymbol{M}_{oem}, \qquad (3.112)$$

$$\nabla\boldsymbol{N}_{eom} = k_2\boldsymbol{M}_{eom}. \qquad (3.113)$$

在边界 $x=0, y=0$ 和 $y=b$ 处,上述函数还满足边界条件:

$$\hat{n}\times\boldsymbol{M}_{oem} = 0,$$

$$\hat{n}\times\boldsymbol{N}_{eom} = 0,$$

$$\hat{n}\times\nabla\boldsymbol{N}_{oem} = 0,$$

$$\hat{n}\times\nabla\boldsymbol{M}_{eom} = 0.$$

式中:$\hat{n}$ 表示区域2中波导壁的法线方向单位矢量.

应用散射叠加方法,我们假设

$$\overline{\overline{G}}_{e1}^{(11)} = \overline{\overline{G}}_{e1} + \overline{\overline{G}}_{es}^{11}. \qquad (3.114)$$

式中:$\overline{\overline{G}}_{e1}$ 由(3.105)式给出,散射部分$\overline{\overline{G}}_{es}^{(11)}$ 可以写成下列形式:

$$\overline{\overline{G}}_{es}^{(11)} = \int_{-\infty}^{\infty}\mathrm{d}h\sum_{m=0}^{\infty}\frac{\mathrm{i}(2-\delta_0)}{4\pi b\beta_1(h_2^2+h^2)}[\boldsymbol{M}_{em}(\beta_1,h)\boldsymbol{A}_1^+$$

$$+\boldsymbol{M}_{em}(-\beta_1,h)\boldsymbol{A}_1^- + \boldsymbol{N}_{om}(\beta_1,h)\boldsymbol{B}_1^+$$

$$+\boldsymbol{N}_{om}(-\beta_1,h)\boldsymbol{B}_1^-]. \qquad (3.115)$$

函数 $\boldsymbol{M}_{em}(\pm\beta_1,h)$ 和 $\boldsymbol{N}_{om}(\pm\beta_1,h)$ 已由平行板波导一节中 $\overline{\overline{G}}_{e1}$ 的表示式定义. 函数 $\overline{\overline{G}}_{e1}^{(21)}$ 必须取下面形式

$$\overline{\overline{G}}_{e1}^{21}=\int_{-\infty}^{\infty}\mathrm{d}h\sum_{m=0}^{\infty}\frac{\mathrm{i}(2-\delta_0)}{4\pi b\beta_1(h_2^2+h^2)}[\boldsymbol{M}_{oem}(\beta_2,h)\boldsymbol{A}_2 + \boldsymbol{N}_{eom}(\beta_2,h)\boldsymbol{B}_2], \qquad (3.116)$$

使其在区域 2 的波导壁上满足边界条件

$$\hat{n}\times\overline{\overline{G}}_{e1}^{(21)}=0.$$

(3.115) 和(3.116) 两式的物理意义可以用图 3-3 图形解释. 它们是相对于 x 轴的 TE 模的散射波. 对 TM 模也可给予类似的解释. 要决定六个未知矢量系数 $\boldsymbol{A}_1^{\pm}$、$\boldsymbol{B}_1^{\pm}$、$\boldsymbol{A}_2$、$\boldsymbol{B}_2$, 还要调用其他的边界条件

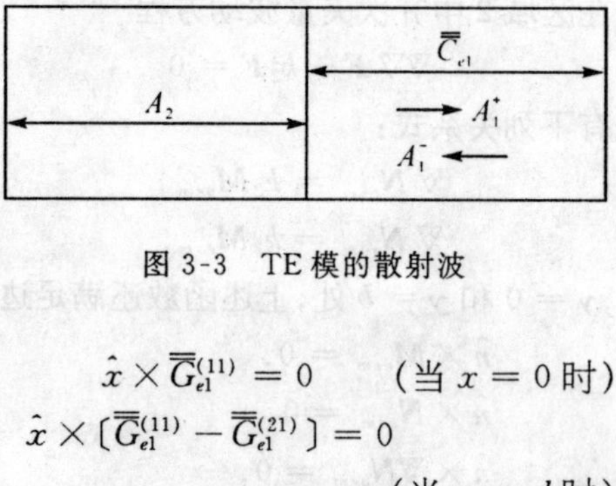

图 3-3 TE 模的散射波

$$\hat{x}\times\overline{\overline{G}}_{e1}^{(11)}=0 \quad (\text{当 } x=0 \text{ 时}), \qquad (3.117)$$

$$\hat{x}\times[\overline{\overline{G}}_{e1}^{(11)}-\overline{\overline{G}}_{e1}^{(21)}]=0 \quad (\text{当 } x=d \text{ 时}), \qquad (3.118)$$

$$\hat{x}\times[\nabla\overline{\overline{G}}_{e1}^{(11)}-\nabla\overline{\overline{G}}_{e1}^{(21)}]=0 \quad (\text{当 } x=d \text{ 时}). \qquad (3.119)$$

下面公式十分明确, 但有些烦琐. 从上述边界条件可得到六个未知系数的六个线性方程:

$$\mathrm{e}^{\mathrm{i}\beta_1 a}\boldsymbol{M}'_{em}(-\beta_1,-h)+\mathrm{e}^{\mathrm{i}\beta_1 a}\boldsymbol{A}_1+\mathrm{e}^{-\mathrm{i}\beta_1 a}\boldsymbol{A}_1^-=0,$$

$$\mathrm{e}^{-\mathrm{i}\beta_1 d}\boldsymbol{M}'_{em}(\beta_1,-h)+\mathrm{e}^{\mathrm{i}\beta_1 d}\boldsymbol{A}_1^+ +\mathrm{e}^{-\mathrm{i}\beta_1 d}\boldsymbol{A}_1^- -\sin\beta_2 d\boldsymbol{A}_2=0,$$

$$-\beta_1\mathrm{e}^{-\mathrm{i}\beta_1 d}\boldsymbol{M}'_{em}(\beta_1,-h)+\beta_1\mathrm{e}^{\mathrm{i}\beta_1 d}\boldsymbol{A}_1^+ -\beta_1'\mathrm{e}^{-\mathrm{i}\beta_1 d}\boldsymbol{A}_1^- +\mathrm{i}\beta_2\cos\beta_2 d\boldsymbol{A}_2=0,$$

$$\mathrm{e}^{\mathrm{i}\beta_1 a}\boldsymbol{N}'_{om}(-\beta_1-h)+\mathrm{e}^{\mathrm{i}\beta_1 a}\boldsymbol{B}_1^+ -\mathrm{e}^{-\mathrm{i}\beta_1 a}\boldsymbol{B}_1^-=0,$$

$$-\mathrm{e}^{\mathrm{i}\beta_1 d}\boldsymbol{N}'_{om}(\beta_1, -h)+\mathrm{e}^{\mathrm{i}\beta_1 d}\boldsymbol{B}_1^{+}-\mathrm{e}^{-\mathrm{i}\beta_1 d}\boldsymbol{B}_1^{-}-\mathrm{i}\frac{\beta_2 k_1}{\beta_1 k_2}\sin\beta_2 d\boldsymbol{B}_2=0,$$

$$\mathrm{e}^{\mathrm{i}\beta_1 d}\boldsymbol{N}'_{om}(\beta_1, -h)+\mathrm{e}^{\mathrm{i}\beta_1 d}\boldsymbol{B}_1^{+}+\mathrm{e}^{-\mathrm{i}\beta_1 d}\boldsymbol{B}_1^{-}-\left(\frac{k_2}{k_1}\right)\cos\beta_2 d\boldsymbol{B}_2=0.$$

从上面的方程解得的六个矢量系数是：

$$\boldsymbol{A}_1^{+}=\frac{1}{\Gamma_1}\mathrm{e}^{-\mathrm{i}D}[\mathrm{e}^{\mathrm{i}A}\boldsymbol{M}'_{em}(\beta_1, -h)-\mathrm{e}^{\mathrm{i}A}\boldsymbol{M}'_{em}(-\beta_1, -h)],$$

$$\boldsymbol{A}_1^{-}=\frac{1}{\Gamma_1}\mathrm{e}^{-\mathrm{i}A}[\mathrm{e}^{\mathrm{i}D}\boldsymbol{M}'_{em}(\beta_1, -h)+T_1\mathrm{e}^{\mathrm{i}D}\boldsymbol{M}'_{em}(-\beta_1, -h)],$$

$$\boldsymbol{A}_2=\frac{2\mathrm{e}^{\mathrm{i}D}}{\Delta_1}A_1^{+},$$

$$\boldsymbol{B}_1^{+}=-\frac{1}{\Gamma_2}\mathrm{e}^{-\mathrm{i}D}[\mathrm{e}^{-\mathrm{i}A}\boldsymbol{N}'_{om}(\beta_1, -h)+\mathrm{e}^{\mathrm{i}A}\boldsymbol{N}'_{om}(-\beta_1, -h)],$$

$$\boldsymbol{B}_1^{-}=-\frac{1}{\Gamma_2}\mathrm{e}^{-\mathrm{i}A}[\mathrm{e}^{-\mathrm{i}D}\boldsymbol{N}'_{om}(\beta_1, -h)-T_2\mathrm{e}^{\mathrm{i}D}\boldsymbol{N}'_{om}(-\beta_1, -h)],$$

$$\boldsymbol{B}_2=\frac{2\mathrm{i}\mathrm{e}^{\mathrm{i}D}}{\Delta_2}\boldsymbol{B}_1^{+}.$$

式中：

$$A=\beta_1 a, (D=\beta_1 d),$$

$$\beta_1=(k_1^2-h_2^2-h^2)^{\frac{1}{2}}, \left(h_2=\frac{m\pi}{b}\right),$$

$$\beta_2=(k_2^2-h_2^2-h^2)^{\frac{1}{2}},$$

$$\Gamma_1=\mathrm{e}^{\mathrm{i}(A-D)}+T_1\mathrm{e}^{-\mathrm{i}(A-D)},$$

$$\Gamma_2=\mathrm{e}^{\mathrm{i}(A-D)}+T_2\mathrm{e}^{-\mathrm{i}(A-D)},$$

$$T_1=\frac{1+\mathrm{i}(\beta_2/\beta_1)\cot D_2}{1-\mathrm{i}(\beta_2/\beta_1)\cot D_2}, D_2=\beta_2 d,$$

$$T_2=\frac{1+\mathrm{i}(k_2/k_1)^2(\beta_1/\beta_2)\cot D_2}{1-\mathrm{i}(k_2/k_1)^2(\beta_1/\beta_2)\cot D_2},$$

$$\Delta_1=\sin D_2-\mathrm{i}\left(\frac{\beta_2}{\beta_1}\right)\cos D_2,$$

$$\Delta_2=\frac{k_1\beta_2}{k_2\beta_1}\left[\sin D_2-\mathrm{i}\left(\frac{k_2}{k_1}\right)^2\left(\frac{\beta_1}{\beta_2}\right)\cos D_2\right].$$

利用上述六个系数，可以把由(3.105)式给出的 $\overline{\overline{G}}_{e1}^{(11)}$ 表示式以及(3.114)、(3.115)式写成更紧凑的形式.

对 $x \gtrless x'$，有

$$\begin{aligned}&\boldsymbol{M}_{em}(\pm\beta_1,-h)\boldsymbol{M}'_{em}(\mp\beta_1,-h)+\\&\boldsymbol{M}_{em}(\beta_1,h)\boldsymbol{A}_1^{+}+\boldsymbol{M}_{em}(-\beta_1,h)\boldsymbol{A}_1^{-}=\end{aligned}$$

$$\left\{\begin{aligned}&-\frac{2\mathrm{i}}{\Gamma_1}\boldsymbol{M}_{oem}(a-x)[\mathrm{e}^{-\mathrm{i}D}\boldsymbol{M}'_{em}(\beta_1,-h)+T_1\mathrm{e}^{\mathrm{i}D}\boldsymbol{M}'_{em}(-\beta_1,-h)]\\&-\frac{2\mathrm{i}}{\Gamma_1}[\mathrm{e}^{-\mathrm{i}D}\boldsymbol{M}_{em}(\beta_1,h)+T_1\mathrm{e}^{\mathrm{i}D}\boldsymbol{M}_{em}(-\beta_1,-h)]\boldsymbol{M}'_{oem}(a-x')\end{aligned}\right\},\tag{3.120}$$

$$\boldsymbol{N}_{om}(\pm\beta_1,-h)\boldsymbol{N}'_{om}(\mp\beta_1,h)+\boldsymbol{N}_{om}(\beta_1,h)\boldsymbol{B}_1^{+}+\boldsymbol{N}_{om}(-\beta_1,h)\boldsymbol{B}_1^{-}=$$

$$\left\{\begin{aligned}&-\frac{2}{\Gamma_2}\boldsymbol{N}_{eom}(a-x)[\mathrm{e}^{-\mathrm{i}D}\boldsymbol{N}'_{om}(\beta_1,-h)-T_2\mathrm{e}^{\mathrm{i}D}\boldsymbol{N}'_{om}(-\beta_1,-h)]\\&-\frac{2}{\Gamma_2}[\mathrm{e}^{-\mathrm{i}D}\boldsymbol{N}_{om}(\beta_1,h)+T_2\mathrm{e}^{\mathrm{i}D}\boldsymbol{N}_{om}(-\beta_1,-h)]N'_{eom}(a-x')\end{aligned}\right\}.\tag{3.121}$$

式中:另外定义了两个矢量波函数:

$$\boldsymbol{M}_{oem}(a-x)=\nabla[\sin\beta_1(a-x)\cos h_2 y\mathrm{e}^{\mathrm{i}hz}\hat{x}],\tag{3.122}$$

$$\boldsymbol{N}_{eom}(a-x)=\frac{1}{k_1}\nabla\nabla[\cos\beta_1(a-x)\sin h_2 y\mathrm{e}^{\mathrm{i}hz}\hat{x}].\tag{3.123}$$

它们在 $x=a$ 处满足狄里克莱边界条件

$$\hat{x}\times\boldsymbol{M}_{oem}(0)=\hat{x}\times\boldsymbol{N}_{eom}(0)=0.\tag{3.124}$$

由(3.120)和(3.121)两式可以看出，$\overline{\overline{G}}_{e1}^{(11)}$ 的对称性质是很明显的. 由两式的组成可以推知，在开始推导 $\overline{\overline{G}}_{e1}^{(11)}$ 的表达式时，也可以用 $\boldsymbol{M}_{oem}(a-x)$ 和 $\boldsymbol{N}_{eom}(a-x)$ 去代替 $\boldsymbol{M}_{em}(\pm\beta_1,h)$ 和 $\boldsymbol{N}_{om}(\pm\beta_1,h)$. 但那样做的话，由于在 $\boldsymbol{R}=\boldsymbol{R}'$ 处的不连续性，工作将会变得更加繁琐.

由(3.120)和(3.121)两式，可把 $\overline{\overline{G}}_{e1}^{(11)}$ 的表达式写成如下形式:

$$\overline{\overline{G}}_{e1}^{(11)}=-\frac{1}{k^2}\hat{x}\hat{x}\delta(\boldsymbol{R},\boldsymbol{R}')+\int_{-\infty}^{\infty}\mathrm{d}h\sum_{m=0}^{\infty}\frac{(2-\delta_0)}{2\pi b\beta_1(h_2^2+h^2)}\cdot$$

$$\left\{\frac{1}{\Gamma_1}\left\{\begin{aligned}&\boldsymbol{M}_{oem}(a-x)[\mathrm{e}^{-\mathrm{i}D}\boldsymbol{M}'_{em}(\beta_1,-h)+T_1\mathrm{e}^{\mathrm{i}D}\boldsymbol{M}'_{em}(-\beta_1,-h)]\\&[\mathrm{e}^{-\mathrm{i}D}M_{em}(\beta_1,h)+T_1\mathrm{e}^{\mathrm{i}D}\boldsymbol{M}_{em}(-\beta_1,h)]\boldsymbol{M}'_{oem}(a-x')\end{aligned}\right\}\right.$$

$$+\frac{\mathrm{i}}{\Gamma_2}\left\{\begin{array}{l}\boldsymbol{N}_{eom}(a-x)[\mathrm{e}^{-\mathrm{i}D}\boldsymbol{N}'_{om}(\beta_1,-h)+T_2\mathrm{e}^{\mathrm{i}D}\boldsymbol{N}'_{om}(-\beta_1,-h)] \\ {[\mathrm{e}^{-\mathrm{i}D}\boldsymbol{N}_{om}(\beta_1,h)+T_2\mathrm{e}^{\mathrm{i}D}\boldsymbol{N}_{om}(-\beta_1,h)]\boldsymbol{N}'_{eom}(a-x')}\end{array}\right\}\right\},$$

$$x \geqslant x'. \quad (3.125)$$

另外,把 $\boldsymbol{A}_2$ 和 $\boldsymbol{B}_2$ 代入(3.116)式,能得到 $\overline{\overline{G}}_{e1}^{(21)}$ 的表达式. 在 $\overline{\overline{G}}_{e1}^{(11)}$ 和 $\overline{\overline{G}}_{e1}^{(21)}$ 表达式中,对 h 的傅立叶积分可以用闭合回路的围绕积分计算得出. 与留数项相关的积分极点可以找出,它们由超越方程决定.

对 TE 模($\boldsymbol{M}'$ 函数),相应于

$$\Gamma_1 = \mathrm{e}^{\mathrm{i}(A-D)} + T_1\mathrm{e}^{-\mathrm{i}(A-D)} = 0; \quad (3.126)$$

对 TM 模($\boldsymbol{N}'$ 函数),相应于

$$\Gamma_2 = \mathrm{e}^{\mathrm{i}(A-D)} + T_2\mathrm{e}^{-\mathrm{i}(A-D)} = 0. \quad (3.127)$$

上面两式又分别等效于:

对 TE 模

$$\tan\beta_2 d = -\left(\frac{\beta_1}{\beta_2}\right)\tan\beta_1(a-d); \quad (3.128)$$

对 TM 模

$$\tan\beta_2 d = -\left(\frac{k_2}{k_1}\right)^2\left(\frac{\beta_1}{\beta_2}\right)\tan\beta_1(a-d). \quad (3.129)$$

再把 β_1 和 β_2 代入(3.128)式和(3.129)式,β_1、β_2 为

$$\beta_1 = [k_1^2 - h_2^2 - h^2]^{\frac{1}{2}},$$

$$\beta_2 = [k_2^2 - h_2^2 - h^2]^{\frac{1}{2}}.$$

解出 h,就可以得出正规模的导波波数. 以前由平凯莱[7] 给出的截止频率(ω_c),在我们的公式中可以这样计算:取 $h=0$, $k_1=\omega_c/v_1$, $k_2=\omega_c/v_2$,代入(3.128)和(3.129)式即得. 式中:v_1 和 v_2 为在两种媒质中的光速,并假定两媒质没有损耗.

3.7 矩 形 腔

推导矩形腔的并矢格林函数的最简单方法,是先找出与具有相同截面尺寸的矩形波导相适应的函数,再应用散射叠加法求得所要求的函数. 完成上述工作要分两步走. 我们先考虑定义在区间 $0 \leqslant z$

$\leqslant \infty$ 之间的半无限长波导的函数. 在 $z=0$ 时,相应的 $\overline{\overline{G}}_{e1}$ 由(3.49)式给出,其表达式为

$$\overline{\overline{G}}_{e1}(\boldsymbol{R},\boldsymbol{R}') = -\frac{1}{k^2}\hat{z}\hat{z}\delta(\boldsymbol{R}-\boldsymbol{R}') + \frac{\mathrm{i}}{ab}\sum_{m,n}\frac{2-\delta_0}{k_c^2 k_g}[\boldsymbol{M}_e(\pm k_g)\boldsymbol{M}'_e(\mp k_g) + \boldsymbol{N}_o(\pm k_g)\boldsymbol{N}'_o(\mp k_g)]. \tag{3.130}$$

式中:上行符号对应 $z>z'$,下行符号对应 $z<z'$. 为了简化书写,都略去了矢量波函数的下标"mn". 我们用 $\overline{\overline{G}}_{E1}$ 表示半无限长波导的第一类电型并矢格林函数,假设

$$\overline{\overline{G}}_{E1}(\boldsymbol{R},\boldsymbol{R}') = \overline{\overline{G}}_{e1}(\boldsymbol{R},\boldsymbol{R}') + \overline{\overline{G}}_{es}(\boldsymbol{R},\boldsymbol{R}'). \tag{3.131}$$

式中:散射项 $\overline{\overline{G}}_{es}$ 能写成下述形式:

$$\overline{\overline{G}}_{es}(\boldsymbol{R},\boldsymbol{R}') = \frac{\mathrm{i}}{ab}\sum_{m,n}\frac{2-\delta_0}{k_c^2 k_g}[A_e\boldsymbol{M}_e(k_g)\boldsymbol{M}'_e(k_g) + B_o\boldsymbol{N}_o(k_g)\boldsymbol{N}'_o(k_g)]. \tag{3.132}$$

场函数 $\boldsymbol{M}_e(k_g)$ 和 $\boldsymbol{N}_o(k_g)$ 表示在正 z 方向传播的波. 被原始波激励的散射波在负方向传播,激励函数选取 $\boldsymbol{M}'_e(k_g)$ 和 $\boldsymbol{N}'_o(k_g)$. 现在,我们来考虑代表 TE 模的一对波函数. 为了满足在 $z=0$ 处的狄里克莱边界条件,有

$$\hat{z}\times[\boldsymbol{M}_e(-k_g)\boldsymbol{M}'_e(k_g) + A_e\boldsymbol{M}_e(k_g)\boldsymbol{M}'_e(k_g)]_{z=0} = 0,$$

或

$$\hat{z}\times[\boldsymbol{M}_e(-k_g) + A_e\boldsymbol{M}_e(k_g)]_{z=0} = 0. \tag{3.133}$$

由于

$$\boldsymbol{M}_e(-k_g) = \nabla(C_x C_y \mathrm{e}^{-\mathrm{i}k_g z}\hat{z}),$$
$$\boldsymbol{M}_e(k_g) = \nabla(C_x C_y \mathrm{e}^{\mathrm{i}k_g z}\hat{z}),$$

如果让 $A_e=-1$,(3.133)式就能成立. 类似地,对 TM 模,让 $B_o=1$,就能满足 $z=0$ 处的边界条件. 因而 $\overline{\overline{G}}_{E1}$ 的表示式为

$$\overline{\overline{G}}_{E1}(\boldsymbol{R},\boldsymbol{R}') = -\frac{1}{k^2}\hat{z}\hat{z}\delta(\boldsymbol{R}-\boldsymbol{R}')$$

$$+\frac{\mathrm{i}}{ab}\sum_{m,n}\frac{2-\delta_0}{k_c^2k_g}\left\{\begin{array}{l}\boldsymbol{M}_e(k_g)[\boldsymbol{M}'_e(-k_g)-\boldsymbol{M}'_e(k_g)] \\ \quad+\boldsymbol{N}_o(k_g)[\boldsymbol{N}'_o(-k_g)+\boldsymbol{N}'_o(k_g)],z>z' \\ {[\boldsymbol{M}_e(-k_g)-\boldsymbol{M}_e(k_g)]\boldsymbol{M}'_e(k_g)} \\ \quad+[\boldsymbol{N}_o(-k_g)+\boldsymbol{N}_o(k_g)]\boldsymbol{N}'_o(k_g),z<z'\end{array}\right\} \tag{3.134}$$

现在,我们定义两个驻波矢量波函数.用 $\boldsymbol{M}_{eo}(z)$ 和 $\boldsymbol{N}_{oe}(z)$ 表示,其形式为

$$\boldsymbol{M}_{eo}(z)=\nabla(C_xC_y\sin k_gz\hat{z}), \tag{3.135}$$

$$\boldsymbol{N}_{oe}(z)=\frac{1}{k}\nabla\nabla(S_xS_y\cos k_gz\hat{z}). \tag{3.136}$$

在(3.134)式中,利用关系式

$$\boldsymbol{M}_e(-k_g)-\boldsymbol{M}_e(k_g)=-2\mathrm{i}\boldsymbol{M}_{eo}(z), \tag{3.137}$$

$$\boldsymbol{N}_o(-k_g)+\boldsymbol{N}_o(k_g)=2\boldsymbol{N}_{oe}(z). \tag{3.138}$$

因而,(3.134)式可表示为

$$\overline{\overline{G}}_{E1}(\boldsymbol{R},\boldsymbol{R}')=-\frac{1}{k^2}\hat{z}\hat{z}\delta(\boldsymbol{R}-\boldsymbol{R}')$$

$$+\frac{2}{ab}\sum_{m,n}\frac{2-\delta_0}{k_c^2k_g}\left\{\begin{array}{l}\boldsymbol{M}_e(k_g)\boldsymbol{M}'_{eo}(z')+\mathrm{i}\boldsymbol{N}_o(k_g)\boldsymbol{N}'_{oe}(z'),z>z' \\ \boldsymbol{M}_{eo}(z)\boldsymbol{M}'_e(k_g)+\mathrm{i}\boldsymbol{N}_{oe}(z)\boldsymbol{N}'_o(k_g),z<z'\end{array}\right\}. \tag{3.139}$$

这就是半无限长波导的第一类电型并矢格林函数的表达式.该函数的对称性是显而易见的.

对图3-4(b)的矩形腔,用 $\overline{\overline{G}}_{E'1}$ 表示其第一类电型并矢格林函数,并写成下述形式:

$$\overline{\overline{G}}_{E'1}(\boldsymbol{R},\boldsymbol{R}')=\overline{\overline{G}}_{E1}(\boldsymbol{R},\boldsymbol{R}')+\overline{\overline{G}}_{Es}(\boldsymbol{R},\boldsymbol{R}'). \tag{3.140}$$

散射项 $\overline{\overline{G}}_{Es}$ 为

$$\overline{\overline{G}}_{Es}(\boldsymbol{R},\boldsymbol{R}')=\frac{2}{ab}\sum_{m,n}\frac{2-\delta_0}{k_c^2k_g}[A_s\boldsymbol{M}_{eo}(z)\boldsymbol{M}'_{eo}(z') + B_s\boldsymbol{N}_{oe}(z)\boldsymbol{N}'_{oe}(z')]. \tag{3.141}$$

$\overline{\overline{G}}_{Es}$ 中的场函数作如上选择是因为它们已满足在 $z=0$ 时的狄里克莱边界条件.激励函数必须与在 $z>z'$ 时的 $\overline{\overline{G}}_{E1}$ 中的函数相同,

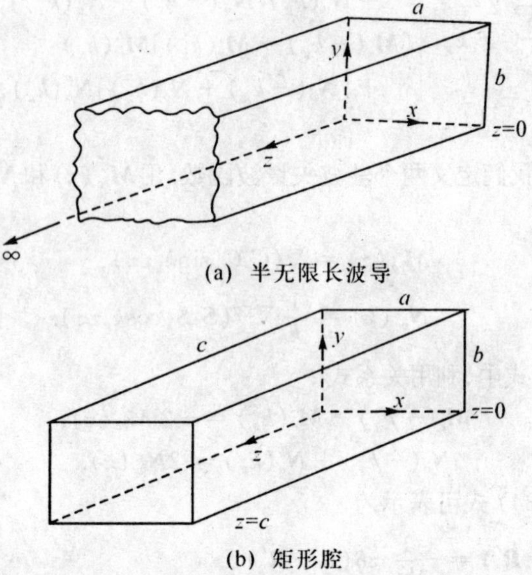

图 3-4

因为它们决定散射波的激励. 在 $z = c$ 处,边界条件为

$$\hat{z} \times [\boldsymbol{M}_e(k_g) + A_s \boldsymbol{M}_{eo}(z)]_{z=c} = 0, \tag{3.142}$$

$$\hat{z} \times [\mathrm{i}\boldsymbol{N}_o(k_g) + B_s \boldsymbol{N}_{eo}(z)]_{z=c} = 0. \tag{3.143}$$

由(3.142)式求出

$$A_s = -\frac{\mathrm{e}^{\mathrm{i}k_g c}}{\sin k_g c}. \tag{3.144}$$

由(3.143)式求出

$$B_s = -\frac{\mathrm{e}^{\mathrm{i}k_g c}}{\sin k_g c}. \tag{3.145}$$

把(3.144)式和(3.145)式代入(3.141)式,合并$\overline{\overline{G}}_{Es}$与$\overline{\overline{G}}_{E1}$两项,我们得到:

(1) 对 $z > z'$

$$\boldsymbol{M}_e(k_g)+A_s\boldsymbol{M}_{eo}(z)=\frac{1}{\sin k_g c}\boldsymbol{M}_{eo}(c-z), \tag{3.146}$$

其中,

$$\boldsymbol{M}_{eo}(c-z)=\nabla[C_xC_y\sin k_g(c-z)\hat{z}]; \tag{3.147}$$

和

$$\mathrm{i}\boldsymbol{N}_o(k_g)+B_s\boldsymbol{N}_{oe}(z)=-\frac{1}{\sin k_g c}\boldsymbol{N}_{oe}(c-z), \tag{3.148}$$

式中:

$$\boldsymbol{N}_{oe}(c-z)=\frac{1}{k}\nabla\nabla[S_xS_y\cos k_g(c-z)\hat{z}]. \tag{3.149}$$

(2) 对 $z<z'$,同样可得

$$\overline{\overline{G}}_{E'1}(\boldsymbol{R},\boldsymbol{R}')=-\frac{1}{k^2}\hat{z}\hat{z}\delta(\boldsymbol{R}-\boldsymbol{R}')$$

$$+\frac{2}{ab}\sum_{m,n}\frac{(2-\delta_0)}{k_c^2k_g\sin k_g c}\begin{Bmatrix}\boldsymbol{M}_{eo}(c-z)\boldsymbol{M}'_{eo}(z')\\ \quad -\boldsymbol{N}_{oe}(c-z)\boldsymbol{N}'_{oe}(z')\\ \boldsymbol{M}_{eo}(z)\boldsymbol{M}'_{eo}(c-z')\\ \quad -\boldsymbol{N}_{oe}(z)\boldsymbol{N}'_{oe}(c-z')\end{Bmatrix}z\gtrless z'. \tag{3.150}$$

这就是矩形腔的第一类电型并矢格林函数的表达式.前面推导的半无限长波导的并矢格林函数对处理一个终端的波导问题也是一个有用的公式.

当激励频率等于腔体的谐振频率时,即

$$k_g c=n\pi,\quad n=0,1,2,\cdots$$

或者

$$\left[\left(\frac{2\pi}{\lambda}\right)^2-\left(\frac{m\pi}{a}\right)^2-\left(\frac{n\pi}{b}\right)^2\right]^{\frac{1}{2}}c=n\pi,$$

我们会遇到谐振现象.对此,早在 1949 年,索末菲就曾论述过[8].

3.8 $\overline{\overline{G}}_e$ 中孤立奇异项的来由

(3.78) 式给出的电型并矢格林函数的本征函数展开式中包含

有奇异项,其形式为 $-\hat{z}\hat{z}\delta(\boldsymbol{R}-\boldsymbol{R}')/k^2$. 从$\overline{\overline{G}}_m$ 方法的观点看,奇异项来自通过点源时$\overline{\overline{G}}_m$ 的不连续性条件. 联系$\overline{\overline{G}}_e$ 和$\overline{\overline{G}}_m$ 的安培—麦克斯韦方程的并矢形式为

$$\nabla \times \overline{\overline{G}}_m = \overline{\overline{I}}\delta(\boldsymbol{R}-\boldsymbol{R}') + k^2\,\overline{\overline{G}}_e. \tag{3.151}$$

一般地说,$\overline{\overline{G}}_m$ 在通过包含有点源的表面时是不连续的[10]. 以 $\hat{n}$ 表示面法向单位矢量,其不连续性用下式表示:

$$\hat{n}\times(\overline{\overline{G}}{}_m^+ - \overline{\overline{G}}{}_m^-) = \overline{\overline{I}}_t\delta(\boldsymbol{r}-\boldsymbol{r}'). \tag{3.152}$$

式中:$\delta(\boldsymbol{r}-\boldsymbol{r}')$ 为定义在不连续处表面的二维 δ 函数,$\overline{\overline{I}}_t$ 是二维恒等因子

$$\overline{\overline{I}}_t = \overline{\overline{I}} - \hat{n}\hat{n}. \tag{3.153}$$

下面,我们把$\overline{\overline{G}}_m$ 分成两部分:

$$\overline{\overline{G}}_m = \overline{\overline{G}}{}_m^+ U(n-n') + \overline{\overline{G}}{}_m^- U(n'-n). \tag{3.154}$$

式中:U 表示单位阶跃函数,由广义函数理论,可进行下面的运算:

$$\begin{aligned}
\nabla\times\overline{\overline{G}}_m &= (\nabla\times\overline{\overline{G}}{}_m^+)U(n-n') + (\nabla\times\overline{\overline{G}}{}_m^-)U(n'-n)\\
&\quad + \nabla U(n-n')\times\overline{\overline{G}}{}_m^+ + \nabla U(n'-n)\times\overline{\overline{G}}{}_m^-\\
&= (\nabla\times\overline{\overline{G}}{}_m^+)U(n-n') + (\nabla\times\overline{\overline{G}}{}_m^-)U(n'-n)\\
&\quad + \delta(n-n')\hat{n}\times(\overline{\overline{G}}{}_m^+ - \overline{\overline{G}}{}_m^-)\\
&= (\nabla\times\overline{\overline{G}}{}_m^+)U(n-n') + (\nabla\times\overline{\overline{G}}{}_m^-)U(n'-n)\\
&\quad + \overline{\overline{I}}_t\delta(n-n')\delta(\boldsymbol{r}-\boldsymbol{r}')\\
&= \nabla\times\overline{\overline{G}}{}_m^\pm + \overline{\overline{I}}_t\delta(\boldsymbol{R}-\boldsymbol{R}'),\ n \gtrless n'.
\end{aligned} \tag{3.155}$$

将上式代入(3.151)式,得到

$$\overline{\overline{G}}{}_e^\pm = \frac{1}{k^2}[\nabla\times\overline{\overline{G}}{}_m^\pm - \hat{n}\hat{n}\delta(\boldsymbol{R}-\boldsymbol{R}')]. \tag{3.156}$$

在矩形波导的情况下,用$\overline{\overline{G}}_m$ 方法首先得出$\overline{\overline{G}}_{m2}$ 的解为

$$\begin{aligned}
\overline{\overline{G}}{}_{m2}^\pm(\boldsymbol{R},\boldsymbol{R}') &= \frac{\mathrm{i}k}{ab}\sum_{m,n}\frac{2-\delta_0}{k_c^2k_g}\\
&\quad \cdot[\boldsymbol{N}_e(\pm k_g)\boldsymbol{M}'_e(\mp k_g)\\
&\quad + \boldsymbol{M}_o(\pm k_g)\boldsymbol{N}'_o(\mp k_g)],\ z \gtrless z'.
\end{aligned} \tag{3.157}$$

然后,有

$$\overline{\overline{G}}_{e1}(\boldsymbol{R},\boldsymbol{R}') = -\frac{1}{k^2}\hat{z}\hat{z}\delta(\boldsymbol{R}-\boldsymbol{R}') + \sum_{m,n} C_{mn}[\boldsymbol{M}_e(\pm k_g)\boldsymbol{M}'_e(\mp k_g) + \boldsymbol{N}_o(\pm k_g)\boldsymbol{N}'_o(\mp k_g)], z \gtrless z'. \tag{3.158}$$

另外,读者可以自行证明

$$\nabla \overline{\overline{G}}_{e1} = \overline{\overline{G}}_{m2}.$$

式中:$\overline{\overline{G}}_{m2}$ 和$\overline{\overline{G}}_{e1}$ 由(3.157)和(3.158)式表示.

从$\overline{\overline{G}}_e$ 方法来看,(3.74)和(3.75)式中的奇异项 $-\hat{z}\hat{z}\delta(\boldsymbol{R}-\boldsymbol{R}')/k^2$ 来源于纵向项 $\boldsymbol{L}_o\boldsymbol{L}'_o$ 和 $\boldsymbol{N}_o\boldsymbol{N}'_o$:

$$\begin{aligned}
&-\frac{1}{k^2}\hat{z}\hat{z}\delta(\boldsymbol{R}-\boldsymbol{R}') \\
&= -\frac{1}{k^2}\int_{-\infty}^{\infty} dh \sum_{m,n} C_{mn}\left(\frac{k_c^2}{\kappa^2}\boldsymbol{L}_{oz}\boldsymbol{L}'_{oz} + \boldsymbol{N}_{oz}\boldsymbol{N}'_{oz}\right) \\
&= -\frac{1}{k^2}\int_{-\infty}^{\infty} dh \sum_{m,n} C_{mn}\,\frac{\kappa^2}{k_c^2}\boldsymbol{N}_{oz}\boldsymbol{N}'_{oz} \\
&= -\frac{1}{k^2}\int_{-\infty}^{\infty} dh \sum_{m,n} C_{mn}\,\frac{k_c^2}{h^2}\boldsymbol{L}_{oz}\boldsymbol{L}'_{oz}.
\end{aligned} \tag{3.159}$$

上式中最后两行运算代入了3.3节中 $\boldsymbol{L}_{oz}$ 和 $\boldsymbol{N}_{oz}$ 的线性关系.

奇异项所起的作用也可用另外一种方法解释.如约翰逊等人所指出[11],$\overline{\overline{G}}_{e1}(\boldsymbol{R},\boldsymbol{R}')$ 由两部分组成:一个是无散量,另一个是无旋量.于是可把(3.68)式改写成如下形式:

$$\overline{\overline{G}}_{e1}(\boldsymbol{R},\boldsymbol{R}') = \overline{\overline{G}}_{el}(\boldsymbol{R},\boldsymbol{R}') + \overline{\overline{G}}_{es}(\boldsymbol{R},\boldsymbol{R}'), \tag{3.160}$$

$$\overline{\overline{G}}_{el} = -\int_{-\infty}^{\infty} dh \sum_{m,n} C_{mn}\left[\frac{k_c^2}{k^2\kappa^2}\boldsymbol{L}_o\boldsymbol{L}'_o\right], \tag{3.161}$$

$$\overline{\overline{G}}_{es} = \int_{-\infty}^{\infty} dh \sum_{m,n} C_{mn}\left[\frac{1}{\kappa^2-k^2}(\boldsymbol{M}_e\boldsymbol{M}'_e + \boldsymbol{N}_o\boldsymbol{N}'_o)\right]. \tag{3.162}$$

然后,把 $\boldsymbol{L}_o$ 也分成两部分:

$$\boldsymbol{L}_o = \boldsymbol{L}_{ot} + \boldsymbol{L}_{oz}. \tag{3.163}$$

这样,(3.161)式可以写成

$$\overline{\overline{G}}_{el} = -\int_{-\infty}^{\infty} dh \sum_{m,n} C_{mn}\left(\frac{k_c^2}{k^2\kappa^2}\right)$$

$$\cdot [\boldsymbol{L}_{ot}\boldsymbol{L}'_{ot} + \boldsymbol{L}_{ot}\boldsymbol{L}'_{oz} + \boldsymbol{L}_{oz}\boldsymbol{L}'_{ot} + \boldsymbol{L}_{oz}\boldsymbol{L}'_{oz}]. \tag{3.164}$$

上式中，与 $\boldsymbol{L}_{oz}\boldsymbol{L}'_{oz}$ 相联系的项是一个奇异项，把它单项列出来，有

$$\begin{aligned}\overline{\overline{G}}_{el} &= -\frac{1}{k^2}\int_{-\infty}^{\infty} \mathrm{d}h \sum_{m,n} C_{mn}\,\frac{k_c^2}{h^2}\boldsymbol{L}_{oz}\boldsymbol{L}'_{oz} \\ &\quad -\frac{1}{k^2}\int_{-\infty}^{\infty} \mathrm{d}h \sum_{m,n} C_{mn}\,\frac{k_c^2}{\kappa^2}[\boldsymbol{L}_{ot}\boldsymbol{L}'_{ot} + \boldsymbol{L}_{ot}\boldsymbol{L}'_{oz} \\ &\quad + \boldsymbol{L}_{oz}\boldsymbol{L}'_{ot} - \frac{k_c^2}{h^2}\boldsymbol{L}_{oz}\boldsymbol{L}'_{oz}].\end{aligned} \tag{3.165}$$

正如(3.159)式所示，上式中的第一项积分表示 $-\hat{z}\hat{z}\delta(\boldsymbol{R}-\boldsymbol{R}')/k^2$. 第二项积分有极点，相应于 $\kappa=0$，极点在 $h=\pm \mathrm{i}k_c$. 用 $\overline{\overline{S}}_{el}$ 表示其积分结果，我们就可以把(3.165)式改写成下式：

$$\overline{\overline{G}}_{el} = -\hat{z}\hat{z}\delta(\boldsymbol{R}-\boldsymbol{R}')/k^2 + \overline{\overline{S}}_{el}(\boldsymbol{R},\boldsymbol{R}'). \tag{3.166}$$

式中：

$$\begin{aligned}\overline{\overline{S}}_{el}(\boldsymbol{R},\boldsymbol{R}') = &-\sum_{m,n}\frac{2-\delta_0}{abk^2k_c^2}(\nabla_t\nabla'_t + \nabla_t\nabla'_z + \nabla_z\nabla'_t + \nabla_z\nabla'_z) \\ &(S_xS_yS'_xS'_y\mathrm{e}^{-\mathrm{i}_c|z-z'|}).\end{aligned} \tag{3.167}$$

另外，对由(3.162)式代表的无散量部分 $\overline{\overline{G}}_{es}$，也可以用类似的方法计算，但它没有孤立奇异项，其结果是

$$\overline{\overline{G}}_{es} = \overline{\overline{S}}_{e1}(\boldsymbol{R},\boldsymbol{R}') - \overline{\overline{S}}_{el}(\boldsymbol{R},\boldsymbol{R}'). \tag{3.168}$$

式中：$\overline{\overline{S}}_{e1}$ 是由(3.77)式或(3.158)式给出的留数级数；另外一项 $\overline{\overline{S}}_{el}$ 与(3.166)式相同，但前面的符号是负号. 合并(3.166)和(3.168)两式，得到

$$\overline{\overline{G}}_{e1}(\boldsymbol{R},\boldsymbol{R}') = -\frac{1}{k^2}\hat{z}\hat{z}\delta(\boldsymbol{R}-\boldsymbol{R}') + \overline{\overline{S}}_{e1}(\boldsymbol{R},\boldsymbol{R}'). \tag{3.169}$$

这个结果与前面的(3.49)式或(3.78)式相同.

参考文献

[1] Hansen W W. "A New Type of Expansion in Radiation Problems," Phys. Rev., Vol. 47, 1935.

[2] Hansen W W. "Directional Characteristics of Any Antenna

over a Plane Earth," J. Appl. Phys. ,Vol. 7,1936.

[3] Hansen W W. "Transformations Useful in Certain Antenna Calculations," J. Appl. Phys. ,Vol. 8,1937.

[4] Stratton J A. Electromagnetic Theory,McGraw-Hill,New York,1941.

[5] Morse P M and Feshbach H. Methods of Theoretical Physics, Part Ⅱ,McGraw-Hill,New York,1953.

[6] Tai C T. "Dyadic Green Functions for a Rectangular Waveguide Filled with Two Dielectrics," J. Electromagnetic Waves and Appl. ,Vol. 2,No. 3/4,1988.

[7] Pincherle L. "Electromagnetic Waves in Metal Tubes Filled with Two Dielectrics," Phys. ,Rev. ,Vol. 66,No. 5,1944.

[8] Sommerfeld A. Partial Differential Equations,Academic Press,New York,1949.

[9] Marcuvitz N. Waveguide Handbook,Vol. 10 of M. I. T. Radiation Laboratory Series,McGraw-Hill,New York,1951.

[10] Tai C T. Complementary Reciprocity Theorems in Electromagnetic Theory,IEEE Trans. Antennas and Propagation,Vol. 40. No. 6,1992.

[11] Johnson W A,Howard A Q and Dudley D G. "On the Irrotational Component of the Electric Green Dyadic," Radio Science,Vol. 14,1979.

第 4 章　圆 柱 波 导

本章将推导圆柱波导的并矢格林函数,采用的方法与矩形波导分析方法相同,差别仅在于本章在本征函数展开式中采用圆柱矢量波函数,这些矢量波函数的正交关系众所周知.余下的分析步骤完全同于矩形波导的分析.

4.1　具有离散本征值的圆柱波函数

具有离散本征值的圆柱矢量波函数用来描述具有如图 4-1 所示的圆截面的圆柱波导内部的电磁场特性.在定义这些函数之前,我们先来考察一下整阶贝塞耳函数 $J_n(x)$ 和该函数微商 $J_n'(x)$ 两者的根.用 p_{nm} 表示方程

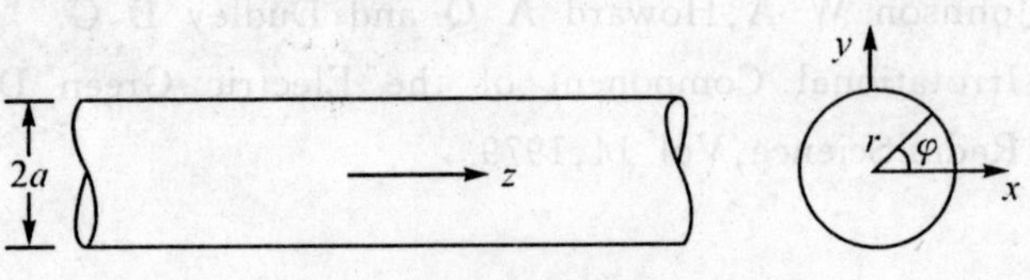

图 4-1　圆柱波导

$$J_n(x) = 0 \tag{4.1}$$

的根,如 p_{23} 就表示第二阶贝塞耳函数第三个根.用 q_{nm} 表示方程

$$\frac{dJ_n(x)}{dx} = 0 \tag{4.2}$$

的根.表 4-1 和表 4-2 列出了相应阶数的各个根.用同样的约定,在

图 4-2 上，绘出 p_{nm} 和 q_{nm} 随 n 及 m 的变化曲线，一目了然. 该曲线也可用来求分数阶贝塞耳函数及其微商相应根的插值. 下面，我们来定义两类圆柱矢量波函数，它们在 $r=a$ 时都满足矢量狄里克莱边界条件，$r=a$ 即相应于图 4-1 上圆柱波导壁的位置.

表 4-1 $J_n(x)=0$ 的根 (TM$_{nm}$ 模式)

n/m	1	2	3
0	2.405	5.520	8.654
1	3.832	7.106	10.173
2	5.136	8.417	11.620
3	6.380	9.761	13.015

表 4-2 $J'_n(x)=0$ 的根 (TE$_{nm}$ 模式)

n/m	1	2	3
0	0	3.832	7.016
1	1.841	5.331	8.536
2	3.054	6.706	9.969
3	4.201	8.015	11.346

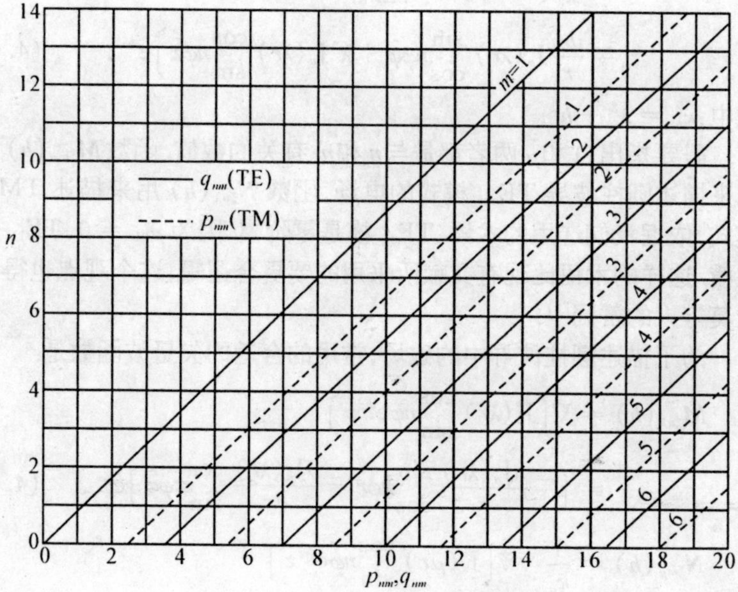

图 4-2 贝塞耳函数及微商的根

两类圆柱矢量波函数是

$$\boldsymbol{M}_{{}^{e}_{o}m\mu}(h) = \nabla\left[\mathrm{J}_n(\mu r)\,{}^{\cos}_{\sin} n\varphi \mathrm{e}^{\mathrm{i}hz}\hat{z}\right]. \tag{4.3}$$

式中：$\mu = q_{nm}/a$；

$$\boldsymbol{N}_{{}^{e}_{o}n\lambda}(h) = \frac{1}{\kappa_\lambda}\nabla\nabla\left[\mathrm{J}_n(\lambda r)\,{}^{\cos}_{\sin} n\varphi \mathrm{e}^{\mathrm{i}hz}\hat{z}\right]. \tag{4.4}$$

式中：$\lambda = p_{nm}/a, \kappa_\lambda^2 = \lambda^2 + h^2$.

显然，这两组矢量波函数可以用在直角坐标系同样的方式产生，不过现在是在圆柱坐标系中用分离变量法求解标量波动方程，本征值λ和μ的选择使得矢量波函数在$r = a$时满足矢量狄里克莱边界条件. 两组矢量波函数的全表达式是

$$\boldsymbol{M}_{{}^{e}_{o}m\mu}(h) = \left[\mp\frac{n\mathrm{J}_n(\mu r)}{r}\,{}^{\sin}_{\cos} n\varphi\hat{r} - \frac{\partial \mathrm{J}_n(\mu r)}{\partial r}\,{}^{\cos}_{\sin} n\varphi\hat{\varphi}\right]\mathrm{e}^{\mathrm{i}hz}, \tag{4.5}$$

$$\begin{aligned}\boldsymbol{N}_{{}^{e}_{o}n\lambda}(h) = \frac{1}{\kappa_\lambda}\Big[&\mathrm{i}h\frac{\partial \mathrm{J}_n(\lambda r)}{\partial r}\,{}^{\cos}_{\sin} n\varphi\hat{r} \\ &\mp\frac{\mathrm{i}hn}{r}\mathrm{J}_n(\lambda r)\,{}^{\sin}_{\cos} n\varphi\hat{\varphi} + \lambda^2\mathrm{J}_n(\lambda r)\,{}^{\cos}_{\sin} n\varphi\hat{z}\Big]\mathrm{e}^{\mathrm{i}hz},\end{aligned} \tag{4.6}$$

式中：$\kappa_\lambda^2 = \lambda^2 + h^2$.

需要指出，λ和μ两者都是与n和m有关的数值. 函数$\boldsymbol{M}_{{}^{e}_{o}m\mu}(h)$可用来描述圆柱波导 TE_{nm} 模式的电场，函数 $\boldsymbol{N}_{{}^{e}_{o}n\lambda}(h)$ 用来描述 TM_{nm} 模式. 依据我们选用的术语，TE_{01} 模是零阶模，因为 $\mu_{01} = 0$，TE_{11} 是主模. 这样的术语比现有文献所采用的要更合逻辑，这个观点也得到拉莫等人的赞同[1].

为了描述圆柱波导中的磁场，常用的合适的矢量波函数是

$$\begin{aligned}\boldsymbol{M}_{{}^{e}_{o}n\lambda}(h) &= \nabla\left[\mathrm{J}_n(\lambda r)\,{}^{\cos}_{\sin} n\varphi \mathrm{e}^{\mathrm{i}hz}\hat{z}\right] \\ &= \left[\mp\frac{n\mathrm{J}_n(\lambda r)}{r}\,{}^{\sin}_{\cos} n\varphi\hat{r} - \frac{\partial \mathrm{J}_n(\lambda r)}{\partial r}\,{}^{\cos}_{\sin} n\varphi\hat{\varphi}\right]\mathrm{e}^{\mathrm{i}hz},\end{aligned} \tag{4.7}$$

$$\begin{aligned}\boldsymbol{N}_{{}^{e}_{o}m\mu}(h) &= \frac{1}{\kappa_\mu}\nabla\nabla\left[\mathrm{J}_n(\mu r)\,{}^{\cos}_{\sin} n\varphi \mathrm{e}^{\mathrm{i}hz}\hat{z}\right] \\ &= \frac{1}{\kappa_\mu}\Big[\mathrm{i}h\frac{\partial \mathrm{J}_n(\mu r)}{\partial r}\,{}^{\cos}_{\sin} n\varphi\hat{r} \mp \frac{\mathrm{i}hn}{r}\mathrm{J}_n(\mu r)\,{}^{\sin}_{\cos} n\varphi\hat{\varphi}\end{aligned}$$

$$+\mu^2 J_n(\mu r)\begin{matrix}\cos\\ \sin\end{matrix} n\varphi\hat{z}\Big]e^{ihz}. \tag{4.8}$$

式中：

$$\kappa_\mu^2=\mu^2+h^2,\kappa_\lambda^2=\lambda^2+h^2.$$

另外，

$$\boldsymbol{N}_{^e_on\mu}(h)=\frac{1}{\kappa_\mu}\nabla\boldsymbol{M}_{^e_on\mu}(h), \tag{4.9}$$

$$\boldsymbol{N}_{^e_on\lambda}(h)=\frac{1}{\kappa_\lambda}\nabla\boldsymbol{M}_{^e_on\lambda}(h). \tag{4.10}$$

矢量波函数$\boldsymbol{M}_{^e_on\lambda}(h)$和$\boldsymbol{N}_{^e_om\mu}(h)$显然满足在$r=a$时的矢量纽曼边界条件.

在我们证明上述矢量波函数的正交性之前，先来讨论$J_n(\lambda r)$和$J_n(\mu r)$的正交性质. 考虑两个贝塞耳函数$J_n(\alpha r)$和$J_n(\beta r)$，它们分别满足下面的微分方程：

$$\frac{1}{r}\frac{d}{dr}\Big[r\frac{dJ_n(\alpha r)}{dr}\Big]+\Big(\alpha^2-\frac{n^2}{r^2}\Big)J_n(\alpha r)=0 \tag{4.11}$$

和

$$\frac{1}{r}\frac{d}{dr}\Big[r\frac{dJ_n(\beta r)}{dr}\Big]+\Big(\beta^2-\frac{n^2}{r^2}\Big)J_n(\beta r)=0. \tag{4.12}$$

用$J_n(\beta r)$乘(4.11)式减去$J_n(\alpha r)$乘(4.12)式，得到

$$(\alpha^2-\beta^2)J_n(\alpha r)J_n(\beta r)$$
$$=\frac{1}{r}\Big[J_n(\alpha r)\frac{d}{dr}\Big(r\frac{dJ_n(\beta r)}{dr}\Big)-J_n(\beta r)\frac{d}{dr}\Big(r\frac{dJ_n(\alpha r)}{dr}\Big)\Big].$$

把上面的方程作$r=0$到$r=a$的柱坐标积分，得到

$$(\alpha^2-\beta^2)\int_0^a J_n(\alpha r)J_n(\beta r)r\,dr$$
$$=\Big[rJ_n(\alpha r)\frac{dJ_n(\beta r)}{dr}-rJ_n(\beta r)\frac{dJ_n(\alpha r)}{dr}\Big]_0^a. \tag{4.13}$$

如果我们让$\alpha=\lambda=p_{nm}/a,\beta=\lambda'=p_{nm'}/a$，因为有$J_n(p_{nm})=0$，$J_n(p_{nm'})=0$. 对$m\neq m'$，有

$$\int_0^a J_n(\lambda r)J_n(\lambda' r)r\,dr=0. \tag{4.14}$$

类似地，让 $\alpha=\mu=q_{nm}/a, \beta=\mu'=q_{nm'}/a$，得到

$$\int_0^a J_n(\mu r)J_n(\mu' r)r\mathrm{d}r=0. \tag{4.15}$$

为了决定归一化系数，当 $\alpha=\beta=\lambda$ 和 $\alpha=\beta=\mu$ 时，我们设 $\beta=\alpha+\Delta$，那么有

$$\begin{aligned}
I_a &= \int_0^a J_n^2(\alpha r)r\mathrm{d}r \\
&= \lim_{\Delta\to 0}\int_0^a J_n(\alpha r)J_n[(\alpha+\Delta)r]r\mathrm{d}r = \frac{-1}{2\alpha}\lim_{\Delta\to 0}\frac{1}{\Delta}\left\{rJ_n(\alpha r)\right. \\
&\quad \left.\cdot\frac{\partial J_n[(\alpha+\Delta)r]}{\partial r}-rJ_n[(\alpha+\Delta)r]\frac{\partial J_n(\alpha r)}{\partial r}\right\}_0^a \\
&= \frac{-1}{2\alpha}\left[rJ_n(\alpha r)\frac{\partial^2 J_n(\alpha r)}{\partial\alpha\partial r}-r\frac{\partial J_n(\alpha r)}{\partial\alpha}\frac{\partial J_n(\alpha r)}{\partial r}\right]_0^a \\
&= \frac{-a}{2\alpha}\left[J_n(\alpha r)\frac{\partial^2 J_n(\alpha r)}{\partial\alpha\partial r}-\frac{\partial J_n(\alpha r)}{\partial\alpha}\frac{\partial J_n(\alpha r)}{\partial r}\right]_{r=a}.
\end{aligned}$$

上式中部分因子有关系式

$$\begin{aligned}
\frac{\partial^2 J_n(\alpha r)}{\partial\alpha\partial r} &= \frac{\partial}{\partial\alpha}\left[\alpha\frac{\mathrm{d}J_n(\alpha r)}{\mathrm{d}(\alpha r)}\right]=\frac{\mathrm{d}J_n(\alpha r)}{\mathrm{d}(\alpha r)}+\alpha r\frac{\mathrm{d}^2 J_n(\alpha r)}{\mathrm{d}^2(\alpha r)} \\
&= -\frac{r}{\alpha}\left(\alpha^2-\frac{n^2}{r^2}\right)J_n(\alpha r)
\end{aligned}$$

和

$$\frac{\partial J_n(\alpha r)}{\partial\alpha}=\frac{r}{\alpha}\frac{\partial J_n(\alpha r)}{\partial r}.$$

因而，

$$I_a=\frac{a^2}{2\alpha^2}\left\{\left(\alpha^2-\frac{n^2}{r^2}\right)J_n^2(\alpha r)+\left[\frac{\partial J_n(\alpha r)}{\partial r}\right]^2\right\}_{r=a}.$$

当 $\alpha=\lambda$ 时，得到

$$I_\lambda=\int_0^a J_n^2(\lambda r)r\mathrm{d}r=\frac{a^2}{2\lambda^2}\left[\frac{\partial J_n(\lambda r)}{\partial r}\right]_{r=a}^2. \tag{4.16}$$

上式考虑了

$$J_n(\lambda a)=0, \lambda a=p_{nm}.$$

当 $\alpha=\mu$ 时，得到

$$I_\mu = \int_0^a \mathrm{J}_n^2(\mu r) r\mathrm{d}r = \frac{a^2}{2\mu^2}\left(\mu^2 - \frac{n^2}{a^2}\right)\mathrm{J}_n^2(\mu a). \tag{4.17}$$

这里考虑了

$$\left.\frac{\mathrm{dJ}_n(x)}{\mathrm{d}x}\right|_{x=\mu a} = 0,$$

$$\mu a = q_{nm}.$$

在分析前面定义的圆柱矢量波函数的正交性质时,需要利用正交关系(4.14)～(4.15)式以及归一化系数(4.16)～(4.17)式.

下面列举出圆柱矢量波函数的正交关系式:

$$\iiint \boldsymbol{M}_{\substack{e\\o}n\mu}(h)\cdot \boldsymbol{N}'_{\substack{e\\o}n'\lambda}(-h')\mathrm{d}V = 0, \tag{4.18}$$

$$\iiint \boldsymbol{M}_{\substack{e\\o}n\mu}(h)\cdot \boldsymbol{M}_{\substack{e\\o}n'\mu'}(-h')\mathrm{d}V$$

$$= \iiint \boldsymbol{N}_{\substack{e\\o}n\mu}(h)\cdot \boldsymbol{N}_{\substack{e\\o}n'\mu'}(-h')\mathrm{d}V \tag{4.19}$$

$$= \begin{cases} 0 & (n\neq n', \mu\neq\mu') \\ (1+\delta_0)2\pi^2\mu^2 I_\mu \delta(h-h') & (n=n', \mu=\mu'), \end{cases}$$

$$\iiint \boldsymbol{M}_{\substack{e\\o}n\lambda}(h)\cdot \boldsymbol{M}_{\substack{e\\o}n'\lambda'}(-h')\mathrm{d}V = \iiint \boldsymbol{N}_{\substack{e\\o}n\lambda}(h)\cdot \boldsymbol{N}_{\substack{e\\o}n'\lambda'}(-h')\mathrm{d}V$$

$$= \begin{cases} 0 & (n\neq n', \lambda\neq\lambda'), \\ (1+\delta_0)2\pi^2\lambda^2 I_\lambda \delta(h-h') & (n=n', \lambda=\lambda'). \end{cases} \tag{4.20}$$

上述式子中的体积分表示对无限长波导的整个区域积分.由于三角函数的性质,当 $n\neq n'$ 时,在 φ 域中,所有圆柱矢量波函数都是正交的,因而,只需讨论 $n=n'$ 的情况就行了.这里我们只来说明其中的两项,余下的证明都是类似的.例如,我们讨论积分

$$I = \iiint \boldsymbol{M}_{\substack{e\\o}n\mu}(h)\cdot \boldsymbol{N}_{\substack{e\\o}n\lambda}(-h')\mathrm{d}V, \quad n\neq 0.$$

由(4.5)及(4.6)式,得到

$$I = \int_0^a r\mathrm{d}r\int_0^{2\pi}\mathrm{d}\varphi\int_{-\infty}^{\infty}\mathrm{d}z\,\frac{1}{\kappa_\lambda}\left(\mathrm{i}h' n\,\frac{\mathrm{J}_n(\mu r)}{r}\,\frac{\partial \mathrm{J}_n(\lambda r)}{\partial r}\sin^2 n\varphi\right.$$

$$+\mathrm{i}h'n\frac{\mathrm{J}_n(\lambda r)}{r}\frac{\partial \mathrm{J}_n(\mu r)}{\partial r}\cos^2 n\varphi\Big]\mathrm{e}^{\mathrm{i}(h-h')z}$$

$$=\int_0^a r\mathrm{d}r\int_{-\infty}^{\infty}\mathrm{d}z\,\frac{\mathrm{i}h'n\pi}{\kappa_\lambda}\Big[\frac{\mathrm{J}_n(\mu r)}{r}\frac{\partial \mathrm{J}_n(\lambda r)}{\partial r}+\frac{\mathrm{J}_n(\lambda r)}{r}\frac{\partial \mathrm{J}_n(\mu r)}{\partial r}\Big]\mathrm{e}^{\mathrm{i}(h-h')z}$$

$$=\int_0^a r\mathrm{d}r\int_{-\infty}^{\infty}\mathrm{d}z\,\frac{\mathrm{i}h'n\pi}{\kappa_\lambda r}\frac{\partial}{\partial r}[\mathrm{J}_n(\lambda r)\mathrm{J}_n(\mu r)]\mathrm{e}^{\mathrm{i}(h-h')z}$$

$$=\frac{\mathrm{i}h'n\pi}{\kappa_\lambda}\mathrm{J}_n(\lambda a)\mathrm{J}_n(\mu a)2\pi\delta(h-h').$$

上式中,由于 $\mathrm{J}_n(\lambda a)=0$,故 I 恒等于零.对归一化我们用 $\boldsymbol{M}_{en\mu}$ 作为例子,有

$$\iiint \boldsymbol{M}_{en\mu}(h)\cdot \boldsymbol{M}_{en\mu}(-h')\mathrm{d}V$$

$$=\iiint\Big\{\frac{n^2\mathrm{J}_n^2(\mu r)}{r^2}\sin^2 n\varphi+\Big[\frac{\partial \mathrm{J}_n(\mu r)}{\partial r}\Big]^2\cos^2 n\varphi\Big\}\cdot \mathrm{e}^{\mathrm{i}(h-h')z}\mathrm{d}V$$

$$=(1+\delta_0)2\pi^2\delta(h-h')\int_0^a\Big\{\frac{n^2\mathrm{J}_n^2(\mu r)}{r^2}+\Big[\frac{\partial \mathrm{J}_n(\mu r)}{\partial r}\Big]^2\Big\}r\mathrm{d}r.$$

式中:δ_0 表示对 n 的克罗内克 δ 函数.包含有微商平方项的积分可以用分部积分法简化,大括号内的 J_n^2/r^2 项互相抵消,得到简化结果

$$2(1+\delta_0)\pi^2\delta(h-h')\int_0^a\mu^2\mathrm{J}_n^2(\mu r)r\mathrm{d}r.$$

又由(4.17)式,归一化系数最后为

$$2(1+\delta_0)\pi^2\mu^2 I_\mu\delta(h-h').$$

在(4.18)~(4.20)式中余下的关系式,读者作为练习,可以自行给予证明.有了这些正交关系式,应用欧姆—瑞利方法,下面我们就可以去求有关并矢格林函数的本征函数展开式.

4.2 圆柱波导

根据 $\overline{G}_m$ 方法,我们设

$$\nabla[\overline{\overline{I}}\delta(\boldsymbol{R}-\boldsymbol{R}')]=\int_{-\infty}^{\infty}\mathrm{d}h\sum_{n=0}^{\infty}\sum_{m=1}^{\infty}[\boldsymbol{N}_{\substack{e\\o}n\mu}(h)\boldsymbol{A}_{\substack{e\\o}n\mu}(h)+\boldsymbol{M}_{\substack{e\\o}n\lambda}(h)\boldsymbol{B}_{\substack{e\\o}n\lambda}(h)].\tag{4.21}$$

式中：求和指数 m、n 与关系式 $p_{nm}(=\lambda a)$ 和 $q_{nm}(=\mu a)$ 相联系，上式中还采用简化记法

$$\boldsymbol{N}_{\substack{e\\o}n\mu}(h)\boldsymbol{A}_{\substack{e\\o}n\mu}(h)=\boldsymbol{N}_{en\mu}(h)\boldsymbol{A}_{en\mu}(h)+\boldsymbol{N}_{on\mu}(h)\boldsymbol{A}_{on\mu}(h).$$

类似地，对 $\boldsymbol{M}_{\substack{e\\o}n\lambda}(h)\boldsymbol{B}_{\substack{e\\o}n\lambda}(h)$，也采用同样的简化记法. 用 $\boldsymbol{N}_{en\mu}(-h')$ 和 $\boldsymbol{N}_{on\mu}(-h')$ 以及 $\boldsymbol{M}_{en\lambda}(-h')$ 和 $\boldsymbol{M}_{on\lambda}(-h')$ 分别与(4.21)式作前标积，然后对圆柱波导全区间积分，利用前面已有的正交关系式，可以得到(4.21)式中的系数 $\boldsymbol{A}_{\substack{e\\o}n\mu}(h)$ 和 $\boldsymbol{B}_{\substack{e\\o}n\lambda}(h)$：

$$\begin{aligned}\boldsymbol{A}_{\substack{e\\o}n\mu}(h)&=\frac{2-\delta_0}{4\pi^2\mu^2 I_\mu}\nabla'\boldsymbol{N}'_{\substack{e\\o}n\mu}(-h)\\&=\frac{(2-\delta_0)\kappa_\mu}{4\pi^2\mu^2 I_\mu}\boldsymbol{M}'_{\substack{e\\o}n\mu}(-h),\end{aligned}\tag{4.22}$$

$$\begin{aligned}\boldsymbol{B}_{\substack{e\\o}n\lambda}(h)&=\frac{2-\delta_0}{4\pi^2\lambda^2 I_\lambda}\nabla'\boldsymbol{M}'_{\substack{e\\o}n\lambda}(-h)\\&=\frac{(2-\delta_0)\kappa_\lambda}{4\pi^2\lambda^2 I_\lambda}\boldsymbol{N}'_{\substack{e\\o}n\lambda}(-h).\end{aligned}\tag{4.23}$$

在(4.22)式及(4.23)式中带撇的函数是对位置矢量 $\boldsymbol{R}'$，即变量(r',φ',z')而定义的. 利用$\overline{\overline{G}}_{m2}$ 的波动方程，我们可得到

$$\begin{aligned}\overline{\overline{G}}_{m2}(\boldsymbol{R},\boldsymbol{R}')=&\int_{-\infty}^{\infty}\mathrm{d}h\sum_{n,m}\frac{2-\delta_0}{4\pi^2}\bigg[\frac{\kappa_\mu}{\mu^2 I_\mu(\kappa_\mu^2-k^2)}\boldsymbol{N}_{\substack{e\\o}n\mu}(h)\boldsymbol{M}'_{\substack{e\\o}n\mu}(-h)\\&+\frac{\kappa_\lambda}{\lambda^2 I_\lambda(\kappa_\lambda^2-k^2)}\boldsymbol{M}_{\substack{e\\o}n\lambda}(h)\boldsymbol{N}'_{\substack{e\\o}n\lambda}(-h)\bigg].\end{aligned}\tag{4.24}$$

上式中的傅立叶积分，像在讨论矩形波导时一样，可以用围线积分法计算. 然而，对 TE 模和 TM 模来说，其积分极点却是不相同的.

对 TE 模：

$$h=\pm(k^2-\mu^2)^{\frac{1}{2}}=\pm k_\mu.$$

对 TM 模：

$$h=\pm(k^2-\lambda^2)^{\frac{1}{2}}=\pm k_\lambda.$$

式中：k_μ 和 k_λ 表示两组模式相应的导波波数. $\overline{\overline{G}}_{m2}$ 的最终表达式为

$$\begin{aligned}\overline{\overline{G}}{}^{\pm}_{m2}(\boldsymbol{R},\boldsymbol{R}')=&\sum_{n,m}k[c_\mu\boldsymbol{N}_{\substack{e\\o}n\mu}(\pm k_\mu)\boldsymbol{M}'_{\substack{e\\o}n\mu}(\mp k_\mu)\\&+c_\lambda\boldsymbol{N}_{\substack{e\\o}n\lambda}(\pm k_\lambda)\boldsymbol{N}'_{\substack{e\\o}n\lambda}(\mp k_\lambda)],z\gtrless z'.\end{aligned}\tag{4.25}$$

式中：

$$\left.\begin{aligned} c_\mu &= \mathrm{i}(2-\delta_0)/4\pi\mu^2 I_\mu k_\mu, \\ c_\lambda &= \mathrm{i}(2-\delta_0)/4\pi\lambda^2 I_\lambda k_\lambda. \end{aligned}\right\} \tag{4.26}$$

知道了$\overline{\overline{G}}_{m2}$，依据下述关系式可以求出$\overline{\overline{G}}_{e1}$为

$$\begin{aligned} \overline{\overline{G}}_{e1}(\boldsymbol{R},\boldsymbol{R}') = \frac{1}{k^2}[&-\hat{z}\hat{z}\delta(\boldsymbol{R}-\boldsymbol{R}') + (\nabla\times\overline{\overline{G}}^{+}_{m2})U(z-z') \\ &+ (\nabla\times\overline{\overline{G}}^{-}_{m2})U(z'-z)]. \end{aligned} \tag{4.27}$$

把$\overline{\overline{G}}_{m2}$代入(4.27)式，得到

$$\begin{aligned} \overline{\overline{G}}_{e1}(\boldsymbol{R},\boldsymbol{R}') = &-\frac{1}{k^2}\hat{z}\hat{z}\delta(\boldsymbol{R}-\boldsymbol{R}') \\ &+ \sum_{n,m}[c_\mu \boldsymbol{M}_{\substack{e\\o}n\mu}(\pm k_\mu)\boldsymbol{M}'_{\substack{e\\o}n\mu}(\mp k_\mu) \\ &+ c_\lambda \boldsymbol{N}_{\substack{e\\o}n\lambda}(\pm k_\lambda)\boldsymbol{N}'_{\substack{e\\o}n\lambda}(\mp k_\lambda)], z \gtrless z'. \end{aligned} \tag{4.28}$$

利用$\overline{\overline{G}}_{e1}$和$\overline{\overline{G}}_{e2}$的对称关系，不需冗长的推导，可以求得圆柱波导的$\overline{\overline{G}}_{e2}(\boldsymbol{R},\boldsymbol{R}')$函数，其结果为

$$\begin{aligned} \overline{\overline{G}}_{e2}(\boldsymbol{R},\boldsymbol{R}') = &-\frac{1}{k^2}\hat{z}\hat{z}\delta(\boldsymbol{R}-\boldsymbol{R}') \\ &+ \sum_{n,m}[c_\mu \boldsymbol{N}_{\substack{e\\o}n\mu}(\pm k_\mu)\boldsymbol{N}'_{\substack{e\\o}n\mu}(\mp k_\mu) \\ &+ c_\lambda \boldsymbol{M}_{\substack{e\\o}n\lambda}(\pm k_\lambda)\boldsymbol{M}'_{\substack{e\\o}n\lambda}(\mp k_\lambda)], z \gtrless z'. \end{aligned} \tag{4.29}$$

在圆柱波导壁上，用开口孔径场激励，在这种情况下研究波导内场就需要利用$\overline{\overline{G}}_{e2}$函数.

4.3 圆 柱 腔

如同上一章讨论矩形腔一样，采用散射叠加方法，可以求得圆柱腔的并矢格林函数. 推导公式仍分两步进行. 首先考虑一半无限长的圆柱波导($0 < z < \infty$)，在$z = 0$处用一导电壁端接. 对应的第一类电型并矢格林函数用$\overline{\overline{G}}_{E1}$标记，可求得

$$\overline{\overline{G}}_{E1}(\boldsymbol{R},\boldsymbol{R}') = -\frac{1}{k^2}\hat{z}\hat{z}\delta(\boldsymbol{R}-\boldsymbol{R}') + \sum_{n,m}(-2\mathrm{i})$$

$$\cdot\begin{Bmatrix} c_\mu \boldsymbol{M}_\mu(k_\mu)\boldsymbol{M}'_{\mu o}(z') + \mathrm{i}c_\lambda \boldsymbol{N}_\lambda(k_\lambda)\boldsymbol{N}'_{\lambda e}(z') \\ c_\mu \boldsymbol{M}_{\mu o}(z)\boldsymbol{M}'_\mu(k_\mu) + \mathrm{i}c_\lambda \boldsymbol{N}_{\lambda e}(z)\boldsymbol{N}'_\lambda(k_\lambda) \end{Bmatrix}, z \gtrless z'. \tag{4.30}$$

在上式中,我们采用了一些简化书写的标记,它们是

$$\boldsymbol{M}_\mu(k_\mu) = \boldsymbol{M}_{\substack{e\\o}n\mu}(k_\mu),$$

$$\boldsymbol{N}_\lambda(k_\lambda) = \boldsymbol{N}_{\substack{e\\o}n\lambda}(k_\lambda),$$

$$\boldsymbol{M}_{\mu o}(z) = \boldsymbol{M}_{\substack{e\\o}n\mu o}(z) = \nabla\left[\mathrm{J}_n(\mu r)\begin{matrix}\cos\\ \sin\end{matrix} n\varphi \sin k_\mu z\, \hat{z}\right],$$

$$\boldsymbol{N}_{\lambda e}(z) = \boldsymbol{N}_{\substack{e\\o}n\lambda e}(z) = \frac{1}{k}\nabla\nabla\left[\mathrm{J}_n(\lambda r)\begin{matrix}\cos\\ \sin\end{matrix} n\varphi \cos k_\lambda z\hat{z}\right].$$

在(4.30)式中包含的一些系数是

$$c_\mu = \frac{\mathrm{i}(2-\delta_0)}{4\pi\mu^2 I_\mu k_\mu},$$

$$c_\lambda = \frac{\mathrm{i}(2-\delta_0)}{4\pi\lambda^2 I_\lambda k_\lambda},$$

$$k_\mu = (k^2-\mu^2)^{\frac{1}{2}},$$

$$k_\lambda = (k^2-\lambda^2)^{\frac{1}{2}},$$

$$\delta_0 = \begin{cases} 1, n = 0, \\ 0, n \neq 0. \end{cases}$$

函数 $\boldsymbol{M}_{\mu o}(z)$ 和 $\boldsymbol{N}_{\lambda e}(z)$ 与在讨论矩形波导时所定义的(3.135)式和(3.136)式看起来是相类似的.不同之处是:这里有两个波数 k_μ 和 k_λ,而矩形波导只有一个波数 k_g.

对长度为 c 的圆柱腔再应用散射叠加方法,我们就得到该腔体的第一类电型并矢格林函数,其表达式是

$$\overline{\boldsymbol{G}}_{E1}(\boldsymbol{R},\boldsymbol{R}') = -\frac{1}{k^2}\hat{z}\hat{z}\delta(\boldsymbol{R}-\boldsymbol{R}')$$

$$+\sum_{n,m}\frac{2-\delta_0}{2\pi}\left\{\frac{1}{\mu^2 I_\mu k_\mu \sin k_\mu c}\begin{bmatrix}\boldsymbol{M}_{\mu o}(c-z)\boldsymbol{M}'_{\mu o}(z') \\ \boldsymbol{M}_{\mu o}(z)\boldsymbol{M}'_{\mu o}(c-z')\end{bmatrix}\right.$$

$$-\frac{1}{\lambda^2 I_\lambda k_\lambda \sin k_\lambda c}\begin{Bmatrix} \boldsymbol{N}_{\lambda e}(c-z)\boldsymbol{N}'_{\lambda o}(z') \\ \boldsymbol{N}_{\lambda o}(z)\boldsymbol{N}'_{\lambda o}(c-z') \end{Bmatrix}\Bigg\}, z \gtrless z'. \tag{4.31}$$

式中：

$$\boldsymbol{M}_{\mu o}(c-z) = \nabla\left[\mathrm{J}_n(\mu r)\begin{matrix}\cos\\ \sin\end{matrix} n\varphi \sin k_\mu(c-z)\hat{z}\right],$$

$$\boldsymbol{N}_{\lambda e}(c-z) = \frac{1}{k}\nabla\nabla\left[\mathrm{J}_n(\lambda r)\begin{matrix}\cos\\ \sin\end{matrix} n\varphi \cos k_\lambda(c-z)\hat{z}\right].$$

上述两个函数与讨论矩形腔时的(3.141)式及(3.143)式中所定义的函数 $\boldsymbol{M}_{eo}(c-z)$、$\boldsymbol{N}_{oe}(c-z)$ 相类似.

4.4 同 轴 线

为构造同轴线的并矢格林函数所需要的矢量波函数是

$$\boldsymbol{M}_{e00}(h) = \nabla(\ln r \mathrm{e}^{\mathrm{i}hz}\hat{z}) = -\frac{\mathrm{e}^{\mathrm{i}hz}}{r}\hat{\varphi}, \tag{4.32}$$

$$\boldsymbol{N}_{e00}(h) = \frac{1}{|h|}\nabla \boldsymbol{M}_{e00}(h) = \mathrm{i}\frac{h\mathrm{e}^{\mathrm{i}hz}}{|h|r}\hat{r}, \tag{4.33}$$

$$\begin{aligned}\boldsymbol{M}_{\substack{e\\o}n\lambda}(h) &= \nabla\left[S_n(\lambda r)\begin{matrix}\cos\\ \sin\end{matrix} n\varphi \mathrm{e}^{\mathrm{i}hz}\hat{z}\right] \\ &= \left[\mp\frac{nS_n(\lambda r)}{r}\begin{matrix}\sin\\ \cos\end{matrix} n\varphi\hat{r} - \frac{\partial S_n(\lambda r)}{\partial r}\begin{matrix}\cos\\ \sin\end{matrix} n\varphi\hat{\varphi}\right]\mathrm{e}^{\mathrm{i}hz},\end{aligned} \tag{4.34}$$

$$\begin{aligned}\boldsymbol{N}_{\substack{e\\o}n\lambda}(h) &= \frac{1}{\kappa_\lambda}\nabla \boldsymbol{M}_{\substack{e\\o}n\lambda}(h) \\ &= \frac{1}{\kappa_\lambda}\left[\mathrm{i}h\frac{\partial S_n(\lambda r)}{\partial r}\begin{matrix}\cos\\ \sin\end{matrix} n\varphi\hat{r} \mp \frac{\mathrm{i}hn}{r}S_n(\lambda r)\begin{matrix}\sin\\ \cos\end{matrix} n\varphi\hat{\varphi}\right. \\ &\quad \left. + \lambda^2 S_n(\lambda r)\begin{matrix}\cos\\ \sin\end{matrix} n\varphi\hat{z}\right]\mathrm{e}^{\mathrm{i}hz},\end{aligned} \tag{4.35}$$

$$\begin{aligned}\boldsymbol{M}_{\substack{e\\o}n\mu}(h) &= \nabla\left[T_n(\mu r)\begin{matrix}\cos\\ \sin\end{matrix} n\varphi \mathrm{e}^{\mathrm{i}hz}\hat{z}\right] \\ &= \left[\mp\frac{nT_n(\mu r)}{r}\begin{matrix}\sin\\ \cos\end{matrix} n\varphi\hat{r} - \frac{\partial T_n(\mu r)}{\partial r}\begin{matrix}\cos\\ \sin\end{matrix} n\varphi\hat{\varphi}\right]\mathrm{e}^{\mathrm{i}hz},\end{aligned} \tag{4.36}$$

$$\boldsymbol{N}_{\substack{e\\o}n\mu}(h)=\frac{1}{\kappa_\mu}\nabla\boldsymbol{M}_{\substack{e\\o}n\mu}(h)$$

$$=\frac{1}{\kappa_\mu}\left[\mathrm{i}h\frac{\partial T_n(\mu r)}{\partial r}\begin{matrix}\cos\\\sin\end{matrix}n\varphi\hat{r}\mp\frac{\mathrm{i}hn}{r}T_n(\mu r)\begin{matrix}\sin\\\cos\end{matrix}n\varphi\hat{\varphi}\right.$$

$$\left.+\mu^2T_n(\mu r)\begin{matrix}\cos\\\sin\end{matrix}n\varphi\hat{z}\right]\mathrm{e}^{\mathrm{i}hz}. \tag{4.37}$$

式中：

$$\kappa_\lambda=(\lambda^2+h^2)^{\frac{1}{2}},$$

$$\kappa_\mu=(\mu^2+h^2)^{\frac{1}{2}},$$

$$S_n(\lambda r)=\mathrm{Y}_n(\lambda a)\mathrm{J}_n(\lambda r)-\mathrm{J}_n(\lambda a)\mathrm{Y}_n(\lambda r),$$

$$T_n(\mu r)=\mathrm{Y}_n'(\mu a)\mathrm{J}_n(\mu r)-\mathrm{J}_n'(\mu a)\mathrm{Y}_n(\mu r).$$

J_n、Y_n 表示整数阶贝塞耳函数和纽曼函数.

特征值 λ 和 μ 由下面特征方程解得

$$S_n(\lambda b)=\mathrm{Y}_n(\lambda a)\mathrm{J}_n(\lambda b)-\mathrm{J}_n(\lambda a)\mathrm{Y}_n(\lambda b)=0, \tag{4.38}$$

$$T_n'(\mu b)=\mathrm{Y}_n'(\mu a)\mathrm{J}_n'(\mu b)-\mathrm{J}_n'(\mu a)\mathrm{Y}_n'(\mu b)=0. \tag{4.39}$$

上式中带撇的函数表示该函数对其宗量(μa 或 μb)的微商. 对 λ 和 μ 的计算，德怀特在 1948 年[2]、阿布拉莫维兹和施特根在 1964 年都讨论过[3].

由(4.32)～(4.37)式所定义的矢量波函数的归一化系数是：

$$\iiint\boldsymbol{M}_{e00}(h)\cdot\boldsymbol{M}_{e00}(-h')\mathrm{d}V$$

$$=\iiint\boldsymbol{N}_{e00}(h)\cdot\boldsymbol{N}_{e00}(-h')\mathrm{d}V$$

$$=4\pi^2\ln\left(\frac{b}{a}\right)\delta(h-h'),$$

$$\iiint\boldsymbol{M}_{\substack{e\\o}n\lambda}(h)\cdot\boldsymbol{M}_{\substack{e\\o}n'\lambda'}(-h')\mathrm{d}V$$

$$=\iiint\boldsymbol{N}_{\substack{e\\o}n\lambda}(h)\cdot\boldsymbol{N}_{\substack{e\\o}n'\lambda'}(-h')\mathrm{d}V$$

$$=\begin{cases}0 & (n\neq n'\text{ 和 / 或 }\lambda\neq\lambda'),\\ 2\pi^2(1+\delta_0)\lambda^2I_\lambda\delta(h-h') & (n=n',\lambda=\lambda').\end{cases}$$

$$\iiint \boldsymbol{M}_{\substack{e\\o}n\mu}(h)\cdot \boldsymbol{M}_{\substack{e\\o}n'\mu'}(-h')\mathrm{d}V$$

$$=\iiint \boldsymbol{N}_{\substack{e\\o}n\mu}(h)\cdot \boldsymbol{N}_{\substack{e\\o}n'\mu'}(-h')\mathrm{d}V$$

$$=\begin{cases} 0 & (n\neq n' \text{和 /或} \mu\neq\mu'), \\ 2\pi^2(1+\delta_0)\mu^2 I_\mu \delta(h-h') & (n=n',\mu=\mu'). \end{cases}$$

式中：δ_0 是对应 n 的克罗内克 δ 函数，另外 I_λ 和 I_μ 分别为

$$I_\lambda=\int_a^b S_n^2(\lambda r)\mathrm{d}r, \tag{4.40}$$

$$I_\mu=\int_a^b T_n^2(\mu r)\mathrm{d}r. \tag{4.41}$$

不是同一类型的函数是正交的. 例如，

$$\iiint \boldsymbol{M}_{e00}(h)\cdot \boldsymbol{M}_{\substack{e\\o}n\lambda}(-h')\mathrm{d}V=0,$$

$$\iiint \boldsymbol{N}_{e00}(h)\cdot \boldsymbol{N}_{\substack{e\\o}n'\mu'}(-h')\mathrm{d}V=0,$$

$$\iiint \boldsymbol{M}_{\substack{e\\o}n\lambda}(h)\cdot \boldsymbol{N}_{\substack{e\\o}n'\lambda'}(-h')\mathrm{d}V=0,$$

$$\iiint \boldsymbol{M}_{\substack{e\\o}n\mu}(h)\cdot \boldsymbol{N}_{\substack{e\\o}n'\mu'}(-h')\mathrm{d}V=0.$$

为了构造$\overline{\overline{G}}_{m2}$ 的本征函数展开式，我们要利用函数 $\boldsymbol{M}_{e00}$，$\boldsymbol{N}_{\substack{e\\o}n\lambda}$，$\boldsymbol{N}_{\substack{e\\o}n\mu}$，它们都满足$\overline{\overline{G}}_{m2}$ 所需要的边界条件，而且也都是下面齐次波动方程的解：

$$\nabla\nabla \boldsymbol{F}-\kappa^2\boldsymbol{F}=0.$$

对应三个函数，κ^2 相应为 $h^2,\kappa_\lambda^2,\kappa_\mu^2$. 这些函数是无散函数，因而足以表示$\overline{\overline{G}}_{m2}$. 采用$\overline{\overline{G}}_m$ 方法，我们假设

$$\begin{aligned}&\nabla[\overline{\overline{I}}\delta(\boldsymbol{R}-\boldsymbol{R}')]\\&=\int_{-\infty}^{\infty}\mathrm{d}h\Big[\boldsymbol{M}_{e00}(h)\boldsymbol{A}_{e00}(h)+\sum_{n,\lambda}\boldsymbol{M}_{\substack{e\\o}n\lambda}(h)\boldsymbol{B}_{\substack{e\\o}n\lambda}(h)\\&\quad+\sum_{n,\mu}\boldsymbol{N}_{\substack{e\\o}n\mu}(h)\boldsymbol{C}_{\substack{e\\o}n\mu}(h)\Big].\end{aligned} \tag{4.42}$$

利用函数 $\boldsymbol{M}_{e00}$，$\boldsymbol{M}_{\substack{e\\o}n\lambda}$，$\boldsymbol{N}_{\substack{e\\o}n\mu}$ 的正交性，可以求出

$$\boldsymbol{A}_{e00}(h)=\frac{|h|}{4\pi^2 I_0}\boldsymbol{N}'_{e00}(-h),\tag{4.43}$$

$$\boldsymbol{B}_{\substack{e\\o}n\lambda}(h)=\frac{(2-\delta_0)\kappa_\lambda}{4\pi^2\lambda^2 I_\lambda}\boldsymbol{N}'_{\substack{e\\o}n\lambda}(-h),\tag{4.44}$$

$$\boldsymbol{C}_{\substack{e\\o}n\mu}(h)=\frac{(2-\delta_0)\kappa_\mu}{4\pi^2\mu^2 I_\mu}\boldsymbol{M}'_{\substack{e\\o}n\mu}(-h).\tag{4.45}$$

式中：$I_0=\ln(b/a)$，I_λ 和 I_μ 由(4.40)和(4.41)式给出.式中带撇的函数是对带撇的变量(r',φ',z')而言的.

采用欧姆-瑞利方法，我们可以求出

$$\begin{aligned}\overline{\overline{G}}_{m2}=\int_{-\infty}^{\infty}\mathrm{d}h\Big(&\frac{C_{00}|h|}{h^2-k^2}\boldsymbol{M}_{e00}(h)\boldsymbol{N}'_{e00}(-h)\\&+\sum_{n,\lambda}\frac{C_{n\lambda}\kappa_\lambda}{\kappa_\lambda^2-k^2}\boldsymbol{M}_{\substack{e\\o}n\lambda}(h)\boldsymbol{N}'_{\substack{e\\o}n\lambda}(-h)\\&+\sum_{n,\lambda}\frac{C_{n\mu}\kappa_\mu}{\kappa_\mu^2-k^2}\boldsymbol{N}_{\substack{e\\o}n\mu}(h)\boldsymbol{M}'_{\substack{e\\o}n\mu}(-h)\Big].\end{aligned}\tag{4.46}$$

式中：

$$C_{00}=\frac{1}{4\pi^2 I_0},$$

$$C_{n\lambda}=\frac{2-\delta_0}{4\pi^2\lambda^2 I_\lambda},$$

$$C_{n\mu}=\frac{2-\delta_0}{4\pi^2\mu^2 I_\mu}.$$

利用围线积分法，(4.46)式可以化成

$$\overline{\overline{G}}_{m2}=\overline{\overline{G}}{}^{+}_{m2}U^{+}+\overline{\overline{G}}{}^{-}_{m2}U^{-}.\tag{4.47}$$

式中：

$$\begin{aligned}\overline{\overline{G}}{}^{\pm}_{m2}=\mathrm{i}\pi\Big[&C_{00}\boldsymbol{M}_{e00}(\pm k)\boldsymbol{N}'_{e00}(\mp k)\\&+\sum_{n,\lambda}\frac{k}{k_\lambda}C_{n\lambda}\boldsymbol{M}_{\substack{e\\o}n\lambda}(\pm k_\lambda)\boldsymbol{N}'_{\substack{e\\o}n\lambda}(\pm k_\lambda)\\&+\sum_{n,\mu}\frac{k}{k_\mu}C_{n\mu}\boldsymbol{N}_{\substack{e\\o}n\mu}(\pm k_\mu)\boldsymbol{M}'_{\substack{e\\o}n\mu}(\mp k_\mu)\Big],z\gtrless z',\end{aligned}\tag{4.48}$$

$$U^{+}=U(z-z'),$$
$$U^{-}=U(z'-z),$$
$$k_{\lambda}=(k^{2}-\lambda^{2})^{1/2},$$
$$k_{\mu}=(k^{2}-\mu^{2})^{1/2}.$$

根据$\overline{\overline{G}}_{m}$ 方法,有

$$\overline{\overline{G}}_{e1}=\frac{1}{k^{2}}[(\nabla\overline{\overline{G}}_{m2}^{+})U^{+}+(\nabla\overline{\overline{G}}_{m2}^{-})U^{-}-\hat{z}\hat{z}\delta(\boldsymbol{R}-\boldsymbol{R}')],\quad(4.49)$$

式中:

$$\begin{aligned}\nabla\overline{\overline{G}}_{m2}^{\pm}=\mathrm{i}\pi k^{2}\Big[&C_{00}\boldsymbol{N}_{e00}(\pm k)\boldsymbol{N}'_{e00}(\mp k)\\&+\sum_{n,\lambda}\frac{1}{k_{\lambda}}C_{n\lambda}\boldsymbol{N}_{^{e}_{o}n\lambda}(\pm k_{\lambda})\boldsymbol{N}'_{^{e}_{o}n\lambda}(\mp k_{\lambda})\\&+\sum_{n,\mu}\frac{1}{k_{\mu}}C_{n\mu}\boldsymbol{M}_{^{e}_{o}m\mu}(\pm k_{\mu})\boldsymbol{M}'_{^{e}_{o}n\mu}(\mp k_{\mu})\Big],z\gtrless z'.\end{aligned}\quad(4.50)$$

采用上面相同的步骤,可以得到$\overline{\overline{G}}_{m1}$:

$$\overline{\overline{G}}_{m1}=\overline{\overline{G}}_{m1}^{+}U^{+}+\overline{\overline{G}}_{m1}^{-}U^{-},\quad(4.51)$$

$$\begin{aligned}\overline{\overline{G}}_{m1}^{\pm}=\mathrm{i}\pi\Big(&C_{00}\boldsymbol{N}_{e00}(\pm k)\boldsymbol{M}'_{e00}(\mp k)\\&+\sum_{n,\lambda}\frac{k}{k_{\lambda}}\boldsymbol{N}_{^{e}_{o}n\lambda}(\pm k_{\lambda})\boldsymbol{M}'_{^{e}_{o}n\lambda}(\mp k_{\lambda})\\&+\sum_{n,\mu}\frac{k}{k_{\mu}}\boldsymbol{M}_{^{e}_{o}n\mu}(\pm k_{\mu})\boldsymbol{N}'_{^{e}_{o}n\mu}(\mp k_{\mu})\Big),\end{aligned}\quad(4.52)$$

以及$\overline{\overline{G}}_{e2}$:

$$\overline{\overline{G}}_{e2}^{\pm}=\frac{1}{k^{2}}\Big((\nabla\overline{\overline{G}}_{m1}^{+})U^{+}+(\nabla\overline{\overline{G}}_{m1}^{-})U^{-}-\hat{z}\hat{z}\delta(\boldsymbol{R}-\boldsymbol{R}')\Big].\quad(4.53)$$

式中:

$$\begin{aligned}\nabla\overline{\overline{G}}_{m1}^{\pm}=\mathrm{i}\pi k^{2}\Big[&C_{00}\boldsymbol{M}_{e00}(\pm k)\boldsymbol{M}'_{e00}(\mp k)\\&+\sum_{n,\lambda}\frac{1}{k_{\lambda}}C_{n\lambda}\boldsymbol{M}_{^{e}_{o}n\lambda}(\pm k_{\lambda})\boldsymbol{M}'_{^{e}_{o}n\lambda}(\mp k_{\lambda})\\&+\sum_{n,\mu}\frac{1}{k_{\mu}}C_{n\mu}\boldsymbol{N}_{^{e}_{o}n\mu}(\pm k_{\mu})\boldsymbol{N}'_{^{e}_{o}n\mu}(\mp k_{\mu})\Big],z\gtrless z'.\end{aligned}\quad(4.54)$$

以上是同轴线有关的各种并矢格林函数的推导结果. 这些函数有非

常明显的对称关系,例如

$$[\overline{\overline{G}}_{e1}(\boldsymbol{R}',\boldsymbol{R})]^{\mathrm{T}}=\overline{\overline{G}}_{e1}(\boldsymbol{R},\boldsymbol{R}')$$

和

$$[\overline{\overline{G}}_{m1}(\boldsymbol{R}',\boldsymbol{R})]^{\mathrm{T}}=\overline{\overline{G}}_{m2}(\boldsymbol{R},\boldsymbol{R}').$$

本节有关内容可以参阅戴振铎的原始文献[4~5].

参考文献

[1] Ramo S, Whinnery J R and Duzer T Van. Fields and Waves in Communication Electronics, John Wiley & Sons, New York, 1965.

[2] Dwight H B. "Tables of Roots for Natural Frequencies in Coaxial Type Cavities," J. Math. Phys., Vol. 27, 1948.

[3] Abramowitz M and Stegun I A. Handbook of Mathematical Functions, National Bureau of Standards, U. S. Governmment Printing Office, Washington, D. C., 1964.

[4] Tai C T. Dyadic Green Functions for a Coaxial Line, IEEE Trans. Antennas Propagation, Vol. 31, 1983.

[5] Tai C T. Dyadic Green Functions in Electromagnetic Theory, Second Edition, IEEE Press, New York, 1993.

第 5 章 自由空间中的圆柱体

圆柱体是工程应用中常见的电磁辐射与散射模型. 这类问题的求解涉及连续本征值的圆柱矢量波函数. 由于本征值 h 和 λ 连续取值,圆柱矢量波函数的正交归一性也与离散谱时不尽相同. 本章首先讨论连续本征值谱的圆柱矢量波函数的正交归一性;然后讨论自由空间并矢格林函数的圆柱矢量波函数展开;并在此基础上应用散射叠加方法,导出其他类型的并矢格林函数.

5.1 具有连续本征值的圆柱矢量波函数

在圆柱坐标系中,用圆柱矢量波函数表示自由空间的辐射或散射场是极为方便的. 由于 r 取值在$(0,\infty)$之间,本征值 λ 和 h 应连续取值,场的本征展开式也由离散谱情形下的求和变为连续谱的积分. 上一章中关于圆柱矢量波函数 $\boldsymbol{M}$ 和 $\boldsymbol{N}$ 的定义式(4.3)和(4.4)仍然有效,只是 λ 和 μ 为同一本征值,且不受任何约束. 所以只剩下 $\boldsymbol{M}_{\substack{e\\o}n\lambda}$ 和 $\boldsymbol{N}_{\substack{e\\o}n\lambda}$ 两组矢量波函数,它们在整个空间区域$(\infty>r\geqslant 0, 2\pi>\varphi\geqslant 0, -\infty<z<\infty)$上均有定义. 其正交归一性表述如下:

$$\iiint \boldsymbol{M}_{\substack{e\\o}n\lambda}(h)\cdot\boldsymbol{N}_{\substack{e\\o}n'\lambda'}(-h')\mathrm{d}V=0, \tag{5.1}$$

$$\iiint \boldsymbol{M}_{\substack{e\\o}n\lambda}(h)\cdot\boldsymbol{M}_{\substack{e\\o}n'\lambda'}(-h)\mathrm{d}V$$
$$=\begin{cases}0 & (n\neq n'),\\ (1+\delta_0)2\pi^2\lambda\delta(\lambda-\lambda')\delta(h-h') & (n=n'),\end{cases} \tag{5.2}$$

$$\iiint \boldsymbol{N}_{\substack{e\\o}n\lambda}(h)\cdot\boldsymbol{N}_{\substack{e\\o}n'\lambda'}(-h')\mathrm{d}V$$

$$=\begin{cases} 0 & (n\neq n'), \\ (1+\delta_0)2\pi^2\lambda\delta(\lambda-\lambda')\delta(h-h') & (n=n'). \end{cases} \tag{5.3}$$

上式中积分为整个空间区域.

由于本征值 λ 和 h 为连续取值，上面三式的证明也略为不同于(4.18)、(4.19)和(4.20)式. 考虑到 $\boldsymbol{M}_{{}^{e}_{o}n\lambda}$、$\boldsymbol{N}_{{}^{e}_{o}n\lambda}$ 中角函数对不同的 n 相互正交，因此只需证明 $n=n'$ 成立即可. 为此我们先来证明(5.1)式，并首先讨论下式定义的积分

$$I=\iiint \boldsymbol{M}_{en\lambda}(h)\cdot\boldsymbol{N}_{on\lambda}(-h')\mathrm{d}V,$$

这里(λ,h)和(λ',h')表示本征值 λ 和 h 的两组不同取值. 应用(4.3)和(4.4)式，并考虑到 $\lambda=\mu$，对角度 φ 求积分得到

$$I=\frac{(1+\delta_0)\pi}{\sqrt{\lambda'^2+h'^2}}\int_0^\infty r\mathrm{d}r\int_{-\infty}^\infty \mathrm{d}z\,\frac{\mathrm{i}nh'}{r}\mathrm{e}^{\mathrm{i}(h-h')z}$$

$$\cdot\left[\mathrm{J}_n(\lambda r)\frac{\partial\mathrm{J}_n(\lambda' r)}{\partial r}+\mathrm{J}_n(\lambda' r)\frac{\partial\mathrm{J}_n(\lambda r)}{\partial r}\right]$$

$$=\frac{\mathrm{i}nh'(1+\delta_0)2\pi^2}{\sqrt{\lambda'^2+h'^2}}\delta(h-h')\left[\mathrm{J}_n(\lambda r)\mathrm{J}_n(\lambda' r)\right]_0^\infty=0.$$

从上面关于 r 的积分不难看出，$\boldsymbol{M}_{en\lambda}$ 与 $\boldsymbol{N}_{on\lambda'}$ 在 $r-\varphi$ 平面内正交，对 z 的积分实际上是没有必要求出，只是我们常常要处理这类积分，故给出了完整的结果. 同理可以证明 $\boldsymbol{M}_{on\lambda}$ 与 $\boldsymbol{N}_{en\lambda'}$ 也在 $r-\varphi$ 平面内正交. $\boldsymbol{M}_{en\lambda}$ 与 $\boldsymbol{N}_{en\lambda'}$ 和 $\boldsymbol{M}_{on\lambda}$ 与 $\boldsymbol{N}_{on\lambda'}$ 在 φ 平面内正交，这里不一一讨论.

为了证明(5.2)式和(5.3)式，引入积分

$$I=\iiint \boldsymbol{N}_{en\lambda}(h)\cdot\boldsymbol{N}_{en\lambda'}(-h)\mathrm{d}V$$

$$=\frac{1}{\kappa\kappa'}\iiint\left\{hh'\frac{\partial\mathrm{J}_n(\lambda r)}{\partial r}\frac{\partial\mathrm{J}_n(\lambda' r)}{\partial r}\cos^2 n\varphi\right.$$

$$+\frac{hh'n^2}{r^2}\mathrm{J}_n(\lambda r)\mathrm{J}_n(\lambda' r)\sin^2 n\varphi$$

$$\left.+\lambda^2\lambda'^2\mathrm{J}_n(\lambda r)\mathrm{J}_n(\lambda' r)\cos^2 n\varphi\right\}\mathrm{e}^{\mathrm{i}(h-h')z}\mathrm{d}V,$$

式中：$\kappa=(\lambda^2+h^2)^{1/2}$，$\kappa'=(\lambda'^2+h'^2)^{1/2}$. 将上式先对 φ 和 z 求积分，

得到

$$I=\frac{(1+\delta_0)2\pi^2\delta(h-h')}{\kappa\kappa'}\int_0^\infty\left\{hh'\frac{\partial \mathrm{J}_n(\lambda r)}{\partial r}\frac{\partial \mathrm{J}_n(\lambda' r)}{\partial r}\right.$$

$$\left.+\left(\frac{hh'n^2}{r^2}+\lambda^2\lambda'^2\right)\mathrm{J}_n(\lambda r)\mathrm{J}_n(\lambda' r)\right\}r\mathrm{d}r.$$

应用贝塞耳函数递推关系式

$$\mathrm{J}_n(x)=\frac{x}{2n}[\mathrm{J}_{n-1}(x)+\mathrm{J}_{n+1}(x)],\tag{5.4}$$

$$\mathrm{J}_n'(x)=\frac{1}{2}[\mathrm{J}_{n-1}(x)-\mathrm{J}_{n+1}(x)],\tag{5.5}$$

积分 I 可化为

$$I=\frac{(1+\delta_0)2\pi^2\delta(h-h')}{\kappa\kappa'}\int_0^\infty\left\{\frac{1}{2}\lambda\lambda' hh'[\mathrm{J}_{n-1}(\lambda r)\mathrm{J}_{n-1}(\lambda' r)\right.$$

$$\left.+\mathrm{J}_{n+1}(\lambda r)\mathrm{J}_{n+1}(\lambda' r)]+\lambda^2\lambda'^2\mathrm{J}_n(\lambda r)\mathrm{J}_n(\lambda' r)\right\}r\mathrm{d}r.$$

直接引用附录(C.30)式加权 δ 函数的积分表示,求得积分 I 的最终结果为

$$I=2(1+\delta_0)\pi^2\lambda\delta(\lambda-\lambda')\delta(h-h').$$

这正是正交归一关系式中给出的归一化因子. 至于其他同类圆柱矢量波函数归一化常数的证明,与上面的方法完全相同,有兴趣的读者不妨一证. 这里有必要提及斯特莱顿关于圆柱矢量波函数正交性的早期研究工作,他是在部分空间和部分本征值组成的一种混合空间 (r,φ,λ) 上对这些特性进行讨论的. 本章给出的是空间区域上的正交归一性,其归一化因子含有两个定义在本征值域上的 δ 函数. 这一特点使得并矢格林函数或其他矢量函数的本征展开变得十分方便.

5.2 自由空间并矢格林函数的本征函数展开

在 2.2 节中,我们引入了自由空间磁型并矢格林函数 $\overline{\overline{G}}_{m0}(\boldsymbol{R},\boldsymbol{R}')$,它满足波动方程

$$\nabla\nabla\overline{\overline{G}}_{m0}(\boldsymbol{R},\boldsymbol{R}')-k^2\,\overline{\overline{G}}_{m0}(\boldsymbol{R},\boldsymbol{R}')=\nabla[\overline{\overline{I}}\delta(\boldsymbol{R}-\boldsymbol{R}')] \tag{5.6}$$

和无穷远处的辐射条件,并导出了其明确的表达式,即

$$\begin{aligned}\overline{\overline{G}}_{m0}(\boldsymbol{R},\boldsymbol{R}')&=\nabla[\overline{\overline{I}}G_0(\boldsymbol{R},\boldsymbol{R}')]\\&=\nabla G_0(\boldsymbol{R},\boldsymbol{R}')\times\overline{\overline{I}}.\end{aligned} \tag{5.7}$$

式中:

$$G_0(\boldsymbol{R},\boldsymbol{R}')=\frac{\mathrm{e}^{\mathrm{j}k|\boldsymbol{R}-\boldsymbol{R}'|}}{4\pi\,|\,\boldsymbol{R}-\boldsymbol{R}'\,|}. \tag{5.8}$$

对于圆柱边值问题的求解,还要涉及其他类型的并矢格林函数,这可通过散射叠加方法构造. 为此有必要讨论$\overline{\overline{G}}_{m0}$ 的本征展开.

按照欧姆 — 瑞利方法,可设

$$\begin{aligned}\nabla[\overline{\overline{I}}\delta(\boldsymbol{R}-\boldsymbol{R}')]=\int_0^{\infty}\mathrm{d}\lambda\int_{-\infty}^{\infty}\mathrm{d}h\sum_{n=0}^{\infty}[&\boldsymbol{N}_{\substack{e\\o}n\lambda}(h)\boldsymbol{A}_{\substack{e\\o}n\lambda}(h)\\&+\boldsymbol{M}_{\substack{e\\o}n\lambda}(h)\boldsymbol{B}_{\substack{e\\o}n\lambda}(h)].\end{aligned} \tag{5.9}$$

这里λ和h 皆为连续本征值. 考虑到径向函数$\mathrm{J}_n(\lambda r)$与$\mathrm{J}_n(-\lambda r)$线性相关,只有一个是独立的,故本征值 λ 只取正实轴上的值. 事实上,(5.9)式正好是$\nabla[\overline{\overline{I}}\delta(\boldsymbol{R}-\boldsymbol{R}')]$的傅立叶和傅立叶 — 贝塞耳(或汉克尔)变换. 对(5.9)式取关于 $\boldsymbol{N}_{\substack{e\\o}n}(-h')$ 的前标积,并在整个空间上积分,利用(5.1)、(5.2) 和(5.3) 式的正交归一关系,求得

$$\begin{aligned}\boldsymbol{A}_{\substack{e\\o}n\lambda}(h)&=\frac{(2-\delta_0)\kappa}{4\pi^2\lambda}\nabla'\boldsymbol{N}'_{\substack{e\\o}n\lambda}(-h)\\&=\frac{(2-\delta_0)}{4\pi^2\lambda}\kappa\boldsymbol{M}'_{\substack{e\\o}n\lambda}(-h).\end{aligned} \tag{5.10}$$

这里带撇函数 $\boldsymbol{N}',\boldsymbol{M}'$ 表示该函数对应于空间带撇变量(r',φ',z'),即空间位置矢量 $\boldsymbol{R}'$ 的坐标. 同理对(5.9) 式取关于 $\boldsymbol{M}_{\substack{e\\o}n\lambda}(-h')$ 的前标积,积分得另一展开系数

$$\boldsymbol{B}_{\substack{e\\o}n\lambda}(h)=\frac{2-\delta_0}{4\pi^2\lambda}\kappa\boldsymbol{N}'_{\substack{e\\o}n\lambda}(-h). \tag{5.11}$$

将(5.10)和(5.11)式代入(5.9)式,求得$\nabla[\overline{\overline{I}}\delta(\boldsymbol{R}-\boldsymbol{R}')]$连续谱本征函数的展开式为

$$\nabla[\overline{\overline{I}}\delta(\boldsymbol{R}-\boldsymbol{R}')]=\int_0^{\infty}\mathrm{d}\lambda\int_{-\infty}^{\infty}\mathrm{d}h\sum_{n=0}^{\infty}\frac{(2-\delta_0)\kappa}{4\pi^2\lambda}$$

$$\cdot \left[\boldsymbol{N}_{\substack{e\\o}n\lambda}(h)\boldsymbol{M}'_{\substack{e\\o}n\lambda}(-h) + \boldsymbol{M}_{\substack{e\\o}n\lambda}(h)\boldsymbol{N}'_{\substack{e\\o}n\lambda}(-h) \right]. \tag{5.12}$$

对$\overline{\overline{G}}_{m0}$ 也可设其有类似于(5.9) 式的展开式，并考虑到 $\boldsymbol{M}_{\substack{e\\o}n\lambda}(h)$、$\boldsymbol{N}_{\substack{e\\o}n\lambda}(h)$ 满足波动方程(以 $\boldsymbol{M}_{\substack{e\\o}n\lambda}(h)$ 为例)

$$\nabla\nabla \boldsymbol{M}_{\substack{e\\o}n\lambda}(h) = \kappa^2 \boldsymbol{M}_{\substack{e\\o}n\lambda}(h), \tag{5.13}$$

将(5.12) 式代入(5.6) 式，很容易求得

$$\overline{\overline{G}}_{m0}(\boldsymbol{R},\boldsymbol{R}') = \int_0^\infty \mathrm{d}\lambda \int_{-\infty}^\infty \mathrm{d}h \sum_{n=0}^\infty \frac{(2-\delta_0)\kappa}{4\pi^2\lambda(\kappa^2-k^2)}$$

$$\cdot \left[\boldsymbol{N}_\lambda(h)\boldsymbol{M}'_\lambda(-h) + \boldsymbol{M}_\lambda(h)\boldsymbol{N}'_\lambda(-h) \right]. \tag{5.14}$$

这里 $\boldsymbol{M}_\lambda(h)$、$\boldsymbol{N}_\lambda(h)$、$\boldsymbol{M}'_\lambda(-h)$、$\boldsymbol{N}'_\lambda(-h)$ 为圆柱矢量波函数的缩写形式，如 $\boldsymbol{M}_\lambda(h) = \boldsymbol{M}_{\substack{e\\o}n\lambda}(h)$. 上式中含有对本征值$\lambda$和$h$ 的双重积分. 在实际电磁场边值问题的应用中，往往需要消去其中的一重积分. 至于消去h还是λ，要视具体问题而定. 如自由空间无限长圆柱边值问题，消去对 λ 的积分更易于满足边界条件；而对于平直地面或层状结构问题，消去对 h 的积分是方便的. 在以后的应用中将会更清楚地懂得这一点.

为了实现(5.14) 式中消去对λ的积分，引入并矢算子$\overline{\overline{T}}_\lambda$，并令其满足恒等式

$$\overline{\overline{T}}_\lambda \left[\mathrm{J}_n(\lambda r)\mathrm{J}_n(\lambda r') \right] = \boldsymbol{N}_\lambda(h)\boldsymbol{M}'_\lambda(-h), \tag{5.15}$$

根据(5.15) 式的定义，我们很容易写出$\overline{\overline{T}}_\lambda$ 的具体形式，只是这里并没有这个必要. 但有一点我们必须指出，$\overline{\overline{T}}_\lambda$ 只对空间变量$\boldsymbol{R}$ 和$\boldsymbol{R}'$ 作用，可以提到积分号之外，因此有

$$\int_0^\infty \frac{\kappa \boldsymbol{N}_\lambda(h)\boldsymbol{M}'_\lambda(-h)}{\lambda(\kappa^2-k^2)}\mathrm{d}\lambda = \int_0^\infty \frac{\kappa\, \overline{\overline{T}}_\lambda\left[\mathrm{J}_n(\lambda r)\mathrm{J}_n(\lambda r')\right]}{\lambda(\kappa^2-k^2)}\mathrm{d}\lambda$$

$$= \overline{\overline{T}}_\lambda \int_0^\infty \frac{\kappa \mathrm{J}_n(\lambda r)\mathrm{J}_n(\lambda r')}{\lambda(\kappa^2-k^2)}\mathrm{d}\lambda, \tag{5.16}$$

这里$\kappa = (\lambda^2 + h^2)^{1/2}$. 引用附录(D.19) 式的结果，上式等于

$$\frac{\mathrm{i}k\pi}{2\eta^2}\begin{cases} \overline{\overline{T}}_\eta\left[\mathrm{H}_n^{(1)}(\eta r)\mathrm{J}_n(\eta r')\right] \\ \overline{\overline{T}}_\eta\left[\mathrm{J}_n(\eta r)\mathrm{H}_n^{(1)}(\eta r')\right] \end{cases}$$

$$= \frac{\mathrm{i}k\pi}{2\eta^2}\begin{cases} \boldsymbol{N}_\eta^{(1)}(h)\boldsymbol{M}'_\eta(-h) & (r > r'), \\ \boldsymbol{N}_\eta(h)\boldsymbol{M}'^{(1)}_\eta(-h) & (r < r'). \end{cases} \tag{5.17}$$

式中：$\eta = (k^2 - h^2)^{1/2}$，$\mathrm{H}_n^{(1)}$ 表示第一类汉克尔函数，附在 $\boldsymbol{M}$ 和 $\boldsymbol{N}$ 上的上标(1) 表示该圆柱矢量波函数中的径向函数是对第一类汉克尔函数定义的，即

$$\boldsymbol{N}_\eta^{(1)}(h) = \frac{1}{k}\nabla\nabla\left[\mathrm{H}_n^{(1)}(\eta r)\mathrm{e}^{\mathrm{i}hz}\begin{matrix}\cos\\ \sin\end{matrix}n\varphi\hat{z}\right], \tag{5.18}$$

$$\boldsymbol{M}_\eta^{(1)}(-h) = \nabla'\left[\mathrm{H}_n^{(1)}(\eta r')\mathrm{e}^{-\mathrm{i}hz}\begin{matrix}\cos\\ \sin\end{matrix}n\varphi'\hat{z}\right]. \tag{5.19}$$

对(5.14) 式中 $\boldsymbol{M}_\lambda(h)\boldsymbol{N}'_\lambda(-h)$ 项的积分用同样方法处理，最后得到 $\overline{\overline{G}}_{m0}$ 的展开式中只包含 h 的傅立叶积分，即为

$$\overline{\overline{G}}_{m0}^{\pm}(\boldsymbol{R},\boldsymbol{R}') = \frac{\mathrm{i}k}{8\pi}\int_{-\infty}^{\infty}\mathrm{d}h\sum_{n=0}^{\infty}\frac{2-\delta_0}{\eta^2}$$
$$\cdot\begin{cases}\boldsymbol{N}_\eta^{(1)}(h)\boldsymbol{M}'_\eta(-h) + \boldsymbol{M}_\eta^{(1)}(h)\boldsymbol{N}'_\eta(-h) & (r > r'),\\ \boldsymbol{N}_\eta(h)\boldsymbol{M}'^{(1)}_\eta(-h) + \boldsymbol{M}_\eta(h)\boldsymbol{N}'^{(1)}_\eta(-h) & (r < r').\end{cases} \tag{5.20}$$

自由空间电型并矢格林函数 $\overline{\overline{G}}_{e0}(\boldsymbol{R},\boldsymbol{R}')$ 也可用类似于求 $\overline{\overline{G}}_{m0}(\boldsymbol{R},\boldsymbol{R}')$ 的方法获得. 但这里已没有这个必要了. 事实上，只要 $\overline{\overline{G}}_{e0}$ 或 $\overline{\overline{G}}_{m0}$ 中的任一个已经求得，则另一个可由它们之间满足的关系得到. 考虑到 $\overline{\overline{G}}_{m0}$ 在 $r = r'$ 不连续，其微商将给出 δ 函数，求得 $\overline{\overline{G}}_{e0}(\boldsymbol{R},\boldsymbol{R}')$ 为

$$\overline{\overline{G}}_{e0}(\boldsymbol{R},\boldsymbol{R}') = -\frac{1}{k^2}\hat{r}\hat{r}\delta(\boldsymbol{R}-\boldsymbol{R}') + \frac{\mathrm{i}}{8\pi}\int_{-\infty}^{\infty}\mathrm{d}h\sum_{n=0}^{\infty}\frac{2-\delta_0}{\eta^2}$$
$$\cdot\begin{cases}\boldsymbol{M}_\eta^{(1)}(h)\boldsymbol{M}'_\eta(-h) + \boldsymbol{N}_\eta^{(1)}(h)\boldsymbol{N}'_\eta(-h)(r > r'),\\ \boldsymbol{M}_\eta(h)\boldsymbol{M}'^{(1)}_\eta(-h) + \boldsymbol{N}_\eta(h)\boldsymbol{N}'^{(1)}_\eta(-h)(r < r').\end{cases} \tag{5.21}$$

5.3 导体圆柱、介质圆柱与介质覆盖导电圆柱

上一节中我们导出了 $\overline{\overline{G}}_{e0}$ 的本征展开式，主要目的在于构造其他电型并矢格林函数，并使其能够用于实际电磁场边值问题的求解. 本节我们讨论导体圆柱、介质圆柱和介质覆盖导体圆柱边界条件相对应的电型并矢格林函数.

设自由空间有一半径为 a 的无限长导体圆柱，其轴线与 z 轴重合. 根据散射叠加方法，第一类电型并矢格林函数可设为

$$\overline{\overline{G}}_{e1}(\boldsymbol{R},\boldsymbol{R}')=\overline{\overline{G}}_{e0}(\boldsymbol{R},\boldsymbol{R}')+\overline{\overline{G}}_{1s}(\boldsymbol{R},\boldsymbol{R}'),\tag{5.22}$$

它在圆柱面上满足狄里克莱条件，无穷远处满足辐射条件. 考虑到散射项 $\overline{\overline{G}}_{1s}$ 必含有向外行波，且满足齐次波动方程，因此必然有下面形式的展开式：

$$\overline{\overline{G}}_{1s}(\boldsymbol{R},\boldsymbol{R}')=\frac{\mathrm{i}}{8\pi}\int_{-\infty}^{\infty}\mathrm{d}h\sum_{n=0}^{\infty}\frac{2-\delta_0}{\eta^2}[a_\eta\boldsymbol{M}_\eta^{(1)}(h)\boldsymbol{M}'^{(1)}_\eta(-h)$$
$$+b_\eta\boldsymbol{N}_\eta^{(1)}(h)\boldsymbol{N}'^{(1)}_\eta(-h)].\tag{5.23}$$

式(5.23)中 a_η、b_η 为待定系数，$\boldsymbol{M}_\eta^{(1)}$ 和 $\boldsymbol{N}_\eta^{(1)}$ 的选择是辐射条件所要求的，并保证散射项为发散波. $\boldsymbol{M}'^{(1)}_\eta$ 和 $\boldsymbol{N}'^{(1)}_\eta$ 的选择基于两点考虑，其一是散射项$\overline{\overline{G}}_{1s}$ 为$\overline{\overline{G}}_{e0}$ 诱导所生，它必须与$\overline{\overline{G}}_{e0}$ 在圆柱面上保持相同的激励函数；其二是为了保证$\overline{\overline{G}}_{e1}$ 在柱面上满足狄里克莱条件，对 $r<r'$ 区域要求$\overline{\overline{G}}_{e0}$ 和$\overline{\overline{G}}_{1s}$ 与源坐标有关的函数保持一致. 为了求得待定系数 a_η 和 b_η，应用 $r=a$ 柱面上满足的狄里克莱条件

$$\hat{r}\times[\overline{\overline{G}}_{e1}(\boldsymbol{R},\boldsymbol{R}')]_{r=a}=0,$$

获得关于系数 a_η、b_η 满足的方程：

$$\hat{r}\times[\boldsymbol{M}_\eta(h)+a_\eta\boldsymbol{M}_\eta^{(1)}(h)]_{r=a}=0,\tag{5.24}$$

$$\hat{r}\times[\boldsymbol{N}_\eta(h)+b_\eta\boldsymbol{N}_\eta^{(1)}(h)]_{r=a}=0.\tag{5.25}$$

求解(5.24)和(5.25)式得到

$$a_\eta=-\frac{\partial \mathrm{J}_n(x)}{\partial x}\Big/\frac{\partial \mathrm{H}_n^{(1)}(x)}{\partial x},x=\eta a,\tag{5.26}$$

$$b_\eta=-\frac{\mathrm{J}_n(x)}{\mathrm{H}_n^{(1)}(x)},x=\eta a.\tag{5.27}$$

在圆柱面上，满足纽曼条件的第二类电型并矢格林函数$\overline{\overline{G}}_{e2}(\boldsymbol{R},\boldsymbol{R}')$ 也可由散射叠加方法获得. 然而，最方便的方法还是利用$\overline{\overline{G}}_{e1}$ 和$\overline{\overline{G}}_{e2}$ 之间的对称关系求得$\overline{\overline{G}}_{e2}(\boldsymbol{R},\boldsymbol{R}')$. 事实上，我们只需将方程(5.23)中 a_η 和 b_η 交换位置，便得到$\overline{\overline{G}}_{e2}$ 表达式.

若自由空间圆柱体是一各向同性均匀媒质构成的介质圆柱，电型并矢格林函数在 $r=a$ 界面上满足的边界条件由电场、磁场在界面切向矢量连续关系给出. 其电型并矢格林函数为第三类. 根据2.3节的标记方法，采用$\overline{\overline{G}}_e^{(11)}$ 和$\overline{\overline{G}}_e^{(21)}$ 分别表示圆柱外部和内部区域上的电

型并矢格林函数. 必须注意的是,上面的表示意味着源被置于介质圆柱外. 圆柱内外空间对应的参数定义为

$$\begin{cases} k_1 = \omega(\mu_0\varepsilon_0)^{1/2}, \eta = (k_1^2 - h^2)^{1/2} \quad (\text{柱外}), \\ k_2 = \omega(\mu\varepsilon)^{1/2}, \xi = (k_2^2 - h^2)^{1/2} \quad (\text{柱内}). \end{cases} \tag{5.28}$$

这里 μ 和 ε 分别表示介质柱磁导率常数和介电常数,它们可以是实数,也可以是复数. 基于两媒质分界面存在透射、反射效应,第三类电型并矢格林函数可设为

$$\overline{\overline{G}}_e^{(11)}(\boldsymbol{R},\boldsymbol{R}') = \overline{\overline{G}}_{e0}(\boldsymbol{R},\boldsymbol{R}') + \overline{\overline{G}}_{es}^{(11)}(\boldsymbol{R},\boldsymbol{R}') \quad (r \geqslant a), \tag{5.29}$$

$$\overline{\overline{G}}_e^{(21)}(\boldsymbol{R},\boldsymbol{R}') = \overline{\overline{G}}_{es}^{(21)}(\boldsymbol{R},\boldsymbol{R}') \quad (r \leqslant a). \tag{5.30}$$

这里$\overline{\overline{G}}_{e0}$ 是已知的. 在导出$\overline{\overline{G}}_{es}^{(11)}$ 和$\overline{\overline{G}}_e^{(21)}$ 的本征函数展开式之前,对它们作一些简单分析是必要的. 从物理上看,$\overline{\overline{G}}_{es}^{(11)}$ 来自介质圆柱对$\overline{\overline{G}}_{e0}$ 的散射,它必须满足无穷远处的辐射条件和发散波的要求;$\overline{\overline{G}}_e^{(21)}$ 来自$\overline{\overline{G}}_{e0}$ 通过圆柱界面的透射,它必须满足在圆柱内部有界和驻波特性的要求. 因此,$\overline{\overline{G}}_{es}^{(11)}$ 和$\overline{\overline{G}}_{es}^{(21)}$ 应与$\overline{\overline{G}}_{e0}$ 有相同的激励项. 考虑到在圆柱交界面上满足的边界条件,$\overline{\overline{G}}_{es}^{(11)}$ 和$\overline{\overline{G}}_{es}^{(21)}$ 必然有下面的展开式:

$$\begin{aligned} \overline{\overline{G}}_{es}^{(11)}(\boldsymbol{R},\boldsymbol{R}') = \frac{\mathrm{i}}{8\pi}\int_{-\infty}^{\infty}\mathrm{d}h\sum_{n=0}^{\infty}\frac{2-\delta_0}{\eta^2}\{[A_{\substack{e\\o}\eta}\boldsymbol{M}_{\substack{e\\o}\eta}^{(1)}(h) \\ + B_{\substack{e\\o}\eta}\boldsymbol{N}_{\substack{o\\e}\eta}^{(1)}(h)]\boldsymbol{M}'^{(1)}_{\substack{e\\o}\eta}(-h) + [C_{\substack{e\\o}\eta}\boldsymbol{N}_{\substack{e\\o}\eta}^{(1)}(h) \\ + D_{\substack{o\\e}\eta}\boldsymbol{M}_{\substack{o\\e}\eta}^{(1)}(h)]\boldsymbol{N}'^{(1)}_{\substack{e\\o}\eta}(-h)\}, \end{aligned} \tag{5.31}$$

$$\begin{aligned} \overline{\overline{G}}_{es}^{(21)}(\boldsymbol{R},\boldsymbol{R}') = \frac{\mathrm{i}}{8\pi}\int_{-\infty}^{\infty}\mathrm{d}h\sum_{n=0}^{\infty}\frac{2-\delta_0}{\eta^2}\{[a_{\substack{e\\o}\xi}\boldsymbol{M}_{\substack{e\\o}\xi}(h) \\ + b_{\substack{o\\e}\xi}\boldsymbol{N}_{\substack{o\\e}\xi}(h)]\boldsymbol{M}'^{(1)}_{\substack{e\\o}\eta}(-h) + [C_{\substack{e\\o}\xi}\boldsymbol{N}_{\substack{e\\o}\xi}(h) \\ + d_{\substack{o\\e}\xi}\boldsymbol{M}_{\substack{o\\e}\xi}(h)]\boldsymbol{N}'^{(1)}_{\substack{e\\o}\eta}(-h)\}. \end{aligned} \tag{5.32}$$

这里我们恢复了圆柱矢量波函数的奇(o) 偶(e) 表示,主要是因为同一激励函数项中包含了奇偶正好相反的 $\boldsymbol{M}$ 和 $\boldsymbol{N}$ 的叠加. 而这一特点又是边界条件所要求的. 为了清楚起见,把其中的一项展开表示如下:

$$\begin{aligned} &[A_{\substack{e\\o}\eta}\boldsymbol{M}_{\substack{e\\o}\eta}^{(1)}(h) + B_{\substack{o\\e}\eta}\boldsymbol{N}_{\substack{o\\e}\eta}^{(1)}(h)]\boldsymbol{M}'^{(1)}_{\substack{e\\o}\eta}(-h) \\ &\quad = [A_{e\eta}\boldsymbol{M}_{e\eta}^{(1)}(h) + B_{o\eta}\boldsymbol{N}_{o\eta}^{(1)}(h)]\boldsymbol{M}'^{(1)}_{e\eta}(-h) \end{aligned}$$

$$+\left[A_{o\eta}\boldsymbol{M}_{o\eta}^{(1)}(h)+B_{e\eta}\boldsymbol{N}_{e\eta}^{(1)}(h)\right]\boldsymbol{M}_{o\eta}^{\prime(1)}(-h).$$

其他项也有类似的展开表示. 在(5.32)式中,为了保证在 $r\leqslant a$ 有界,并满足齐次波动方程,圆柱矢量波函数 $\boldsymbol{M}_{^e_o\xi}(h)$、$\boldsymbol{N}_{^e_o\xi}(h)$ 定义为

$$\boldsymbol{M}_{^e_o\xi}(h)=\nabla\left[\mathrm{J}_n(\xi r)\mathrm{e}^{ihz}\,{}^{\cos}_{\sin}\,n\varphi\hat{z}\right],$$

$$\boldsymbol{N}_{^e_o\xi}(h)=\frac{1}{k_2}\nabla\nabla\left[\mathrm{J}_n(\xi r)\mathrm{e}^{ihz}\,{}^{\cos}_{\sin}\,n\varphi\hat{z}\right].$$

从(5.31)和(5.32)两式看到,为了满足介质圆柱面上的边界条件,散射并矢格林函数包含了待定系数 B_η、D_η、b_ξ 和 d_ξ 的耦合项. 这表明,对于介质圆柱而言,一个入射的TE波(或TM波)将激励出TE波和TM波同时存在的散射场,而这一现象对于导体圆柱是不存在的. 从(5.31)和(5.32)两式中,我们还看到一个偶性的 $\boldsymbol{M}$ 函数与一个奇性的 $\boldsymbol{N}$ 函数在 φ 分量上有相同的角函数,它们在散射或透射项并矢格林函数中起类似的作用,反之亦然.

为了求得待定系数 A、B、C、D 和 a、b、c、d,应用在 $r=a$ 圆柱面上满足的边界条件

$$\hat{r}\times\left[\overline{\overline{G}}_e^{(11)}(\boldsymbol{R},\boldsymbol{R}')-\overline{\overline{G}}_e^{(21)}(\boldsymbol{R},\boldsymbol{R}')\right]_{r=a}=0,\tag{5.33}$$

$$\hat{r}\times\left[\frac{\nabla\overline{\overline{G}}_e^{(11)}(\boldsymbol{R},\boldsymbol{R}')}{\mu_0}-\frac{\nabla\overline{\overline{G}}_e^{(21)}(\boldsymbol{R},\boldsymbol{R}')}{\mu}\right]_{r=a}=0,\tag{5.34}$$

可得到含有待定系数在内的16个线性代数方程. 求解这些代数方程,便可得到16个待定参数,其结果用矩阵表示为:

$$[D_1][C_1]=[F_1],\tag{5.35}$$

$$[D_2][C_2]=[F_2].\tag{5.36}$$

式中:$[D_1]$ 和 $[D_2]$ 为线性代数方程组系数方阵;$[C_1]$ 和 $[C_2]$ 为待定系数列阵;$[F_1]$ 和 $[F_2]$ 为已知列阵,分别定义如下:

$$[D_1]=\begin{bmatrix}0 & \dfrac{-\eta^2\mathrm{H}_n^{(1)}(\eta a)}{k_1} & 0 & \dfrac{\xi^2\mathrm{J}_n(\xi a)}{k_2}\\[2ex] \dfrac{-\partial\mathrm{H}_n^{(1)}(\eta a)}{\partial a} & \dfrac{\pm ihn\mathrm{H}_n^{(1)}(\eta a)}{k_1 a} & \dfrac{\partial\mathrm{J}_n(\xi a)}{\partial a} & \dfrac{\mp ihn\mathrm{J}_n(\xi a)}{k_2 a}\\[2ex] \dfrac{-\eta^2\mathrm{H}_n^{(1)}(\eta a)}{\mu_0} & 0 & \dfrac{\xi^2\mathrm{J}_n(\xi a)}{\mu} & 0\\[2ex] \dfrac{\mp ihn\mathrm{H}_n^{(1)}(\eta a)}{\mu_0 a} & \dfrac{-k_1}{\mu_0}\dfrac{\partial\mathrm{H}_n^{(1)}(\eta a)}{\partial a} & \dfrac{\pm ihn\mathrm{J}_n(\xi a)}{\mu a} & \dfrac{k_2}{\mu}\dfrac{\partial\mathrm{J}_n(\xi a)}{\partial a}\end{bmatrix}$$

$$[D_2]=\begin{bmatrix} \dfrac{-\eta^2 \mathrm{H}_n^{(1)}(\eta a)}{k_1} & 0 & \dfrac{\xi^2 \mathrm{J}_n(\xi a)}{k_2} & 0 \\ \dfrac{\pm \mathrm{i}hn \mathrm{H}_n^{(1)}(\eta a)}{k_1 a} & \dfrac{-\partial \mathrm{H}_n^{(1)}(\eta a)}{\partial a} & \dfrac{\pm \mathrm{i}hn \mathrm{J}_n(\xi a)}{k_2 a} & \dfrac{\partial \mathrm{J}_n(\xi a)}{\partial a} \\ 0 & \dfrac{-\eta^2 \mathrm{H}_n^{(1)}(\eta a)}{\mu_0} & 0 & \dfrac{\xi^2 \mathrm{J}_n(\xi a)}{\mu} \\ \dfrac{-k_1}{\mu_0}\dfrac{\partial \mathrm{H}_n^{(1)}(\eta a)}{\partial a} & \dfrac{\pm \mathrm{i}hn \mathrm{H}_n^{(1)}(\eta a)}{\mu_0 a} & \dfrac{k_2}{\mu}\dfrac{\partial \mathrm{J}_n(\xi a)}{\partial a} & \dfrac{\mp \mathrm{i}hn \mathrm{J}_n(\xi a)}{\mu a} \end{bmatrix}$$

$$[C_1]=[A_{\substack{e\\o}\eta},B_{\substack{o\\e}\eta},a_{\substack{e\\o}\xi},b_{\substack{o\\e}\xi}]$$

$$[C_2]=[C_{\substack{e\\o}\eta},D_{\substack{o\\e}\eta},c_{\substack{e\\o}\xi},d_{\substack{o\\e}\xi}]$$

$$[F_1]=\left[0,\frac{\partial \mathrm{J}_n(\eta a)}{\partial a},\frac{\eta^2 \mathrm{J}_n(\eta a)}{\mu_0},\frac{\pm \mathrm{i}hn \mathrm{J}_n(\eta a)}{\mu_0 a}\right]$$

$$[F_2]=\left[\frac{\eta^2 \mathrm{J}_n(\eta a)}{k_1},\frac{\pm \mathrm{i}hn \mathrm{J}_n(\eta a)}{k_1 a},0,\frac{k_1}{\mu_0}\frac{\partial \mathrm{J}_n(\eta a)}{\partial a}\right].$$

关于矩阵方程的求解,留给读者去完成,这里不再讨论.

同样的方法也可用于寻求介质覆盖导体圆柱边值问题的电型并矢格林函数. 为了讨论的方便,仍设导体圆柱半径为 a,介质层厚度为 $b-a$,源置于柱外空间. 由于电型并矢格林函数在导体圆柱表面满足狄里克莱条件,在介质和自由空间交界面上满足切向场连续条件,因此对应的电型并矢格林函数既是第一类,同时又是第三类,用 $\overline{\overline{G}}_{e1}^{(11)}$ 和 $\overline{\overline{G}}_{e1}^{(21)}$ 表示. 但必须注意,此时区域 2 只在 $b\geqslant r\geqslant a$ 之内. 应用散射叠加方法,可设

$$\overline{\overline{G}}_{e1}^{(11)}(\boldsymbol{R},\boldsymbol{R}')=\overline{\overline{G}}_{e0}(\boldsymbol{R},\boldsymbol{R}')+\overline{\overline{G}}_{es}^{(11)}(\boldsymbol{R},\boldsymbol{R}'), \tag{5.37}$$

$$\overline{\overline{G}}_{e1}^{(21)}(\boldsymbol{R},\boldsymbol{R}')=\overline{\overline{G}}_{es}^{(21)}(\boldsymbol{R},\boldsymbol{R}'). \tag{5.38}$$

上面的假设,形式上与介质圆柱相同. 从物理上看,无论是介质覆盖导体圆柱,还是介质圆柱,其柱外空间的场来自源的直接辐射和柱面的散射,因此 $\overline{\overline{G}}_{es}^{(11)}$ 仍有(5.31)式的表达式. 但在柱内,介质圆柱内的场仅为界面透射进入圆柱的场,而介质覆盖导体圆柱介质层内的场除了界面透入的场外,同时圆柱导体又将透入的场散射,所以,$\overline{\overline{G}}_{e1}^{(21)}$ 与 $\overline{\overline{G}}_{e}^{(21)}$ 不可能相同,而应有如下形式:

$$\overline{\overline{G}}_{es}^{(21)}(\boldsymbol{R},\boldsymbol{R}')=\frac{\mathrm{i}}{8\pi}\int_{-\infty}^{\infty}\mathrm{d}h\sum_n\frac{2-\delta_0}{\eta^2}\{[a_{\substack{e\\o}\xi}\boldsymbol{M}_{\substack{e\\o}\xi}(h)+a'_{\substack{e\\o}\xi}\boldsymbol{M}_{\substack{e\\o}\xi}^{(1)}(h)$$

$$+ b_{\substack{o\\e}\xi}\boldsymbol{N}_{\substack{o\\e}\xi}(h) + b'_{\substack{o\\e}\xi}\boldsymbol{N}^{(1)}_{\substack{o\\e}\xi}(h)]\boldsymbol{M}'^{(1)}_{\substack{e\\o}\eta}(-h)$$
$$+ [C_{\substack{e\\o}\xi}\boldsymbol{N}_{\substack{o\\e}\xi}(h) + C'_{\substack{e\\o}\xi}\boldsymbol{N}^{(1)}_{\substack{e\\o}\xi}(h) + d_{\substack{e\\o}\xi}\boldsymbol{M}_{\substack{e\\o}\xi}(h)$$
$$+ d'_{\substack{e\\o}\xi}\boldsymbol{M}^{(1)}_{\substack{o\\e}\xi}(h)]\boldsymbol{N}'^{(1)}_{\substack{e\\o}\eta}(-h)\}. \tag{5.39}$$

上式中带撇的系数 a'、b'、c' 和 d' 连同奇偶共 8 项，物理上正好与导体圆柱表面的散射相对应. 这里共有 24 个待定系数需要确定. 利用 $r=b$ 圆柱面上的边界条件(与(5.33)和(5.34)式相同)，可得 16 个线性方程组，而在 $r=a$ 导体圆柱面的狄里克莱条件给出 8 个线性方程组，恰好惟一解出 24 个待定系数.

5.4 近似表达式

对于天线的辐射问题，人们感兴趣的是远区辐射场. 为了获得导电圆柱外天线或导电圆柱面上口径天线远区辐射特性，必须清楚 $\overline{\overline{G}}_{e1}$ 或 $\overline{\overline{G}}_{e2}$ 的渐近行为及其渐近表达式. 为此，我们需研究第一类电型并矢格林函数的渐近展开式.

对于远场区，可设 $\eta r \gg 1$，第一类汉克尔函数可近似表示为

$$\mathrm{H}^{(1)}_n(\eta r) \approx \left(\frac{2}{\pi\eta r}\right)^{1/2}(-\mathrm{i})^{n+1/2}\mathrm{e}^{\mathrm{i}\eta r}.$$

将上式代入圆柱矢量波函数 $\boldsymbol{M}^{(1)}$ 和 $\boldsymbol{N}^{(1)}$ 的定义式中，并略去高于和等于 $(\eta r)^{-3/2}$ 阶的无穷小量. 则 $\boldsymbol{M}^{(1)}$ 和 $\boldsymbol{N}^{(1)}$ 有近似关系式

$$\boldsymbol{M}^{(1)}_{\substack{e\\o}n\eta}(h) \approx (-\mathrm{i})^{n+3/2}\eta\left(\frac{2}{\pi\eta r}\right)^{1/2}\mathrm{e}^{\mathrm{i}(\eta r+hz)}\begin{matrix}\cos\\ \sin\end{matrix} n\varphi\hat{\varphi}. \tag{5.40}$$

$$\boldsymbol{N}^{(1)}_{\substack{e\\o}n\eta}(h) \approx (-\mathrm{i})^{n+1/2}\frac{\eta}{k}\left(\frac{2}{\pi\eta r}\right)^{1/2}\mathrm{e}^{\mathrm{i}(\eta r+hz)}\begin{matrix}\cos\\ \sin\end{matrix} n\varphi(-h\hat{r}+\eta\hat{z}). \tag{5.41}$$

然后用 $\boldsymbol{M}^{(1)}$ 和 $\boldsymbol{N}^{(1)}$ 的近似关系式代换(5.21)式和(5.23)式中的圆柱矢量波函数，得到 $\overline{\overline{G}}_{e1}$ 的近似表达式：

$$\overline{\overline{G}}_{e1}(\boldsymbol{R},\boldsymbol{R}') \approx \frac{\mathrm{i}}{4\pi}\int_{-\infty}^{\infty}\mathrm{d}h\sum_n\frac{2-\delta_0}{\eta^2}\left(\frac{1}{2\pi\eta r}\right)^{1/2}(-\mathrm{i})^{n+1/2}\mathrm{e}^{\mathrm{i}(\eta r+hz)}$$
$$\cdot\left\{-\mathrm{i}\begin{matrix}\cos\\ \sin\end{matrix} n\varphi\hat{\varphi}[\boldsymbol{M}'_{\substack{e\\o}n\eta}(-h) + a_{\substack{e\\o}n}\boldsymbol{M}'^{(1)}_{\substack{o\\e}n\eta}(-h)]\right.$$

$$+\frac{1}{k}\begin{matrix}\cos\\ \sin\end{matrix} n\varphi(-h\hat{r}+\eta\hat{z})[\boldsymbol{N}'_{\substack{e\\o}n\eta}(-h)$$
$$+b_{\substack{e\\o}n}\boldsymbol{N}'^{(1)}_{\substack{e\\o}n\eta}(-h)]\bigg\}. \tag{5.42}$$

用球坐标表示空间和本征值谱变量，记

$$\eta = k\sin\beta, \qquad h = k\cos\beta,$$
$$r = R\sin\theta, \qquad z = R\cos\theta,$$

则有

$$\eta r + hz = kR\cos(\theta-\beta),$$
$$\eta\hat{z} - h\hat{r} = k(\hat{z}\sin\beta - \hat{r}\cos\beta),$$
$$dh = -k\sin\beta\,d\beta.$$

将上述变量代入(5.42)式，并用鞍点法对积分作近似处理，引用附录(D.18)式，(5.42)式可进一步表示成

$$\overline{\overline{G}}_{e1}(\boldsymbol{R},\boldsymbol{R}') \approx \frac{e^{jkR}}{4\pi k\sin\theta}\sum_{n=0}^{\infty}(2-\delta_0)(-i)^{n+1}\begin{matrix}\cos\\ \sin\end{matrix} n\varphi$$
$$\cdot\{\hat{\varphi}[\boldsymbol{M}'_{\substack{e\\o}ns}(-k\cos\theta)+a_{\substack{e\\o}n}\boldsymbol{M}'^{(1)}_{\substack{e\\o}ns}(-k\cos\theta)]$$
$$-i\theta[\boldsymbol{N}'_{\substack{e\\o}ns}(-k\cos\theta)+b_{\substack{e\\o}n}\boldsymbol{N}'^{(1)}_{\substack{e\\o}ns}(-k\cos\theta)]\}. \tag{5.43}$$

这里 $s = k\sin\theta$，为鞍点 $\beta=\theta$ 时 η 对应的值. 必须注意的是，(5.43)式是在远场区 $kR \gg 1$ 条件下所推出的渐近表达式，因此它仅在 $kR \gg 1$ 条件满足时才成立. 从(5.43)式不难看出，$\theta = 0$ 为渐近式的奇点，但对于半径为定值的无限长圆柱而言，实际上 θ 是不可能为零的. 另一个有趣的问题是当 $kR' \gg 1$ 时 $\overline{\overline{G}}_e(\boldsymbol{R},\boldsymbol{R}')$ 的渐近行为，物理上相当于将辐射源置于无穷远处圆柱外部空间辐射场，这正好与导体圆柱对平面波散射问题相对应. 仿照上述方法，我们也能导出在 $kR' \gg 1$ 时 $\overline{\overline{G}}_e(\boldsymbol{R},\boldsymbol{R}')$ 的渐近表达式，并由此得到平面波入射导体圆柱散射问题的解.

参考文献

Stratton J A. Electromagnetic Theory, McGraw-Hill, New York, 1941.

第 6 章　完纯导电椭圆柱体

在本章中我们使用椭圆柱坐标系中的标量波函数推导矢量波函数. 这些函数的正交性众所周知,我们毫无困难就可以求得自由空间并矢格林函数的本征函数展开式. 采用散射叠加法可以构造出第一类和第二类并矢格林函数. 由于辐角函数和径向函数两者都依赖于波数,不可能求得第三类函数的正交展开式. 因此,对包含有介质的椭圆柱体,不能像包含介质的圆柱体那样的方式去推导公式.

6.1　椭圆柱坐标系中的矢量波函数

在椭圆柱坐标系中,标量波动方程可以用下列形式写出[1]:

$$\frac{1}{\beta^2}\left(\frac{\partial^2 \psi}{\partial u^2}+\frac{\partial^2 \psi}{\partial v^2}\right)+\frac{\partial^2 \psi}{\partial z^2}+\kappa^2 \psi=0. \tag{6.1}$$

式中:

$$\beta=c(\cosh^2 u-\cos^2 v)^{\frac{1}{2}}.$$

式中:变量 u, v 和 z 以及参数 c 都在附录 A 及图 A-3 中定义过. 与 (6.1) 式相联系的本征函数称为椭圆柱坐标系波函数,该函数在斯特莱顿的名著中有过很详尽的论述[2]. 下面,我们仍将仿效斯氏的做法,不过为了与前面符号一致,作了一些小的改动. 为了对椭圆柱坐标系中矢量波函数的正交性作充分的分析,我们对其标量波函数仍作一扼要的叙述. 根据斯氏的做法,(6.1) 式的本征函数可以写成以下形式:

$$\psi_{{}^e_o m\lambda}(h)=S_{{}^e_o m\lambda}(v)R_{{}^e_o m\lambda}(u)\mathrm{e}^{ihz}, \tag{6.2}$$

式中:

$$h^2+\lambda^2=\kappa^2.$$

而辐角函数 $S_{\substack{e\\o}m\lambda}$ 和径向函数 $R_{\substack{e\\o}m\lambda}$ 满足马蒂厄方程：

$$\frac{\mathrm{d}^2 S_{\substack{e\\o}m\lambda}(v)}{\mathrm{d}v^2}+(b_{\substack{e\\o}m}-c^2\lambda^2\cos^2 v)S_{\substack{e\\o}m\lambda}(v)=0. \tag{6.3}$$

$$\frac{\mathrm{d}^2 R_{\substack{e\\o}m\lambda}(u)}{\mathrm{d}u^2}+(b_{\substack{e\\o}m}-c^2\lambda^2\cosh^2 u)R_{\substack{e\\o}m\lambda}(u)=0. \tag{6.4}$$

式中：本征值 b_{em} 或 b_{om} 形成一可数集，本征值相对应的辐角函数是 v 的周期函数. 我们要求辐角函数表示某一位置的场值时应是一单值函数. 周期辐角函数或者用偶函数形式的余弦函数表示，或者用奇函数形式的正弦函数表示. 形式为：

$$S_{em\lambda}(v)=\sum_n{}' D_n^m\cos nv, m=1,2,3,\cdots \tag{6.5}$$

$$S_{om\lambda}(v)=\sum_n{}' F_n^m\sin nv, m=1,2,3,\cdots \tag{6.6}$$

上面式中带撇的求和号表示：如果 m 是偶数，求和 n 取偶数；如果 m 是奇数，n 就取奇数. 系数 D_n^m 和 F_n^m 有下述归一化关系：

$$\sum_n{}' D_n^m=1 \text{ 或 } S_{em\lambda}(0)=1, \tag{6.7}$$

$$\sum_n{}' nF_n^m=1 \text{ 或 } \frac{\mathrm{d}}{\mathrm{d}v}S_{om\lambda}(v)\big|_{v=0}=1. \tag{6.8}$$

由(6.3)和(6.4)式，我们能够证明，S_{em} 和 S_{om} 构成一全正交集，即

$$\int_0^{2\pi} S_{em\lambda}(v)S_{om'\lambda}(v)\mathrm{d}V=0, \tag{6.9}$$

$$\int_0^{2\pi} S_{em\lambda}(v)S_{em'\lambda}(v)\mathrm{d}V=\begin{cases}0 & (m\neq m'),\\ I_{em\lambda} & (m=m').\end{cases} \tag{6.10}$$

式中：

$$I_{em\lambda}=\pi\sum_n{}'(1+\delta_0)(D_n^m)^2,$$

$$\int_0^{2\pi} S_{om\lambda}(v)S_{om'\lambda}(v)\mathrm{d}V=\begin{cases}0 & (m\neq m'),\\ I_{om\lambda} & (m=m').\end{cases} \tag{6.11}$$

式中：

$$I_{om\lambda}=\pi\sum_n{}'(F_n^m)^2.$$

由(6.4)式解得的径向函数，在原点取有限值，可以写成贝塞耳函数的级数形式：

$$R_{em\lambda}(u)=\left(\frac{\pi}{2}\right)^{\frac{1}{2}}\sum_{n}{}'(\mathrm{i})^{m-n}D_{n}^{m}\mathrm{J}_{n}(c\lambda\cosh u),\tag{6.12}$$

$$R_{om\lambda}(u)=\left(\frac{\pi}{2}\right)^{\frac{1}{2}}\tanh u\sum_{n}{}'(\mathrm{i})^{(n-m)}F_{n}^{m}\mathrm{J}_{n}(c\lambda\cosh u).\tag{6.13}$$

与斯氏的标记不同，上面函数标记中我们略去了上标符号. 另外，有两个径向函数，采用 $e^{-i\omega t}$ 系统，它们表示外行波，表达式中包含有第一类汉克尔函数，由下列级数形式表示：

$$R_{em\lambda}^{(1)}(u)=\left(\frac{\pi}{2}\right)^{\frac{1}{2}}\sum_{n}{}'(\mathrm{i})^{m-n}D_{n}^{m}\mathrm{H}_{n}^{(1)}(c\lambda\cosh u),\tag{6.14}$$

$$R_{om\lambda}^{(1)}(u)=\left(\frac{\pi}{2}\right)^{\frac{1}{2}}\tanh u\sum_{n}{}'(\mathrm{i})^{n-m}F_{n}^{m}\mathrm{H}_{n}^{(1)}(c\lambda\cosh u).\tag{6.15}$$

在斯特莱顿的原始著作中，这些函数用 $R_{{}^{e}_{o}m\lambda}^{(3)}$ 标记，希望这些标记上的小改变不会给读者带来任何不便之处.

为了决定这些波函数的归一化常数，我们需要用圆柱波函数来表示椭圆波函数的展开式，按斯氏给出的公式是[1]：

$$R_{em\lambda}(u)S_{em\lambda}(v)=\left(\frac{\pi}{2}\right)^{\frac{1}{2}}\sum_{n}{}'(\mathrm{i})^{n-m}D_{n}^{m}\cos n\varphi\,\mathrm{J}_{n}(\lambda r),\tag{6.16}$$

$$R_{om\lambda}(u)S_{om\lambda}(v)=\left(\frac{\pi}{2}\right)^{\frac{1}{2}}\sum_{n}{}'(\mathrm{i})^{n-m}F_{n}^{m}\sin n\varphi\,\mathrm{J}_{n}(\lambda r).\tag{6.17}$$

以上的讨论都是为导出相关的矢量波函数所做的准备工作. 这些矢量波函数被定义为：

$$\boldsymbol{M}_{{}^{e}_{o}m\lambda}(h)=\nabla[\psi_{{}^{e}_{o}m\lambda}(h)\hat{z}],\tag{6.18}$$

$$\boldsymbol{N}_{{}^{e}_{o}m\lambda}(h)=\frac{1}{\kappa}\nabla\boldsymbol{M}_{{}^{e}_{o}m\lambda}(h),\tag{6.19}$$

式中：$\psi_{{}^{e}_{o}m\lambda}(h)$ 由(6.2)式给出. 当然，这两个矢量波函数是椭圆柱坐标系中矢量波动方程的解. 两函数的完整表达式是

$$\boldsymbol{M}_{{}^{e}_{o}m\lambda}(h)=\frac{1}{\beta}\left(R_{{}^{e}_{o}m\lambda}\frac{\partial S_{{}^{e}_{o}m\lambda}}{\partial v}\hat{u}-S_{{}^{e}_{o}m\lambda}\frac{\partial R_{{}^{e}_{o}m\lambda}}{\partial u}\hat{v}\right)e^{ihz},\tag{6.20}$$

$$\boldsymbol{N}_{\substack{e\\o}m\lambda}(h)=\frac{1}{\kappa\beta}\left(\mathrm{i}hS_{\substack{e\\o}m\lambda}\frac{\partial R_{\substack{e\\o}m\lambda}}{\partial u}\hat{u}+\mathrm{i}hR_{\substack{e\\o}m\lambda}\frac{\partial S_{\substack{e\\o}m\lambda}}{\partial v}\hat{v}+\beta\lambda^2R_{\substack{e\\o}m\lambda}S_{\substack{e\\o}m\lambda}\hat{z}\right)\mathrm{e}^{\mathrm{i}hz}. \tag{6.21}$$

式中：

$$\beta=c(\cosh^2u-\cos^2v)^{\frac{1}{2}}.$$

上述函数的正交性质由下述式子表示：

$$\iiint\boldsymbol{M}_{\substack{e\\o}m\lambda}(h)\cdot\boldsymbol{N}_{\substack{e\\o}m'\lambda'}(-h')\mathrm{d}V=0, \tag{6.22}$$

$$\iiint\boldsymbol{M}_{\substack{e\\o}m\lambda}(h)\cdot\boldsymbol{M}_{\substack{e\\o}m'\lambda'}(-h')\mathrm{d}V=\begin{cases}0 & (m\neq m'),\\ \pi^2\lambda I_{\substack{e\\o}m\lambda}\delta(h-h')\delta(\lambda-\lambda') & (m=m'),\end{cases} \tag{6.23}$$

$$\iiint\boldsymbol{N}_{\substack{e\\o}m\lambda}(h)\cdot\boldsymbol{N}_{\substack{e\\o}m'\lambda'}(-h')\mathrm{d}V=\begin{cases}0 & (m\neq m'),\\ \pi^2\lambda I_{\substack{e\\o}m\lambda}\delta(h-h')\delta(\lambda-\lambda') & (m=m').\end{cases} \tag{6.24}$$

式中：$I_{\substack{e\\o}m\lambda}$ 由(6.10)及(6.11)式给出. 上述关系式与上一章的(5.1)～(5.3)式类似，除了归一化系数不同外，表征基本结构的两个 δ 函数(h 域和 λ 域)是相同的. 这些正交关系式用(6.9)～(6.11)式很容易给予证明. 作为一个示例，我们来证明(6.23)式($m=m'$). (6.24)式作为一个练习，留给读者去证明. 我们先看积分

$$I=\iiint\boldsymbol{M}_{em\lambda}(h)\cdot\boldsymbol{M}_{em\lambda'}(-h')\mathrm{d}V,$$

式中：积分对全空域进行. 考虑椭圆柱坐标系中的 $\mathrm{d}V$ 为

$$\begin{aligned}\mathrm{d}V&=h_1h_2h_3\,\mathrm{d}u\mathrm{d}v\mathrm{d}z\\&=\beta^2\,\mathrm{d}u\mathrm{d}v\mathrm{d}z,\end{aligned}$$

代入函数，我们有

$$\begin{aligned}I=\int_0^{\infty}\int_0^{2\pi}\int_{-\infty}^{\infty}\Big[&R_{em\lambda}R_{em\lambda'}\frac{\partial S_{em\lambda}}{\partial v}\frac{\partial S_{em\lambda'}}{\partial v}\\&+S_{em\lambda}S_{em\lambda'}\frac{\partial R_{em\lambda}}{\partial u}\frac{\partial S_{em\lambda'}}{\partial u}\Big]\mathrm{e}^{\mathrm{i}(h-h')z}\mathrm{d}u\mathrm{d}v\mathrm{d}z.\end{aligned} \tag{6.25}$$

为了化简(6.25)式,先利用关系式

$$\int_0^{2\pi}\frac{\partial S_{em\lambda}}{\partial v}\frac{\partial S_{em\lambda'}}{\partial v}\mathrm{d}v=\frac{\partial S_{em\lambda}}{\partial v}S_{em\lambda'}\bigg|_0^{2\pi}-\int_0^{2\pi}S_{em\lambda'}\frac{\partial^2 S_{em\lambda}}{\partial v^2}\mathrm{d}v$$
$$=\int_0^{2\pi}(b_{em}-c^2\lambda^2\cos^2 v)S_{em\lambda}S_{em\lambda'}\,\mathrm{d}v$$

及

$$\int_0^{\infty}\frac{\partial R_{em\lambda}}{\partial u}\frac{\partial R_{em\lambda'}}{\partial u}\mathrm{d}u=R_{em\lambda'}\frac{\partial R_{em\lambda}}{\partial u}\bigg|_0^{\infty}-\int_0^{\infty}R_{em\lambda'}\frac{\partial^2 R_{em\lambda}}{\partial u^2}\mathrm{d}u$$
$$=-\int_0^{\infty}(b_{em}-c^2\lambda^2\cosh^2 u)R_{em\lambda}R_{em\lambda'}\,\mathrm{d}u.$$

上面式子推导时,还利用了(6.3)和(6.4)式.因而(6.25)式可以化简成

$$I=\int_0^{\infty}\int_0^{2\pi}\int_{-\infty}^{\infty}\lambda^2\beta^2 R_{em\lambda}R_{em\lambda'}S_{em\lambda}S_{em\lambda'}\,\mathrm{e}^{\mathrm{i}(h-h')z}\,\mathrm{d}u\mathrm{d}v\mathrm{d}z.$$

再使用(6.16)式,并把积分域从椭圆坐标系变换到圆柱坐标系,利用关系式

$$\beta^2\,\mathrm{d}u\mathrm{d}v=r\mathrm{d}r\mathrm{d}\varphi,$$

可以得出

$$I=\pi^2\delta(h-h')\int_0^{\infty}\int_0^{2\pi}\lambda^2\Big[\sum_n{}'(\mathrm{i})^{m-n}D_n^m(\lambda)\mathrm{J}_n(\lambda r)\cos n\varphi\Big]$$
$$\cdot\Big[\sum_n{}'(\mathrm{i})^{m-n}D_n^m(\lambda')\mathrm{J}_n(\lambda' r)\cos n\varphi\Big]r\mathrm{d}r\mathrm{d}\varphi. \qquad (6.26)$$

在上式中,我们已把系数 D_n^m 明显地表示成 λ 的函数形式.完成上述积分,最后得到

$$I=(1+\delta_0)\pi^3\lambda\delta(h-h')\delta(\lambda-\lambda')\sum_n{}'[D_n^m(\lambda)]^2$$
$$=\pi^2\lambda I_{en\lambda}\delta(h-h')\delta(\lambda-\lambda'). \qquad (6.27)$$

式中:$I_{en\lambda}$ 由(6.10)式表示.(6.23)式中 $m\neq m'$ 的情况与(6.24)式的证明方法与上面做法类似.一旦知道了矢量波函数的正交关系,导出自由空间并矢格林函数的本征函数展开式便是直截了当的事了.

6.2 第一类电型并矢格林函数

下面的步骤如在第5章5.2节处理完纯导电圆柱体方法一样，对完纯导电椭圆柱体，我们先来推导自由空间磁型并矢格林函数的本征函数展开式.假设

$$\nabla[\overline{\overline{I}}\delta(\boldsymbol{R}-\boldsymbol{R}')]=\int_0^\infty \mathrm{d}\lambda\int_{-\infty}^{\infty}\mathrm{d}h \cdot\sum_m[\boldsymbol{N}_{{}^e_om\lambda}(h)\boldsymbol{A}_{{}^e_om\lambda}(h)+\boldsymbol{M}_{{}^e_om\lambda}(h)\boldsymbol{B}_{{}^e_om\lambda}(h)],\tag{6.28}$$

式中：$\boldsymbol{A}$、$\boldsymbol{B}$是待定的未知矢量系数.为了确定它们，用$\boldsymbol{M}_{{}^e_om'\lambda'}(-h')$和$\boldsymbol{N}_{{}^e_om'\lambda'}(-h')$与(6.28)式作前标积，并在整个积分区域完成积分，利用(6.22)～(6.24)式的结果，可以求出：

$$\boldsymbol{A}_{{}^e_om\lambda}(h)=\frac{1}{\pi^2\lambda I_{{}^e_om\lambda}}\nabla'\boldsymbol{N}'_{{}^e_om\lambda}(-h)=\frac{\kappa}{\pi^2\lambda I_{{}^e_om\lambda}}\boldsymbol{M}'_{{}^e_om\lambda}(-h)\tag{6.29}$$

和

$$\boldsymbol{B}_{{}^e_om\lambda}=\frac{1}{\pi^2\lambda I_{{}^e_om\lambda}}\nabla'\boldsymbol{M}'_{{}^e_om\lambda}(-h)=\frac{\kappa}{\pi^2\lambda I_{{}^e_om\lambda}}\boldsymbol{N}'_{{}^e_om\lambda}(-h).\tag{6.30}$$

我们可以把$\overline{\overline{G}}_{m0}(\boldsymbol{R},\boldsymbol{R}')$表示成下列形式：

$$\overline{\overline{G}}_{m0}(\boldsymbol{R},\boldsymbol{R}')=\int_0^\infty \mathrm{d}\lambda\int_{-\infty}^{\infty}\mathrm{d}h\sum_m\frac{\kappa}{\pi^2\lambda(\kappa^2-k^2)I_{{}^e_om\lambda}} \cdot[\boldsymbol{N}_{{}^e_om\lambda}(h)\boldsymbol{M}'_{{}^e_om\lambda}(-h)+\boldsymbol{M}_{{}^e_om\lambda}(h)\boldsymbol{N}'_{{}^e_om\lambda}(-h)].\tag{6.31}$$

为了构造第一类电型并矢格林函数，采用和5.2节相同的方法，完成对λ的积分，得到

$$\overline{\overline{G}}^{\pm}_{m0}(\boldsymbol{R},\boldsymbol{R}')=\frac{\mathrm{i}k}{2\pi}\int_{-\infty}^{\infty}\mathrm{d}h\sum_m\frac{1}{\eta^2I_{{}^e_om\eta}}\cdot$$

$$\begin{cases} \boldsymbol{N}_\eta^{(1)}(h)\boldsymbol{M}'_\eta(-h)+\boldsymbol{M}_\eta^{(1)}(h)\boldsymbol{N}'_\eta(-h) & (u>u'), \\ \boldsymbol{N}_\eta(h)\boldsymbol{M}'^{(1)}_\eta(-h)+\boldsymbol{M}_\eta(h)\boldsymbol{N}'^{(1)}_\eta(-h) & (u<u'). \end{cases} \tag{6.32}$$

上式中采用了简化标记,例如,

$$\boldsymbol{N}_\eta^{(1)}(h)=\boldsymbol{N}_{\substack{e\\o}m\eta}^{(1)}(h)=\frac{1}{k}\nabla\nabla[R_{\substack{e\\o}m\eta}^{(1)}(u)S_{\substack{e\\o}m\eta}(v)\mathrm{e}^{\mathrm{i}hz}\hat{z}],$$

式中:$\eta=(k^2-h^2)^{\frac{1}{2}}$;带有上标1的第一类函数是相对于(6.14)式中所定义的第一类径向函数,其中的λ用η取代.知道$\overline{\overline{G}}_{m0}$,我们可以用下面公式求得$\overline{\overline{G}}_{e0}$:

$$\overline{\overline{G}}_{e0}(\boldsymbol{R},\boldsymbol{R}')=\frac{1}{k^2}[-\hat{u}\hat{u}\delta(\boldsymbol{R}-\boldsymbol{R}') \\ +(\nabla\overline{\overline{G}}{}_{m0}^{+})U(u-u')+(\nabla\overline{\overline{G}}{}_{m0}^{-})U(u'-u)],$$

代入有关结果,得出

$$\overline{\overline{G}}_{e0}(\boldsymbol{R},\boldsymbol{R}')=-\frac{1}{k^2}\hat{u}\hat{u}\delta(\boldsymbol{R}-\boldsymbol{R}')+\frac{\mathrm{i}}{2\pi}\int_{-\infty}^{\infty}\mathrm{d}h\sum_m\frac{1}{\eta^2 I_{\substack{e\\o}m\eta}} \\ \cdot\begin{cases} \boldsymbol{M}_\eta^{(1)}(h)\boldsymbol{M}'_\eta(-h)+\boldsymbol{N}_\eta^{(1)}(h)\boldsymbol{N}'_\eta(-h) & (u>u'), \\ \boldsymbol{M}_\eta(h)\boldsymbol{M}'^{(1)}_\eta(-h)+\boldsymbol{N}_\eta(h)\boldsymbol{N}'^{(1)}_\eta(-h) & (u<u'). \end{cases} \tag{6.33}$$

应用散射叠加法,我们把一个安放在空间的完纯导电椭圆柱体,当做一个散射体,可以求出$\overline{\overline{G}}_{e1}$.椭圆柱体的长轴和短轴由下面公式给出:

$$a=c\cosh u_0,$$

$$b=c\sinh u_0.$$

相应的椭圆方程是

$$\frac{x^2}{a^2}+\frac{y^2}{b^2}=1,$$

或者

$$\frac{x^2}{c^2\cosh^2 u_0}+\frac{y^2}{c^2\sinh^2 u_0}=1. \tag{6.34}$$

略去详细的推导,我们得到

$$\overline{G}_{e1}(\boldsymbol{R},\boldsymbol{R}') = -\frac{1}{k^2}\hat{u}\hat{u}\delta(\boldsymbol{R}-\boldsymbol{R}') + \frac{\mathrm{i}}{2\pi}\int_{-\infty}^{\infty}\mathrm{d}h\sum_m \frac{1}{\eta^2 I_{{}^e_o m\eta}}$$

$$\cdot\begin{cases}\boldsymbol{M}_\eta^{(1)}(h)[\boldsymbol{M}'_\eta(-h)+\alpha_\eta\boldsymbol{M}'^{(1)}_\eta(-h)] \\ \qquad +\boldsymbol{N}_\eta^{(1)}(h)[\boldsymbol{N}'_\eta(-h)+\beta_\eta\boldsymbol{N}'^{(1)}_\eta(-h)] \quad (u>u'), \\ [\boldsymbol{M}_\eta(h)+\alpha_\eta\boldsymbol{M}_\eta^{(1)}(h)]\boldsymbol{M}'^{(1)}_\eta(-h) \\ \qquad +[\boldsymbol{N}_\eta(h)+\beta_\eta\boldsymbol{N}_\eta^{(1)}(h)]\boldsymbol{N}'^{(1)}_\eta(-h) \quad (u<u').\end{cases}$$

(6.35)

式中：

$$\alpha_\eta = \alpha_{{}^e_o m\eta} = -\frac{[\partial R_\eta(u_0)]/\partial u_0}{[\partial R_\eta^{(1)}(u_0)]/\partial u_0}, \tag{6.36}$$

$$\beta_\eta = \beta_{{}^e_o m\eta} = \frac{-R_\eta(u_0)}{R_\eta^{(1)}(u_0)}, \tag{6.37}$$

$$\eta = (k^2-h^2)^{\frac{1}{2}},$$

以及

$$I_{{}^e_o m\eta} = \int_0^{2\pi} S^2_{{}^e_o m\eta}(v)\mathrm{d}v$$

$$= \begin{cases}\pi\sum'_n(1+\delta_0)(D_n^m)^2, \\ \pi\sum'_n(F_n^m)^2.\end{cases}$$

为了求得(6.35)式的渐近表达式，假设 $\eta\cosh u$ 足够大. 取径向函数 $R^{(1)}_{{}^e_o m\eta}$ 的渐近值代入该式，即可导出其渐近表示式. 请读者将其作为练习去完成.

只要知道了第一类函数表达式，利用两类函数的对称关系，便可求得第二类函数. 正如在本章起始时提到过的，不可能求得与介质椭圆柱相联系的第三类函数的正交表达式. 因为辐角函数和径向函数两者都与波数有关，而波数在柱体的内区和外区具有不同的取值. 如果我们使用类似于介质圆柱体的(5.31)和(5.32)式的表达式，这时混合边界条件得不到满足. 到目前为止，我们能找到第三类并矢格林函数的仅仅只有层状媒质、圆柱体以及球问题. 在随后的章节中，我们将来讨论层状媒质和介质球问题.

参考文献

[1] Tai C T. Dyadic Green Functions in Electromagnetic Theory, 2nd ed. IEEEPress, New York, 1993.

[2] Stratton J A. Electromagnetic Theory, McGraw-Hill, New York, 1941.

第 7 章　完纯导电劈和半片

索末菲在他的"光学"一书中指出[1]，将边缘绕射问题推广到三维情况只有对标量或声学问题才是直接可能的．当时，他并没有说明对于矢量问题或电磁问题为什么是不可能的．受到这段评述的影响，戴振铎教授在 1954 年用当时比较新的并矢格林函数方法去解决这一问题，这部分研究材料就构成了本章的主体．这一章从具有任意劈角的完纯导电劈的第一类并矢格林函数的推导开始，半片正是劈角为零的一种极限情况．本章详细讨论了有半片存在时电、磁偶极子以及口径的辐射，这些例子充分地说明了并矢格林函数方法的广泛适用性．关于半片问题的一些数值结果，对设计天线的工程师们也可能是有价值的．

7.1　完纯导电劈的并矢格林函数

选取完纯导电劈的边界为 $\varphi=0$ 及 $\varphi=2\pi-\varphi_0$，如图 7-1 所示．这里，φ_0 表示劈角．

将用于劈的第一类和第二类并矢格林函数本征函数展开的矢量波函数定义为

$$\boldsymbol{M}_{\substack{e\\o}\nu\lambda}(h)=\nabla\left[\mathrm{J}_\nu(\lambda r)\begin{matrix}\cos\\ \sin\end{matrix}\nu\varphi\,\mathrm{e}^{ihz}\hat{z}\right],$$

$$\boldsymbol{N}_{\substack{e\\o}\nu\lambda}(h)=\frac{1}{k}\nabla\nabla\left[\mathrm{J}_\nu(\lambda r)\begin{matrix}\cos\\ \sin\end{matrix}\nu\varphi\,\mathrm{e}^{ihz}\hat{z}\right].$$

式中：

$$\kappa^2=\lambda^2+h^2,$$

$$\nu = n\Big/\left(2 - \frac{\varphi_0}{\pi}\right). \quad n = 0, 1, 2, 3, \cdots$$

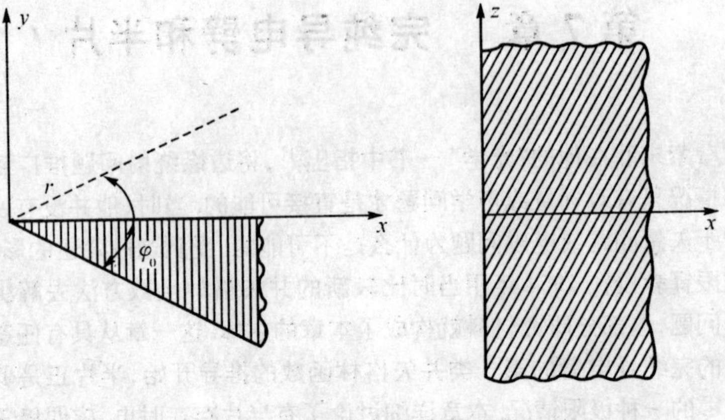

图 7-1　完纯导电劈的截面图

写出这些函数的完整的表示式,它们是:

$$\boldsymbol{M}_{\substack{e\\o}\nu\lambda}(h) = \left[\mp \frac{\nu}{r} \mathrm{J}_\nu(\lambda r) \begin{matrix}\sin\\ \cos\end{matrix} \nu\varphi \hat{r} - \frac{\partial \mathrm{J}_\nu(\lambda r)}{\partial r} \begin{matrix}\cos\\ \sin\end{matrix} \nu\varphi \hat{\varphi}\right] \mathrm{e}^{\mathrm{i}hz}, \quad (7.1)$$

$$\boldsymbol{N}_{\substack{e\\o}\nu\lambda}(h) = \frac{1}{\kappa}\left[\mathrm{i}h \frac{\partial \mathrm{J}_\nu(\lambda r)}{\partial r} \begin{matrix}\cos\\ \sin\end{matrix} \nu\varphi \hat{r} \mp \frac{\mathrm{i}h\nu}{r} \mathrm{J}_\nu(\lambda r) \begin{matrix}\sin\\ \cos\end{matrix} \nu\varphi \hat{\varphi} + \lambda^2 \mathrm{J}_\nu(\lambda r) \begin{matrix}\cos\\ \sin\end{matrix} \nu\varphi \hat{z}\right] \mathrm{e}^{\mathrm{i}hz}. \quad (7.2)$$

这些函数在与 $\varphi = 0$ 和 $\varphi = 2\pi - \varphi_0$ 相对应的劈面上满足边界条件:

$$\hat{n} \times \boldsymbol{M}_e = 0,$$
$$\hat{n} \times \boldsymbol{N}_o = 0,$$
$$\hat{n} \times \nabla \boldsymbol{M}_o = 0,$$
$$\hat{n} \times \nabla \boldsymbol{N}_e = 0.$$

可见,选取如图 7-1 表示的几何关系,可以使所需的矢量波函数具有比较简单的形式. 与圆柱的情况不同,在构成劈的第一类和第二类函数时,将力求直接使用上面这些函数. 在这种情况下,若首先求得自由空间并矢格林函数,再用散射叠加方法确定第一类或第二类函数,就显得太复杂.

由(7.1)和(7.2)式定义的矢量函数有下面的正交关系:

$$\iiint \boldsymbol{M}_{e\nu\lambda}(h)\cdot\boldsymbol{N}_{o\nu'\lambda'}(-h')\mathrm{d}V=0,\tag{7.3}$$

$$\iiint \boldsymbol{M}_{e\nu\lambda}(h)\cdot\boldsymbol{M}_{e\nu'\lambda'}(-h')\mathrm{d}V$$
$$=\begin{cases}0 & (\nu\neq\nu'),\\(1+\delta_0)\pi(2\pi-\varphi_0)\lambda\delta(\lambda-\lambda')\delta(h-h') & (\nu=\nu'),\end{cases}\tag{7.4}$$

$$\iiint \boldsymbol{N}_{o\nu\lambda}(h)\cdot\boldsymbol{N}_{o\nu'\lambda'}(-h')\mathrm{d}V$$
$$=\begin{cases}0 & (\nu\neq\nu'),\\(1+\delta_0)\pi(2\pi-\varphi_0)\lambda\delta(\lambda-\lambda')\delta(h-h') & (\nu=\nu').\end{cases}\tag{7.5}$$

这里,积分区域为整个劈外空间.取

$$\nabla[\bar{\bar{I}}\delta(\boldsymbol{R}-\boldsymbol{R}')]$$
$$=\int_0^\infty \mathrm{d}\lambda\int_0^\infty \mathrm{d}h\sum_\nu[\boldsymbol{N}_{e\nu\lambda}(h)\boldsymbol{A}_{e\nu\lambda}(h)+\boldsymbol{M}_{o\nu\lambda}(h)\boldsymbol{B}_{o\nu\lambda}(h)].\tag{7.6}$$

由于 $\boldsymbol{N}_e$ 和 $\boldsymbol{M}_o$ 之间的正交关系,可得

$$\boldsymbol{A}_{e\nu\lambda}(h)=\frac{2-\delta_0}{2\pi(\pi-\varphi_0)}\nabla'\boldsymbol{N}'_{e\nu\lambda}(-h)$$
$$=\frac{(2-\delta_0)\kappa}{2\pi(\pi-\varphi_0)\lambda}\boldsymbol{M}'_{e\nu\lambda}(-h),\tag{7.7}$$

$$\boldsymbol{B}_{o\nu\lambda}(h)=\frac{2-\delta_0}{2\pi(\pi-\varphi_0)\lambda}\nabla'\boldsymbol{M}_{o\nu\lambda}(-h)$$
$$=\frac{(2-\delta_0)\kappa}{2\pi(\pi-\varphi_0)\lambda}\boldsymbol{N}'_{o\nu\lambda}(-h).\tag{7.8}$$

于是,可写出$\bar{\bar{G}}_{m2}$ 的表达式为

$$\bar{\bar{G}}_{m2}(\boldsymbol{R},\boldsymbol{R}')=\int_0^\infty \mathrm{d}\lambda\int_{-\infty}^\infty \mathrm{d}h\sum_\nu\frac{(2-\delta_0)\kappa}{2\pi(\pi-\varphi_0)\lambda(\kappa^2-k^2)}\cdot$$
$$[\boldsymbol{N}_{e\nu\lambda}(h)\boldsymbol{M}'_{e\nu\lambda}(-h)+\boldsymbol{M}_{o\nu\lambda}(h)\boldsymbol{N}'_{o\nu\lambda}(-h)].\tag{7.9}$$

对 λ 的积分可以利用留数定理在 λ 平面上进行计算,可得

$$\overline{\overline{G}}_{m2}(\boldsymbol{R},\boldsymbol{R}')=\frac{\mathrm{i}k}{4(2\pi-\varphi_0)}\int_{-\infty}^{\infty}\mathrm{d}h\sum_{\nu}\frac{2-\delta_0}{\eta^2}\cdot\begin{cases}\boldsymbol{N}_{e\nu\eta}^{(1)}(h)\boldsymbol{M}'_{e\nu\eta}(-h)+\boldsymbol{M}_{o\nu\eta}^{(1)}(h)\boldsymbol{N}'_{o\nu\eta}(-h) & (r>r'),\\ \boldsymbol{N}_{e\nu\eta}(h)\boldsymbol{M}'^{(1)}_{e\nu\eta}(-h)+\boldsymbol{M}_{o\nu\eta}(h)\boldsymbol{N}'^{(1)}_{o\nu\eta}(-h) & (r<r').\end{cases}\tag{7.10}$$

式中:

$$\eta=(k^2-h^2)^{1/2}.$$

第一类矢量波函数与 ν 阶第一类汉克尔函数相对应:

$$\boldsymbol{M}_{o\nu\eta}^{(1)}(h)=\nabla[\mathrm{H}_{\nu}^{(1)}(\eta r)\sin\nu\varphi\,\mathrm{e}^{\mathrm{i}hz}\hat{z}],$$

$$\boldsymbol{N}_{e\nu\eta}^{(1)}(h)=\frac{1}{k}\nabla\nabla[\mathrm{H}_{\nu}^{(1)}(\eta r)\cos\nu\varphi\,\mathrm{e}^{\mathrm{i}hz}\hat{z}].$$

(7.10) 式中带撇的函数是对于坐标 (r',φ',z') 定义的. 现在用通常的办法就可求得函数 $\overline{\overline{G}}_{e1}(\boldsymbol{R},\boldsymbol{R}')$.

$$\overline{\overline{G}}_{e1}(\boldsymbol{R},\boldsymbol{R}')=-\frac{1}{k^2}\hat{r}\hat{r}\delta(\boldsymbol{R}-\boldsymbol{R}')+\frac{\mathrm{i}}{4(2\pi-\varphi_0)}\int_{-\infty}^{\infty}\mathrm{d}h\sum_{\nu}\frac{2-\delta_0}{\eta^2}\cdot\begin{cases}\boldsymbol{M}_{e\nu\eta}^{(1)}(h)\boldsymbol{M}'_{e\nu\eta}(-h)+\boldsymbol{N}_{o\nu\eta}^{(1)}(h)\boldsymbol{N}'_{o\nu\eta}(-h) & (r>r'),\\ \boldsymbol{M}_{e\nu\eta}(h)\boldsymbol{M}'^{(1)}_{e\nu\eta}(-h)+\boldsymbol{N}_{o\nu\eta}(h)\boldsymbol{N}'^{(1)}_{o\nu\eta}(-h) & (r<r').\end{cases}\tag{7.11}$$

式中:

$$\boldsymbol{M}_{e\nu\eta}^{(1)}(h)=\nabla[\boldsymbol{H}_{\nu}^{(1)}(\eta r)\cos\nu\varphi\,\mathrm{e}^{\mathrm{i}hz}\hat{z}],$$

$$\boldsymbol{N}_{o\nu\eta}^{(1)}(h)=\frac{1}{k}\nabla\nabla[\boldsymbol{H}_{\nu}^{(1)}(\eta r)\sin\nu\varphi\,\mathrm{e}^{\mathrm{i}hz}\hat{z}],$$

$$\nu=\frac{n}{(2-\varphi_0/\pi)},\quad n=0,1,2,\cdots$$

$$\eta=(k^2-h^2)^{1/2}.$$

利用第一类函数与第二类函数之间的对称关系,可以求得 $\overline{\overline{G}}_{e2}(\boldsymbol{R},\boldsymbol{R}')$ 的表达式,这只要将(7.11) 式中的偶 **M** 函数和奇 **N** 函数分别换成奇 **M** 函数和偶 **N** 函数就行了. 与介质椭圆柱的情况一样,对于介质劈,由于没有适当的矢量波函数正交组,因而无法构成第三类并矢格林函数.

7.2 半片

当劈角趋于零时,劈就退化为一个半片,在(7.11)式中取$\varphi_0=0$就得到了第一类函数:

$$\overline{\overline{G}}_{e1}(\boldsymbol{R},\boldsymbol{R}')=-\frac{1}{k^2}\hat{r}\hat{r}\delta(\boldsymbol{R}-\boldsymbol{R}')-\frac{\mathrm{i}}{8\pi}\int_{-\infty}^{\infty}\mathrm{d}h\sum_{\nu}\frac{2-\delta_0}{\eta^2}\cdot$$

$$\begin{cases}\boldsymbol{M}^{(1)}_{e\nu\eta}(h)\boldsymbol{M}'_{e\nu\eta}(-h)+\boldsymbol{N}^{(1)}_{o\nu\eta}(h)\boldsymbol{N}'_{o\nu\eta}(-h) & (r>r'),\\ \boldsymbol{M}_{e\nu\eta}(h)\boldsymbol{M}'^{(1)}_{e\nu\eta}(-h)+\boldsymbol{N}_{o\nu\eta}(h)\boldsymbol{N}'^{(1)}_{o\nu\eta}(-h) & (r<r').\end{cases} \tag{7.12}$$

由$\overline{\overline{G}}_{e1}$与$\overline{\overline{G}}_{e2}$之间的对称关系,有

$$\overline{\overline{G}}_{e2}(\boldsymbol{R},\boldsymbol{R}')=-\frac{1}{k^2}\hat{r}\hat{r}\delta(\boldsymbol{R}-\boldsymbol{R}')+\frac{\mathrm{i}}{8\pi}\int_{-\infty}^{\infty}\mathrm{d}h\sum_{\nu}\frac{2-\delta_0}{\eta^2}\cdot$$

$$\begin{cases}\boldsymbol{M}^{(1)}_{o\nu\eta}(h)\boldsymbol{M}'_{o\nu\eta}(-h)+\boldsymbol{N}^{(1)}_{e\nu\eta}(h)\boldsymbol{N}'_{e\nu\eta}(-h) & (r>r'),\\ \boldsymbol{M}_{o\nu\eta}(h)\boldsymbol{M}'^{(1)}_{o\nu\eta}(-h)+\boldsymbol{N}_{e\nu\eta}(h)\boldsymbol{N}'^{(1)}_{e\nu\eta}(-h) & (r<r').\end{cases} \tag{7.13}$$

式中:

$$\nu=\frac{n}{2}\quad(n=0,1,2,\cdots)$$

$$\eta=(k^2-h^2)^{1/2}.$$

可以看到,这些公式中只包含半奇阶和整数阶贝塞耳函数及汉克尔函数. 只要知道了$\overline{\overline{G}}_{e1}$和$\overline{\overline{G}}_{e2}$的表达式,则对于已知分布的电流源或已知场分布的口径所产生的场就可通过计算某些积分而求得. 一般地,由于并矢格林函数的表达式中包含有傅立叶积分,因而不能算出这些积分的完整形式的解. 但是,在某些限定参数范围内,例如相应于远区范围,则大多数积分能利用表上列出的函数以完整的形式计算出来. 为方便起见,我们把要讨论的问题分成四类:

1. 有半片存在时电偶极子的辐射;
2. 有半片存在时磁偶极子的辐射;
3. 半片上隙缝的辐射;
4. 半片对平面波的绕射.

7.3 半片存在时电偶极子的辐射

7.3.1 轴向电偶极子

考虑一具有电流矩 c 的无限小电偶极子，其指向沿半片纵轴方向，位于$(a,\varphi_0,0)$处，如图 7-2 所示. 其电流密度可表示为

$$\boldsymbol{J}(\boldsymbol{R}') = c\,\frac{\delta(r'-a)\delta(\varphi'-\varphi_0)\delta(z'-0)}{r'}\hat{z} \tag{7.14}$$

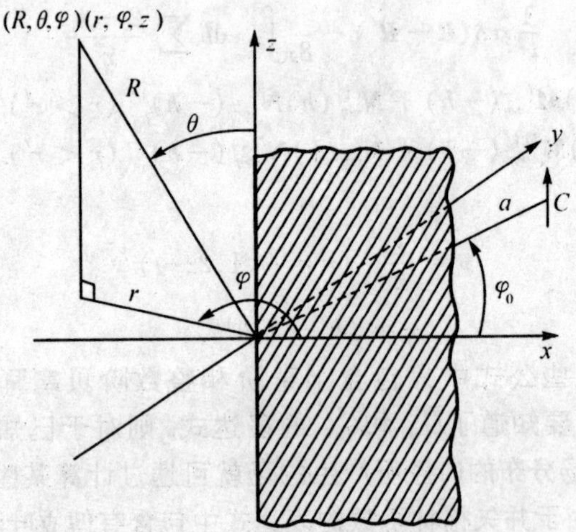

图 7-2　有半片存在时$(a,\varphi_0,0)$处的轴向电偶极子

δ 函数有一加权因子$\dfrac{1}{r}$，故

$$\iiint \boldsymbol{J}(\boldsymbol{R}')\mathrm{d}V' = \iiint \boldsymbol{J}(\boldsymbol{R}')r'\mathrm{d}r'\mathrm{d}\varphi'\mathrm{d}z' = c\hat{z}.$$

将(7.12)式和(7.14)式代入下式

$$\boldsymbol{E}(\boldsymbol{R}) = \mathrm{i}\omega\mu_0 \iiint \overline{\overline{G}}_{e1}(\boldsymbol{R},\boldsymbol{R}')\cdot \boldsymbol{J}(\boldsymbol{R}')\mathrm{d}V',$$

就得到

$$\boldsymbol{E}(\boldsymbol{R})=-\frac{\omega\mu_0 c}{4\pi k}\int_{-\infty}^{\infty}\mathrm{d}h\sum_{\nu=0}^{\infty}\boldsymbol{N}_{\omega\eta}^{(1)}(h)\mathrm{J}_\nu(\eta a)\sin\nu\varphi_0\quad(r>a).$$

因为 $\boldsymbol{M}'_{\omega\eta}$ 对于纵轴是横向的，所以这种情况下不会激励 TM 模. 对于数值计算，我们将只研究电场的 z 向分量，即

$$E_z(\boldsymbol{R})=-\frac{\omega\mu_0 c}{4\pi k^2}\int_{-\infty}^{\infty}\eta^2\mathrm{e}^{\mathrm{i}hz}\sum_{n=1,2,\cdots}\sin\left(\frac{n\varphi_0}{2}\right)\sin\left(\frac{n\varphi}{2}\right)\cdot\mathrm{J}_{\frac{n}{2}}(\eta a)\mathrm{H}_{n/2}^{(1)}(\eta r)\mathrm{d}h.\tag{7.15}$$

式中已将 ν 换成 $n/2$. (7.15) 式中所含的傅立叶积分在 r 和 z 取任意值时不能都用完整的形式进行计算. 但是，当观察点远离源点时，这个积分可以用积分的鞍点法计算出来，此时得到

$$E_z(\boldsymbol{R})=\frac{\mathrm{i}\omega\mu c}{2\pi R}\mathrm{e}^{\mathrm{i}kR}\sin^2\theta\sum_{n=1}^{\infty}(-\mathrm{i})^{n/2}\sin\left(\frac{n\varphi_0}{2}\right)\sin\left(\frac{n\varphi}{2}\right)\cdot\mathrm{J}_{\frac{n}{2}}(ka\sin\theta).\tag{7.16}$$

式中：(R,θ,φ) 表示如图 7-2 所示的球坐标系中观察点的坐标. (7.16) 式中所包含的级数可以通过哈格里夫斯的展开定理[2] 转换为含有某些菲涅耳积分的函数，这一分析可以在《理论物理方法》一书中找到[3]. 为了将(7.16) 式变换成我们所希望的形式，取

$$S(\rho,\varphi)=\frac{1}{2}\sum_{n=0}^{\infty}(2-\delta_0)(-\mathrm{i})^{n/2}\cos\frac{n\varphi}{2}\mathrm{J}_{\frac{n}{2}}(\rho).\tag{7.17}$$

按照哈格里夫斯定理，(7.17) 式的积分表示由下式给出

$$S(\rho,\varphi)=\pi^{-\frac{1}{2}}\mathrm{e}^{-\mathrm{i}(\rho\cos\varphi+\frac{\pi}{4})}\int_{-\infty}^{(2\rho)^{1/2}\cos\varphi/2}\mathrm{e}^{\mathrm{i}S^2}\,\mathrm{d}S.\tag{7.18}$$

包含在(7.18) 式中的积分可以用下式所定义的菲涅耳积分函数表示：

$$C(x)=\int_0^x\frac{\cos t}{(2\pi t)^{1/2}}\mathrm{d}t,\quad S(x)=\int_0^x\frac{\sin t}{(2\pi t)^{1/2}}\mathrm{d}t.\tag{7.19}$$

在沃森的书[4] 上可找到这些函数的简表. 将积分变量变换一下，(7.18) 式可变成

$$S(\rho,\varphi)=2^{-\frac{1}{2}}\mathrm{e}^{-\mathrm{i}(\rho\cos\varphi+\frac{\pi}{4})}\cdot\left\{\frac{1}{2}(1+\mathrm{i})\pm[c(\rho+\rho\cos\varphi)+\mathrm{i}S(\rho+\rho\cos\varphi)]\right\}.\tag{7.20}$$

式中"±"号按 φ 角的相应范围选取：

当 $\pi \geqslant \varphi \geqslant 0$ 时，取＋号；

当 $2\pi \geqslant \varphi \geqslant \pi$ 时，取－号.

在本书中，$S(\rho,\varphi)$ 被看做一个基本函数，利用简单的三角函数恒等式

$$2\sin\left(\frac{n\varphi_0}{2}\right)\sin\left(\frac{n\varphi}{2}\right)=\cos\frac{n(\varphi-\varphi_0)}{2}-\cos\frac{n(\varphi+\varphi_0)}{2},$$

我们可以将(7.16)式变换成一个包含两个具有不同宗量的 S 函数的表达式，$E_z(\boldsymbol{R})$ 的最后表达式是

$$E_z(\boldsymbol{R})=\frac{\mathrm{i}\omega\mu_0 c\mathrm{e}^{\mathrm{i}kR}}{4\pi R}\sin^2\theta\cdot\left[S(ka\sin\theta,\varphi-\varphi_0)-S(ka\sin\theta,\varphi+\varphi_0)\right].\tag{7.21}$$

在 $\theta=\frac{\pi}{2}$ 主平面内，电场图由下式描述

$$F_1(\varphi)=S(ka,\varphi-\varphi_0)-S(ka,\varphi+\varphi_0).\tag{7.22}$$

将(7.20)式代入(7.22)式可以很精确地计算出这个图形函数的数值结果. 应该提到，我们这里得到的由(7.22)式表示的图形函数与哈林顿在1953年得到的有半片存在时线源辐射的图形函数[5] 其结果是相等的. 事实上，在哈林顿的文章中关于魏纳－霍卜夫积分方程方法的复数积分很容易简化为菲涅耳积分.

7.3.2 水平电偶极子

水平电偶极子的位置和指向如图7-3所示，它仅显示了 $z=0$ 截面的图形.

在 $\theta=\frac{\pi}{2}$ 和 $z=0$ 两个主平面内，远区电场只有 φ 分量，其表示式为

$$E_\varphi\left(R,\frac{\pi}{2},\varphi\right)=\frac{\omega\mu_0 c\mathrm{e}^{\mathrm{i}kR}}{4\pi kaR}\Big\{-\cos\varphi_0\frac{\partial}{\partial\varphi}\sum_{n=0}^{\infty}(2-\delta_0)(-\mathrm{i})^{n/2}\mathrm{J}_{\frac{n}{2}}(\rho)\cdot\sin\frac{n\varphi_0}{2}\sin\frac{n\varphi}{2}+\rho\sin\varphi_0\frac{\partial}{\partial\rho}\sum_{n=0}^{\infty}(2-\delta_0)\cdot$$

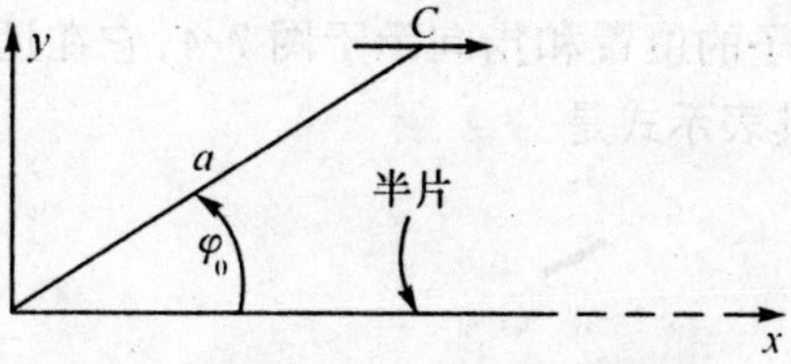

图 7-3　在$(a,\varphi_0,0)$处的水平电偶极子

$$(-\mathrm{i})^{n/2}\mathrm{J}_{\frac{n}{2}}(\rho)\cos\frac{n\varphi_0}{2}\cos\frac{n\varphi}{2}\Big\}_{\rho=ka}.$$

式中:方括号内的两个级数可以用(7.17)式所定义的S函数表示.这样,就有

$$\frac{\partial}{\partial\varphi}\sum_{n=0}^{\infty}(2-\delta_0)(-\mathrm{i})^{n/2}\mathrm{J}_{\frac{n}{2}}(\rho)\sin\frac{n\varphi_0}{2}\sin\frac{n\varphi}{2}$$

$$=\frac{\partial}{\partial\varphi}[S(\rho,\varphi-\varphi_0)-S(\rho,\varphi+\varphi_0)],$$

$$\frac{\partial}{\partial\rho}\sum_{n=0}^{\infty}(2-\delta_0)(-\mathrm{i})^{n/2}\mathrm{J}_{\frac{n}{2}}(\rho)\cos\frac{n\varphi_0}{2}\cos\frac{n\varphi}{2}$$

$$=\frac{\partial}{\partial\rho}[S(\rho,\varphi-\varphi_0)-S(\rho,\varphi+\varphi_0)].$$

取(7.18)或(7.20)式表示的S函数的偏导数,简化其结果就得到

$$E_\varphi\left(R,\frac{\pi}{2},\varphi\right)=-\frac{\mathrm{i}\omega\mu_0 c\mathrm{e}^{\mathrm{i}kR}}{4\pi R}\Big\{\sin\varphi[S(\rho,\varphi-\varphi_0)-S(\rho,\varphi+\varphi_0)]$$

$$+\left(\frac{2}{\pi\rho}\right)^{1/2}\mathrm{e}^{\mathrm{i}(\rho+\pi/4)}\sin\frac{\varphi_0}{2}\sin\frac{\varphi}{2}\Big\}_{\rho=ka}. \qquad (7.23)$$

此时,图形函数表示为

$$F_2(\varphi)=\sin\varphi[S(ka,\varphi-\varphi_0)-S(ka,\varphi+\varphi_0)]$$

$$+\left(\frac{2}{\pi ka}\right)^{1/2}\mathrm{e}^{\mathrm{i}(ka+\pi/4)}\sin\frac{\varphi_0}{2}\sin\frac{\varphi}{2}. \qquad (7.24)$$

7.3.3 垂直电偶极子

垂直电偶极子的位置和指向示于图 7-4,它在远区的辐射电场也只有 φ 分量,其表示式是

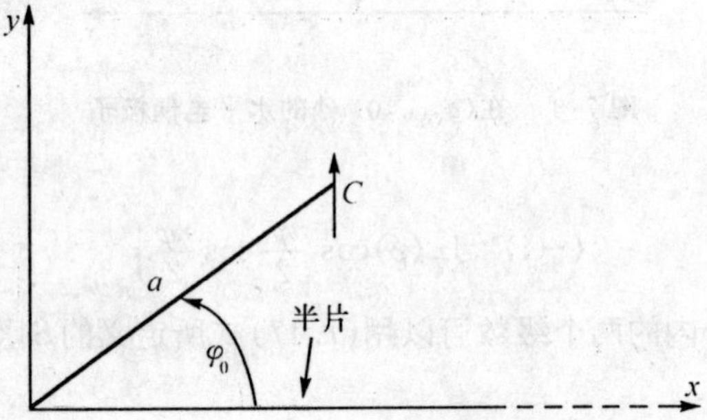

图 7-4 $(a,\varphi_0,0)$ 处的垂直电偶极子

$$E_\varphi\left(R,\frac{\pi}{2},\varphi\right)=\frac{\mathrm{i}\omega\mu_0 c\mathrm{e}^{\mathrm{i}kR}}{4\pi R}\left\{\cos\varphi[S(ka,\varphi-\varphi_0)+S(ka,\varphi+\varphi_0)]\right.$$
$$\left.+\left(\frac{2}{\pi ka}\right)^{1/2}\mathrm{e}^{\mathrm{i}(ka+\pi/4)}\cos\frac{\varphi_0}{2}\cos\frac{\varphi}{2}\right\}. \tag{7.25}$$

其主平面内图形函数因而表示为

$$F_3(\varphi)=\cos\varphi[S(ka,\varphi-\varphi_0)+S(ka,\varphi+\varphi_0)]$$
$$+\left(\frac{2}{\pi ka}\right)^{1/2}\mathrm{e}^{\mathrm{i}(ka+\pi/4)}\cos\frac{\varphi_0}{2}\cos\frac{\varphi}{2}. \tag{7.26}$$

根据(7.22)、(7.24)、(7.26) 式计算的有半片存在时轴向、水平、垂直三种取向的电偶极子的辐射图形列于图 7-5、图 7-6 及图 7-7,每幅图都相对于该幅图形的最大值进行了归一化.

应该提到,完纯导电半片对于偶极子场的绕射问题,西尼尔也曾进行过研究[6],鲍曼等人还讨论过本章所列各式与根据位方法所得结果之间的关系[7].

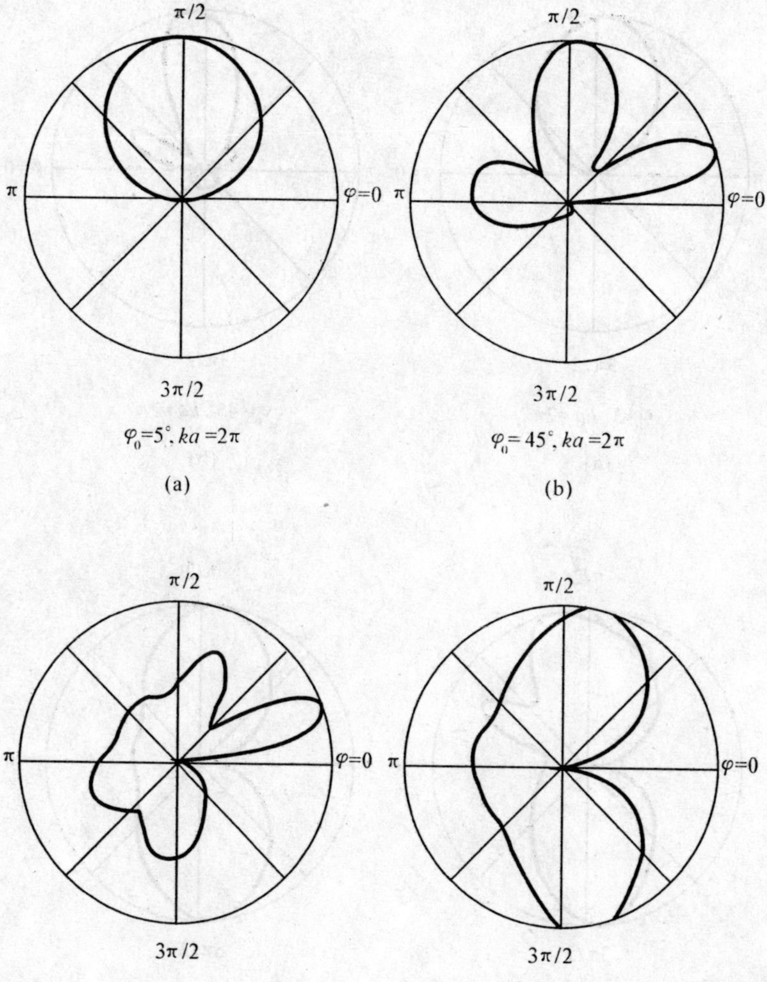

图 7-5　完纯导电半片前轴向电偶极子辐射图形

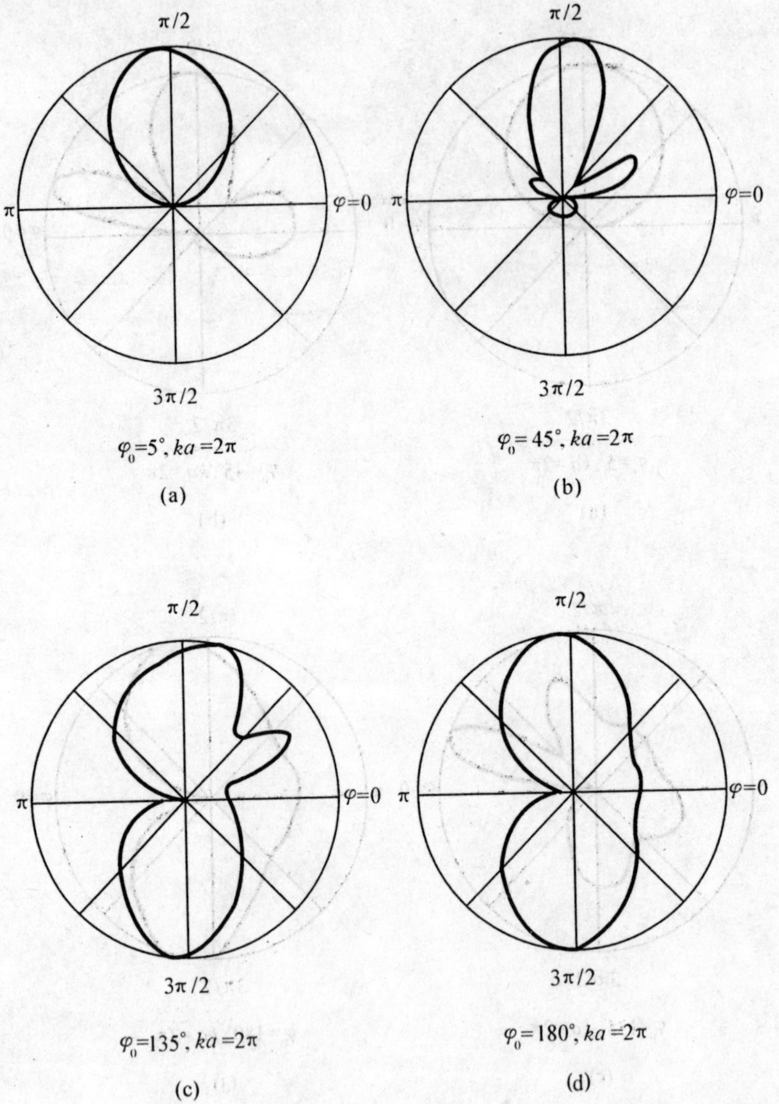

$\varphi_0=5°, ka=2\pi$

(a)

$\varphi_0=45°, ka=2\pi$

(b)

$\varphi_0=135°, ka=2\pi$

(c)

$\varphi_0=180°, ka=2\pi$

(d)

图 7-6 完纯导电半片前水平电偶极子辐射图形

(a) $\varphi_0=0°, ka=\dfrac{\pi}{5}$

(b) $\varphi_0=0°, ka=\pi$

(c) $\varphi_0=0°, ka=2\pi$

(d) $\varphi_0=0°, ka=4\pi$

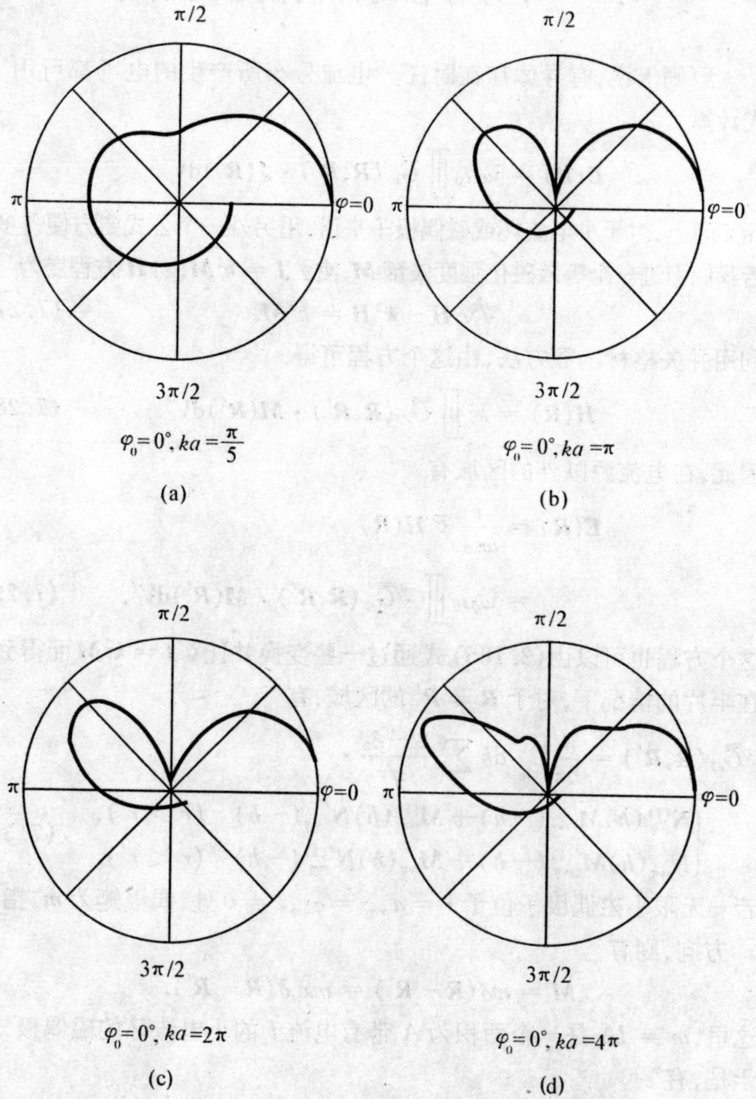

图 7-7 完纯导电半片前垂直电偶极子辐射图形

7.4 半片存在时磁偶极子的辐射

原则上说，有导体存在时任一电流分布所产生的电场都可用下式计算

$$\boldsymbol{E}(\boldsymbol{R}) = \mathrm{i}\omega\mu_0 \iiint \overline{\overline{G}}_{e1}(\boldsymbol{R},\boldsymbol{R}') \cdot \boldsymbol{J}(\boldsymbol{R}')\mathrm{d}V'.$$

而实际上，对于小电流环或磁偶极子来讲，用另外一个公式要方便得多. 若我们引进一个等效磁化强度矢量 $\boldsymbol{M}$，使 $\nabla \boldsymbol{J} = k^2\boldsymbol{M}$，则 $\boldsymbol{H}$ 方程变为

$$\nabla\nabla \boldsymbol{H} - k^2\boldsymbol{H} = k^2\boldsymbol{M}. \tag{7.27}$$

利用并矢格林函数方法，由这个方程可得

$$\boldsymbol{H}(\boldsymbol{R}) = k^2 \iiint \overline{\overline{G}}_{e2}(\boldsymbol{R},\boldsymbol{R}') \cdot \boldsymbol{M}(\boldsymbol{R}')\mathrm{d}V'. \tag{7.28}$$

因此，在电流源以外的区域有

$$\begin{aligned}\boldsymbol{E}(\boldsymbol{R}) &= \frac{\mathrm{i}}{\omega\varepsilon_0}\nabla \boldsymbol{H}(\boldsymbol{R}) \\ &= \mathrm{i}\omega\mu_0 \iiint \nabla\overline{\overline{G}}_{e2}(\boldsymbol{R},\boldsymbol{R}') \cdot \boldsymbol{M}(\boldsymbol{R}')\mathrm{d}V'.\end{aligned} \tag{7.29}$$

这个方程也可以由(2.185)式通过一些变换并让 $\nabla \boldsymbol{J} = k^2\boldsymbol{M}$ 而得到. 在半片的情况下，对于 $\boldsymbol{R} \neq \boldsymbol{R}'$ 的区域，有

$$\nabla\overline{\overline{G}}_{e2}(\boldsymbol{R},\boldsymbol{R}') = \frac{\mathrm{i}k}{8\pi}\int_{-\infty}^{\infty}\mathrm{d}h\sum_{\nu}\frac{2-\delta_0}{\eta^2}\cdot$$

$$\begin{cases}\boldsymbol{N}^{(1)}_{o\nu\eta}(h)\boldsymbol{M}'_{o\nu\eta}(-h) + \boldsymbol{M}^{(1)}_{e\nu\eta}(h)\boldsymbol{N}'_{e\nu\eta}(-h) & (r > r'), \\ \boldsymbol{N}_{o\nu\eta}(h)\boldsymbol{M}'^{(1)}_{o\nu\eta}(-h) + \boldsymbol{M}_{e\nu\eta}(h)\boldsymbol{N}'^{(1)}_{e\nu\eta}(-h) & (r < r').\end{cases} \tag{7.30}$$

若一无限小磁偶极子位于 $r = a, \varphi = \varphi_0, z = 0$ 处，偶极矩为 $\boldsymbol{m}$，指向 $\hat{x}_i$ 方向，则有

$$\boldsymbol{M} = \boldsymbol{m}\delta(\boldsymbol{R}-\boldsymbol{R}') = m\hat{x}_i\delta(\boldsymbol{R}-\boldsymbol{R}').$$

这里，$m = IA$ 是一个面积为 A 带有电流 I 的小电流环的磁偶极矩. 于是，有

$$\boldsymbol{E}(\boldsymbol{R}) = \mathrm{i}\omega\mu_0 m\,\nabla\overline{\overline{G}}_{e2}(\mathbf{R},\boldsymbol{R}') \cdot \hat{x}_i \tag{7.31}$$

按照对电偶极子情况同样的分析方法，可以求得远区电场的表达式.

下面概括地列出三种不同指向的磁偶极子在导电半片存在时在 $z=0$ 平面内的远区电场表达式：

1. 轴向磁偶极子，$\hat{x}_i=\hat{z}$

$$E_\varphi\left(R,\frac{\pi}{2},\varphi\right)=\frac{\omega\mu_0 m\mathrm{e}^{\mathrm{i}kR}}{4\pi R}\cdot[S(ka,\varphi-\varphi_0)-S(ka,\varphi+\varphi_0)]. \tag{7.32}$$

2. 水平磁偶极子，$\hat{x}_i=\hat{x}$

$$E_z\left(R,\frac{\pi}{2},\varphi\right)=\frac{\omega\mu_0 km\mathrm{e}^{\mathrm{i}kR}}{4\pi R}\left\{\sin\varphi[S(ka,\varphi-\varphi_0)+S(ka,\varphi+\varphi_0)]+\left(\frac{2}{\pi ka}\right)^{1/2}\mathrm{e}^{\mathrm{i}(ka+\pi/4)}\cos\frac{\varphi_0}{2}\cos\frac{\varphi}{2}\right\}. \tag{7.33}$$

3. 垂直磁偶极子，$\hat{x}_i=\hat{y}$

$$E_z\left(R,\frac{\pi}{2},\varphi\right)=-\frac{\omega\mu_0 km\mathrm{e}^{\mathrm{i}kR}}{4\pi R}\left\{\cos\varphi[S(ka,\varphi-\varphi_0)-S(ka,\varphi+\varphi_0)]-\left(\frac{2}{\pi ka}\right)^{1/2}\mathrm{e}^{\mathrm{i}(ka+\pi/4)}\sin\frac{\varphi_0}{2}\sin\frac{\varphi}{2}\right\}. \tag{7.34}$$

7.5 半片上隙缝的辐射

为了计算导电半片上隙缝辐射的电场，我们可以利用积分表达式(2.183)，即

$$\boldsymbol{E}(\boldsymbol{R})=-\iint_{S_d}\nabla\overline{\overline{G}}_{e2}(\boldsymbol{R},\boldsymbol{R}')\cdot[\hat{n}'\times\boldsymbol{E}(\boldsymbol{R}')]\mathrm{d}S'. \tag{7.35}$$

这里，$\hat{n}'=-\hat{y}$. 这个式子也可以由(7.29)式得到(只要我们假设 $\boldsymbol{M}$ 在这里是表示分布在表面上的面磁化强度矢量即可，并用 $\boldsymbol{M}_s$ 表示. 于是(7.29)式变为

$$\boldsymbol{E}(\boldsymbol{R})=\mathrm{i}\omega\mu_0\iint_{S_d}\nabla\overline{\overline{G}}_{e2}(\boldsymbol{R},\boldsymbol{R}')\cdot\boldsymbol{M}_s(\boldsymbol{R}')\mathrm{d}S'. \tag{7.36}$$

让 $\mathrm{i}\omega\mu_0\boldsymbol{M}_s(\boldsymbol{R}')=-\hat{n}'\times\boldsymbol{E}(\boldsymbol{R}')$，则(7.36)式就变得与(7.35)式完全一样.

在将(7.35)式用到半片上口径辐射问题时，我们要区分两种类型的激励，一种称为“单边”激励，另一种称为“双边”激励. 在实践中(如图 7-8 所示)，单边激励情况相应于图 7-8(a) 表示的端接在半片上的波导口辐射. 如果半片上的孔隙是由双线传输线激励，就得到双边激励.

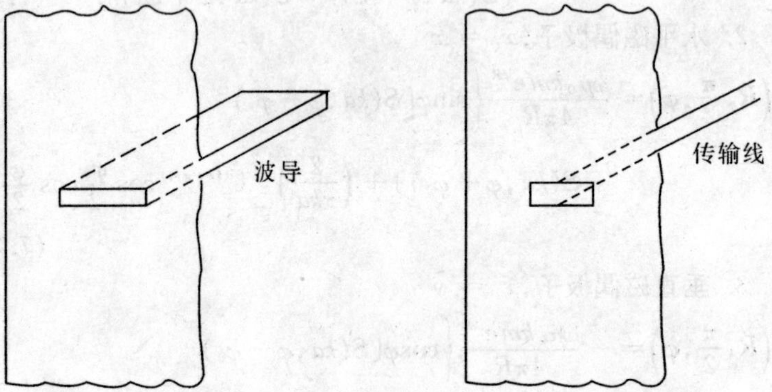

(a) 单边激励 (b) 双边激励

图 7-8

对于数值计算，我们只考虑狭缝形式的口径，这样可以相当大地简化我们的分析. 图 7-9 给出了狭缝的类型，口径电场的极化特性用箭头表示.

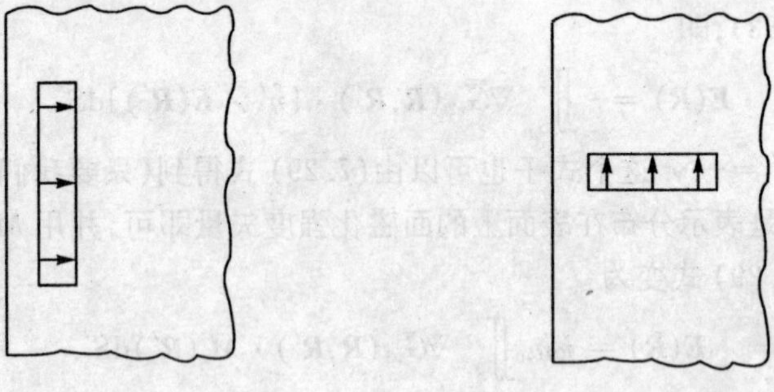

(a) 轴向缝 (b) 水平缝

图 7-9

7.5.1 轴向缝

在无限窄的轴向缝上，场分布可表示为

$$\boldsymbol{E}(\boldsymbol{R}') = f(z')\delta(r-a)\hat{r}.$$

其中，$f(z')$ 表示 z' 的函数，一般是给定的，它决定于沿狭缝的实际场分布. 对于半波谐振隙缝，可取

$$f(z') = V_0\cos kz' \quad \left(\frac{\lambda}{4} \geqslant z' \geqslant -\frac{\lambda}{4}\right).$$

因为我们感兴趣的是主平面内的远区场，所以并不需要关于 $f(z')$ 的精确内容，只要求它是 z' 的一个偶函数就够了. 对于一个单边隙缝，假设它的开口朝着 $\hat{y}$ 方向. 此时，其辐射图形就和在 $r=a,\varphi_0=0$ 处的一个轴向磁偶极子的辐射图形一样. 按照(7.32)式，$\varphi_0=0$ 时，辐射场图由下式给出

$$F_1(\varphi) = S(ka,\varphi). \tag{7.37}$$

对于双边激励情况，图形函数为

$$F_2(\varphi) = S(ka,\varphi) - S(ka,2\pi-\varphi). \tag{7.38}$$

7.5.2 水平隙缝

一般说来，分析一个有限长水平隙缝的场图要困难得多. 对于一无限窄的隙缝，取

$$\boldsymbol{E}(\boldsymbol{R}') = f(r')\delta(z'-0)\hat{z}, \tag{7.39}$$

则单边隙缝在主平面内的远区场的表达式为

$$E_z\left(R,\frac{\pi}{2},\varphi\right) = \frac{1}{4\pi R}e^{ikR}\sum_{n=1}^{\infty} n(-i)^{n/2}\sin\frac{n\varphi}{2}\int f(r')J_{n/2}(kr')\frac{dr'}{r'}. \tag{7.40}$$

这个式子是将(7.39)式代入(7.35)式并用鞍点积分法简化傅立叶积分而得到的. (7.40)式中所包含的径向积分对 $f(r')$ 函数的具体形式有很强的依赖关系，一般情况下，它不能用完整的形式算出. 如果假设隙缝无限短，则 $f(r')$ 可代以 $\delta(r'-a)$，其中 a 表示隙缝到半片边缘的距离. 在这种情况下，我们有

$$E_z\left(R,\frac{\pi}{2},\varphi\right)=\frac{e^{ikR}}{4\pi aR}\sum_{n=1}^{\infty}n(-i)^{n/2}\sin\frac{n\varphi}{2}J_{\frac{n}{2}}(ka)$$

$$=-\frac{e^{ikR}}{4\pi aR}\frac{\partial}{\partial\varphi}S(ka,\varphi).\tag{7.41}$$

此时,其图形函数与半片上具有 x 指向的水平磁偶极子相同,在(7.33)式中取 $\varphi_0=0$ 就得到它的形式.用于数值计算的一种图形函数的便利形式是

$$F_1(\varphi)=\frac{1}{ika}\frac{\partial}{\partial\varphi}S(ka,\varphi)$$

$$=\sin\varphi S(ka,\varphi)+\frac{1}{(2\pi ka)^{1/2}}e^{i(ka+\pi/4)}\sin\frac{\varphi}{2}.\tag{7.42}$$

对于双边激励无限短的水平隙缝,其图形函数可以很方便地写成

$$F_2(\varphi)=|\sin\varphi|e^{-ik\cos\varphi}[C(x)+iS(x)]_{x=ka(1+\cos\varphi)}+\frac{ie^{ika}}{(\pi ka)^{1/2}}\sin\frac{\varphi}{2}.\tag{7.43}$$

(7.37)、(7.38)、(7.42)及(7.43)式对几种不同 ka 值的数值计算结果画在图 7-10 至图 7-13 上.

详细地研究一下远离半片边缘的隙缝的辐射图形具有实际的意义,图 7-14 给出的是一个放在距离相当于 $ka=30$ 处的轴向隙缝的典型辐射图,其最大位置和最小位置可以相当简单地确定.在单边轴向隙缝的情况下,其极值可由下式确定,即

$$\frac{\partial|S(ka,\varphi)|}{\partial\varphi}=0.\tag{7.44}$$

利用由(7.20)式表示的 $S(ka,\varphi)$ 函数的简便表示式,由(7.44)式可得

$$\frac{0.5+C(x)}{0.5+S(x)}=-\tan x,\quad x=ka(1+\cos\varphi).\tag{7.45}$$

图 7-15 给出了(7.45)式的根的图解,用 x_m 表示这些根,从图上可以看到这些根的近似解是

$$x_m=(4m-1)\frac{\pi}{4}\quad(m=1,2,\cdots),$$

$$\cos\varphi_m=(4m-1)\frac{\pi}{4ka}-1\quad(m=1,2,\cdots).\tag{7.46}$$

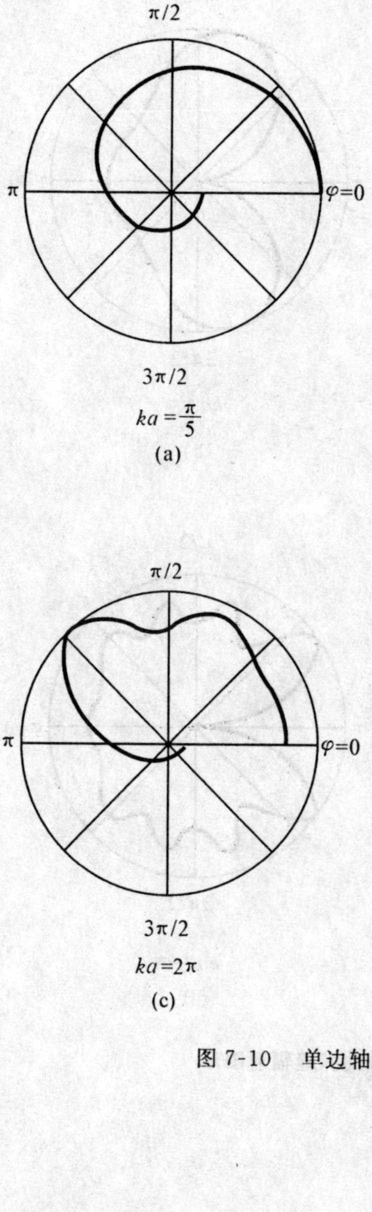

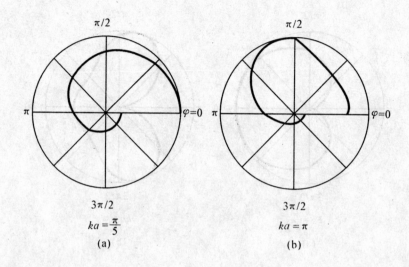

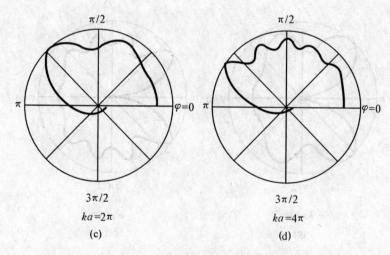

图 7-10 单边轴向隙缝辐射图形

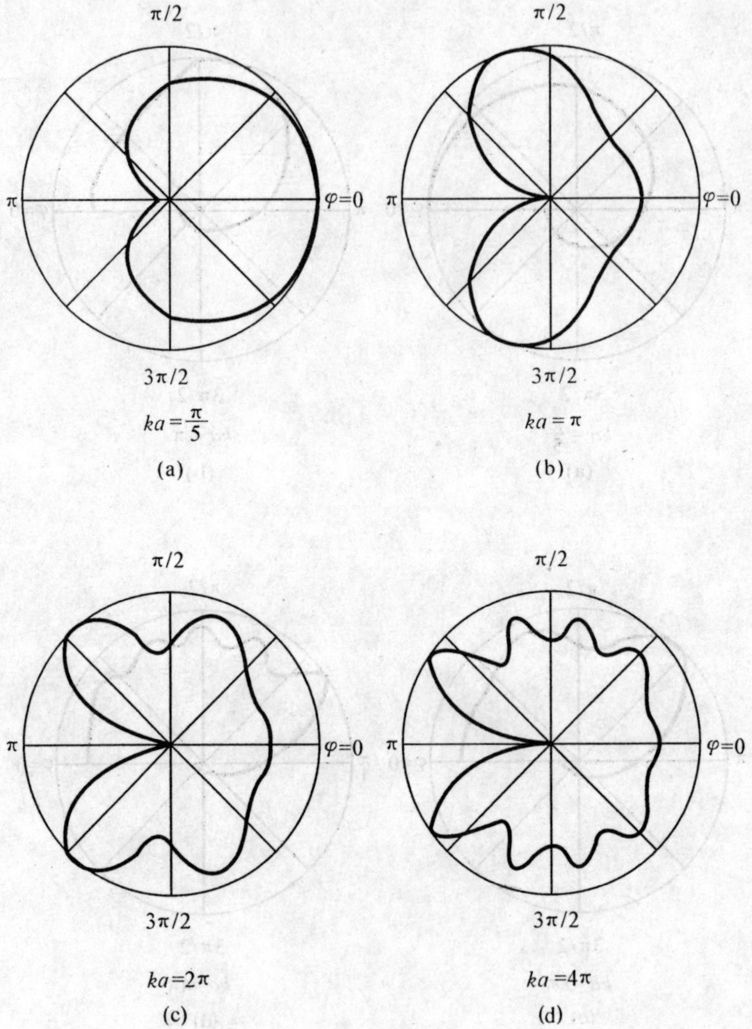

图 7-11　双边轴向隙缝辐射图形

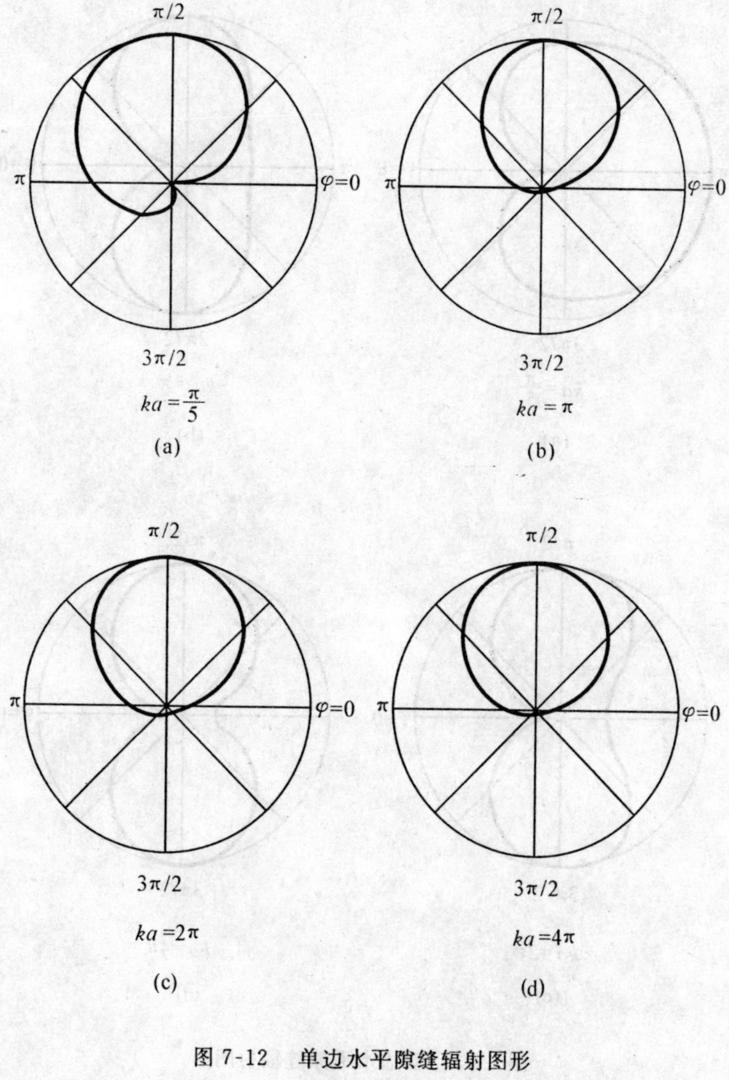

图 7-12 单边水平隙缝辐射图形

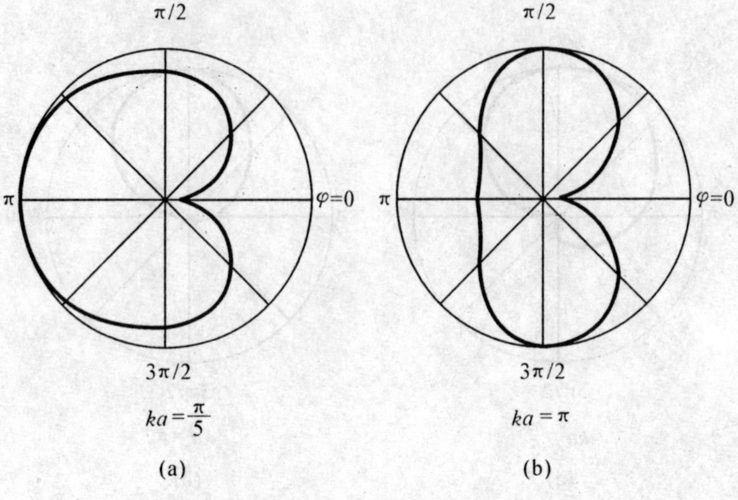

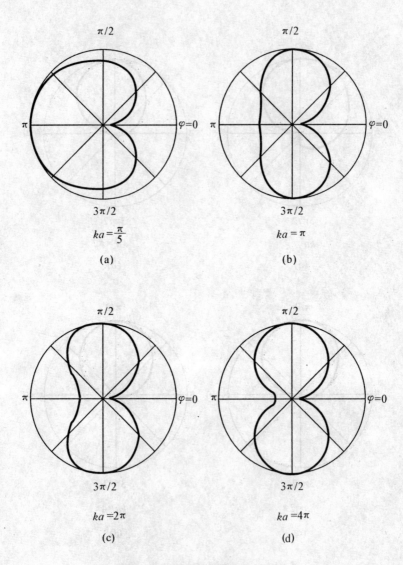

图 7-13 双边水平隙缝辐射图形

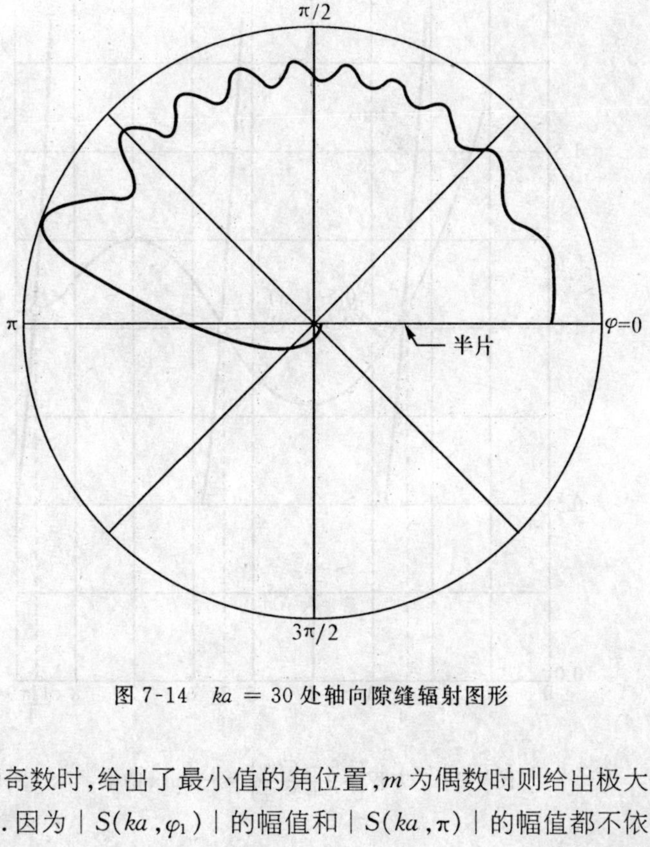

图 7-14 $ka = 30$ 处轴向隙缝辐射图形

当 m 为奇数时，给出了最小值的角位置，m 为偶数时则给出极大值的角位置. 因为 $|S(ka, \varphi_1)|$ 的幅值和 $|S(ka, \pi)|$ 的幅值都不依赖于 ka，所以它们的比值也与 ka 无关，其比值为

$$\frac{|S(ka, \pi)|}{|S(ka, \varphi_1)|} = 0.428. \tag{7.47}$$

这个值可以作为场强从它的峰值到临界视线方向的观察值衰减速率的量度.(7.46) 式说明，当 ka 很大时，φ_1 趋向于 π. 但是在观察点从照明区变化到阴影区时场总有一个很快的衰减，这样一种效应，在设计有限尺寸平直表面上的平镶天线时必须进行考虑.

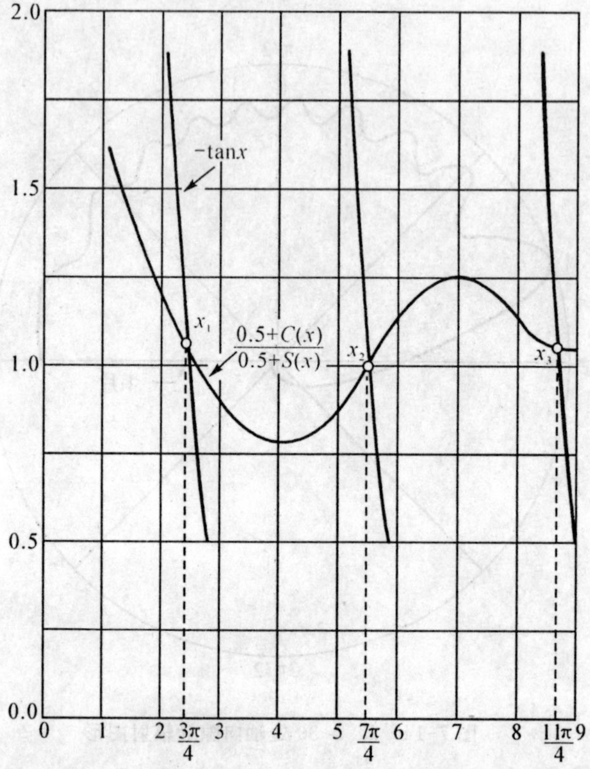

图 7-15 方程$\frac{0.5+C(x)}{0.5+S(x)}=-\tan x$的根

7.6 半片对平面波的绕射

处理一个简单几何形体对于平面电磁波的绕射问题的常规方法,就是将平面波按照适合该物体的适当的矢量波函数展开,然后再找到绕射场的适当的矢量波函数,使其满足辐射条件和物体表面上的边界条件.另外一个办法是先确定放在绕射体附近的一个电偶极子的远区场，然后利用互易定理得出这同一物体对平面电磁波的绕射解. 在第二种方法中，我们必须有可供使用的相对于绕射场具有任意指向的偶极子的远区场. 并矢格林函数方法事实上包括了这两种方法.

我们考虑一电偶极子，它垂直于径向矢量 $\boldsymbol{R}_0$，如图 7-16 所示. 当 $\boldsymbol{R}_0$ 推到距原点无穷远处时，则电偶极子的初级场将退化为一个平面波. 图 7-16 的问题与 7.3 节中所处理的问题相似，只不过在这里我们要求偶极子相对于它的位置矢量有一个确定的指向. 为了证明平面波场就等于远距离时测得的偶极子场，我们回到(1.123)式. 按照这个公式，从边射方向观察一电流矩为 $\boldsymbol{C}$ 的偶极子的远区场可以表示为

$$\boldsymbol{E}=\frac{\mathrm{i}\omega\mu_0\boldsymbol{C}\mathrm{e}^{\mathrm{i}kR_d}}{4\pi R_d}. \tag{7.48}$$

式中：R_d 是从偶极子测得的垂直距离. 若取

$$R_d = R_0 + d,$$

且 $d \ll R_0$，则

$$\boldsymbol{E}=\left(\frac{\mathrm{i}\omega\mu_0 C\mathrm{e}^{\mathrm{i}kR_0}}{4\pi R_0}\right)\hat{c}\mathrm{e}^{\mathrm{i}kd} = \left(\frac{\mathrm{i}\omega\mu_0 C\mathrm{e}^{\mathrm{i}kR_0}}{4\pi R_0}\right)\hat{c}\mathrm{e}^{\mathrm{i}\boldsymbol{k}\cdot\boldsymbol{R}}. \tag{7.49}$$

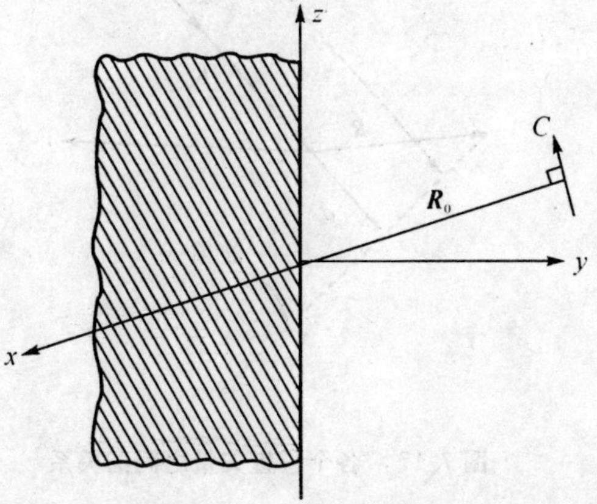

图 7-16　指向沿垂直于径向矢量 $\boldsymbol{R}_0$ 方向的一个电偶极子

这里,R_d、R_0、d 及 $\boldsymbol{R}$ 之间的关系表示在图 7-17 中.

当 R_0 很大时,我们把(7.49)式括号中的量称为沿 $\hat{k}$ 方向传播的入射平面波的振幅,即

$$\boldsymbol{E} = E_0 \hat{c} e^{i\boldsymbol{k}\cdot\boldsymbol{R}} \tag{7.50}$$

式中:

$$E_0 = \frac{i\omega\mu_0 C e^{ikR_0}}{4\pi R_0}.$$

现在考虑下式所给出的电场的近似解

$$\boldsymbol{E}(\boldsymbol{R}) = i\omega\mu_0 \iiint \overline{\overline{G}}_{e1}(\boldsymbol{R},\boldsymbol{R}') \cdot \boldsymbol{J}(\boldsymbol{R}')\mathrm{d}V'. \tag{7.51}$$

$\overline{\overline{G}}_{e1}(\boldsymbol{R},\boldsymbol{R}')$ 是在 $r < r'$ 时由(7.12)式给出的.其分析方法与7.3节中讨论过的内容相似,只是 $\boldsymbol{R}$ 与 $\boldsymbol{R}'$ 需互相交换.为了说明问题,我们先来讨论这样一种情况,即

$$\mathbf{J}(\boldsymbol{R}') = C\frac{\delta(r'-R_0)\delta(\varphi-\varphi_0)\delta(z'-0)}{r'}\hat{z}.$$

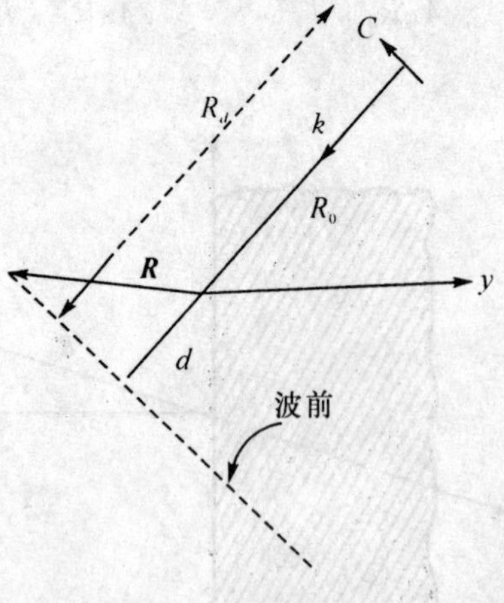

图 7-17 各个位置矢量之间的关系

此时有

$$\boldsymbol{E}(\boldsymbol{R}) = -\frac{\omega\mu_0 C}{8\pi k}\int_{-\infty}^{\infty}\sum_{\nu=0}^{\infty}\lambda^2 \boldsymbol{N}_{o\nu\eta}(h)\mathrm{H}_{\nu}^{(1)}(\lambda R_0)\sin\nu\varphi_0\,\mathrm{d}h. \quad (7.52)$$

式中：

$$\eta^2 = k^2 - h^2,$$

$$\nu = \frac{n}{2}, \quad n = 1,2,\cdots$$

kR_0 很大时,(7.52) 式的近似表达式为

$$\boldsymbol{E}(\boldsymbol{R}) = \frac{\mathrm{i}\omega\mu_0 c\mathrm{e}^{\mathrm{i}kR_0}}{2\pi R_0}\sum_{n=1}^{\infty}(-\mathrm{i})^{n/2}\sin\frac{n\varphi_0}{2}\sin\frac{n\varphi}{2}\mathrm{J}_{\frac{n}{2}}(kr)\hat{z}. \quad (7.53)$$

当然,如果我们引用互易定理,则(7.53) 式也可从(7.21) 式得到,只要取 $\theta = \frac{\pi}{2}$,且用 R_0 和 r 替换 R 和 a. 根据(7.50) 和(7.17) 式,(7.53) 式可以转换为

$$\begin{aligned} E_z(\boldsymbol{R}) &= \frac{\mathrm{i}\omega\mu_0 c\mathrm{e}^{\mathrm{i}kR_0}}{2\pi R_0}\sum_{n=1}^{\infty}(-\mathrm{i})^{\frac{n}{2}}\sin\frac{n\varphi_0}{2}\sin\frac{n\varphi}{2}\mathrm{J}_{\frac{n}{2}}(kr) \\ &= E_0[S(kr,\varphi-\varphi_0) - S(kr,\varphi+\varphi_0)]. \end{aligned} \quad (7.54)$$

这个式子表示平面波

$$\boldsymbol{E}_i = E_0\mathrm{e}^{-\mathrm{i}kr\cos(\varphi-\varphi_0)}\hat{z}$$

入射到完纯导电半片上产生的总场. 因为我们所用的方法与索末菲原来的方法不同,所以最后的结果虽然是等效的,但形式上不一样. 对于这个专题的研究,除索末菲具有权威性的工作之外,贝克等人也作过非常透彻的讨论[8],特别是从几何绕射理论的观点阐述了这一问题. 为了完整起见,下面以我们的公式为基础来继续这方面的一些讨论.

对于大的 x 值,由(7.19) 式定义的菲涅耳积分有近似式

$$C(x) + \mathrm{i}S(x) = \frac{1}{2}(1+\mathrm{i}) - \frac{\mathrm{i}\mathrm{e}^{\mathrm{i}x}}{\sqrt{2\pi x}} \quad (x \gg 1).$$

所以,由(7.20) 式定义的函数 $S(\rho,\varphi)$ 的近似公式为

$$S(\rho,\pi) = \begin{cases} \mathrm{e}^{\mathrm{i}\rho\cos\varphi} - \dfrac{\mathrm{e}^{\mathrm{i}(\rho+\pi/4)}}{2\sqrt{\pi\rho(1+\cos\varphi)}} & (\pi > \varphi \geqslant 0), \\ \dfrac{\mathrm{e}^{\mathrm{i}(\rho+\pi/4)}}{2\sqrt{\pi\rho(1+\cos\varphi)}} & (2\pi \geqslant \varphi > \pi). \end{cases} \quad (7.55)$$

当然,只有当 $\rho(1+\cos\varphi) \gg 1$ 时,(7.55) 式才是正确的. 所以它不能

用于 φ 邻近 π 的区域. 为了讨论(7.54)式的近似表达式,我们将所观察的区域分为三个不同的区域,如图 7-18 所示.

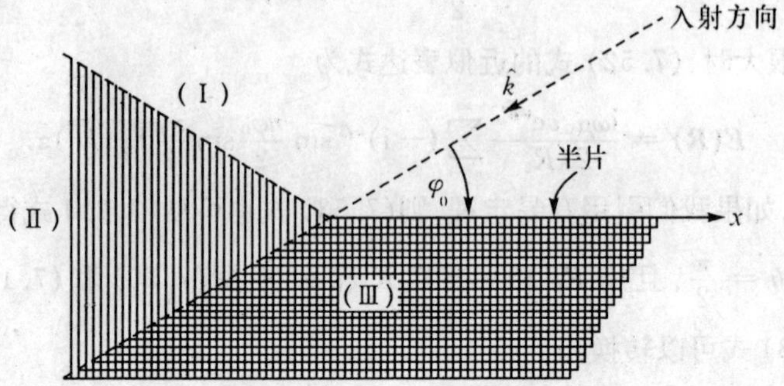

图 7-18　三个不同的区域

Ⅰ. **反射区**　$\varphi < \pi - \varphi_0$.

在这个区域中,假设 $kr[1+\cos(\varphi+\varphi_0)] \gg 1$,则有

$$S(kr,\varphi-\varphi_0) = e^{-ikr\cos(\varphi-\varphi_0)} - \frac{e^{i(kr+\pi/4)}}{2\sqrt{2\pi kr}\cos\left(\dfrac{\varphi-\varphi_0}{2}\right)},$$

$$S(kr,\varphi+\varphi_0) = e^{-ikr\cos(\varphi+\varphi_0)} - \frac{e^{i(kr+\pi/4)}}{2\sqrt{2\pi kr}\cos\left(\dfrac{\varphi+\varphi_0}{2}\right)}.$$

不等式 $kr[1+\cos(\varphi+\varphi_0)] \gg 1$ 意味着 φ 不能太接近 $\pi-\varphi_0$. 将这两个近似式代入(7.54)式,得到

$$E_z(\boldsymbol{R}) = E_0\left[e^{-ikr\cos(\varphi-\varphi_0)} - e^{-ikr\cos(\varphi+\varphi_0)} + \frac{e^{i(kr+\pi/4)}}{2\sqrt{2\pi kr}}\cdot\left(\frac{1}{\cos\dfrac{\varphi+\varphi_0}{2}} - \frac{1}{\cos\dfrac{\varphi-\varphi_0}{2}}\right)\right]. \tag{7.56}$$

上式中的第一项就是入射波,第二项与从完纯导电整片上得到的反射波一样,剩下的一项是半片边缘的绕射场,它具有从边缘发出的柱

面波的形式.

Ⅱ. **干涉区** $\pi-\varphi_0<\varphi<\pi+\varphi_0$.

在这个区域中,设 $kr[1+\cos(\varphi\pm\varphi_0)]\gg 1$,则有

$$S(kr,\varphi-\varphi_0)=\mathrm{e}^{-\mathrm{i}kr\cos(\varphi-\varphi_0)}-\frac{\mathrm{e}^{\mathrm{i}(kr+\pi/4)}}{2\sqrt{2\pi kr}\cos\dfrac{\varphi-\varphi_0}{2}},$$

$$S(kr,\varphi+\varphi_0)=\frac{\mathrm{e}^{\mathrm{i}(kr+\pi/4)}}{2\sqrt{2\pi kr}\left|\cos\dfrac{\varphi+\varphi_0}{2}\right|}=-\frac{\mathrm{e}^{\mathrm{i}(kr+\pi/4)}}{2\sqrt{2\pi kr}\cos\dfrac{\varphi+\varphi_0}{2}}.$$

不等式 $kr[1+\cos(\varphi\pm\varphi_0)]\gg 1$ 意味着 φ 不能太接近 $\pi-\varphi_0$ 或 $\pi+\varphi_0$. 将上面两个近似式代入(7.54)式,得到

$$E_z(\boldsymbol{R})=E_0\left[\mathrm{e}^{-\mathrm{i}kr\cos(\varphi-\varphi_0)}+\frac{\mathrm{e}^{\mathrm{i}(kr+\pi/4)}}{2\sqrt{2\pi kr}}\cdot\left(\frac{1}{\cos\dfrac{\varphi+\varphi_0}{2}}-\frac{1}{\cos\dfrac{\varphi-\varphi_0}{2}}\right)\right].\tag{7.57}$$

在这个区域中,只有直接的入射波和绕射的柱面波.

Ⅲ. **阴影区** $\pi+\varphi_0<\varphi$.

在这个区域中,设 φ 不接近 $\pi+\varphi_0$,则有

$$S(kr,\varphi-\varphi_0)=\frac{\mathrm{e}^{\mathrm{i}(kr+\pi/4)}}{2\sqrt{2\pi kr}\left|\cos\dfrac{\varphi-\varphi_0}{2}\right|}=-\frac{\mathrm{e}^{\mathrm{i}(kr+\pi/4)}}{2\sqrt{2\pi kr}\cos\dfrac{\varphi-\varphi_0}{2}},$$

$$S(kr,\varphi+\varphi_0)=\frac{\mathrm{e}^{\mathrm{i}(kr+\pi/4)}}{2\sqrt{2\pi kr}\left|\cos\dfrac{\varphi+\varphi_0}{2}\right|}=-\frac{\mathrm{e}^{\mathrm{i}(kr+\pi/4)}}{2\sqrt{2\pi kr}\cos\dfrac{\varphi+\varphi_0}{2}}.$$

此时,有

$$E_z(\boldsymbol{R})=\frac{e^{i(kr+\pi/4)}}{2\sqrt{2\pi kr}}\left(\frac{1}{\cos\frac{\varphi+\varphi_0}{2}}-\frac{1}{\cos\frac{\varphi-\varphi_0}{2}}\right). \tag{7.58}$$

方程(7.56)～(7.58)与过去索末菲及贝克等人给出的公式是一致的.

正如我们已经强调的那样,这些近似式仅只在 φ 不接近 $\pi-\varphi_0$ 或 $\pi+\varphi_0$ 时才是有效的.说得更具体些,我们可以这样限定两根抛物轮廓线:

$$kr[1+\cos(\varphi+\varphi_0)]=K,$$
$$kr[1+\cos(\varphi-\varphi_0)]=K.$$

其中 K 是大于或等于 10 的正常数.于是当观察点 (r,φ) 处于这两根轮廓线以外时,(7.56)～(7.58)式有很好的近似.图 7-19 给出了相

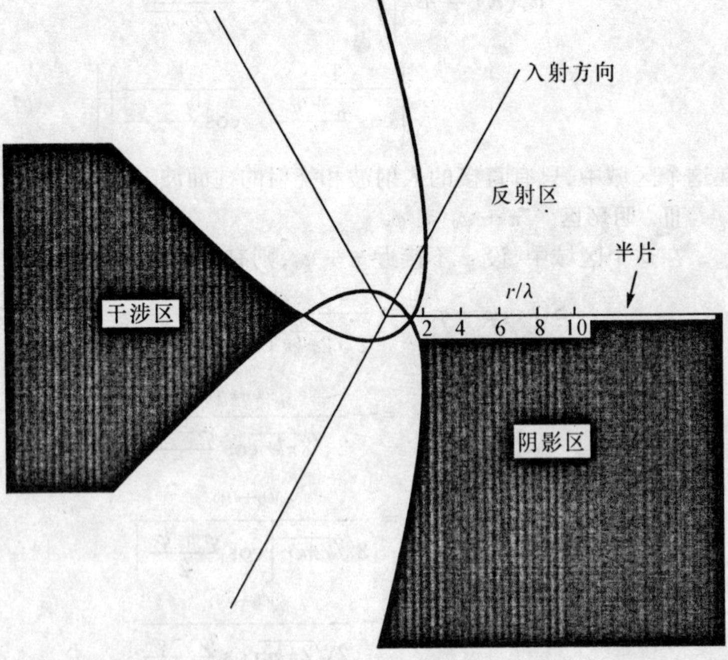

图 7-19　限定近似解各个区域的轮廓线

应于 $K=4\pi$,即$\frac{r}{\lambda}[1+\cos(\varphi\pm\varphi_0)]=2$时的两根典型的轮廓线. 图 7-19 中,三个不同区域限定得非常清楚. 当观察点位于抛物线区域以内时,需用(7.54) 式所表示的严格解来计算场. 在靠近片的边缘处,只要保留由

$$C(x)+\mathrm{i}S(x)=\frac{2x^{1/2}}{\pi}\sum_{n=0}^{\infty}\frac{(\mathrm{i}x)^n}{n!(2n+1)} \tag{7.59}$$

表示的菲涅耳积分的级数展开式中的前几项,对于场强的数值计算来说就已经足够了. 表征导体尖锐边缘附近的电磁场特性的所谓"边缘情况" 就可以用这个方法来研究.

7.7 圆柱和半片

我们已经导出的半片并矢格林函数可以推广到包括如图 7-20 所表示的在半片边缘连接着导体或者介质圆柱所产生的影响.

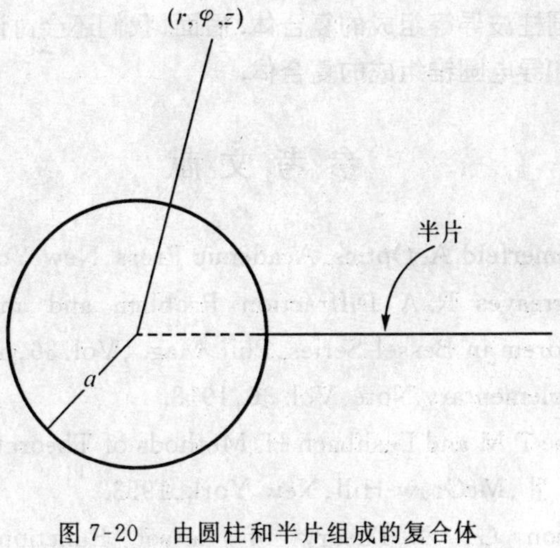

图 7-20 由圆柱和半片组成的复合体

为了说明问题,设圆柱是完纯导电的.于是,利用散射叠加方法可以毫不困难地求到复合体的第一类或第二类函数.第一类函数的最后表达式是

$$\overline{\overline{G}}_{e1}(\boldsymbol{R},\boldsymbol{R}')=-\frac{1}{k^2}\hat{r}\hat{r}\delta(\boldsymbol{R}-\boldsymbol{R}')+\frac{\mathrm{i}}{8\pi}\int_{-\infty}^{\infty}\mathrm{d}h\sum_{\nu=0}^{\infty}\frac{2-\delta_0}{\eta^2}\cdot$$
$$\left\{\begin{matrix}\boldsymbol{M}^{(1)}_{e\nu\eta}(h)[\boldsymbol{M}'_{e\nu\eta}(-h)+\alpha\boldsymbol{M}'^{(1)}_{e\nu\eta}(-h)]+\\ [\boldsymbol{M}_{e\nu\eta}(h)+\alpha\boldsymbol{M}^{(1)}_{e\nu\eta}(h)]\boldsymbol{M}'^{(1)}_{e\nu\eta}(-h)+\\ \boldsymbol{N}^{(1)}_{o\nu\eta}(h)[\boldsymbol{N}'_{o\nu\eta}(-h)+\beta\boldsymbol{N}'^{(1)}_{o\nu\eta}(-h)]\\ [\boldsymbol{N}_{o\nu\eta}(h)+\beta\boldsymbol{N}^{(1)}_{o\nu\eta}(h)]\boldsymbol{N}'^{(1)}_{o\nu\eta}(-h)\end{matrix}\right\}(r\gtrless r'). \tag{7.60}$$

式中:

$$\alpha=-\frac{[\partial \mathrm{J}_\nu(x)]/\partial x}{[\partial \mathrm{H}^{(1)}_\nu(x)]/\partial x},\quad x=\eta a,$$
$$\beta=-\mathrm{J}_\nu(\eta a)/\mathrm{H}^{(1)}_\nu(\eta a),$$
$$\nu=\frac{n}{2},\quad n=0,1,2,\cdots$$
$$\eta^2=k^2-h^2.$$

显然,用这种方法同样也可处理由导电劈和圆柱体以及由导电劈隔开的圆柱波导等组成的复合体.后面,我们还会讨论用这种方法处理由球和导电圆锥组成的复合体.

参考文献

[1] Sommerfeld A. Optics, Academic Press, New York, 1954.

[2] Hargreaves R. A Diffraction Problem and an Asymptotic Theorem in Bessel Series, Phil. Mag., Vol. 36, p. 191 ~ 199; Supplementary Note, Vol. 36, 1918.

[3] Morse P M and Feshbach H. Methods of Theoretical Physics, Part Ⅱ, McGraw-Hill, New York, 1953.

[4] Watson G, N. Theory of Bessel Functions, Cambridge University Press, Cambridge, 1922.

[5] Harrington R F. Current Element Near the Edge of a Conducting Half-Plane, J. Appl. Phys., Vol. 24, 1953.

[6] Senior T B A. The Diffraction of a Dipole Field by a Perfectly Conducting Half-Plane, Q. J. Mech. and Appl. Math., Vol. 6, 1953.

[7] Bowman J J, Senior T B A and Uslenghi, P L E. Electromagnetic and Acoustic Scattering by Simple Shapes, North-Holland, Amsterdam. 1969.

[8] Baker B B and Copson E T. The Mathematical Theory of Haygens' Principle, Oxford University Press, London, 1950.

[9] Tai C T. Dyadic Green Functions in Electromagnetic Theory, 2nd ed. IEEE Press, New York, 1993.

第 8 章　球形边界

球形边界是另一类常见模型，如导体球、介质球、介质覆盖导体球等. 这类问题的并矢格林函数可用圆柱边界并矢格林函数同样的方法构造，所不同的是球形边界要用球矢量波函数. 球矢量波函数类似于德拜位函数，而圆柱和直角矢量波函数则与赫兹位函数有紧密的关系. 同圆柱边界情形一样，一旦球矢量波函数的正交关系已经获得，则各类并矢格林函数就容易求得.

在前面几章里，我们应用欧姆 — 瑞利方法导出了迄今遇到的各类并矢格林函数，为了评价这一方法在导出并矢格林函数本征展开过程中的优越性，本章将给出另一并矢格林函数本征展开的代数方法，并用这一方法导出自由空间源区外部空间并矢格林函数的本征展开式. 这一方法虽不要讨论矢量波函数的正交关系，但在具体操作过程中涉及各类非标准矢量波函数及其它们之间复杂的递推关系，推导冗繁. 我们还将看到，这一方法不能导得并矢格林函数的奇异项. 尽管如此，这一方法在波型变换理论中仍有重要应用.

8.1　用球矢量波函数表示的自由空间并矢格林函数

在球坐标系中，基本波函数(或本征波函数)为标量波动方程 $\nabla^2\psi+\kappa^2\psi=0$ 的基本解. 因 ψ 在原点的有界性，基本解可表示为

$$\psi_{\substack{e\\o}mn}(\kappa)=\mathrm{j}_n(\kappa R)\mathrm{P}_n^m(\cos\theta)\begin{matrix}\cos\\ \sin\end{matrix}m\varphi. \tag{8.1}$$

这里 $\mathrm{j}_n(\kappa R)$ 为 n 阶球贝塞耳函数，满足微分方程

$$\frac{\mathrm{d}^2}{\mathrm{d}x^2}[x\mathrm{j}_n(x)]+\left[1-\frac{n(n+1)}{x^2}\right]x\mathrm{j}_n(x)=0.$$

$\mathrm{j}_n(x)$ 与半整数阶柱贝塞耳函数有下面的关系：

$$\mathrm{j}_n(x)=\left(\frac{\pi}{2x}\right)^{1/2}\mathrm{J}_{n+1/2}(x). \tag{8.2}$$

在本章的后续内容中，我们还将用到第一类球汉克尔函数 $\mathrm{h}_n^{(1)}(x)$，它与半整数阶第一类柱汉克尔函数有与(8.2)式同样的关系，即

$$\mathrm{h}_n^{(1)}(x)=\left(\frac{\pi}{2x}\right)^{1/2}\mathrm{H}_{n+1/2}^{(1)}(x). \tag{8.3}$$

(8.1)式中的 $\mathrm{P}_n^m(\cos\theta)$ 为缔合勒让德函数，满足微分方程

$$\frac{1}{\sin\theta}\frac{\mathrm{d}}{\mathrm{d}\theta}\left[\sin\theta\frac{\mathrm{dP}_n^m(\cos\theta)}{\mathrm{d}\theta}\right]+\left[n(n+1)-\frac{m^2}{\sin^2\theta}\right]\mathrm{P}_n^m(\cos\theta)=0. \tag{8.4}$$

关于球贝塞耳函数和缔合勒让德函数更全面的描述，读者可参考斯特莱顿的著作[1]，这里不再重复．本章讨论整球空间问题，指标 n 和 m 为整数．在下一章我们将看到，对于部分球坐标空间，如圆锥边界问题，n 和 m 将不为整数，在那里我们将用别的符号加以区别．

从斯特莱顿的著作中[1]，我们知道两组球矢量波函数定义为矢量波动方程

$$\nabla\nabla\boldsymbol{F}-\kappa^2\boldsymbol{F}=0$$

的解，它们是

$$\boldsymbol{M}_{\substack{e\\o}mn}(\kappa)=\nabla(\psi_{\substack{e\\o}mn}\boldsymbol{R}), \tag{8.5}$$

$$\boldsymbol{N}_{\substack{e\\o}mn}(\kappa)=\frac{1}{\kappa}\nabla\nabla(\psi_{\substack{e\\o}mn}\boldsymbol{R}). \tag{8.6}$$

同前面几章中引入的矢量波函数一样，$\boldsymbol{M}$ 和 $\boldsymbol{N}$ 之间满足对称性关系

$$\boldsymbol{N}_{\substack{e\\o}mn}(\kappa)=\frac{1}{\kappa}\nabla\boldsymbol{M}_{\substack{e\\o}mn}(\kappa), \tag{8.7}$$

$$\boldsymbol{M}_{\substack{e\\o}mn}(\kappa)=\frac{1}{\kappa}\nabla\boldsymbol{N}_{\substack{e\\o}mn}(\kappa). \tag{8.8}$$

借助旋度算符定义，可求得 $\boldsymbol{M}$ 和 $\boldsymbol{N}$ 的分量表达式为

$$\boldsymbol{M}_{\substack{e\\o}mn}(\kappa)=\mp\frac{m}{\sin\theta}\mathrm{j}_n(\kappa R)\mathrm{P}_n^m(\cos\theta)\begin{matrix}\sin\\ \cos\end{matrix}m\varphi\hat{\theta}$$

$$-\mathrm{j}_n(\kappa R)\frac{\partial \mathrm{P}_n^m(\cos\theta)}{\partial\theta}\begin{matrix}\cos\\ \sin\end{matrix}m\varphi\hat{\varphi}, \tag{8.9}$$

$$\begin{aligned}\boldsymbol{N}_{\substack{e\\o}mn}(\kappa)&=\frac{n(n+1)}{\kappa R}\mathrm{j}_n(\kappa R)\mathrm{P}_n^m(\cos\theta)\begin{matrix}\cos\\ \sin\end{matrix}m\varphi\hat{R}\\&\quad+\frac{1}{\kappa R}\frac{\partial}{\partial R}[R\mathrm{j}_n(\kappa R)]\left[\frac{\partial \mathrm{P}_n^m(\cos\theta)}{\partial\theta}\begin{matrix}\cos\\ \sin\end{matrix}m\varphi\hat{\theta}\right.\\&\quad\left.\mp\frac{m}{\sin\theta}\mathrm{P}_n^m(\cos\theta)\begin{matrix}\sin\\ \cos\end{matrix}m\varphi\hat{\varphi}\right].\end{aligned} \tag{8.10}$$

有必要指出的是,$\boldsymbol{M},\boldsymbol{N}$ 的 θ 和 φ 分量都含有径向函数 $\mathrm{j}_n(\kappa R)$ 或 $\frac{1}{\kappa R}\frac{\partial}{\partial R}[R\mathrm{j}_n(\kappa R)]$,这一特点在电磁场球面边值问题的求解中起重要作用. 由(8.5)式和(8.6)两式定义的两组矢量波函数有下述正交关系:

$$\iiint\boldsymbol{M}_{\substack{e\\o}mn}(\kappa)\cdot\boldsymbol{N}_{\substack{e\\o}m'n'}(\kappa')\mathrm{d}V=0, \tag{8.11}$$

$$\begin{aligned}&\iiint\boldsymbol{M}_{\substack{e\\o}mn}(\kappa)\cdot\boldsymbol{M}_{\substack{e\\o}m'n'}(\kappa')\mathrm{d}V\\&=\begin{cases}0 & (m\neq m',n\neq n'),\\ \dfrac{(1+\delta_0)\pi^2n(n+1)(n+m)!}{\kappa^2(2n+1)(n-m)!}\delta(\kappa-\kappa') & (m=m',n=n'),\end{cases}\end{aligned}$$

$$\delta_0=\begin{cases}1 & (m=0),\\0 & (m\neq 0).\end{cases} \tag{8.12}$$

$$\begin{aligned}&\iiint\boldsymbol{N}_{\substack{e\\o}mn}(\kappa)\boldsymbol{N}_{\substack{e\\o}m'n'}(\kappa')\mathrm{d}V\\&=\begin{cases}0 & (m\neq m',n\neq n'),\\ \dfrac{(1+\delta_0)\pi^2n(n+1)(n+m)!}{\kappa^2(2n+1)(n-m)!}\delta(\kappa-\kappa') & (m=m',n=n'),\end{cases}\end{aligned} \tag{8.13}$$

上面三式中的积分区域为整个空间. 考虑到三角函数和缔合勒让德函数的正交特性,当 $m\neq m'$ 和 $n\neq n'$ 时,上述正交关系是显见的. 因此,我们只需证明 $m=m'$ 和 $n=n'$ 成立即可. 为此,考虑积分

$$I=\iiint\boldsymbol{N}_{emn}(\kappa)\cdot\boldsymbol{N}_{emn}(\kappa')\mathrm{d}V$$

$$= \int_0^{\infty}\int_0^{\pi}\int_0^{2\pi} \boldsymbol{N}_{emn}(\kappa)\cdot\boldsymbol{N}_{emn}(\kappa')R^2\sin\theta\mathrm{d}R\mathrm{d}\theta\mathrm{d}\varphi. \tag{8.14}$$

并将其作为正交关系式证明的一个例证.

将(8.10)式代入上式,并对 φ 求积分,得

$$I = \frac{(1+\delta_0)\pi}{\kappa\kappa'}\int_0^{\infty}\int_0^{\pi}\left\{n^2(n+1)^2\mathrm{j}_n(\kappa R)\mathrm{j}_n(\kappa' R)[\mathrm{P}_n^m(\cos\theta)]^2\right.$$

$$\left.+\frac{\partial}{\partial R}[R\mathrm{j}_n(\kappa R)]\frac{\partial}{\partial R}[R\mathrm{j}_n(\kappa' P)]\left[\left(\frac{\partial\mathrm{P}_n^m}{\partial\theta}\right)^2+\left(\frac{m\mathrm{P}_n^m}{\sin\theta}\right)^2\right]\right\}\sin\theta\mathrm{d}R\mathrm{d}\theta.$$

对 θ 积分,引用缔合勒让德多项式归一化积分

$$\int_0^{\pi}[\mathrm{P}_n^m(\cos\theta)]^2\sin\theta\mathrm{d}\theta = \frac{2}{2n+1}\frac{(n+m)!}{(n-m)!}$$

$$\int_0^{\pi}\left[\left(\frac{\partial\mathrm{P}_n^m}{\partial\theta}\right)^2+\left(\frac{n\mathrm{P}_n^m}{\sin\theta}\right)^2\right]\sin\theta\mathrm{d}\theta = \frac{2n(n+1)}{2n+1}\frac{(n+m)!}{(n-m)!},$$

则(8.14)式变为

$$I = \frac{2(1+\delta_0)\pi n(n+1)}{\kappa\kappa'(2n+1)}\frac{(n+m)!}{(n-m)!}\int_0^{\infty}\left\{n(n+1)\mathrm{j}_n(\kappa R)\mathrm{j}_n(\kappa' R)\right.$$

$$\left.+\frac{\partial}{\partial R}[R\mathrm{j}_n(\kappa R)]\frac{\partial}{\partial R}[R\mathrm{j}_n(\kappa' R)]\right\}\mathrm{d}R. \tag{8.15}$$

从柱贝塞耳函数递推关系出发,容易推得球贝塞耳函数有下面的递推关系式:

$$\frac{\mathrm{d}}{\mathrm{d}x}[x\mathrm{j}_n(x)] = \frac{x}{2n+1}[(n+1)\mathrm{j}_{n-1}(x)-n\mathrm{j}_{n+1}(x)], \tag{8.16}$$

$$\mathrm{j}_n(x) = \frac{x}{2n+1}[\mathrm{j}_{n-1}(x)+\mathrm{j}_{n+1}(x)]. \tag{8.17}$$

应用这些关系式到(8.15)式中,被积函数变为

$$\frac{R^2}{2n+1}[(n+1)\mathrm{j}_{n-1}(\kappa R)\mathrm{j}_{n-1}(\kappa' R)+n\mathrm{j}_{n+1}(\kappa R)\mathrm{j}_{n+1}(\kappa' R)].$$

基于三维空间加权函数的积分表示[参见附录(C.31)式]

$$\int_0^{\infty}R^2\mathrm{j}_{n-1}(\kappa R)\mathrm{j}_{n-1}(\kappa' R)\mathrm{d}R = \frac{\pi\delta(\kappa-\kappa')}{2\kappa^2},$$

$$\int_0^\infty R^2 \mathrm{j}_{n+1}(\kappa R)\mathrm{j}_{n+1}(\kappa' R)\mathrm{d}R = \frac{\pi\delta(\kappa-\kappa')}{2\kappa^2},$$

求得归一化积分

$$I = (1+\delta_0)\pi^2 \frac{n(n+1)(n+m)!}{(2n+1)(n-m)!}\frac{\delta(\kappa-\kappa')}{\kappa^2}. \qquad (8.18)$$

这正是(8.13)式右边的归一化因子. 用同样的方法可证明(8.12)式. 有了这些矢量波函数正交归一性,就可应用第5章中给出的欧姆—瑞利方法讨论球坐标系中自由空间并矢格林函数的本征展开问题. 与第五章相比,惟一不同的是此处有两个分离本征值谱 n 和 m,只有 κ 是连续谱. 于是,我们设

$$\nabla[\bar{\bar{I}}\delta(\boldsymbol{R}-\boldsymbol{R}')]$$

$$= \int_0^\infty \mathrm{d}\kappa \sum_{m,n}[\boldsymbol{N}_{^e_omn}(\kappa)\boldsymbol{A}_{^e_omn}(\kappa) + \boldsymbol{M}_{^e_omn}(\kappa)\boldsymbol{B}_{^e_omn}(\kappa)]. \qquad (8.19)$$

式中:$\boldsymbol{A}_{^e_omn}(\kappa)$ 和 $\boldsymbol{B}_{^e_omn}(\kappa)$ 为展开系数. 由于 $n=0$ 和 $m=0$ 项对应的矢量波函数恒为零,故这里 n、m 的取值分别自1、0开始. 对(8.19)式分别对 $\boldsymbol{M}_{^e_om'n'}(\kappa')$ 和 $\boldsymbol{N}_{^e_om'n'}(\kappa')$ 取前置标积,并在整个空间上求积分,利用前面导出的正交归一性关系,求得

$$\boldsymbol{A}_{^e_omn}(\kappa) = \frac{C_{mn}}{2\pi^2}\kappa^2 \nabla'\boldsymbol{N}'_{^e_omn}(\kappa)$$

$$= \frac{C_{mn}}{2\pi^2}\kappa^3 \boldsymbol{M}'_{^e_omn}(\kappa),$$

$$B_{^e_omn}(\kappa) = \frac{C_{mn}}{2\pi^2}\kappa^2 \nabla'\boldsymbol{M}'_{^e_omn}(\kappa)$$

$$= \frac{C_{mn}}{2\pi^2}\kappa^3 \boldsymbol{N}'_{^e_omn}(\kappa).$$

式中:

$$C_{mn} = (2-\delta_0)\frac{2n+1}{n(n+1)}\frac{(n-m)!}{(n+m)!}. \qquad (8.20)$$

带撇矢量波函数 $\boldsymbol{M}'_{^e_omn}(\kappa)$ 和 $\boldsymbol{N}'_{^e_omn}(\kappa)$ 表示该函数空间变量为带撇坐标(R',θ',φ'),即相应于矢量 $\boldsymbol{R}'$. 把 $\boldsymbol{A}_{^e_omn}(\kappa)$、$\boldsymbol{B}_{^e_omn}(\kappa)$ 代入(8.19)式,得到

$$\nabla[\bar{\bar{I}}\delta(\boldsymbol{R}-\boldsymbol{R}')]$$

$$=\frac{1}{2\pi^2}\int_0^\infty \mathrm{d}\kappa\sum_{m,n}C_{mn}\kappa^3[\boldsymbol{N}(\kappa)\boldsymbol{M}'(\kappa)+\boldsymbol{M}(\kappa)\boldsymbol{N}'(\kappa)]. \tag{8.21}$$

为了书写的方便，上式中略去了矢量波函数的下标变量${}^{e}_{o}mn$. 仿照5.2节中$\bar{\bar{G}}_{m0}$的构造方法，我们有

$$\bar{\bar{G}}_{m0}(\boldsymbol{R},\boldsymbol{R}')$$

$$=\frac{1}{2\pi^2}\int_0^\infty \mathrm{d}\kappa\sum_{m,n}\frac{C_{mn}\kappa^3}{\kappa^2-k^2}[\boldsymbol{N}(\kappa)\boldsymbol{M}'(\kappa)+\boldsymbol{M}(\kappa)\boldsymbol{N}'(\kappa)]. \tag{8.22}$$

引用算符表示并矢项，并记

$$\boldsymbol{N}(\kappa)\boldsymbol{M}'(\kappa)=\bar{\bar{T}}_\kappa[\mathrm{j}_n(\kappa R)\mathrm{j}_n(\kappa R')],$$

由复变函数方法，求得积分

$$\int_0^\infty\frac{\kappa^3}{\kappa^2-k^2}\bar{\bar{T}}_\kappa[\mathrm{j}_n(\kappa R)\mathrm{j}_n(\kappa R')]\mathrm{d}\kappa$$

$$=\frac{\mathrm{i}\pi k^2}{2}\begin{cases}\boldsymbol{N}^{(1)}(k)\boldsymbol{M}'(k) & (R>R'),\\ \boldsymbol{N}(k)\boldsymbol{M}'^{(1)}(k) & (R<R').\end{cases}$$

此处矢量波函数$\boldsymbol{M}$(或$\boldsymbol{N}$)的上标(1)表示该矢量波函数中径向函数是对于第一类球汉克尔函数定义的，如

$$\boldsymbol{N}^{(1)}(k)=\boldsymbol{N}^{(1)}_{{}^{e}_{o}mn}(k)=\frac{1}{k}\nabla\nabla\left[h_n^{(1)}(kR)\mathrm{P}_n^m(\cos\theta)\begin{matrix}\cos\\ \sin\end{matrix}m\varphi\boldsymbol{R}\right].$$

用同样方法消去(8.22)式右边第二项对κ的积分，从而求得$\bar{\bar{G}}_{m0}$的本征函数展开式为

$$\bar{\bar{G}}^{\pm}_{m0}(\boldsymbol{R},\boldsymbol{R}')$$

$$=\frac{\mathrm{i}k^2}{4\pi}\sum_{m,n}C_{mn}\begin{cases}\boldsymbol{N}^{(1)}(k)\boldsymbol{M}'(k)+\boldsymbol{M}^{(1)}(k)\boldsymbol{N}'(k) & (R>R'),\\ \boldsymbol{N}(k)\boldsymbol{M}'^{(1)}(k)+\boldsymbol{M}(k)\boldsymbol{N}'^{(1)}(k) & (R<R').\end{cases} \tag{8.23}$$

直线利用$\bar{\bar{G}}_{e0}$的定义，可获得其本征函数展开式为

$$\bar{\bar{G}}_{e0}(\boldsymbol{R},\boldsymbol{R}')=-\frac{1}{k^2}\hat{R}\hat{R}\delta(\boldsymbol{R}-\boldsymbol{R}')$$

$$+\frac{\mathrm{i}k}{4\pi}\sum_{m,n}C_{mn}\begin{cases}\boldsymbol{M}^{(1)}(k)\boldsymbol{M}'(k)+\boldsymbol{N}^{(1)}(k)\boldsymbol{N}'(k) & (R>R'),\\ \boldsymbol{M}(k)\boldsymbol{M}'^{(1)}(k)+\boldsymbol{N}(k)\boldsymbol{N}'^{(1)}(k) & (R<R').\end{cases} \tag{8.24}$$

在本章后续有关球面边值问题的应用中，我们将用$\overline{\overline{G}}_{e0}$的本征函数展开式去构造其他电型类并矢格林函数. 在进行这些讨论之前，我们先介绍$\overline{\overline{G}}_{e0}$本征函数展开的另一方法，这一方法也能够给出$\overline{\overline{G}}_{e0}$在源区外部区域的展开式，且不涉及归一化积分过程中的汉克尔变换，同时也能够揭示出不同类型球矢量波函数之间的内在联系. 但这种方法不能得到奇异性质，$-\hat{R}\hat{R}\delta(\boldsymbol{R}-\boldsymbol{R}')/k^2$ 的推导也十分繁琐.

8.2 求不带奇异项的$\overline{\overline{G}}_{e0}$的一种代数方法

这一节我们讨论$\overline{\overline{G}}_{e0}$本征展开的另一种代数方法，它不涉及球矢量波函数的正交归一关系，但需要用到各类非标准矢量波函数. 为此我们引入另一类不同于(8.5)和(8.6)两定义式的球矢量波函数. 按照3.1节中关于矢量波函数的一般论述，只要ψ为标量波动方程$\nabla^2\psi+k^2\psi=0$的解，$\hat{c}$为任一恒定的单位领示矢量，则矢量型函数

$$\boldsymbol{M}^{(C)}=\nabla(\psi\hat{c}),$$

$$\boldsymbol{N}^{(C)}=\frac{1}{k}\nabla\nabla(\psi\hat{c}),$$

就满足矢量波动方程. 如果$\hat{c}$表示$\hat{x}$、$\hat{y}$、$\hat{z}$中的某一单位矢量，ψ为球坐标系中标量波动方程的本征函数基本解，即

$$\psi=\psi_{\substack{e\\o}mn}(k)=\mathrm{j}_n(kR)\mathrm{P}_n^m(\cos\theta)\begin{matrix}\cos\\ \sin\end{matrix}m\varphi,$$

这样我们便有了另外六组球矢量波函数，定义如下：

$$\boldsymbol{M}^{(c)}_{\substack{e\\o}mn}(k)=\frac{1}{k}\nabla(\psi_{\substack{e\\o}mn}\hat{c}),\tag{8.25}$$

$$\boldsymbol{N}^{(c)}_{\substack{e\\o}mn}(k)=\frac{1}{k^2}\nabla\nabla(\psi_{\substack{e\\o}mn}\hat{c}).\tag{8.26}$$

这里$\hat{c}$分别取$\hat{x}$、$\hat{y}$和$\hat{z}$. 为了清楚起见，我们称这些函数为c-型球矢量波函数. 同(8.5)和(8.6)式相比，定义式(8.25)和(8.26)含有额外因子$\frac{1}{k}$，这是为使两种不同定义的矢量波函数有相同的量纲. 将单位矢量$\hat{x}$、$\hat{y}$和$\hat{z}$值用球坐标系中单位矢量表示，我们能够导出c-型

球矢量波函数(也称非标准球矢量波函数)的分量表达式. 在应用代数方法推导$\overline{G}_{e0}$本征展开式之前,先来讨论标准球矢量波函数与c-型球矢量波函数之间的几个有趣的关系式. 这些关系式将在后面应用代数方法推导自由空间并矢格林函数时起重要作用. 这里,我们不打算证明这些关系式的全部,只想通过一个例子的详细讨论来阐明其分析方法. 如考虑矢量波函数

$$\boldsymbol{M}_{emn}^{(x)}(k) = \frac{1}{k}\nabla(\psi_{emn}\hat{x}), \tag{8.27}$$

在球坐标系中,有

$$\hat{x} = \sin\theta\cos\varphi\hat{R} + \cos\theta\cos\varphi\hat{\theta} - \sin\varphi\hat{\varphi}.$$

代入(8.27)式,得到

$$\begin{aligned}\boldsymbol{M}_{emn}^{(x)}(k) = \frac{1}{kR}\Big\{&\frac{-1}{\sin\theta}\Big[\frac{\partial}{\partial\theta}(\sin\theta\sin\varphi\psi_{emn}) + \frac{\partial}{\partial\varphi}(\cos\theta\cos\varphi\psi_{emn})\Big]\hat{R}\\ &+\Big[\frac{1}{\sin\theta}\frac{\partial}{\partial\varphi}(\sin\theta\cos\varphi\psi_{emn}) + \frac{\partial}{\partial R}(R\sin\varphi\psi_{emn})\Big]\hat{\theta}\\ &+\Big[\frac{\partial}{\partial R}(R\cos\theta\cos\varphi\psi_{emn}) - \frac{\partial}{\partial\theta}(\sin\theta\cos\varphi\psi_{emn})\Big]\hat{\varphi}\Big\}.\end{aligned} \tag{8.28}$$

其中径向分量为

$$\begin{aligned}\hat{R}\cdot\boldsymbol{M}_{emn}^{(x)} = -\frac{\mathrm{j}_n(\rho)}{\rho\sin\theta}\Big[&\sin\varphi\cos m\varphi\frac{\mathrm{d}}{\mathrm{d}\theta}(\sin\theta\mathrm{P}_n^m)\\ &+\cos\theta\mathrm{P}_n^m\frac{\mathrm{d}}{\mathrm{d}\varphi}(\cos\varphi\cos m\varphi)\Big].\end{aligned} \tag{8.29}$$

上式中ρ表示kR,利用三角函数和差化积公式,(8.29)式又可写成

$$\begin{aligned}\hat{R}\cdot\boldsymbol{M}_{emn}^{(x)} &= \frac{-\mathrm{j}_n(\rho)}{2\rho\sin\theta}\Big\{\Big[\frac{\mathrm{d}}{\mathrm{d}\theta}(\sin\theta\mathrm{P}_n^m) - (m+1)\cos\theta\mathrm{P}_n^m\Big]\sin(m+1)\varphi\\ &\quad -\Big[\frac{\mathrm{d}}{\mathrm{d}\theta}(\sin\theta\mathrm{P}_n^m) + (m-1)\cos\theta\mathrm{P}_n^m\Big]\sin(m-1)\varphi\Big\}\\ &= \frac{-\mathrm{j}_n(\rho)}{2\rho}\Big[\Big(\frac{\mathrm{d}\mathrm{P}_n^m}{\mathrm{d}\theta} - m\frac{\cos\theta}{\sin\theta}\mathrm{P}_n^m\Big)\sin(m+1)\varphi\end{aligned}$$

$$-\left(\frac{\mathrm{dP}_n^m}{\mathrm{d}\theta}+m\frac{\cos\theta}{\sin\theta}\mathrm{P}_n^m\right)\sin(m-1)\varphi\Big]. \tag{8.30}$$

对(8.30)式应用缔合勒让德函数递推关系式

$$\frac{\mathrm{dP}_n^m}{\mathrm{d}\theta}\pm m\frac{\cos\theta}{\sin\theta}\mathrm{P}_n^m=\begin{cases}(n-m+1)(n+m)\mathrm{P}_n^{m-1}\\-\mathrm{P}_n^{m+1}\end{cases},$$

则(8.30)式可表示为

$$\hat{R}\cdot\boldsymbol{M}_{emn}^{(x)}=\frac{\mathrm{j}_n(\rho)}{2\rho}[\mathrm{P}_n^{m+1}\sin(m+1)\varphi$$
$$+(n-m+1)(n+m)\mathrm{P}_n^{m-1}\sin(m-1)\varphi]. \tag{8.31}$$

将上式与(8.10)式比较,不难发现(8.31)式的右边正好是本征值分别为$(n,m+1)$和$(n,m-1)$的奇项球矢量波函数$\boldsymbol{N}$的径向分量的叠加,即有

$$\hat{R}\cdot\boldsymbol{M}_{emn}^{(x)}(k)=\hat{R}\cdot\frac{1}{2n(n+1)}[\boldsymbol{N}_{o(m+1)n}(k)$$
$$+(n+m)(n-m+1)\boldsymbol{N}_{o(m-1)n}(k)]. \tag{8.32}$$

(8.32)式给出了C型球矢量波函数$\boldsymbol{M}^{(x)}$的径向分量与标准球矢量波函数之间的变换关系.$\boldsymbol{M}^{(x)}$的另外两个分量也有类似的关系式,只是推导更为烦琐,其中$\hat{\theta}$分量求得是

$$\hat{\theta}\cdot\boldsymbol{M}_{emn}^{(x)}(k)=\frac{1}{\rho}\Big[\mathrm{j}_n\mathrm{P}_n^m\frac{\mathrm{d}}{\mathrm{d}\varphi}(\cos\varphi\cos m\varphi)$$
$$+\frac{\mathrm{d}}{\mathrm{d}\rho}(\rho\mathrm{j}_n)\mathrm{P}_n^m\sin\varphi\cos m\varphi\Big]. \tag{8.33}$$

应用三角函数关系可化(8.33)式为

$$\hat{\theta}\cdot\boldsymbol{M}_{emn}^{(x)}(k)=\frac{\mathrm{P}_n^m}{2\rho}\Big\{\Big[\frac{\mathrm{d}(\rho\mathrm{j}_n)}{\mathrm{d}\rho}-(m+1)\mathrm{j}_n\Big]\sin(m+1)\varphi$$
$$-\Big[\frac{\mathrm{d}(\rho\mathrm{j}_n)}{\mathrm{d}\rho}+(m-1)\mathrm{j}_n\Big]\sin(m-1)\varphi\Big\}. \tag{8.34}$$

很明显,(8.34)式不能用两组不同本征值的奇项球矢量波函数θ分

量叠加表示.为了导出两种不同类型矢量波函数之间的联系,必须对(8.34)式作进一步的讨论,这些讨论要用到贝塞耳函数和缔合勒让德函数的递推关系,表示如下:

$$\mathrm{P}_n^m=\frac{1}{(2n+1)\sin\theta}\left[\mathrm{P}_{n+1}^{m+1}-\mathrm{P}_{n-1}^{m+1}\right], \tag{8.35}$$

$$\mathrm{P}_n^m=\frac{1}{(2n+1)\sin\theta}\left[-(n-m+2)(n-m+1)\mathrm{P}_{n+1}^{m-1}+(n+m)(n+m-1)\mathrm{P}_{n-1}^{m-1}\right], \tag{8.36}$$

$$\frac{\mathrm{dP}_n^{m+1}}{\mathrm{d}\theta}=\frac{n(n+1)}{(2n+1)\sin\theta}\left[\frac{n-m}{n+1}\mathrm{P}_{n+1}^{m+1}-\frac{n+m+1}{n}\mathrm{P}_{n-1}^{m+1}\right], \tag{8.37}$$

$$\frac{\mathrm{dP}_n^{m-1}}{\mathrm{d}\theta}=\frac{n(n+1)}{(2n+1)\sin\theta}\left[\frac{n-m+2}{n+1}\mathrm{P}_{n+1}^{m-1}-\frac{n+m-1}{n}\mathrm{P}_{n-1}^{m-1}\right], \tag{8.38}$$

$$\frac{\mathrm{j}_n}{\rho}=\frac{(\rho\mathrm{j}_n)'}{(n+1)\rho}+\frac{\mathrm{j}_{n+1}}{n+1}, \tag{8.39}$$

$$\frac{\mathrm{j}_n}{\rho}=\frac{-(\rho\mathrm{j}_n)'}{n\rho}+\frac{\mathrm{j}_{n-1}}{n}. \tag{8.40}$$

这里$(\rho\mathrm{j}_n)'$表示$\rho\mathrm{j}_n$的微商.关于缔合勒让德函数的递推关系读者可从斯特莱顿的著作[1]中找到,不必作进一步证明.至于贝塞耳函数的递推关系可利用(8.16)和(8.17)两式导出.将(8.35)~(8.40)式应用于(8.34)式,可得到

$$\begin{aligned}\hat{\theta}\cdot\boldsymbol{M}_{emn}^{(x)}=&\frac{1}{2(2n+1)}\left\{\frac{\mathrm{P}_{n+1}^{m+1}}{\sin\theta}\left[\frac{n-m}{n+1}\frac{(\rho\mathrm{j}_n)'}{\rho}-\frac{m+1}{n+1}\mathrm{j}_{n+1}\right]\right.\\&\left.-\frac{\mathrm{P}_{n-1}^{m+1}}{\sin\theta}\left[\frac{n+m+1}{n}\frac{(\rho\mathrm{j}_n)'}{\rho}-\frac{m+1}{n}\mathrm{j}_{n-1}\right]\right\}\sin(m+1)\varphi\\&+\frac{1}{2(2n+1)}\left\{(n-m+2)(n-m+1)\frac{\mathrm{P}_{n+1}^{m-1}}{\sin\theta}\left[\frac{n+m}{n+1}\frac{(\rho\mathrm{j}_n)'}{\rho}\right.\right.\\&\left.+\frac{m-1}{n+1}\mathrm{j}_{n+1}\right]-(n+m)(n+m-1)\frac{\mathrm{P}_{n-1}^{m-1}}{\sin\theta}\left[\frac{n-m+1}{n}\frac{(\rho\mathrm{j}_n)'}{\rho}\right.\\&\left.\left.+\frac{m-1}{n}\mathrm{j}_{n-1}\right]\right\}\sin(m-1)\varphi.\end{aligned} \tag{8.41}$$

重新排列(8.41)式右边各项的顺序，上式可改写成如下形式：

$$\hat{\theta}\cdot\boldsymbol{M}_{emn}^{(x)}=\frac{1}{2(2n+1)}\left\{-\frac{m+1}{n+1}\frac{\mathrm{P}_{n+1}^{m+1}}{\sin\theta}\mathrm{j}_{n+1}+\frac{m+1}{n}\frac{\mathrm{P}_{n-1}^{m+1}}{\sin\theta}\mathrm{j}_{n-1}\right.$$

$$\left.+\frac{(\rho\mathrm{j}_n)'}{\rho\sin\theta}\left[\frac{n-m}{n+1}\mathrm{P}_{n+1}^{m+1}-\frac{n+m+1}{n}\mathrm{P}_{n-1}^{m+1}\right]\right\}\sin(m+1)\varphi$$

$$+\frac{1}{2(2n+1)}\left\{\frac{(m-1)(n-m+2)(n-m+1)}{(n+1)}\frac{\mathrm{P}_{n+1}^{m-1}}{\sin\theta}\mathrm{j}_{n+1}\right.$$

$$-\frac{(m-1)(n+m)(n+m-1)}{n}\frac{\mathrm{P}_{n-1}^{m-1}}{\sin\theta}\mathrm{j}_{n-1}$$

$$+(n+m)(n-m+1)\frac{(\rho\mathrm{j}_n)'}{\rho\sin\theta}\left[\frac{(n-m+2)}{n+1}\frac{\mathrm{P}_{n+1}^{m-1}}{\sin\theta}\right.$$

$$\left.\left.-\frac{(n+m-1)}{n}\frac{\mathrm{P}_{n-1}^{m-1}}{\sin\theta}\right]\right\}\sin(m-1)\varphi. \tag{8.42}$$

再利用(8.37)和(8.38)、(8.42)式，上式能表示成下面的形式：

$$\hat{\theta}\cdot\boldsymbol{M}_{emn}^{(x)}=\frac{1}{2}\left\{\frac{m+1}{2n+1}\left[\frac{-1}{n+1}\frac{\mathrm{P}_{n+1}^{m+1}}{\sin\theta}\mathrm{j}_{n+1}+\frac{1}{n}\frac{\mathrm{P}_{n-1}^{m+1}}{\sin\theta}\mathrm{j}_{n-1}\right]\right.$$

$$\left.+\frac{1}{n(n+1)}\frac{\partial\mathrm{P}_n^{m+1}}{\partial\theta}\frac{(\rho\mathrm{j}_n)'}{\rho}\right\}\sin(m+1)\varphi$$

$$+\frac{1}{2}\left\{\frac{m-1}{2n+1}\left[\frac{(n-m+2)(n-m+1)}{n+1}\frac{\mathrm{P}_{n+1}^{m-1}}{\sin\theta}\mathrm{j}_{n+1}\right.\right.$$

$$\left.-\frac{(n+m)(n+m-1)}{n}\cdot\frac{\mathrm{P}_{n-1}^{m-1}}{\sin\theta}\mathrm{j}_{n-1}\right]$$

$$\left.-\frac{(n+m)(n+m-1)}{n(n+1)}\frac{\partial\mathrm{P}_n^{m-1}}{\partial\theta}\frac{(\rho\mathrm{j}_n)'}{\rho}\right\}\cdot\sin(m-1)\varphi. \tag{8.43}$$

经过上述的数学处理，不难发现：(8.43)式的每一项均可用一球矢量波函数的$\hat{\theta}$分量表示。这样我们便找到了$\hat{\theta}\cdot\boldsymbol{M}^{(x)}$一种公认的形式，表示如下：

$$\hat{\theta}\cdot\boldsymbol{M}_{emn}^{(x)}=\hat{\theta}\cdot\left\{\frac{1}{2n(n+1)}\left[\boldsymbol{N}_{o(m+1)n}\right.\right.$$

$$\left.+(n+m)(n-m+1)\boldsymbol{N}_{o(m-1)n}\right]$$

$$+\frac{1}{2(n+1)(2n+1)}[\boldsymbol{M}_{e(m+1)(n+1)}$$

$$-(n-m+1)(n-m+2)\boldsymbol{M}_{e(m-1)(n+1)}]$$

$$-\frac{1}{2n(2n+1)}[\boldsymbol{M}_{e(m+1)(n-1)}$$

$$-(n+m-1)(n+m)\boldsymbol{M}_{e(m-1)(n-1)}]\Big\}. \tag{8.44}$$

值得注意的是,(8.44)式中含球矢量波函数 $\boldsymbol{N}$ 的两项及其所带的系数均与(8.32)式相同,只是那里不含球矢量波函数 $\boldsymbol{M}$ 项,这是因为 $\boldsymbol{M}$ 不包含径向分量的缘故.将 $\boldsymbol{M}^{(x)}$ 中的 φ 分量用球矢量波函数展开,可以证明其结果与(8.44)式完全相同.这样,我们导出了 $\boldsymbol{M}_{emn}^{(x)}$ 与球矢量波函数之间完整的变换关系,即为(8.44)式两边同时取消($\hat{\theta}\cdot$)所得.同理可导出其他 C 型球矢量波函数与球矢量波函数之间的变换关系,其结果列于附录(E.3).

有了上述变换关系式,下面我们讨论用代数方法推导自由空间电型并矢格林函数的本征展开问题.为此,记

$$\overline{\overline{G}}_{e0}(\boldsymbol{R},\boldsymbol{R}')=\boldsymbol{G}_{e0}^{(x)}(\boldsymbol{R},\boldsymbol{R}')\hat{x}+\boldsymbol{G}_{e0}^{(y)}(\boldsymbol{R},\boldsymbol{R}')\hat{y}+\boldsymbol{G}_{e0}^{(z)}(\boldsymbol{R},\boldsymbol{R}')\hat{z}, \tag{8.45}$$

这里

$$\boldsymbol{G}_{e0}^{(c)}(\boldsymbol{R},\boldsymbol{R}')=\left(1+\frac{1}{k^2}\nabla\nabla\right)G_0(\boldsymbol{R},\boldsymbol{R}')\hat{c}\quad(\hat{c}=\hat{x},\hat{y},\hat{z}), \tag{8.46}$$

$$G_0(\boldsymbol{R},\boldsymbol{R}')=\frac{\mathrm{e}^{\mathrm{i}k|\boldsymbol{R}-\boldsymbol{R}'|}}{4\pi|\boldsymbol{R}-\boldsymbol{R}'|}. \tag{8.47}$$

对于 $R\neq R'$ 的区域,(8.46)式等效于

$$\boldsymbol{G}_{e0}^{(c)}(\boldsymbol{R},\boldsymbol{R}')=\frac{1}{k^2}\nabla\nabla[G_0(\boldsymbol{R},\boldsymbol{R}')\hat{c}]. \tag{8.48}$$

将 $G_0(\boldsymbol{R},\boldsymbol{R}')$ 用本征波函数展开,可表示为

$$G_0(\boldsymbol{R},\boldsymbol{R}')=\frac{\mathrm{i}k}{4\pi}\sum_{m,n}D_{mn}\mathrm{P}_n^m(\cos\theta)\mathrm{P}_n^m(\cos\theta')\cos m(\varphi-\varphi')\cdot\begin{cases}\mathrm{h}_n^{(1)}(kR)\mathrm{j}_n(kR') & (R>R'),\\ \mathrm{j}_n(kR)\mathrm{h}_n^{(1)}(kR') & (R<R').\end{cases} \tag{8.49}$$

式中：

$$D_{mn} = (2-\delta_0)(2n+1)\frac{(n-m)!}{(n+m)!}.$$

上式可直接从斯特莱顿著作[1] 中得到. 将(8.49) 式代入(8.46) 式，对于 $R < R'$ 区域，则有

$$\boldsymbol{G}_0^{(c)}(\boldsymbol{R},\boldsymbol{R}') = \frac{\mathrm{i}k}{4\pi}\sum_{m,n} A_{\substack{e\\o}mn}\boldsymbol{N}^{(c)}_{\substack{e\\o}mn}. \tag{8.50}$$

式中：

$$A_{\substack{e\\o}mn} = D_{mn}\,\mathrm{h}_n^{(1)}(kR')\mathrm{P}_n^m(\cos\theta')\frac{\cos}{\sin}m\varphi'. \tag{8.51}$$

$\boldsymbol{N}^{(c)}_{\substack{e\\o}mn}$ 为(8.26) 式定义的 C 型球矢量波函数. 借助 C 型与球矢量波函数的变换关系，(8.50) 式中 $\boldsymbol{N}^{(c)}_{\substack{e\\o}mn}$ 可用球矢量波函数表示. 因此(8.50) 式又可表示为

$$\boldsymbol{G}_{\omega}^{(c)}(\boldsymbol{R},\boldsymbol{R}') = \frac{\mathrm{i}k}{4\pi}\sum_{n=1}^{\infty}\sum_{m=0}^{n}(\alpha^{(c)}_{\substack{e\\o}mn}\boldsymbol{M}_{\substack{e\\o}mn} + \beta^{(c)}_{\substack{e\\o}mn}\boldsymbol{N}_{\substack{e\\o}mn}). \tag{8.52}$$

系数 $\alpha^{(c)}_{\substack{e\\o}mn}$ 和 $\beta^{(c)}_{\substack{e\\o}mn}$ 由变换关系及 $A_{\substack{e\\o}mn}$ 确定，其最终结果可以表示为不同阶数 $A_{\substack{e\\o}mn}$ 的线性组合. 例如

$$\begin{aligned}\alpha^{(x)}_{\substack{e\\o}mn} &= \frac{-1}{2n(n+1)}[(1+\delta_1)A_{0(m-1)n} \\ &\quad + (n+m+1)(n-m)A_{0(m+1)n}],\end{aligned}$$

$$\begin{aligned}\beta^{(x)}_{\substack{e\\o}mn} &= \frac{1}{2n(n-1)}[(1+\delta_1)A_{e(m-1)(n-1)} \\ &\quad - (n-m-1)(n-m)A_{e(m+1)(n-1)}].\end{aligned}$$

这里

$$\delta_1 = \begin{cases}1 & (m=1),\\ 0 & (m\neq 1).\end{cases}$$

将(8.52) 式代入(8.45) 式，经过适当的简化，可得到下列等式：

$$\alpha^{(x)}_{\substack{e\\o}mn}\hat{x} + \alpha^{(y)}_{\substack{e\\o}mn}\hat{y} + \alpha^{(z)}_{\substack{e\\o}mn}\hat{z} = C_{mn}\boldsymbol{M}'^{(1)}_{\substack{e\\o}mn},$$

$$\beta^{(x)}_{\substack{e\\o}mn}\hat{x} + \beta^{(y)}_{\substack{e\\o}mn}\hat{y} + \beta^{(z)}_{\substack{e\\o}mn}\hat{z} = C_{mn}\boldsymbol{N}'^{(1)}_{\substack{e\\o}mn}.$$

其中的系数 C_{mn} 由(8.20) 式给出. 因此，对于 $R < R'$ 区域，我们获得 $\overline{\overline{G}}_{\omega}(\boldsymbol{R},\boldsymbol{R}')$ 的展开式为

$$\overline{\overline{G}}_{\omega}(\boldsymbol{R},\boldsymbol{R}') = \frac{\mathrm{i}k}{4\pi}\sum_{m,n}C_{mn}[\boldsymbol{M}(k)\boldsymbol{M}'^{(1)}(k) + \boldsymbol{N}(k)\boldsymbol{N}'^{(1)}(k)]. \tag{8.53}$$

这一结果正是由欧姆—瑞利方法导出的$\overline{\overline{G}}_{e0}$除去奇异项后的结果.从上面烦琐的推导不难看到,用欧姆—瑞利方法构造并矢格林函数确比代数方法优越得多.需要指出的是,基于$\overline{\overline{G}}_{e0}$应用代数方法不能导出奇异性项,但若从$\overline{\overline{G}}_{m0}$出发,用代数方法也能获得奇异项.

8.3 理想导体球和介质球的并矢格林函数

在前两节里,我们已经导出了自由空间球坐标系中电型并矢格林函数$\overline{\overline{G}}_{e0}$的本征展开式,对于球形边值问题,我们还需导出其他类型的并矢格林函数,这些并矢格林函数可仿照第5章的方法,用散射叠加方法获得.我们首先研究理想导体球边界条件下第一类和第二类并矢格林函数.设自由空间中有一半径为a的理想导体球,球心与坐标原点重合,并设第一类电型并矢格林函数有如下形式

$$\overline{\overline{G}}_{e1}(\boldsymbol{R},\boldsymbol{R}')=\overline{\overline{G}}_{e0}(\boldsymbol{R},\boldsymbol{R}')+\overline{\overline{G}}_{1s}(\boldsymbol{R},\boldsymbol{R}'),\tag{8.54}$$

这里$\overline{\overline{G}}_{e0}(\boldsymbol{R},\boldsymbol{R}')$已由(8.24)式给出.考虑到$\overline{\overline{G}}_{1s}(\boldsymbol{R},\boldsymbol{R}')$表示导体球面对场的散射效应,结合$\overline{\overline{G}}_{e0}(\boldsymbol{R},\boldsymbol{R}')$的构成形式,$\overline{\overline{G}}_{1s}(\boldsymbol{R},\boldsymbol{R}')$应有下面形式的展开式

$$\overline{\overline{G}}_{1s}(\boldsymbol{R},\boldsymbol{R}')=\frac{\mathrm{i}k}{4\pi}\sum_{m,n}C_{mn}[a_n\boldsymbol{M}^{(1)}(k)\boldsymbol{M}'^{(1)}(k)+b_n\boldsymbol{N}^{(1)}(k)\boldsymbol{N}'^{(1)}(k)].\tag{8.55}$$

式中:a_n和b_n为待定系数,由球面上$\overline{\overline{G}}_{e1}$满足的狄里克莱条件确定,求得

$$a_n=\frac{-\mathrm{j}_n(ka)}{\mathrm{h}_n^{(1)}(ka)},\tag{8.56}$$

$$b_n=\frac{-(\mathrm{d}/\mathrm{d}\rho)[\rho\mathrm{j}_n(\rho)]}{(\mathrm{d}/\mathrm{d}\rho)[\rho\mathrm{h}_n^{(1)}(\rho)]},\rho=ka.\tag{8.57}$$

类似地,可设第二类电型并矢格林函数为

$$\overline{\overline{G}}_{e2}(\boldsymbol{R},\boldsymbol{R}')=\overline{\overline{G}}_{e0}(\boldsymbol{R},\boldsymbol{R}')+\overline{\overline{G}}_{2s}(\boldsymbol{R},\boldsymbol{R}').\tag{8.58}$$

$\overline{\overline{G}}_{e2}(\boldsymbol{R},\boldsymbol{R}')$在球面上满足纽曼边界条件,考虑到$\overline{\overline{G}}_{e1}$和$\overline{\overline{G}}_{e2}$的对称性关系,我们得到

$$\overline{\overline{G}}_{2s}(\boldsymbol{R},\boldsymbol{R}') = \frac{\mathrm{i}k}{4\pi}\sum_{m,n} C_{mn}[b_n \boldsymbol{M}^{(1)}(k)\boldsymbol{M}'^{(1)}(k) + a_n \boldsymbol{N}^{(1)}(k)\boldsymbol{N}'^{(1)}(k)]. \tag{8.59}$$

这里系数 a_n 和 b_n 仍由(8.56)和(8.57)式所定义,只是所起的作用完全不同,两者正好互换位置.

对于非理想导体球或介质球,其电型并矢格林函数为第三类.此时空间被球面分为两个区域,即球的内部和外部,我们设

$$k_1 = \omega\sqrt{\mu_1\varepsilon_1} \quad (r \geqslant a),$$
$$k_2 = \omega\sqrt{\mu_2\varepsilon_2} \quad (r \leqslant a).$$

若介质球置于空气中,则 $\varepsilon_1 = \varepsilon_0, \varepsilon_2 = \varepsilon, \mu_1 = \mu_2 = \mu_0$,此外 ε 表示介质球的介电常数.一般情形下,这些常数可以是任意的,不受任何限制.在现在的情况下,(8.24)式 $\overline{\overline{G}}_{e0}$ 中的波数 k 应由 k_1 取代.我们假设

$$\overline{\overline{G}}_{e}^{(11)}(\boldsymbol{R},\boldsymbol{R}') = \overline{\overline{G}}_{e0}(\boldsymbol{R},\boldsymbol{R}') + \overline{\overline{G}}_{es}^{(11)}(\boldsymbol{R},\boldsymbol{R}') \quad (R \geqslant a),$$
$$\overline{\overline{G}}_{e}^{(21)}(\boldsymbol{R},\boldsymbol{R}') = \overline{\overline{G}}_{es}^{(21)}(\boldsymbol{R},\boldsymbol{R}') \quad (R \leqslant a).$$

根据2.4节中关于对上标的约定,上面假设的第三类电型并矢格林函数意味着源被置于介质球的外部.其散射项可表示为

$$\overline{\overline{G}}_{es}^{(11)}(\boldsymbol{R},\boldsymbol{R}') = \frac{\mathrm{i}k_1}{4\pi}\sum_{m,n} C_{mn}[A_n(\boldsymbol{M}^{(1)}(k_1)\boldsymbol{M}'^{(1)}(k_1) + B_n\boldsymbol{N}^{(1)}(k_1)\boldsymbol{N}'^{(1)}(k_1))], \tag{8.60}$$

$$\overline{\overline{G}}_{es}^{(21)}(\boldsymbol{R},\boldsymbol{R}') = \frac{\mathrm{i}k_1}{4\pi}\sum_{m,n} C_{mn}[C_n(\boldsymbol{M}^{(1)}(k_2)\boldsymbol{M}'^{(1)}(k_1) + D_n\boldsymbol{N}^{(1)}(k_2)\boldsymbol{N}'^{(1)}(k_1))]. \tag{8.61}$$

在球面上,第三类电型并矢格林函数应满足边界条件

$$\left.\begin{aligned} \hat{R}\times\overline{\overline{G}}_{e}^{(11)} &= \hat{R}\times\overline{\overline{G}}_{e}^{(21)} \\ \frac{1}{\mu_1}\hat{R}\times\nabla\overline{\overline{G}}_{e}^{(11)} &= \frac{1}{\mu_2}\hat{R}\times\nabla\overline{\overline{G}}_{e}^{(21)} \end{aligned}\right\}, R = a.$$

据此,我们可求得(8.60)和(8.61)两式中待定系数 A_n、B_n、C_n 和 D_n 满足代数方程:

$$\mathrm{j}_n(\rho_1) + A_n\mathrm{h}_n^{(1)}(\rho_1) = C_n\mathrm{j}_n(\rho_2), \tag{8.62}$$

$$\frac{k_1}{\mu_1}\left\{\frac{[\rho_1\mathrm{j}_n(\rho_1)]'}{\rho_1} + A_n\frac{[\rho_1\mathrm{h}_n^{(1)}(\rho_1)]'}{\rho_1}\right\}$$

$$= \frac{k_2}{\mu_2}\left\{C_n \frac{[\rho_2 \mathrm{j}_n(\rho_2)]'}{\rho_2}\right\}, \tag{8.63}$$

$$\frac{[\rho_1 \mathrm{j}_n(\rho_1)]'}{\rho_1} + B_n \frac{[\rho_1 \mathrm{h}_n^{(1)}(\rho_1)]'}{\rho_1} = D_n \frac{[\rho_2 \mathrm{j}_n(\rho_2)]'}{\rho_2}, \tag{8.64}$$

$$\frac{k_1}{\mu_1}[\mathrm{j}_n(\rho_1) + B_n \mathrm{h}_n^{(1)}(\rho_1)] = D_n\left(\frac{k_2}{\mu_2}\right)\mathrm{j}_n(\rho_2). \tag{8.65}$$

此处,$\rho_1 = k_2 a$,$\rho_2 = k_2 a$,上标中撇号表示微商运算. 上面四个方程可分为两个代数方程组,求解极为容易,解出系数便可得到 $\overline{\overline{G}}_e^{(11)}(\boldsymbol{R},\boldsymbol{R}')$ 和$\overline{\overline{G}}_e^{(21)}(\boldsymbol{R},\boldsymbol{R}')$. 比较一下介质球与介质柱第三类电型并矢格林函数的求解过程,我们看到,球形边界情形是极其简单的. 对于介质球,人们不必引入 TE 模($\boldsymbol{M}$ 描述)和 TM 模($\boldsymbol{N}$ 描述)之间的耦合项,而这种耦合对介质柱是必不可少的. 在这两个不同的边值问题中,我们必须记住一点:圆柱矢量波函数的领示矢量为 $\hat{z}$,而球矢量波函数的领示矢量为 $\boldsymbol{R}$,它们的特性也是完全不同的.

8.4 导电球附近偶极子的辐射

作为球坐标系中各类并矢格林函数的应用,本节讨论导电球附近偶极子的辐射. 自从 20 世纪初实现无线电波绕地球传播以来,历史上不少学者研究过地球表面垂直的电或磁偶极子的辐射问题. 而地球表面上水平放置偶极子的辐射问题则是几十年之后由野村[2][1951] 和福克[3][1965] 予以解决的. 本节中,我们将应用并矢格林函数方法继续讨论这一问题,并证明其结果与野村所获得的结果的一致性. 同时,我们也将通过水平振子辐射问题解的渐近结果,重新导出米[4][1908] 所获得球体对平面波绕射的解. 为了简明起见,假设球是理想导体球. 事实上,对于非理想导体球,应用第三类电型并矢格林函数,求解并不困难.

图 8-1 为我们所考虑问题的几何模型. 有一电流矩强度为 c,指向 x 方向的水平电偶极子元,放置在 $R' = b, \theta' = 0, \varphi' = 0$ 位置. 电偶极子元可以表示为

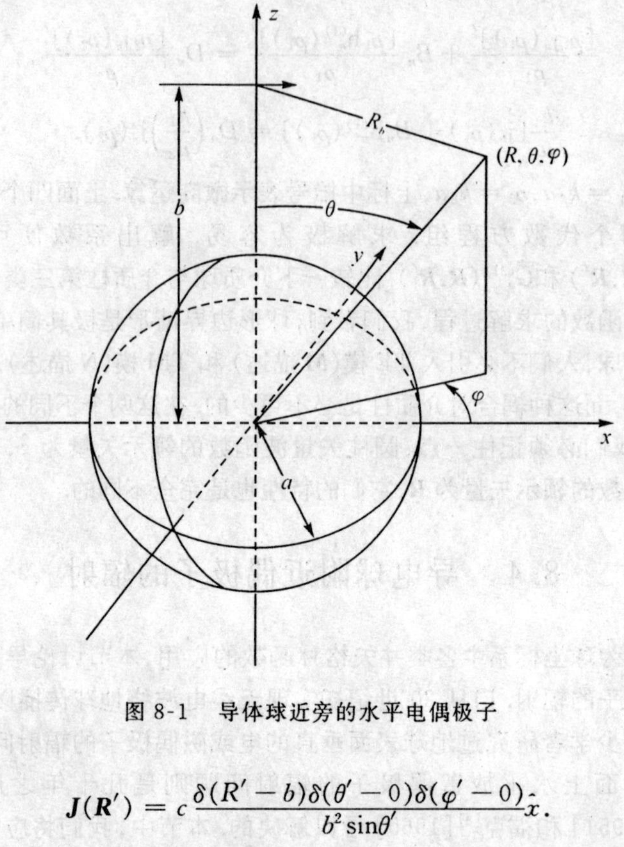

图 8-1　导体球近旁的水平电偶极子

$$\boldsymbol{J}(\boldsymbol{R}') = c\,\frac{\delta(R'-b)\delta(\theta'-0)\delta(\varphi'-0)}{b^2\sin\theta'}\hat{x}.$$

电偶极子激励的电场则为

$$\begin{aligned}\boldsymbol{E}(\boldsymbol{R}) &= \mathrm{i}\omega\mu_0 \iiint \overline{\overline{G}}_{e1}(\boldsymbol{R},\boldsymbol{R}')\cdot\boldsymbol{J}(\boldsymbol{R}')\mathrm{d}V' \\ &= \mathrm{i}\omega\mu_0\,\overline{\overline{G}}_{e1}(\boldsymbol{R},\boldsymbol{R}')\cdot\hat{x},\quad \boldsymbol{R}'=(b,0,0).\end{aligned} \tag{8.66}$$

将$\overline{\overline{G}}_{e1}$ 的本征展开式,即(8.24)、(8.55) 和(8.56) 式代入(8.66) 式,我们便得到

$$\boldsymbol{E}(\boldsymbol{R}) = \frac{-k\omega\mu_0 c}{4\pi}\sum_{n=1}^{\infty}\frac{2n+1}{n(n+1)}\begin{cases}[\mathrm{j}_n(\rho_b)+a_n\mathrm{h}_n^{(1)}(\rho_b)]\boldsymbol{M}^{(1)}(k) \\ \quad +\dfrac{1}{\rho_b}([\rho_b\mathrm{j}_n(\rho_b)]'+b_n[\rho_b\mathrm{h}_n^{(1)}(\rho_b)]')\boldsymbol{N}^{(1)}(k) & (R>b), \\ \mathrm{h}_n^{(1)}(\rho_b)[\boldsymbol{M}(k)+a_n\boldsymbol{M}^{(1)}(k)] \\ \quad +\dfrac{[\rho_b\mathrm{j}_n(\rho_b)]'}{\rho_b}[\boldsymbol{N}(k)+b_n\boldsymbol{N}^{(1)}(k)]' & (R<b).\end{cases}$$

(8.67)

这里 a_n、b_n 为待求系数，分别为

$$a_n = \frac{-\mathrm{j}_n(\rho_a)}{\mathrm{h}_n^{(1)}(\rho_a)},$$

$$b_n = \frac{-[\rho_a\mathrm{j}_n(\rho_a)]'}{[\rho_a\mathrm{h}_n^{(1)}(\rho_a)]'},$$

$$\rho_a = ka,\ \rho_b = kb.$$

从形式上看，上式不同于野村求出的结果. 他是利用位函数方法求解这一问题的. 作为 1.4 节的复习，我们用位函数方法讨论这一问题. 振子辐射的初级场(或称入射场) 能表示成如下形式：

$$\boldsymbol{E}_i(\boldsymbol{R}) = \nabla\nabla(\Pi_i\hat{x}),$$

$$\Pi_i = \frac{\mathrm{i}\omega\mu_0 c\mathrm{e}^{\mathrm{j}kR_b}}{4\pi k^2 R_b}$$

自由空间标量格林函数则包含在 Π_i 内，按照(8.49) 式，当 $\theta' = 0$，$\varphi' = 0$ 时，标量格林函数本征展开式应为

$$\frac{\mathrm{e}^{\mathrm{i}kR_b}}{4\pi R_b} = \frac{\mathrm{i}k}{4\pi}\sum_{n=0}^{\infty}(2n+1)\mathrm{P}_n(\cos\theta)\begin{cases}\mathrm{h}_n^{(1)}(kR)\mathrm{j}_n(kb) & (R>b), \\ \mathrm{j}_n(kR)\mathrm{h}_n^{(1)}(kb) & (R<b).\end{cases}$$

(8.68)

基于 x 型矢量波函数的本征级数表示，入射场又可表示成如下形式：

$$\boldsymbol{E}_i(\boldsymbol{R}) = \frac{-k\omega\mu_0 c}{4\pi}\sum_{n=0}^{\infty}(2n+1)\begin{cases}\mathrm{j}_n(kb)\boldsymbol{N}_{e0n}^{(x,1)} & (R>b), \\ \mathrm{h}_n^{(1)}(kb)\boldsymbol{N}_{e0n}^{(x)} & (R<b).\end{cases}$$

(8.69)

上式中 m 仅含 $m=0$ 一项，这是因振子处在 z 轴上的缘故. $\boldsymbol{N}^{(x,1)}$ 则表示 x 型球矢量波函数，其生成函数的径向函数为 $\mathrm{h}_n^{(1)}(kR)$. 野村通过假设次级场(或散射场) 的如下形式

$$\boldsymbol{E}_s(\boldsymbol{R}) = \frac{-k\omega\mu_0 c}{4\pi}\left[\sum_{n=0}^{\infty} c_n \boldsymbol{N}_{e0n}^{(x,1)}(k) + \sum_{n=1}^{\infty} d_n \boldsymbol{N}_{e1n}^{(1)}(k)\right], \tag{8.70}$$

找到了次级场解. 系数 c_n 和 d_n 可通过导体球面上场满足的边界条件 $\hat{R}\times(\boldsymbol{E}_i+\boldsymbol{E}_s)=0$ 确定,并求得为

$$c_n = -\frac{(2n+1)\mathrm{h}_n^{(1)}(\rho_b)}{\mathrm{h}_n^{(1)}(\rho_a)},$$

$$d_n = \frac{\mathrm{i}}{[\rho_a \mathrm{h}_n^{(1)}(\rho_a)]'}\left[\frac{\mathrm{h}_{n-1}^{(1)}(\rho_b)}{\mathrm{h}_{n-1}^{(1)}(\rho_a)} - \frac{\mathrm{h}_{n+1}^{(1)}(\rho_b)}{\mathrm{h}_{n+1}^{(1)}(\rho_a)}\right].$$

从(8.70)式的构成,人们可以看到散射场部分从赫兹位导出,另一部分则从德拜位获得. 而入射场则全部由赫兹位导得. 鉴于对 x 型和标准型球矢量波函数之间关系的讨论,我们能够按下述方法把野村获得的公式变换到(8.67)式. 对附录(D.21)式取旋度,并让 $m=0$,便得到

$$\begin{aligned}\boldsymbol{N}_{e0n}^{(x)} = {} & \frac{1}{2n(n+1)}[\boldsymbol{M}_{o1n} + n(n+1)\boldsymbol{M}_{o(-1)n}] \\ & + \frac{1}{2(n+1)(2n+1)}[\boldsymbol{N}_{e1(n+1)} - (n+1)(n+2)\boldsymbol{N}_{e(-1)(n+1)}] \\ & - \frac{1}{2n(2n+1)}[\boldsymbol{N}_{e1(n-1)} - (n-1)n\boldsymbol{N}_{e(-1)(n-1)}].\end{aligned} \tag{8.71}$$

当 m 变为负数时,应用索末菲著作[5]中给出的关系式

$$\mathrm{P}_n^{-m} = (-1)^m \frac{(n-m)!}{(n+m)!}\mathrm{P}_n^m,$$

我们可以得到:

$$\boldsymbol{M}_{\substack{e\\o}(-m)n} = \pm(-1)^m \frac{(n-m)!}{(n+m)!}\boldsymbol{M}_{\substack{e\\o}mn}, \tag{8.72}$$

$$\boldsymbol{N}_{\substack{e\\o}(-m)n} = \pm(-1)^m \frac{(n-m)!}{(n+m)!}\boldsymbol{N}_{\substack{e\\o}mn}. \tag{8.73}$$

这样,(8.71)式可简化为

$$\boldsymbol{N}_{e0n}^{(x)} = \frac{1}{n(n+1)}\boldsymbol{M}_{o1n} + \frac{1}{(n+1)(2n+1)}\boldsymbol{N}_{e1(n+1)} - \frac{1}{n(2n+1)}\boldsymbol{N}_{e1(n-1)}.$$

将其代入(8.70),并改变求和的下标,使得 n 从 1 开始,我们便得到次级场表达式

$$\boldsymbol{E}_s(\boldsymbol{R}) = \frac{-k\omega\mu_0 c}{4\pi}\sum_{n=1}^{\infty}\left\{\frac{c_n}{n(n+1)}\boldsymbol{M}_{o1n}^{(1)}(k) + \left[\frac{c_{n-1}}{n(2n-1)} - \frac{c_{n+1}}{(n+1)(2n+3)} + d_n\right]\boldsymbol{N}_{e1n}^{(1)}\right\}. \quad (8.74)$$

将上式与(8.67)式的散射场部分比较,系数 c_n 和 d_n 须满足下列关系:

$$c_n = (2n+1)\mathrm{h}_n^{(1)}(\rho_b)a_n, \quad (8.75)$$

$$\begin{aligned} d_n &= \frac{(2n+1)}{n(n+2)}\frac{[\rho_b \mathrm{h}_n^{(1)}(\rho_b)]'}{\rho_b}b_n + \frac{c_{n+1}}{(n+1)(2n+3)} - \frac{c_{n-1}}{n(2n-1)} \\ &= \frac{(2n+1)}{n(n+1)}\frac{[\rho_b \mathrm{h}_n^{(1)}(\rho_b)]'}{\rho_b}b_n + \frac{h_{n+1}^{(1)}(\rho_b)}{n+1}a_{n+1} + \frac{\mathrm{h}_{n-1}^{(1)}(\rho_b)}{n-1}a_{n-1}. \end{aligned} \quad (8.76)$$

再将(8.56)和(8.57)式定义的 a_n 和 b_n 代入上面两式,考虑到第一类球汉克尔函数也满足(8.39)和(8.40)式的递推关系,很容易验证系数 c_n 和 d_n 正是野村求得的结果. (8.67)和(8.70)式的一致性的最初验证是戴振铎于 1952 年完成的[6],他没有应用并矢格林函数方法,而是把(8.69)式变换为由 $\boldsymbol{M}_{o1n}^{(1)}$ 和 $\boldsymbol{N}_{e1n}^{(1)}$ 组成的两个级数解. 从上述讨论,我们看到 x 型球矢量波函数的应用,使得球形边值问题的最终结果变得相当复杂. 基于野村公式所得到的结果,其物理意义也没有(8.67)式明晰.

为了得到米关于球对平面波绕射的级数解,我们让(8.67)式中振子的位置趋于无穷远. 这样 kb 是一很大的变量,球汉克尔函数有如下的渐近表达式:

$$\mathrm{h}_n^{(1)}(kb) \approx (-\mathrm{i})^{n+1}\frac{\mathrm{e}^{\mathrm{i}kb}}{kb},$$

$$\frac{[kb\,\mathrm{h}_n^{(1)}(kb)]'}{kb} \approx (-\mathrm{i})^n\frac{\mathrm{e}^{\mathrm{i}kb}}{kb}.$$

将上面的渐近式代入(8.67)式,注意到此时空间变量应取 $R < b$,并使平面波振幅为

$$E_0 = \frac{\mathrm{i}\omega\mu_0 c e^{\mathrm{i}kb}}{kb} \quad (kb \gg 1),$$

我们便得到

$$\boldsymbol{E}(\boldsymbol{R}) = E_0 \sum_{n=1}^{\infty} (-\mathrm{i})^n \frac{2n+1}{n(n+1)} \{ [\boldsymbol{M}_{o1n}(k) + a_n \boldsymbol{M}_{o1n}^{(1)}(k)] + \mathrm{i}[\boldsymbol{N}_{e1n}(k) + b_n \boldsymbol{N}_{e1n}^{(1)}(k)] \}. \tag{8.77}$$

这正是斯特莱顿在他的著作中给出的由米获得的级数解. 这里有必要提醒读者注意:(8.77) 式中平面波入射方向正好与斯特莱顿所给出的相反.

在结束本节内容之前,我们再给出另外两个公式,这些公式的推导类似于(8.67) 式,这里不再重复.

Ⅰ. 垂直电振子 $\boldsymbol{C} = c\hat{z}$,放置在 $R' = b, \theta' = 0$ 处,其辐射场公式为

$$\boldsymbol{E}(\boldsymbol{R}) = \frac{-k\omega\mu_0 c}{4\pi kb} \sum_{n=1}^{\infty} \cdot \begin{cases} [\mathrm{j}_n(kb) + b_n \mathrm{h}_n^{(1)}(kb)] \boldsymbol{N}_{e0n}^{(1)}(k) & (R > b), \\ \mathrm{h}_n^{(1)}(kb)[\boldsymbol{N}_{e0n}(k) + b_n \boldsymbol{N}_{e0n}^{(1)}(k)] & (R < b), \end{cases} \tag{8.78}$$

$$b_n = \frac{-[ka\,\mathrm{j}_n(ka)]'}{[ka\,\mathrm{h}_n^{(1)}(kb)]'}.$$

Ⅱ. 一小圆形口径屏,屏上有均匀电场 $\boldsymbol{E}'_a = E_0 \hat{x} (\theta' \leqslant \theta_0)$,屏被置于导体球的顶部(见图 8-1),其辐射场公式为

$$\boldsymbol{E}(\boldsymbol{R}) = \frac{E_0 \theta_0^2}{4} \sum_{n=1}^{\infty} \frac{2n+1}{n(n+1)} \cdot \left\{ \frac{1}{\mathrm{h}_n^{(1)}(ka)} \boldsymbol{M}_{o1n}^{(1)} + \frac{ka}{[ka\,\mathrm{h}_n^{(1)}(ka)]'} \boldsymbol{N}_{e1n}^{(1)} \right\}. \tag{8.79}$$

在导出上式过程中,略去了高于 θ_0^3 的高阶项. (8.79) 式也可用一 y 向水平放置的磁偶极子激励的场得到,只是最终结果与(8.79) 式有一常数比例因子之差.

8.5 导电球上隙缝的辐射

考虑一个半径为 a 的理想导体球壳,壳上开有任意隙缝. 在球壳

上，除隙缝之外，电场 $\boldsymbol{E}$ 的切向分量处处为零，隙缝上的场可设为已知. 本节中，我们将应用并矢格林函数方法讨论当隙缝被激励时的辐射场，其几何模型如图 8-2 所示. 为不失一般性，我们设隙缝中电场切向分量为：

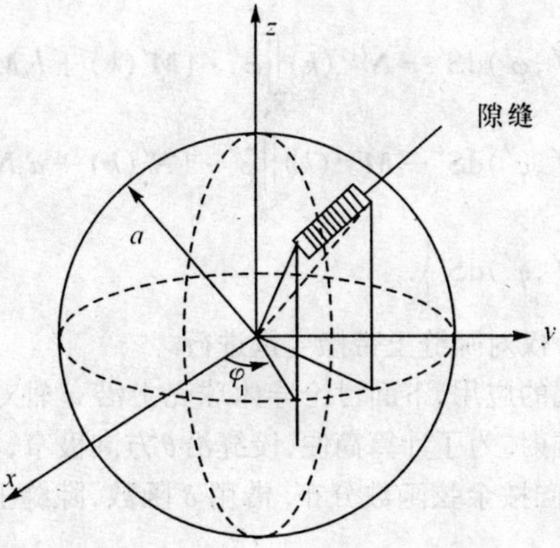

图 8-2　导电球壳上的隙缝

$$\begin{aligned} E_\theta &= f_1(\theta,\varphi) \\ E_\varphi &= f_2(\theta,\varphi) \end{aligned} \qquad (r = a, \theta_1 \leqslant \theta \leqslant \theta_2, \varphi_1 \leqslant \varphi \leqslant \varphi_2).$$

由第二章的讨论可知，隙缝激励的辐射场可表示为

$$\boldsymbol{E}(\boldsymbol{R}) = -\iint_{S_A} \nabla \overline{\overline{G}}_{e2}(\boldsymbol{R},\boldsymbol{R}') \cdot \hat{n} \times \boldsymbol{E}(\boldsymbol{R}') \mathrm{d}\boldsymbol{R}' \tag{8.80}$$

上式中，带撇变量为隙缝上的变点，S_A 为隙缝对应的面积. 考虑到 $\hat{n} \times \boldsymbol{E}$ 在隙缝上仅有切向分量，(8.80) 式可进一步表示为

$$\begin{aligned} \boldsymbol{E}(\boldsymbol{R}) = &\iint_{S_A} f_2(\theta',\varphi') \nabla \overline{\overline{G}}_{e2}(\boldsymbol{R},\boldsymbol{R}') \cdot \hat{\theta}' \mathrm{d}S' \\ &- \iint_{S_A} f_1(\theta',\varphi') \nabla \overline{\overline{G}}_{e2}(\boldsymbol{R},\boldsymbol{R}') \cdot \hat{\varphi}' \mathrm{d}S'. \end{aligned} \tag{8.81}$$

这里$\overline{G}_{e2}(\boldsymbol{R},\boldsymbol{R}')$由(8.58)式给出. 将(8.58)式代入(8.81)式,变换求积与求和的顺序,得到

$$\boldsymbol{E}(\boldsymbol{R})=\frac{\mathrm{i}k^2}{4\pi}\sum_{n,m}C_{mn}\Big\{\boldsymbol{N}^{(1)}(k)\iint_{S_A}\hat{\theta}'\cdot[\boldsymbol{M}'(k)+b_n\boldsymbol{M}'^{(1)}(k)]\cdot f_2(\theta',\varphi')\mathrm{d}S'+\boldsymbol{M}^{(1)}(k)\iint_{S_A}\hat{\theta}'\cdot[\boldsymbol{N}'(k)+a_n\boldsymbol{N}'^{(1)}(k)]\cdot f_2(\theta',\varphi')\mathrm{d}S'-\boldsymbol{N}^{(1)}(k)\iint_{S_A}\hat{\varphi}'\cdot[\boldsymbol{M}'(k)+b_n\boldsymbol{M}'^{(1)}(k)]\cdot f_1(\theta',\varphi')\mathrm{d}S'-\boldsymbol{M}^{(1)}(k)\iint_{S_A}\hat{\varphi}'\cdot[\boldsymbol{N}'(k)+a_n\boldsymbol{N}'^{(1)}(k)]\cdot f_1(\theta',\varphi')\mathrm{d}S'\Big\}. \tag{8.82}$$

上式中的积分仅对隙缝上带撇变量进行.

作为上式的应用,下面讨论导体球壳上沿 x 轴对称分布的周向半波隙缝的辐射. 为了计算简便,设缝沿θ方向极窄,电场仅有θ方向分量,沿 φ 方向按余弦函数分布. 借用δ函数,隙缝上的电场可表示为

$$E_\theta=\begin{cases}E_0\delta(\theta-\theta_0)\cos\left(\dfrac{2\pi a\sin\theta_0}{\lambda}\varphi\right), & (\theta=\theta_0,\ |\varphi|\leqslant\varphi_0),\\ 0, & (\theta\neq\theta_0;\theta=\theta_0,\ |\varphi|>\varphi_0).\end{cases} \tag{8.83}$$

这里 φ_0 由方程

$$2\varphi_0 a\sin\theta_0=\lambda/2$$

来确定. 将上述表达式代入(8.82)式可得

$$\boldsymbol{E}(\boldsymbol{R})=\frac{-\mathrm{i}k^2a}{4\pi}\sum_{n,m}C_{mn}\Big[\boldsymbol{N}^{(1)}(k)\int_{-\varphi_0}^{\varphi_0}\hat{\varphi}'\cdot[\boldsymbol{M}'(k)+b_n\boldsymbol{M}'^{(1)}(k)]\cdot E_0\cos\left(\frac{2\pi a\sin\theta_0'}{\lambda}\varphi'\right)\sin\theta_0\,\mathrm{d}\varphi'+\boldsymbol{M}^{(1)}(k)\int_{-\varphi_0}^{\varphi_0}\hat{\varphi}'\cdot[\boldsymbol{N}'(k)+a_n\boldsymbol{N}'^{(1)}(k)]E_0\cos\left(\frac{2\pi a\sin\theta_0}{\lambda}\varphi'\right)\sin\theta_0\,\mathrm{d}\varphi'\Big]. \tag{8.84}$$

应用傅立叶三角级数和球贝塞耳函数朗斯基关系式,上式可进一步简化为

$$\boldsymbol{E}(\boldsymbol{R}) = \frac{k^2 a}{4\pi \mathrm{i}} \sum_{n,m} C_{mn} \left\{ \boldsymbol{N}_{emn}^{(1)}(k) \int_{-\varphi_0}^{\varphi_0} \cos m\varphi \cos\left(\frac{2\pi a \sin\theta_0}{\lambda}\varphi'\right) \sin\theta_0 \, \mathrm{d}\varphi' \cdot \frac{(-i)E_0 \left.\dfrac{\mathrm{dP}_n^m(\cos\theta)}{\mathrm{d}\theta}\right|_{\theta=\theta_0}}{(ka)[ka\,\mathrm{h}_n^{(1)}(ka)]'} + \boldsymbol{M}_{0mn}^{(1)}(k) \int_{-\varphi_0}^{\varphi_0} \cos m\varphi \cos\left(\frac{2\pi a \sin\theta_0}{\lambda}\varphi'\right) \cdot \sin\theta_0 \, \mathrm{d}\varphi' \frac{\left.\mathrm{i}E_0 m \mathrm{P}_n^m(\cos\theta)\right|_{\theta=\theta_0}}{\sin\theta_0 (ka)^2 \mathrm{h}_n^{(1)}(ka)} \right\}.$$

求出积分,并对 $\boldsymbol{E}$ 取远区场近似,则得到

$$\boldsymbol{E}(\boldsymbol{R}) \approx \frac{\mathrm{e}^{ikR}}{R} \sum_{n,m} \left\{ (-\mathrm{i})^{n+1} \left[\frac{m}{\sin\theta} \mathrm{P}_n^m(\cos\theta) B_{mn} + \frac{k}{\omega\varepsilon} \frac{\mathrm{dP}_n^m(\cos\theta)}{\mathrm{d}\theta} A_{mn} \right] \cdot \cos m\varphi \hat{\theta} + (-\mathrm{i})^{n+1} \left[\frac{mk}{\omega\varepsilon \sin\theta} \mathrm{P}_n^m(\cos\theta) A_{mn} + \frac{\mathrm{dP}_n^m}{\mathrm{d}\theta} B_{mn} \right] \cdot \sin m\varphi \hat{\varphi} \right\}. \tag{8.85}$$

式中:

$$A_{mn} = (2 - \delta_{0m}) \frac{(2n+1)(n-m)!}{2n(n+1)(n+m)!} \frac{E_0}{\pi} \sin\theta_0 \left.\frac{\mathrm{dP}_n^m}{\mathrm{d}\theta}\right|_{\theta=\theta_0} \cdot \frac{\mathrm{i}\omega\varepsilon \dfrac{2\pi a \sin\theta_0}{\lambda} \cos\left(\dfrac{m\lambda}{4a\sin\theta_0}\right)}{(ka\,\mathrm{h}_n^{(1)}(ka))' \left[\left(\dfrac{2\pi a \sin\theta_0}{m\lambda}\right)^2 - m^2\right]}. \tag{8.86}$$

$$B_{mn} = -(2 - \delta_{0m}) \frac{(2n+1)(n-m)!}{2n(n+1)(n+m)!} \frac{E_0}{\pi} \frac{m \mathrm{P}_n^m(\cos\theta_0)}{\sin\theta_0} \cdot \frac{\dfrac{2\pi a \sin\theta_0}{\lambda} \cos\left(\dfrac{m\lambda}{4a\sin\theta_0}\right)}{ka\,\mathrm{h}_n^{(1)}(ka) \left[\left(\dfrac{2\pi a \sin\theta_0}{\lambda}\right)^2 - m^2\right]}. \tag{8.87}$$

图 8-3 绘出了由上述公式计算得到的周向隙缝远区辐射场图形. 计算中 $\theta_0 = \pi/6$, a 分别取 $\frac{\lambda}{4}$ 及 2λ.

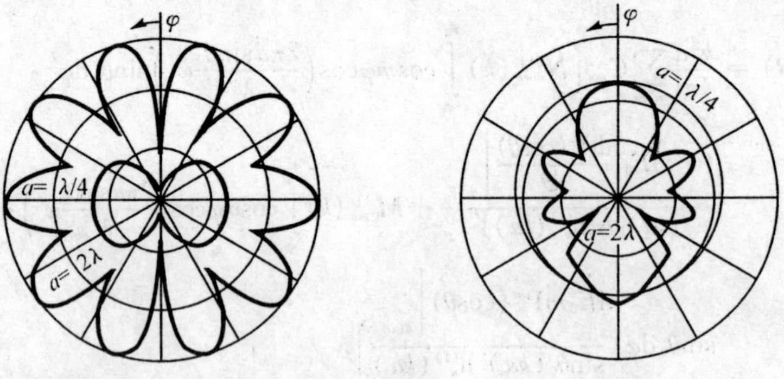

(a) E_φ 赤道面（$\theta=90^\circ$）　(b) E_θ 赤道面（$\theta=90^\circ$）

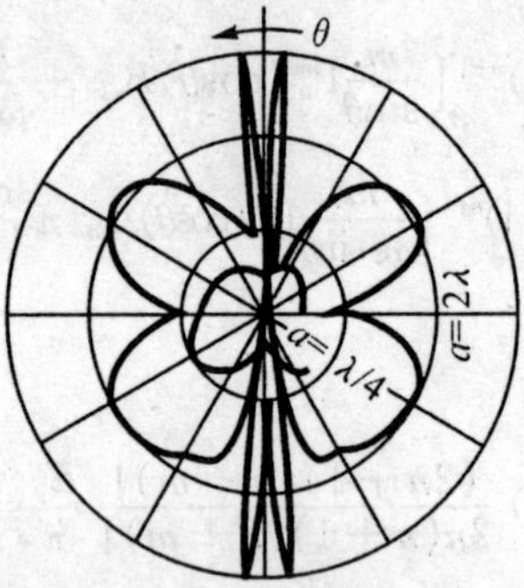

(c) E_θ 子午面（$\varphi=0,\pi$）

图 8-3　开缝球辐射图$\left(\theta'=\frac{\pi}{6}\right)$

8.6　球　形　腔

对于球形腔体，矢量波函数的本征值全为分立谱. 因此球形腔问题的并矢格林函数的本征展开要用到四组无散矢量波函数，它们定义如下：

$$\boldsymbol{M}_{\substack{e\\o}mn}(\kappa_p) = \nabla\left[\mathrm{j}_n(\kappa_p)\mathrm{P}_n^m(\cos\theta)\,\begin{matrix}\cos\\ \sin\end{matrix}\,m\varphi\boldsymbol{R}\right], \tag{8.88}$$

$$\boldsymbol{M}_{\substack{e\\o}mn}(\kappa_q) = \nabla\left[\mathrm{j}_n(\kappa_q)\mathrm{P}_n^m(\cos\theta)\,\begin{matrix}\cos\\ \sin\end{matrix}\,m\varphi\boldsymbol{R}\right], \tag{8.89}$$

$$\boldsymbol{N}_{\substack{e\\o}mn}(\kappa_p) = \frac{1}{\kappa_p}\nabla\boldsymbol{M}_{\substack{e\\o}mn}(\kappa_p), \tag{8.90}$$

$$\boldsymbol{N}_{\substack{e\\o}mn}(\kappa_q) = \frac{1}{\kappa_q}\nabla\boldsymbol{M}_{\substack{e\\o}mn}(\kappa_q). \tag{8.91}$$

为了不与(8.9)和(8.10)式相混淆,上面的定义式中均用κ_p或κ_q,以示区别.本征值κ_p和κ_q分别由球贝塞耳函数及其微商在球形腔边界满足的边界条件确定,即为方程

$$\mathrm{j}_n(\kappa_p a) = 0 \tag{8.92}$$

及

$$[\kappa_q a\,\mathrm{j}_n(\kappa_q a)]' = 0 \tag{8.93}$$

的特征根.这里a为腔体的半径,上标撇号表示微商.

为了书写方便,把上面四组矢量波函数简记为

$$\boldsymbol{M}_p = \boldsymbol{M}_{\substack{e\\o}mn}(\kappa_p),$$

$$\boldsymbol{M}_q = \boldsymbol{M}_{\substack{e\\o}mn}(\kappa_q),$$

$$\boldsymbol{N}_p = \frac{1}{\kappa_p}\nabla\boldsymbol{M}_p,$$

$$\boldsymbol{N}_q = \frac{1}{\kappa_q}\nabla\boldsymbol{M}_q.$$

应用这些简记符号,上述本征矢量波函数的正交归一关系可表示为

$$\iiint\boldsymbol{M}_p\cdot\boldsymbol{M}_q\,\mathrm{d}V = 0, \tag{8.94}$$

$$\iiint\boldsymbol{M}_q\cdot\boldsymbol{N}_p\,\mathrm{d}V = 0, \tag{8.95}$$

$$\iiint\boldsymbol{M}_p\cdot\boldsymbol{M}'_p\,\mathrm{d}V = \iiint\boldsymbol{N}_p\cdot\boldsymbol{N}'_p\,\mathrm{d}V$$

$$= \begin{cases} 0 & (m\neq m',n\neq n',\kappa_p\neq\kappa_{p'}),\\ \dfrac{4\pi}{C_p}I_p & (m=m',n=n',\kappa_p=\kappa_{p'}). \end{cases} \tag{8.96}$$

这里,

$$C_p = (2-\delta_0)\frac{2n+1}{n(n+1)}\frac{(n-m)!}{(n+m)!},$$

$$\begin{aligned} I_p &= \int_0^a R^2 \mathrm{j}_n^2(\kappa_p R)\,\mathrm{d}R \\ &= \frac{a^3}{3}\left[\frac{\partial \mathrm{j}_n(\kappa_p a)}{\partial(\kappa_p a)}\right]^2, \end{aligned} \tag{8.97}$$

$$\begin{aligned} \iiint \boldsymbol{M}_q \cdot \boldsymbol{M}_q \mathrm{d}V &= \iiint \boldsymbol{N}_q \cdot \boldsymbol{N}_{q'} \mathrm{d}V \\ &= \begin{cases} 0 & (m \neq m', n \neq n', \kappa_q \neq \kappa_{q'}), \\ \dfrac{4\pi}{C_{mn}} I_q & (m = m', n = n', \kappa_q = \kappa_{q'}). \end{cases} \end{aligned} \tag{8.98}$$

式中:

$$\begin{aligned} I_q &= \int_0^a \frac{R^2}{2n+1}[(n+1)\mathrm{j}_{n-1}^2(\kappa_q R) + n\mathrm{j}_{n+1}^2(\kappa_q R)]\mathrm{d}R \\ &= \frac{a^3}{2}\left[1 - \frac{n(n+1)}{\kappa_q^2 a^2}\right]\mathrm{j}_n^2(\kappa_q a). \end{aligned} \tag{8.99}$$

归一化因子(8.97)和(8.99)式是对同一类函数而言的,要么都是奇函数,要么都是偶函数. 因为不同类型的函数,比如一个奇函数和一个偶函数是相互正交的. 上述关系的证明非常类似于第4章中圆形波导问题中正交归一关系的证明,只是这里要费更多一些时间. 读者自己不妨一试. 知道了这些正交关系后,我们便能够找到$\nabla[\overline{\overline{I}}\delta(\boldsymbol{R}-\boldsymbol{R}')]$和$\overline{\overline{G}}_{m2}$的本征展开式,即

$$\nabla[\overline{\overline{I}}\delta(\boldsymbol{R}-\boldsymbol{R}')] = \sum_{l,m,n}\left(\frac{\kappa_p}{I_p}\boldsymbol{N}_p\boldsymbol{M}'_p + \frac{\kappa_q}{I_q}\boldsymbol{M}_q\boldsymbol{N}'_q\right), \tag{8.100}$$

$$\overline{\overline{G}}_{m2}(\boldsymbol{R},\boldsymbol{R}') = \sum_{l,m,n}\left[\frac{\kappa_p}{(\kappa_p^2-k^2)I_p}\boldsymbol{N}_p\boldsymbol{N}'_p + \frac{\kappa_q}{(\kappa_q^2-k^2)I_q}\boldsymbol{M}_q\boldsymbol{M}'_q\right]. \tag{8.101}$$

上式中带撇上标的函数是相对于坐标(R',θ',φ')定义的. 求和标号表示对分立谱κ_p和κ_q的求和. 在本章前面的内容中,我们曾用汉克尔变换表示$\overline{\overline{G}}_{mo}$,由于其在$R=R'$的不连续性,$\overline{\overline{G}}_{mo}$被分裂成为$\overline{\overline{G}}_{mo}^{\pm}$. 然而此处$\overline{\overline{G}}_{m2}$在$R=R'$处连续,因此$\overline{\overline{G}}_{e1}$可明确表示为

$$\overline{\overline{G}}_{e1}(\boldsymbol{R},\boldsymbol{R}') = \frac{1}{k^2}[\nabla\overline{\overline{G}}_{m2}(\boldsymbol{R},\boldsymbol{R}') - \overline{\overline{I}}\delta(\boldsymbol{R}-\boldsymbol{R}')]$$

$$= -\frac{1}{k^2}\overline{\overline{I}}\delta(\boldsymbol{R}-\boldsymbol{R}') + \frac{1}{k^2}\sum_{l,m,n}\Big[\frac{\kappa_p^2}{\kappa_p^2-k^2}\boldsymbol{M}_p\boldsymbol{M}'_p$$

$$+ \frac{\kappa_q^2}{\kappa_q^2-k^2}\boldsymbol{N}_q\boldsymbol{N}'_q\Big]. \qquad (8.102)$$

关于$\overline{\overline{G}}_{e1}$ 的表达式，罗森菲尔德[7] 曾通过$\overline{\overline{G}}_e$ 来进行推导. 在他的方法里，不仅要用到无散函数 $\boldsymbol{M}_p$ 和 $\boldsymbol{N}_q$，同时还要用到无旋函数 $\boldsymbol{L}_p$. 借助$\overline{\overline{I}}\delta(\boldsymbol{R}-\boldsymbol{R}')$ 的本征展开并消去无旋函数，他也得到了(8.102) 式的表示式.

参考文献

[1] Stratton J A. Electromagnetic Theory, McGraw-Hill, New York, 1941.

[2] Nomura Y. On the Propagation of Electric Waves from a Horizontal Dipole over the Surface of the Earth Sphere, Science Report of Tohoku University (Japan), Vol. 1 ~ 2, p. 25 ~ 149, 1951.

[3] Fock V A. Electromagnetic Diffraction and Propagation Programs, Pergamon Press, New York, 1965.

[4] Mie G. Beiträge zur Optik Trüber Medien, Speziell Killoidaler Metallösungen, Ann. der Phys. Vol. 25, 1908.

[5] Sommerfeld A. Partial Differential Equations, Academic Press, New York, 1949.

[6] Tai C T. On the Theory of Diffraction of Electromagnetic Waves by a sphere, Tech. Report No. 29, Stanford Research Institute, Stanford, California, Oct. 1952.

[7] Rozenfeld P. The Electromagnetic Theory of Three-dimensional Inhomogeneous Lenses and the Dyadic Green Funclions for Cavities, Ph. D. Dissertation, Dept. of Electrical Engineering, The University of Michigan, Ann Arbor, Michigan, 1974.

第 9 章　导电圆锥边界

圆锥边界由于其结构上的特殊性,20 世纪 50 年代以来,很多学者对这一问题进行了大量的研究[1~7]. 圆锥边界属部分球面边界问题,球坐标系中导出的各类并矢格林函数均可用于圆锥边值问题的研究. 但必须指出的是,由于锥面的部分球坐标特性,导致标量波动方程、矢量波动方程的基本解变得十分复杂. 这种复杂性来自两个方面,其一是缔合勒让德方程的本征值不再为整数,且由两组本征值组成;其二是波动方程的基本解(或称基本波函数)比整球坐标的要多,正交归一特性较为复杂. 由于本征值计算的工作量极大,在电子计算机广泛应用之前,很难得到圆锥问题严格解的数值结果.

本章中,我们将应用并矢格林函数方法研究导电圆锥边值问题,其中包括圆锥边界并矢格林函数的构造,锥面外(包括锥面上)电型或磁型偶极子天线的辐射和锥体对平面电磁波的散射. 本章中还将介绍圆锥边界本征值的数值计算方法.

9.1　导电圆锥并矢格林函数[8~10]

图 9-1 为研究的圆锥边界几何模型,它的锥面为半无限长,半顶角为 θ'. 为了得到锥面并矢格林函数,设自由空间 $\boldsymbol{R}_0$ 处有强度为 $\boldsymbol{C}_e$ 的电偶极子. 这样空间中电偶极子的辐射场满足方程

$$\begin{cases} \nabla \boldsymbol{E} = \mathrm{i}\omega\mu_0 \boldsymbol{H}, \\ \nabla \boldsymbol{H} = -\mathrm{i}\omega\varepsilon_0 \boldsymbol{E} + \boldsymbol{J}. \end{cases} \tag{9.1}$$

上式中 $\boldsymbol{J}$ 为电流源. 对于本节中的问题,$\boldsymbol{J}$ 可表示为

$$\boldsymbol{J}(\boldsymbol{R}) = \boldsymbol{C}_e \delta(\boldsymbol{R} - \boldsymbol{R}_0). \tag{9.2}$$

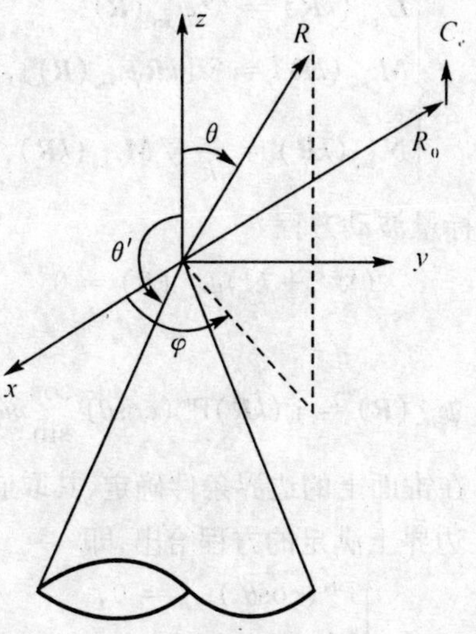

图 9-1 圆锥边界

$\boldsymbol{E}$ 和 $\boldsymbol{H}$ 分别满足波动方程

$$\nabla\nabla\, \boldsymbol{E} - k_0^2 \boldsymbol{E} = \mathrm{i}\omega\mu_0 \boldsymbol{C}_e \delta(\boldsymbol{R} - \boldsymbol{R}_0), \tag{9.3}$$

$$\nabla\nabla\, \boldsymbol{H} - k_0^2 \boldsymbol{H} = \nabla\, \boldsymbol{J}(\boldsymbol{R}). \tag{9.4}$$

对理想导体圆锥边界,电场 $\boldsymbol{E}$ 在导体表面上的切向分量为零,由此得到

$$\hat{n} \times \boldsymbol{E}\,|_{\theta=\theta'} = 0. \tag{9.5}$$

引用电型并矢格林函数 $\overline{\overline{G}}_e(\boldsymbol{R},\boldsymbol{R}_0)$,它满足并矢波动方程

$$\begin{cases} \nabla\nabla\, \overline{\overline{G}}_e(\boldsymbol{R},\boldsymbol{R}_0) - k_0^2 \overline{\overline{C}}_e(\boldsymbol{R},\boldsymbol{R}_0) = \overline{\overline{I}}\delta(\boldsymbol{R} - \boldsymbol{R}_0), \\ \hat{n} \times \overline{\overline{G}}_e(\boldsymbol{R},\boldsymbol{R}_0)\,|_{\theta=\theta'}. \end{cases} \tag{9.6}$$

这样导体圆锥外振子辐射场可表示为

$$\begin{cases} \boldsymbol{E}(\boldsymbol{R}) = \mathrm{i}\omega\mu_0 \overline{\overline{G}}_e(\boldsymbol{R},\boldsymbol{R}_0) \cdot \boldsymbol{C}_e, \\ \boldsymbol{H}(\boldsymbol{R}) = \nabla[\overline{\overline{G}}_e(\boldsymbol{R},\boldsymbol{R}_0) \cdot \boldsymbol{C}_e]. \end{cases} \tag{9.7}$$

因 $\boldsymbol{E}(\boldsymbol{R})$ 或 $\boldsymbol{H}(\boldsymbol{R})$ 在 $\boldsymbol{R}_0$ 处有源,故空间辐射场在 $\boldsymbol{R} \neq \boldsymbol{R}_0$ 的区域上"有旋无散",因而整个空间中振子的辐射场可用一"有旋无散"场

和一"有散无旋"场的叠加表示. 引入圆锥矢量波函数

$$\begin{cases} \boldsymbol{L}_{\substack{e\\o}m\nu}(k\boldsymbol{R}) = \nabla\psi_{\substack{e\\o}m\nu}(\boldsymbol{R}), \\ \boldsymbol{M}_{\substack{e\\o}m\nu}(k\boldsymbol{R}) = \nabla\times[k\boldsymbol{R}\psi_{\substack{e\\o}m\nu}(\boldsymbol{R})], \\ \boldsymbol{N}_{\substack{e\\o}m\nu}(k\boldsymbol{R}) = \dfrac{1}{k}\nabla\times\boldsymbol{M}_{\substack{e\\o}m\nu}(k\boldsymbol{R}), \end{cases} \tag{9.8}$$

这里 $\psi_{\substack{e\\o}m\nu}(\boldsymbol{R})$ 为标量波动方程

$$(\nabla^2 + k^2)\psi_{\substack{e\\o}m\nu}(\boldsymbol{R}) = 0$$

的基本解,即为

$$\psi_{\substack{e\\o}m\nu}(\boldsymbol{R}) = \mathrm{j}_\nu(k\boldsymbol{R})\mathrm{P}_\nu^m(\cos\theta)\begin{matrix}\cos\\ \sin\end{matrix} m\varphi. \tag{9.9}$$

本征值 ν 由 $\psi_{\substack{e\\o}m\nu}$ 在锥面上的边界条件确定,其取值有两组,分别由缔合勒让德函数在边界上满足的方程给出,即

$$\begin{cases} \mathrm{P}_\nu^m(\cos\theta')_{\nu=\mu} = 0, \\ \dfrac{\mathrm{d}}{\mathrm{d}\theta'}\mathrm{P}_\nu^m(\cos\theta')_{\nu=\lambda} = 0. \end{cases} \tag{9.10}$$

从(9.8) 式不难看到,圆锥矢量波函数的构造完全同于球矢量波函数,所不同的是其中关于缔合勒让德方程的本征值的取值. 由于缔合勒让德函数的正交完备性,所以(9.8) 式定义的圆锥矢量波函数的正交归一性与球矢量波函数相同,惟一不同的是归一化积分常数. 这里不再作进一步的证明. 它们有如下形式

$$\begin{cases} \displaystyle\int \boldsymbol{M}_{\substack{e\\o}m\nu}(k)\cdot\boldsymbol{N}_{\substack{e\\o}m'\nu'}(k')\mathrm{d}\nu = 0, \\ \displaystyle\int \boldsymbol{M}_{\substack{e\\o}m\nu}(k)\cdot\boldsymbol{L}_{\substack{e\\o}m'\nu'}(k')\mathrm{d}\nu = 0 \quad (\nu = \lambda, \mu), \\ \displaystyle\int \boldsymbol{N}_{\substack{e\\o}m\nu}(k)\cdot\boldsymbol{L}_{\substack{e\\o}m'\nu'}(k')\mathrm{d}\nu = 0. \end{cases} \tag{9.11}$$

$$\int \boldsymbol{M}_{\substack{e\\o}m\nu}(k)\cdot\boldsymbol{M}_{\substack{e\\o}m'\nu'}(k')\mathrm{d}\nu = \begin{cases} 0 \quad (m \neq m', \nu \neq \nu'), \\ \dfrac{(1+\delta_{0m})\pi^2\nu(\nu+1)I_{m\nu}}{2k^2}\delta(k-k') \end{cases}$$

$$(\nu=\lambda,\mu). \tag{9.12}$$

$$\int \boldsymbol{N}_{\substack{e\\o}m\nu}(k)\cdot\boldsymbol{N}_{\substack{e\\o}m'\nu'}(k')\mathrm{d}\nu$$

$$=\begin{cases}0 \quad (m\neq m',\nu\neq\nu'),\\ \dfrac{(1+\delta_{0m})\pi^2\nu(\nu+1)I_{m\nu}}{2k^2}\delta(k-k')\end{cases}$$

$$(\nu=\lambda,\mu). \tag{9.13}$$

$$\int \boldsymbol{L}_{\substack{e\\o}m\nu}(k)\cdot\boldsymbol{L}_{\substack{e\\o}m'\nu'}(k')\mathrm{d}\nu$$

$$=\begin{cases}0 \quad (m\neq m',\nu\neq\nu'),\\ \dfrac{(1+\delta_{0m})\pi^2 I_{m\nu}}{2k^2}\delta(k-k')\end{cases}$$

$$(\nu=\lambda,\mu). \tag{9.14}$$

归一化常数 $I_{m\nu}$ 为

$$I_{m\nu}=\int_0^{\theta'}[\mathrm{P}_\nu^m(\cos\theta)]^2\sin\theta\mathrm{d}\theta. \tag{9.15}$$

有了圆锥矢量波函数的正交归一关系，便可构造圆锥边界并矢格林函数. 为此将圆锥外部空间振子辐射场展开为圆锥矢量波函数的叠加，这样

$$\boldsymbol{E}(\boldsymbol{R})=\int_0^\infty \mathrm{d}k\sum_{l,m}[A_{\substack{e\\o}m\lambda}(k)\boldsymbol{M}_{\substack{e\\o}m\lambda}(k)+B_{\substack{e\\o}m\mu}(k)\boldsymbol{N}_{\substack{e\\o}m\mu}(k)$$

$$+C_{\substack{e\\o}m\mu}(k)L_{\substack{e\\o}m\mu}(k)]. \tag{9.16}$$

上式中求和序号 l 表示对本征值 λ 和 μ 的取值求和. 矢量波函数的本征值取 λ 或 μ 是由电场在导体圆锥界面的切线分量为零确定的，即由(9.5) 式确定的. 将(9.16) 式代入(9.4) 式，利用圆锥矢量波函数满足的方程

$$\begin{cases}\nabla\nabla\boldsymbol{M}-k^2\boldsymbol{M}=0,\\ \nabla\nabla\boldsymbol{N}-k^2\boldsymbol{N}=0,\\ \nabla\nabla\boldsymbol{L}=0.\end{cases} \tag{9.17}$$

得到

$$\boldsymbol{E}(\boldsymbol{R}) = -\mathrm{i}\omega\mu_0\left\{\int_0^\infty \mathrm{d}k\sum_{l,m}\left[\frac{\boldsymbol{M}_{^e_o m\lambda}(k)\boldsymbol{M}'_{^e_o m\lambda}(k)}{\lambda(\lambda+1)I_{m\lambda}(k^2-k_0^2)}\right.\right.$$
$$\left.\left.+\frac{\boldsymbol{N}_{^e_o m\mu}(k)\boldsymbol{N}'_{^e_o m\mu}(k)}{\mu(\mu+1)I_{m\mu}(k^2-k_0^2)}-\frac{\boldsymbol{L}_{^e_o m\mu}(k)\boldsymbol{L}'_{^e_o m\mu}(k)}{k_0^2 I_{m\mu}}\right]\right\}\cdot \boldsymbol{C}_e. \quad (9.18)$$

比较(9.18)和(9.7)两式,容易得到圆锥边界电型并矢格林函数为

$$\overline{\overline{G}}_e(\boldsymbol{R},\boldsymbol{R}_0) = \int_0^\infty \mathrm{d}k\sum_{l,m}\left[\frac{\boldsymbol{M}_{^e_o m\lambda}(k)\boldsymbol{M}'_{^e_o m\lambda}(k)}{\lambda(\lambda+1)I_{m\lambda}(k^2-k_0^2)}\right.$$
$$\left.+\frac{\boldsymbol{N}_{^e_o m\mu}(k)\boldsymbol{N}'_{^e_o m\mu}(k)}{\mu(\mu+1)I_{m\mu}(k^2-k_0^2)}-\frac{\boldsymbol{L}_{^e_o m\mu}(k)\boldsymbol{L}'_{^e_o m\mu}(k)}{k_0^2 I_{m\mu}}\right]. \quad (9.19)$$

(9.18)和(9.19)两式中带撇矢量波函数是相对坐标 R_0、θ_0、φ_0 而定义的. 应用复变函数方法,经过复杂的数学处理,最后得到

$$\overline{\overline{G}}_e(\boldsymbol{R},\boldsymbol{R}_0) = \frac{\mathrm{i}k_0}{2\pi}\sum_m(2-\delta_{0m})\left[\sum_\lambda\frac{1}{\lambda(\lambda+1)I_{m\lambda}}\left\{\begin{matrix}\boldsymbol{M}^{(1)}_{^e_o m\lambda}(k_0)\boldsymbol{M}'_{^e_o m\lambda}(k_0)\\ \boldsymbol{M}_{^e_o m\lambda}(k_0)\boldsymbol{M}'^{(1)}_{^e_o m\lambda}(k_0)\end{matrix}\right\}\right.$$
$$\left.+\sum_\mu\frac{1}{\mu(\mu+1)I_{m\mu}}\left\{\begin{matrix}\boldsymbol{N}^{(1)}_{^e_o m\mu}(k_0)\boldsymbol{N}'_{^e_o m\mu}(k_0)\\ \boldsymbol{N}_{^e_o m\mu}(k_0)\boldsymbol{N}'^{(1)}_{^e_o m\mu}(k_0)\end{matrix}\right\}\right]-\frac{\hat{R}\hat{R}}{k_0^2}\delta(\boldsymbol{R}-\boldsymbol{R}_0)$$
$$(R \gtrless R_0). \quad (9.20)$$

这里上标“(1)”表示对应的波函数中径向函数为第一类汉克尔函数.

按(9.15)式,上式中

$$\begin{aligned} I_{m\lambda} &= \int_0^{\theta'}[\mathrm{P}_\lambda^m(\cos\theta)]^2\sin\theta\mathrm{d}\theta,\\ I_{m\mu} &= \int_0^{\theta'}[\mathrm{P}_\mu^m(\cos\theta)]^2\sin\theta\mathrm{d}\theta. \end{aligned} \quad (9.21)$$

9.2 锥面上偶极子天线的辐射[10~15]

锥面上的偶极子天线包括电振子和隙缝天线两类. 关于这类天线的辐射问题,贝林和西维尔[1] 最早给出了辐射场的赫兹位函数表

示式,它们已被广泛地引用.然而,他们关于横缝的位函数不论是原始的,还是修正后的结果都有错误.本节我们将应用9.1节导出的电型和磁型并矢格林函数讨论这类天线辐射场的严格解.

对于电偶极子的辐射,设锥外自由空间 $\boldsymbol{R}_0$ 处有电偶极子 $\boldsymbol{C}_e$,直接应用(9.7)式,则电偶极子辐射场为

$$\boldsymbol{E}(\boldsymbol{R}) = \mathrm{i}\omega\mu_0 \overline{\overline{G}}_e(\boldsymbol{R} \mid \boldsymbol{R}_0) \cdot \boldsymbol{C}_e. \tag{9.22}$$

为了进一步化简上式以便计算,引用微分算符 $\hat{L}(\nabla)$ 和 $\hat{P}(\nabla)$

$$\hat{L}(\nabla)\psi(\boldsymbol{R}) = \nabla \hat{R}\psi(\boldsymbol{R}) = \left(\frac{\hat{\theta}}{R\sin\theta}\frac{\partial}{\partial\varphi} - \frac{\hat{\varphi}}{R}\frac{\partial}{\partial\theta}\right)\psi(\boldsymbol{R}). \tag{9.23}$$

$$\begin{aligned}\hat{P}(\nabla)\psi(\boldsymbol{R}) &= \nabla\nabla \hat{R}\psi(\boldsymbol{R}) \\ &= \left[\hat{R}\left(\frac{\partial^2}{\partial R^2} + k_0^2\right) + \frac{\hat{\theta}}{R}\frac{\partial^2}{\partial R\partial\theta} + \frac{\hat{\varphi}}{R\sin\theta}\frac{\partial^2}{\partial R\partial\varphi}\right]\psi(\boldsymbol{R}).\end{aligned} \tag{9.24}$$

则电型并矢格林函数 $\overline{\overline{G}}_e(\boldsymbol{R} \mid \boldsymbol{R}_0)$ 可表示为[10]

$$\begin{aligned}\overline{\overline{G}}_e(\boldsymbol{R},\boldsymbol{R}_0) &= \hat{L}(\nabla)\hat{L}(\nabla_0)RR_0\psi(\lambda,\boldsymbol{R},\boldsymbol{R}_0) \\ &\quad + \frac{1}{k_0^2}\hat{P}(\nabla)\hat{P}(\nabla_0)RR_0\Phi(\mu,\boldsymbol{R},\boldsymbol{R}_0).\end{aligned} \tag{9.25}$$

对辐射问题,人们感兴趣的区域为 $\boldsymbol{R} \neq \boldsymbol{R}_0$,所以上式中略去了奇异性项未写,$\psi$ 和 Φ 为[10]

$$\begin{aligned}\psi(\lambda,\boldsymbol{R},\boldsymbol{R}_0) &= \frac{\mathrm{i}k_0}{2\pi}\sum_m (2-\delta_{0m})\sum_\lambda \frac{\mathrm{P}_\lambda^m(\cos\theta)\mathrm{P}_\lambda^m(\cos\theta_0)}{\lambda(\lambda+1)I_{m\lambda}} \cdot \\ &\quad \cos m(\varphi-\varphi_0)\begin{Bmatrix}\mathrm{j}_\lambda(k_0R)\mathrm{h}_\lambda^{(1)}(k_0R_0) \\ \mathrm{h}_\lambda^{(1)}(k_0R)\mathrm{j}_\lambda(k_0R_0)\end{Bmatrix} \\ &\quad (R \lesseqgtr R_0),\end{aligned} \tag{9.26}$$

$$\begin{aligned}\Phi(\mu,\boldsymbol{R},\boldsymbol{R}_0) &= \frac{\mathrm{i}k_0}{2\pi}\sum_m (2-\delta_{0m})\sum_\mu \frac{\mathrm{P}_\mu^m(\cos\theta)\mathrm{P}_\mu^m(\cos\theta_0)}{\mu(\mu+1)I_{m\mu}} \cdot \\ &\quad \cos m(\varphi-\varphi_0)\begin{Bmatrix}\mathrm{j}_\mu(k_0R)\mathrm{h}_\mu^{(1)}(k_0R_0) \\ \mathrm{h}_\mu^{(1)}(k_0R)\mathrm{j}_\mu(k_0R_0)\end{Bmatrix} \\ &\quad (R \lesseqgtr R_0).\end{aligned} \tag{9.27}$$

将(9.23) ~ (9.27) 式代入(9.22) 式,得到振子在空间的辐射场为

$$\boldsymbol{E}(\boldsymbol{R}) = -\mathrm{i}\omega\mu_0 [\hat{L}(\nabla)\hat{L}(\nabla_0)RR_0\psi(\lambda,\boldsymbol{R},\boldsymbol{R}_0)$$

$$+\hat{P}(\nabla)\hat{P}(\nabla_0)\frac{1}{k_0^2}RR_0\Phi(\mu,\boldsymbol{R},\boldsymbol{R}_0))]\cdot\boldsymbol{C}_e. \tag{9.28}$$

对于锥面上的电振子，可设振子处在$(a,\theta',0)$位置，这样$R_0=a$，$\theta_0=\theta'$，$\varphi_0=0$，$\hat{\theta}_0=\hat{\theta}'$，$\boldsymbol{C}_e=-\hat{\theta}'C_e$，如图 9-2 所示. 将上述参数代入(9.28)式，得到

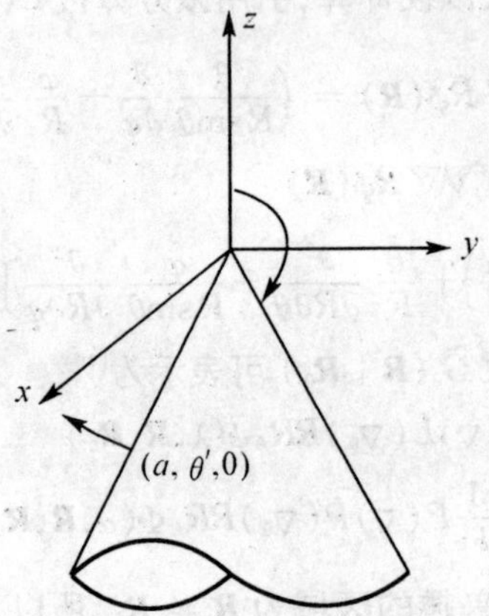

图 9-2　锥面上电振子

$$\boldsymbol{E}(\boldsymbol{R})=\frac{\eta_0 C_e}{k_0 2\pi aR}\sum_m(2-\delta_{0m})\cdot\left\{\sum_\lambda\frac{mB_\lambda^{(1)}(k_0R)}{\lambda(\lambda+1)I_{m\lambda}}B_\lambda(k_0a)\mathrm{P}_\lambda^m(\cos\theta')\right.$$
$$\cdot\left[\frac{m}{\sin\theta}\mathrm{P}_\lambda^m(\cos\theta)\cos m\varphi\hat{\theta}-\frac{\partial}{\partial\theta}\mathrm{P}_\lambda^m(\cos\theta)\sin m\varphi\hat{\varphi}\right]$$
$$+\sum_\mu\frac{B_\mu^{(1)'}(k_0R)}{\mu(\mu+1)I_{m\mu}}B'_\mu(k_0a)\frac{\partial}{\partial\theta'}\mathrm{P}_\mu^m(\cos\theta')\left[\frac{\partial}{\partial\theta}\mathrm{P}_\mu^m(\cos\theta)\cos m\varphi\hat{\theta}\right.$$
$$\left.\left.-\frac{m}{\sin\theta}\mathrm{P}_\mu^m(\cos\theta)\sin m\varphi\hat{\varphi}\right]\right\}+\text{径向分量}. \tag{9.29}$$

上式中引用了谢昆诺夫对球贝塞耳函数的记号. 其定义式为

$$\begin{cases}B_\nu(kR)=kR\mathrm{j}_\nu(kR),\\ B_\nu^{(1)}(kR)=kR\mathrm{h}_\nu^{(1)}(kR).\end{cases} \tag{9.30}$$

B'_μ和$B_\mu^{(1)'}$表示对谢昆诺夫定义式的微商.

对于锥面上的隙缝天线辐射问题，引用(2.71)式，考虑到在圆锥外部空间 $\boldsymbol{J}(\boldsymbol{R})=0$，锥面上 $\hat{n}\times\bar{\bar{G}}_e=0$，所以，(2.71)式变为

$$\boldsymbol{E}(\boldsymbol{R})=-\iint_{缝}\hat{n}\times\boldsymbol{E}(\boldsymbol{R}_0)\cdot\nabla\bar{\bar{G}}_e(\boldsymbol{R},\boldsymbol{R}_0)\mathrm{d}S \tag{9.31}$$

注意到此时 $\boldsymbol{R}_0$ 在圆锥面上，经过适当的运算，求出 $\nabla\bar{\bar{G}}(\boldsymbol{R},\boldsymbol{R}_0)$ 并代入(9.31)式，求得隙缝天线的辐射场为

$$\begin{aligned}\boldsymbol{E}(\boldsymbol{R})=-\int_{缝}&[\hat{P}(\nabla)\hat{L}(\nabla_0)RR_0\Phi(\mu,\boldsymbol{R},\boldsymbol{R}_0)\\&+\hat{L}(\nabla)\hat{P}(\nabla_0)RR_0\psi(\lambda,\boldsymbol{R},\boldsymbol{R}_0)]\cdot\boldsymbol{C}_m(\boldsymbol{R}_0)\mathrm{d}\boldsymbol{R}_0.\end{aligned} \tag{9.32}$$

这里 $\boldsymbol{C}_m(\boldsymbol{R})$ 为隙缝等效面磁流，定义如下：

$$\boldsymbol{C}_m(\boldsymbol{R})=-\hat{n}\times\boldsymbol{e}(\boldsymbol{R}). \tag{9.33}$$

上式中 $\boldsymbol{e}(\boldsymbol{R})$ 为锥面隙缝处的电场分布. 考虑到锥面上 $\hat{n}=-\hat{\theta}'$，上式可进一步表示为

$$\boldsymbol{C}_m(\boldsymbol{R})=\hat{R}e_\varphi(\boldsymbol{R})-\hat{\varphi}e_R(\boldsymbol{R}). \tag{9.34}$$

式中：$e_\varphi(\boldsymbol{R})$ 和 $e_R(\boldsymbol{R})$ 分别表示隙缝上电场周向和径向分量. 如图9-3所示. 将(9.34)式及 $\theta_0=\theta'$，$\hat{\theta}_0=\hat{\theta}'$ 代入(9.32)式，得到

$$\begin{aligned}\boldsymbol{E}(\boldsymbol{R})=\frac{1}{\mathrm{i}2\pi k_0R}\sum_m(2-\delta_{0m})\Bigg\{&\hat{\theta}\Bigg[\sum_\mu\frac{\frac{\partial}{\partial\theta}\mathrm{P}_\mu^m(\cos\theta)\frac{\partial}{\partial\theta'}\mathrm{P}_\mu^m(\cos\theta')}{\mu(\mu+1)I_{m\mu}}\cdot\\&B_\mu^{(1)'}(k_0R_0)\iint_{缝}B_\mu(k_0R_0)\frac{e_R(R_0,\theta',\varphi_0)}{R_0}\cdot\\&\cos m(\varphi-\varphi_0)\mathrm{d}S_0-\sum_\lambda\frac{m\mathrm{P}_\lambda^m(\cos\theta)\mathrm{P}_\lambda^m(\cos\theta')}{I_{m\lambda}\sin\theta}\cdot\\&B_\lambda^{(1)}(k_0R)\iint_{缝}\hat{J}_\lambda(k_0R_0)\frac{e_\varphi(R_0,\theta',\varphi_0)}{R_0^2}\sin m(\varphi-\varphi_0)\mathrm{d}S_0+\\&\sum_\lambda\frac{m^2\mathrm{P}_\lambda^m(\cos\theta)\mathrm{P}_\lambda^m(\cos\theta')B_\lambda^{(1)}(k_0R)}{\sin\theta\sin\theta' I_{m\lambda}\lambda(\lambda+1)}\cdot\\&\iint_{缝}B'_\lambda(k_0R_0)\frac{e_R(R_0,\theta',\varphi_0)}{R_0}\sin m(\varphi-\varphi_0)\mathrm{d}S_0\Bigg]-\\&\hat{\varphi}\Bigg[\sum_\mu\frac{m\mathrm{P}_\mu^m(\cos\theta)\frac{\partial}{\partial\theta'}\mathrm{P}_\mu^m(\cos\theta')}{\sin\theta I_{m\mu}\mu(\mu+1)}B_\mu^{(1)'}(k_0R)\cdot\end{aligned}$$

$$\iint_{缝} B_\mu(k_0R_0)\frac{e_R(R_0,\theta',\varphi_0)}{R_0}\sin m(\varphi-\varphi_0)\mathrm{d}S_0+$$

$$\sum_\lambda \frac{\frac{\partial}{\partial\theta}\mathrm{P}_\lambda^m(\cos\theta)\mathrm{P}_\lambda^m(\cos\theta')}{I_{m\lambda}}B_\lambda^{(1)}(k_0R)\cdot$$

$$\iint_{缝} B_\lambda(k_0R_0)\frac{e_\varphi(R_0,\theta',\varphi_0)}{R_0^2}\cos m(\varphi-\varphi_0)\mathrm{d}S_0+$$

$$\sum_\lambda \frac{m\frac{\partial}{\partial\theta}\mathrm{P}_\lambda^m(\cos\theta)\mathrm{P}_\lambda^m(\cos\theta')}{\sin\theta' I_{m\lambda}\lambda(\lambda+1)}B_\lambda^{(1)}(k_0R)\iint_{缝} B'_\lambda(k_0R_0)\cdot$$

$$\left.\left.\frac{e_R(R_0,\theta',\varphi_0)}{R_0}\sin m(\varphi-\varphi_0)\mathrm{d}S_0\right]\right\}+径向分量. \qquad (9.35)$$

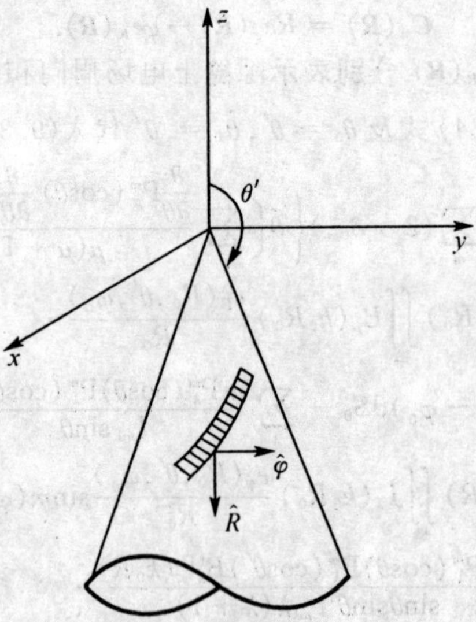

图 9-3　锥面上的隙缝

在(9.35)式中，若隙缝沿某一方向，且很窄，其上电场又只有窄边方向分量(如周向、径向开缝)，上式可进一步简化。

作为本节公式应用的实例,图 9-4 和图 9-5 分别给出了锥面上振子和隙缝天线辐射场计算结果.在计算中锥面半张角为 165°.对于 $\hat{\theta}$ 向振子,其所在位置与锥尖距离为 a,取 $k_0a = 16$.对隙缝天线,计算中均取余弦场分布半波隙缝,周向缝与锥尖距离及径向缝中心与锥尖距离都用 R_0 表示,均取 $k_0R_0 = 16$.

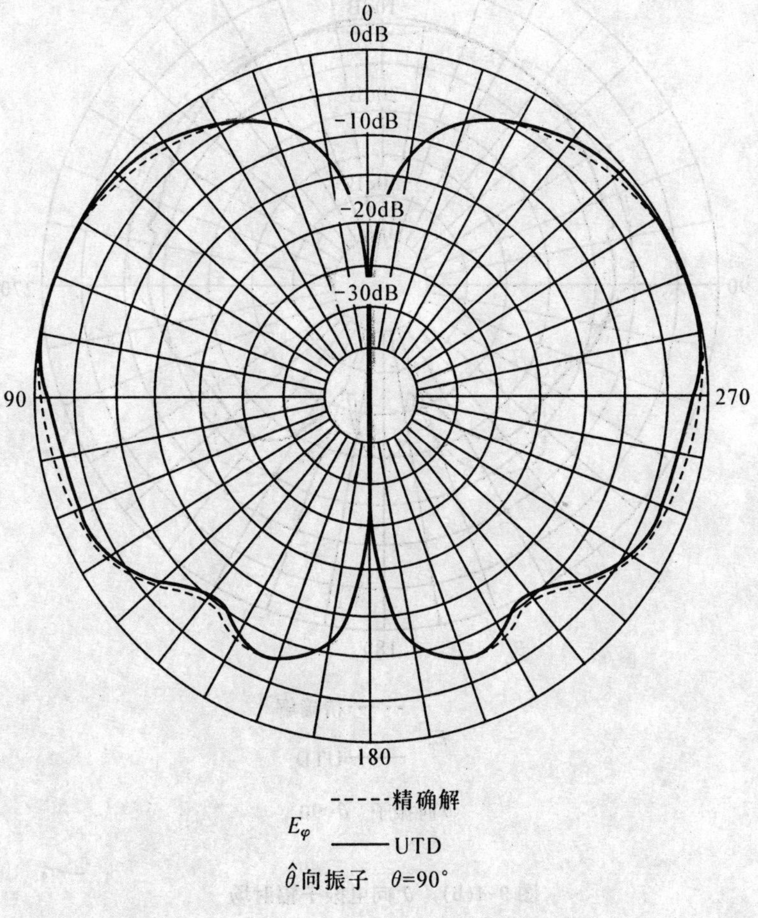

图 9-4(a) $\hat{\theta}$ 向电振子辐射场

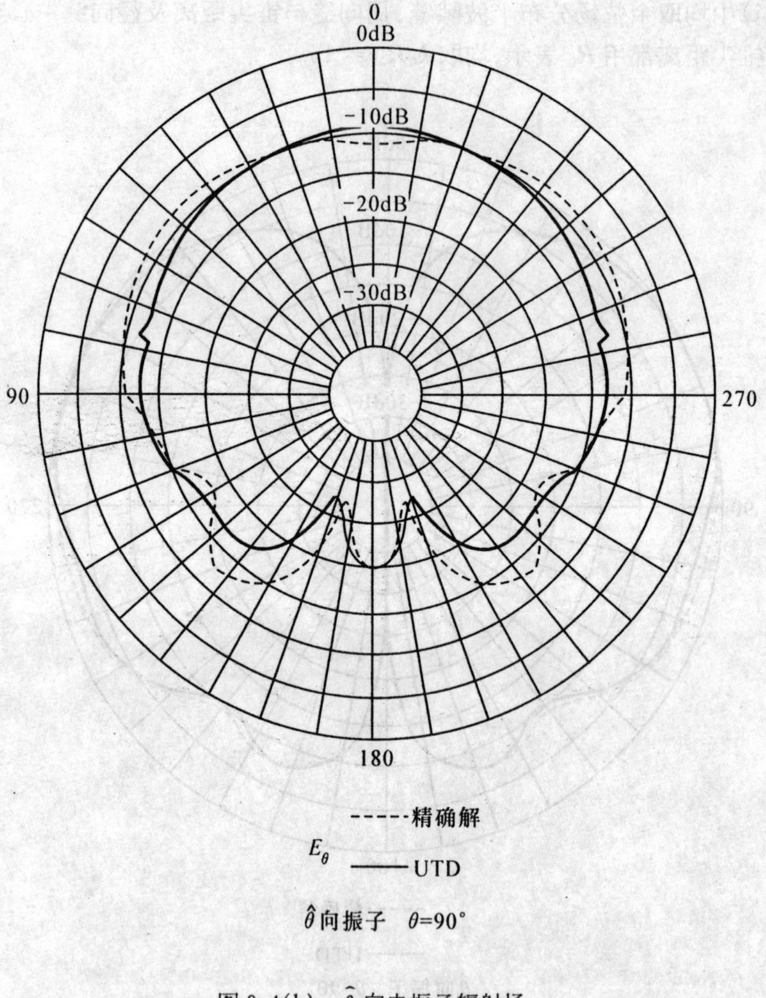

图 9-4(b) $\hat{\theta}$ 向电振子辐射场

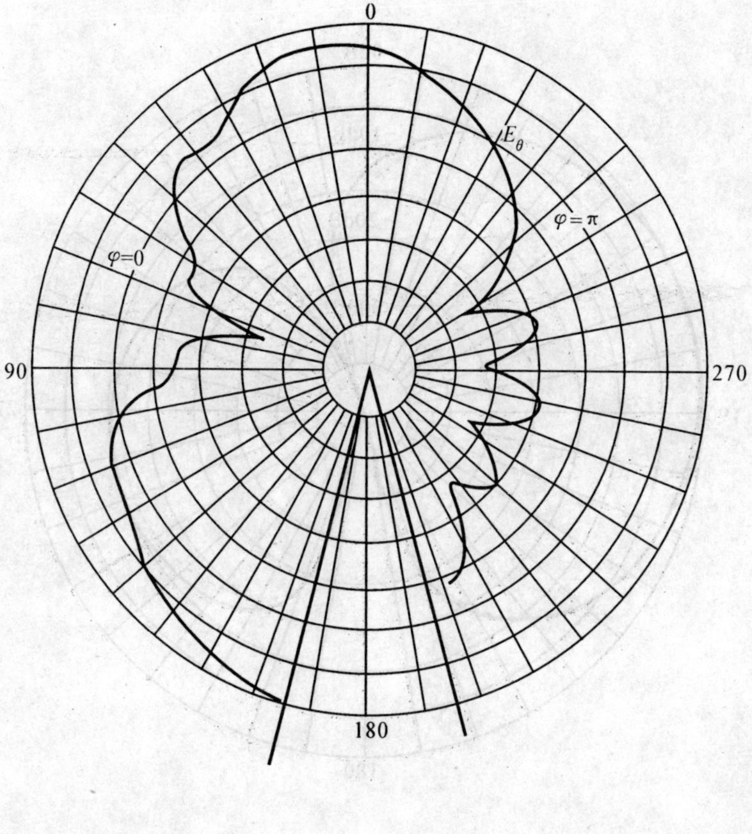

E_θ

$\hat{\theta}$向振子 $\varphi=0,\pi$

图 9-4(c) $\hat{\theta}$ 向电振子辐射场

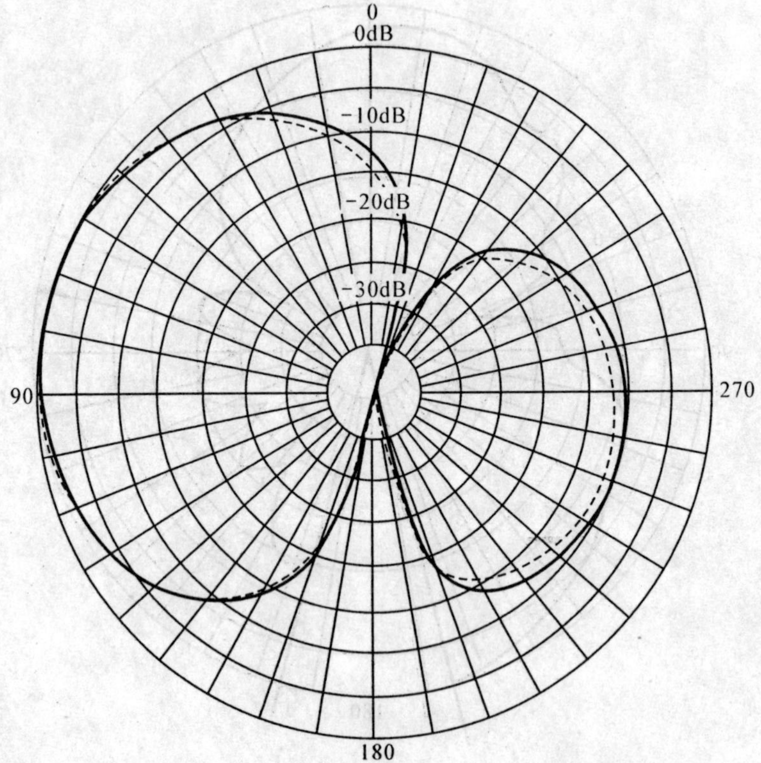

单纵槽　$\varphi=0,\pi$

图 9-5(a)　锥面上隙缝辐射场

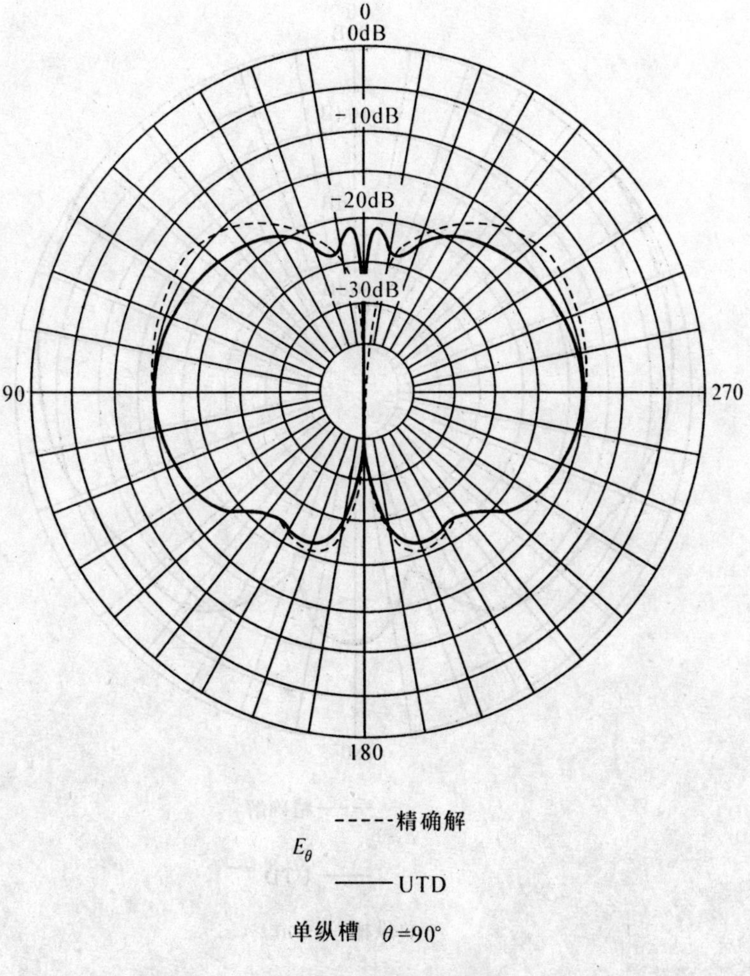

图 9-5(b) 锥面上隙缝辐射场

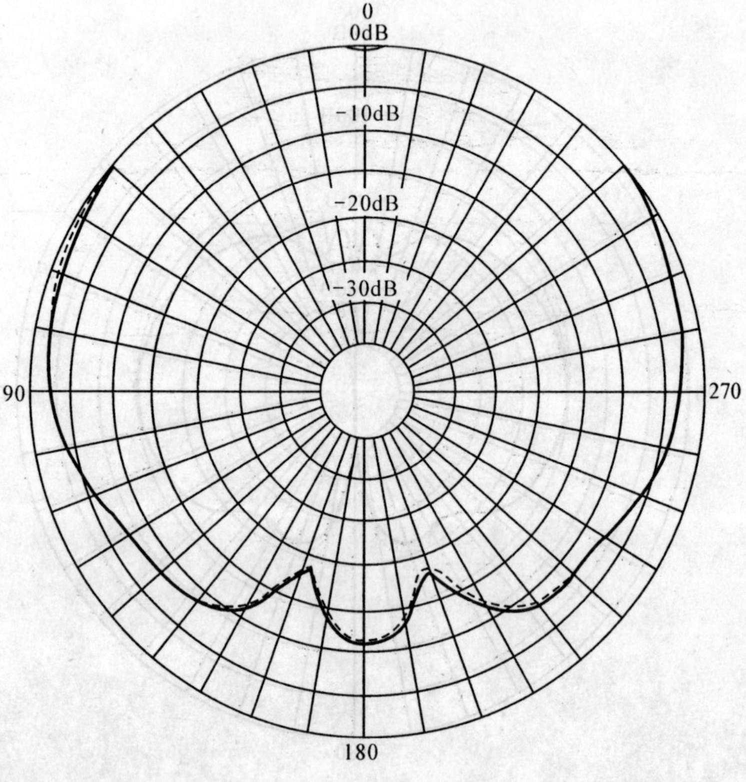

-----精确解

E_φ

——UTD

单纵槽 $\theta=90°$

图 9-5(c) 锥面上隙缝辐射场

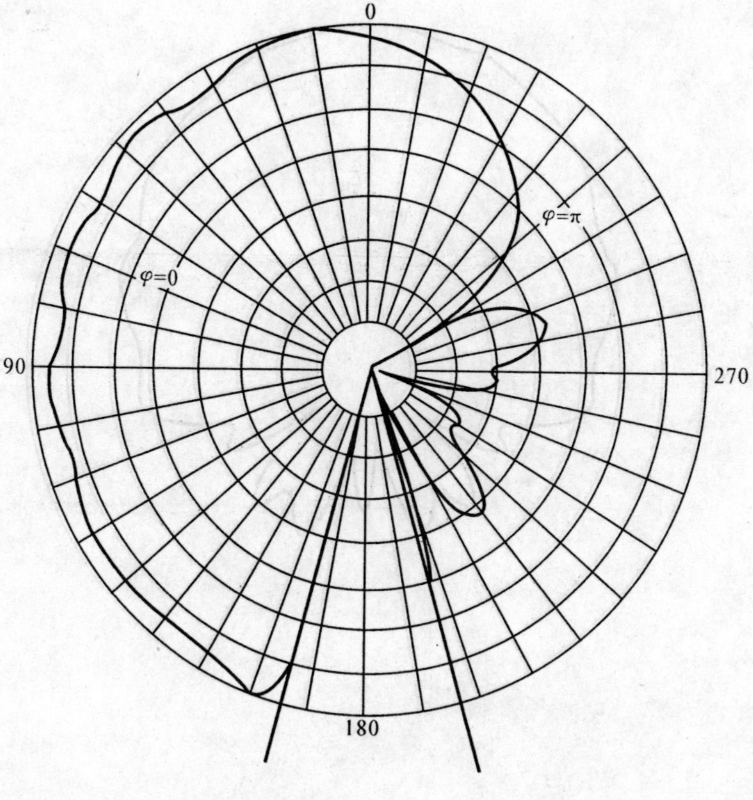

单纵槽 $\varphi=0,\pi$

图 9-5(d) 锥面上隙缝辐射场

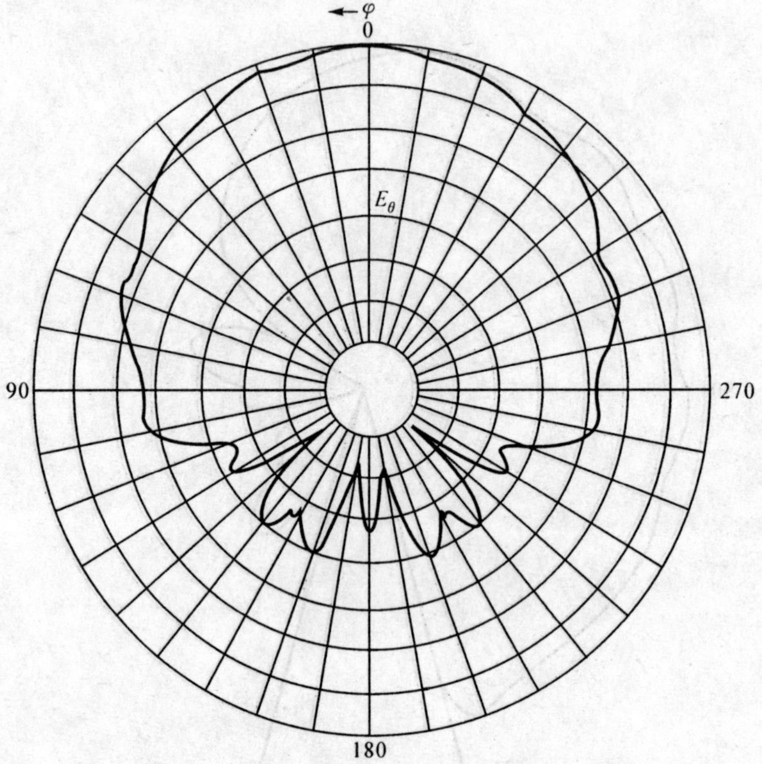

E_θ

单纵槽 $\theta=90^\circ$

图 9-5(e) 锥面上隙缝辐射场

9.3 导电圆锥对平面波的散射[10,12]

设入射导电圆锥平面波场为

$$\begin{cases} \boldsymbol{E}^i(\boldsymbol{r}) = (\sin\alpha\hat{\theta}_0 + \cos\alpha\hat{\varphi}_0)E_0\mathrm{e}^{-\mathrm{i}k\cdot\boldsymbol{R}}, \\ \boldsymbol{H}^i(\boldsymbol{r}) = \dfrac{1}{\eta}(\cos\alpha\hat{\theta}_0 - \sin\alpha\hat{\varphi}_0)E_0\mathrm{e}^{-\mathrm{i}k\cdot\boldsymbol{R}}. \end{cases} \tag{9.36}$$

式中:α 是 $\boldsymbol{E}^i$ 相对 $\hat{\varphi}_0$ 的偏振角,如图 9-6 所示.

为求平面波激励下散射场一般解,可以设想,平面波入射导电圆锥情况下圆锥外总场是 $\boldsymbol{R}_0$ 处一定方位的电磁振子在 $R_0\to\infty$ 时产生的总场.入射到导电圆锥上的平面波是 $\boldsymbol{R}_0$ 处相应振子在自由空间辐射场在 $R_0\to\infty$ 时的结果(图 9-6).

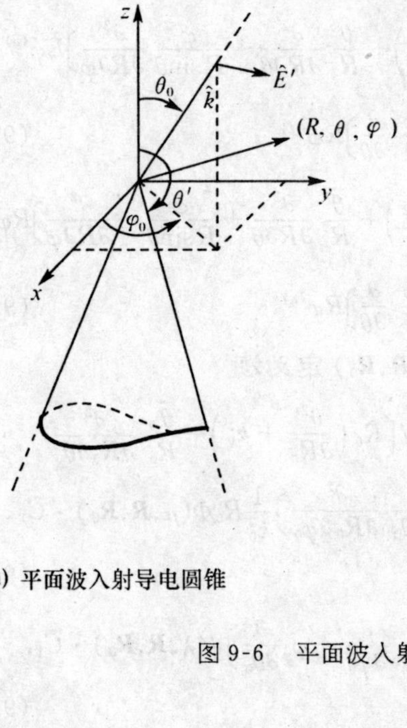

(a) 平面波入射导电圆锥

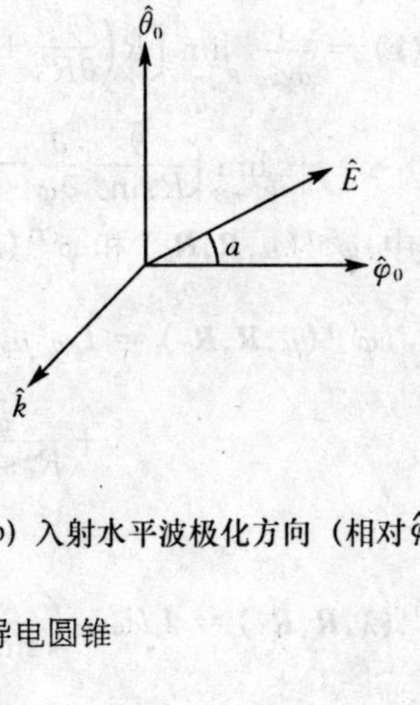

(b) 入射水平波极化方向(相对$\hat{\varphi}_0$)

图 9-6 平面波入射导电圆锥

为此,设自由空间 $\boldsymbol{R}_0$ 处有电振子 $I_e l\hat{C}_1$,它在 $R_0\to\infty$ 时能产生(9.36)式描述的平面波场,则 $\hat{C}_1$ 和 $I_e l$ 应满足关系

$$\hat{C}_1=\sin\alpha\hat{\theta}_0+\cos\alpha\hat{\varphi}_0, \tag{9.37}$$

$$\frac{E_0}{I_e l}=\lim_{R_0\to\infty}\frac{\mathrm{i}\omega\mu_0\mathrm{e}^{\mathrm{i}kR_0}}{4\pi R_0}. \tag{9.38}$$

(9.37)和(9.38)式给出了自由空间 $\boldsymbol{R}_0$ 处电振子 $I_e l\hat{C}_1$ 在 $R_0\to\infty$ 时产生(9.36)式平面的波场条件.因此(9.36)式平面波场激励下导电圆锥外任一点 $\boldsymbol{R}$ 的总场是在满足(9.37)和(9.38)式条件下将(9.28)式中 R_0 推至无穷远处的极限结果.此时(9.28)式中 $\psi(\lambda,\boldsymbol{R},\boldsymbol{R}_0)$ 和 $\Phi(\mu,\boldsymbol{R},\boldsymbol{R}_0)$ 应取 $R<R_0$ 的解.由于最后将施以 $R_0\to\infty$ 的极限运算,则关系式

$$\lim_{R_0\to\infty}\frac{1}{k_0R_0\mathrm{i}}\frac{\partial}{\partial R_0}\left(R_0\begin{matrix}\psi(\lambda,\boldsymbol{R},\boldsymbol{R}_0)\\ \Phi(\mu,\boldsymbol{R},\boldsymbol{R}_0)\end{matrix}\right)=\lim_{R_0\to\infty}\begin{matrix}\psi(\lambda,\boldsymbol{R},\boldsymbol{R}_0)\\ \Phi(\mu,\boldsymbol{R},\boldsymbol{R}_0)\end{matrix}$$

成立.(9.28)式可变为

$$\begin{aligned}\boldsymbol{E}(\boldsymbol{r})=&\frac{\mathrm{i}}{\omega\varepsilon_0}\lim_{R_0\to\infty}\left[\hat{R}\left(\frac{\partial^2}{\partial R^2}+k_0^2\right)+\frac{\hat{\theta}}{R}\frac{\partial^2}{\partial R\partial\theta}+\frac{\hat{\varphi}}{R\sin\theta}\frac{\partial^2}{\partial R\partial\varphi}\right]E\varphi^{(a)}\\&-\lim_{R_0\to\infty}\left[\frac{\hat{\theta}}{R\sin\theta}\frac{\partial}{\partial\varphi}-\frac{\hat{\varphi}}{R}\frac{\partial}{\partial\theta}\right]R\varphi^{(f)},\end{aligned} \tag{9.39}$$

$$\begin{aligned}\boldsymbol{H}(\boldsymbol{r})=&\frac{\mathrm{i}}{\omega\mu_0}\lim_{R_0\to\infty}\left[\hat{R}\left(\frac{\partial^2}{\partial R^2}+k_0^2\right)+\frac{\hat{\theta}}{R}\frac{\partial^2}{\partial R\partial\theta}+\frac{\hat{\varphi}}{R\sin\theta}-\frac{\partial^2}{\partial R\partial\varphi}\right]R\varphi^{(f)}\\&+\lim_{R_0\to\infty}\left[\frac{\hat{\theta}}{R\sin\theta}\frac{\partial}{\partial\varphi}-\frac{\hat{\varphi}}{R}\frac{\partial}{\partial\theta}\right]R\varphi^{(a)}.\end{aligned} \tag{9.40}$$

式中:$\varphi^{(a)}(\mu,\boldsymbol{R},\boldsymbol{R}_0)$ 和 $\varphi^{(f)}(\lambda,\boldsymbol{R},\boldsymbol{R}_0)$ 定义为

$$\begin{aligned}\varphi^{(a)}(\mu,\boldsymbol{R},\boldsymbol{R}_0)=&I_e\omega^2\mu_0\varepsilon_0 l\left[\hat{R}_0\left(\frac{\partial^2}{\partial R_0^2}+k_0^2\right)+\frac{\hat{\theta}_0}{R_0}\frac{\partial^2}{\partial R_0\partial\theta_0}\right.\\&\left.+\frac{\hat{\varphi}}{R_0\sin\theta_0}\frac{\partial^2}{\partial R_0\partial\varphi_0}\right]\frac{1}{k_0^2}R_0\Phi(\mu,\boldsymbol{R},\boldsymbol{R}_0)\cdot\hat{C}_1,\end{aligned} \tag{9.41}$$

$$\varphi^{(f)}(\lambda,\boldsymbol{R},\boldsymbol{R}_0)=I_e l\,\mathrm{i}\omega\mu_0\left[\frac{\hat{\theta}_0}{\sin\theta_0}\frac{\partial}{\partial\varphi_0}-\hat{\varphi}_0\frac{\partial}{\partial\theta_0}\right]\psi(\lambda,\boldsymbol{R},\boldsymbol{R}_0)\cdot\hat{C}_1. \tag{9.42}$$

记

$$A_r(\boldsymbol{R}) = R\lim_{R_0\to\infty}\varphi^{(a)}(\mu,\boldsymbol{R},\boldsymbol{R}_0),$$

$$F_r(\boldsymbol{R}) = R\lim_{R_0\to\infty}\varphi^{(f)}(\lambda,\boldsymbol{R},\boldsymbol{R}_0).$$

则平面波激励下圆锥外总场可表示为

$$\boldsymbol{E}(\boldsymbol{R}) = \frac{\mathrm{i}}{\omega\varepsilon_0}\nabla\nabla(\hat{R}A_r) - \nabla(\hat{R}F_r), \tag{9.43}$$

$$\boldsymbol{H}(\boldsymbol{R}) = \frac{\mathrm{i}}{\omega\mu_0}\nabla\nabla(\hat{R}F_r) + \nabla(\hat{R}A_r). \tag{9.44}$$

其中,

$$\begin{aligned}A_r(\boldsymbol{R}) = \frac{2E_0}{\mathrm{i}\eta k_0}\sum_m(2-\delta_{0m})\sum_\mu\frac{\mathrm{e}^{-\mathrm{i}\frac{\mu+1}{2}\pi}}{I_{m\mu}\mu(\mu+1)}\mathrm{P}_\mu^m(\cos\theta)B_\mu(kR)\\ \cdot\Big[\sin\alpha\cos m(\varphi-\varphi_0)\frac{\partial}{\partial\theta_0}\mathrm{P}_\mu^m(\cos\theta_0)\\ +m\cos\alpha\sin m(\varphi-\varphi_0)\frac{\mathrm{P}_\mu^m(\cos\theta_0)}{\sin\theta_0}\Big],\end{aligned} \tag{9.45}$$

$$\begin{aligned}F_r(\boldsymbol{R}) = -\frac{2E_0}{\mathrm{i}k}\sum_m(2-\delta_{0m})\sum_\lambda\frac{\mathrm{e}^{-\mathrm{i}\frac{\lambda+1}{2}\pi}}{I_{m\lambda}\lambda(\lambda+1)}\mathrm{P}_\lambda^m(\cos\theta)B_\lambda(kR)\\ \cdot\Big[m\sin\alpha\sin m(\varphi-\varphi_0)\frac{\mathrm{P}_\lambda^m(\cos\theta_0)}{\sin\theta_0}\\ -\cos\alpha\cos m(\varphi-\varphi_0)\frac{\partial}{\partial\theta_0}\mathrm{P}_\lambda^m(\cos\theta_0)\Big].\end{aligned} \tag{9.46}$$

这里 $A_r(\boldsymbol{R})$ 和 $F_r(\boldsymbol{R})$ 即为德拜势函数. 利用贝塞耳函数渐近公式

$$B_\nu(k_0R)\ \frac{kR\gg 1}{kR\gg\nu}\to\cos\left(k_0R-\frac{\nu+1}{2}\pi\right),$$

对远区散射场, $A_r(\boldsymbol{R})$ 和 $F_r(\boldsymbol{R})$ 可进一步分为入射和散射德拜势. 其中散射德拜势为

$$\begin{aligned}A_r^s(\boldsymbol{R}) = \mathrm{i}\frac{E_0}{k_0\eta}\sum_m(2-\delta_{0m})\sum_\mu\frac{\mathrm{e}^{-\mathrm{i}\mu\pi}}{I_{m\mu}\mu(\mu+1)}\mathrm{P}_\mu^m(\cos\theta)\mathrm{e}^{\mathrm{i}kR}\\ \cdot\Big[\sin\alpha\cos m(\varphi-\varphi_0)\frac{\partial}{\partial\theta_0}\mathrm{P}_\mu^m(\cos\theta_0)\\ +m\cos\alpha\sin m(\varphi-\varphi_0)\frac{\mathrm{P}_\mu^m(\cos\theta_0)}{\sin\theta_0}\Big],\end{aligned} \tag{9.47}$$

$$F_r^s(\boldsymbol{R}) = \mathrm{i}\,\frac{E_0}{k_0}\sum_m (2-\delta_{0m})\sum_\lambda \frac{\mathrm{e}^{-\mathrm{i}\lambda\pi}e^{ik_0R}}{I_{m\lambda}\lambda(\lambda+1)}\mathrm{P}_\lambda^m(\cos\theta)$$

$$\cdot\left[m\sin\alpha\sin m(\varphi-\varphi_0)\frac{\mathrm{P}_\lambda^m(\cos\theta_0)}{\sin\theta_0}\right.$$

$$\left.-\cos\alpha\cos m(\varphi-\varphi_0)\frac{\partial}{\partial\theta_0}\mathrm{P}_\lambda^m(\cos\theta_0)\right]. \tag{9.48}$$

远区散射场可表示为

$$\boldsymbol{E}^s(\boldsymbol{R}) = \frac{\mathrm{i}}{\omega\varepsilon_0}\nabla\nabla[\hat{R}A_r^s(\boldsymbol{R})] - \nabla[\hat{R}F_r^s(\boldsymbol{R})], \tag{9.49}$$

$$\boldsymbol{H}^s(\boldsymbol{R}) = \frac{\mathrm{i}}{\omega\mu_0}\nabla\nabla[\hat{R}F_r^s(\boldsymbol{R})] + \nabla[\hat{R}A_r^s(\boldsymbol{R})]. \tag{9.50}$$

作为散射场解的一个应用，讨论平面波自圆锥轴线负方向入射的特殊情形. 设入射平面波为

$$\begin{cases}\boldsymbol{E}^i = \hat{y}E_0\mathrm{e}^{\mathrm{i}\cos k_0R},\\ \boldsymbol{H} = \hat{x}E_0\eta^{-1}\mathrm{e}^{\mathrm{i}k_0R\cos\theta},\end{cases} \tag{9.51}$$

如图 9-7 所示. 此时 $\theta_0 = 0$，利用矢量运算关系可求得

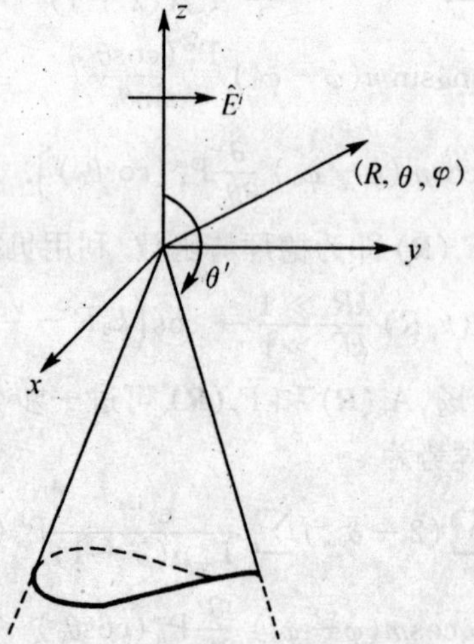

图 9-7　平面波沿圆锥轴负方向入射导电圆锥

$$\hat{\theta}_0 = \hat{x}, \hat{\varphi}_0 = \hat{y}, \hat{R}_0 = \hat{z}.$$

结合(9.36)式可知(9.49)和(9.50)式是(9.36)式在 $\theta_0 = 0$, $\varphi_0 = 0, \alpha = 0$ 的特例. 考虑到

$$\lim_{\theta\to 0}[\mathrm{P}_\mu^m(\cos\theta)/\sin\theta] = \lim_{\theta\to 0}\frac{\mathrm{d}}{\mathrm{d}\theta}\mathrm{P}_\mu^m(\cos\theta)$$

$$= -\delta_{1m}\mu(\mu+1)\frac{1}{2}, \tag{9.52}$$

(9.45)式和(9.46)式变为

$$A_r(\boldsymbol{R}) = -\sum_\mu \frac{2E_0 \mathrm{i}}{k\eta I_{1\mu}} \mathrm{e}^{-\mathrm{i}\frac{\mu+1}{2}\pi} B_\mu(kR)\mathrm{P}_\mu^1(\cos\theta)\sin\varphi, \tag{9.53}$$

$$F_r(\boldsymbol{R}) = -\sum_\lambda \frac{2E_0 \mathrm{i}}{kI_{1\lambda}} \mathrm{e}^{-\mathrm{i}\frac{\lambda+1}{2}\pi} B_\lambda(kR)\mathrm{P}_\lambda^1(\cos\theta)\cos\varphi. \tag{9.54}$$

9.4 圆锥边界本征值的计算[16~18]

圆锥导体边界电磁场问题作为边值问题求解时将导致本征值问题,它包括求问题的本征值和相应的本征函数以及归一化常数. 这一节中给出了用数值法解缔合勒让德方程以计算本征值的方法,利用这一方法确定圆锥边值问题的本征值费机时少,准确度高,而且可同时得到计算散射、辐射问题所需的全部数据.

圆锥导体边界电磁场问题的解表为球坐标表示的自然模式的无穷级数,每一个本征值所确定的本征函数表示一个可能存在的模式. 这个问题的标量波函数已由(9.9)式给出:

$$\psi_{\substack{e\\o}m\nu} = \mathrm{j}_\nu(kr)\mathrm{P}_\nu^m(\cos\theta)\begin{matrix}A_{m\nu}\cos\\B_{m\nu}\sin\end{matrix} m\varphi.$$

根据导体面上边界条件,在锥面上 E_φ、E_r 应为零. 于是由上式可知

对 TM 场: $$\mathrm{P}_\mu^m(\cos\theta)\Big|_{\theta=\theta'} = 0, \tag{9.55a}$$

对 TE 场: $$\frac{\partial \mathrm{P}_\lambda^m}{\partial\theta}\Big|_{\theta=\theta'} = 0. \tag{9.55b}$$

(9.55)式确定导电圆锥边值问题的本征值. 它们是非整数顺序数列

$\{\mu_i\}$ 及 $\{\lambda_i\}$, $i = 1, 2, 3, \cdots$ 计算散射和辐射问题时还需计算归一化常数 $I_{m\nu}$

$$I_{m\nu} = \int_0^{\theta'} [\mathrm{P}_\nu^m(\cos\theta)]^2 \sin\theta \mathrm{d}\theta. \tag{9.56}$$

这里 ν 表示 μ 或 λ.

下面我们用数值法解缔合勒让德方程以计算导电圆锥本征值. 缔合勒让德方程的形式为

$$(1-x^2)\frac{\mathrm{d}^2\mathrm{P}_\nu^m}{\mathrm{d}x^2} - 2x\frac{\mathrm{d}\mathrm{P}_\nu^m}{\mathrm{d}x} + \left[\nu(\nu+1) - \frac{m^2}{1-x^2}\right]\mathrm{P}_\nu^m(x) = 0. \tag{9.57}$$

这里 $\quad x = \cos\theta.$

令 $\quad P_1 = \mathrm{P}_\nu^m(\cos\theta), P_2 = P'_1 = \dfrac{\mathrm{d}\mathrm{P}_\nu^m}{\mathrm{d}\theta},$

则(9.57)式可写作

$$\begin{cases} P'_1 = P_2, \\ P'_2 = -\cot\theta P_2 - \left[\nu(\nu+1) - \dfrac{m^2}{\sin^2\theta}\right]P_1. \end{cases} \tag{9.58}$$

这一方程可用龙格-库塔方法求解. 龙格-库塔法以 θ 为变量, 从一定的初值 θ_1 开始取一定步长一直算到 θ'. 计算时取一定 m 值, 从 m 开始按一定步长取 ν, 计算每一个 m、ν 所对应的 $\mathrm{P}_\nu^m(\cos\theta')$ 及 $\left.\dfrac{\mathrm{d}\mathrm{P}_\nu^m}{\mathrm{d}\theta}\right|_{\theta=\theta'}$. 在 $\mathrm{P}_\nu^m(\cos\theta')$ 异号的两点之间一定有一个 μ 根, 在 $\left.\dfrac{\mathrm{d}\mathrm{P}_\nu^m}{\mathrm{d}\theta}\right|_{\theta=\theta'}$ 异号的两点之间一定有一个 λ_0 根, 利用反号区间虚位插值的方法很容易找出 μ、λ 的顺序数列.

在给定初值时, 对 $m = 0, 1$ 可取 $\theta_1 = 0°$, 用解析法严格确定初值. $m = 0$ 时, 有

$$P_1|_{\theta=0°} = P_\nu(1) = 1, \tag{9.59}$$

$$P_2|_{\theta=0°} = \left.\frac{\mathrm{d}P_\nu}{\mathrm{d}\theta}\right|_{\theta=0°} = P'_\nu(1) = 0. \tag{9.60}$$

以此代入零阶缔合勒让德方程, 得

$$2\lim_{\theta\to 0}\frac{1}{\sin\theta}\frac{dP_\nu}{d\theta}+\nu(\nu+1)=0,$$

或
$$2\left.\frac{dP'_\nu}{d\theta}\right|_{\theta=0^\circ}+\nu(\nu+1)=0.$$

即
$$P'_{2|\theta=0^\circ}=-\frac{\nu(\nu+1)}{2}. \tag{9.61}$$

$m=1$ 时,由(9.60)式,得
$$P_1\mid_{\theta=0^\circ}=P_\nu^1(1)=0. \tag{9.62}$$
由(9.61)式,得
$$P_{2|\theta=0^\circ}=\left.\frac{dP_\nu^1}{d\theta}\right|_{\theta=0^\circ}=-\frac{\nu(\nu+1)}{2}. \tag{9.63}$$

求 $P'_{2|\theta=0^\circ}$ 时可利用缔合勒让德函数的级数表达式
$$P_\nu(x)=\sum_{n=0}^{N}\frac{(-1)^n(\nu+n)!}{(n!)^2(\nu-n)!}\left(\frac{1-x}{2}\right)^n-\frac{\sin\nu\pi}{\pi}$$
$$\cdot\sum_{n=N+1}^{\infty}\frac{(n-1-\nu)!(n+\nu)!}{(n!)^2}\left(\frac{1-x}{2}\right)^n. \tag{9.64}$$

N 是最接近 ν 的整数 $N\leqslant\nu$. 由(9.64)式,有
$$P'_{2|\theta=0^\circ}=\left.\frac{d^3P_\nu}{d\theta^3}\right|_{\theta=0^\circ}=0. \tag{9.65}$$

对于 $m\geqslant 2$ 的情况,可利用缔合勒让德函数的积分表达式的数值积分确定初值. 这个表达式有比较实用的形式
$$\mathrm{P}_\nu^m(\cos\theta_1)=\frac{2(-1)^m\Gamma(\nu+m+1)}{\sqrt{\pi}\Gamma\left(m+\frac{1}{2}\right)\Gamma(\nu-m+1)}$$
$$\cdot\frac{1}{(2\sin\theta_1)^m}\int_0^{\theta_1}\frac{\cos\left(\nu+\frac{1}{2}\right)\theta d\theta}{(2\cos\theta-2\cos\theta_1)^{\frac{1}{2}-m}} \tag{9.66}$$

于是
$$\frac{d\mathrm{P}_\nu^m}{d\theta_1}=\frac{\sqrt{2}(-1)^m\Gamma(\nu+m+1)}{\sqrt{\pi}\Gamma\left(m+\frac{1}{2}\right)\Gamma(\nu-m+1)}\cdot\frac{1}{(\sin\theta_1)^m}\{-m\cot\theta_1$$

$$\cdot \int_0^{\theta_1} \cos\left(\nu + \frac{1}{2}\right)\theta(\cos\theta - \cos\theta_1)^{m-\frac{1}{2}}\mathrm{d}\theta + \sin\theta_1\left(m - \frac{1}{2}\right)$$

$$\cdot \int_0^{\theta_1} \cos\left(\nu + \frac{1}{2}\right)\theta(\cos\theta - \cos\theta_1)^{m-\frac{3}{2}}\mathrm{d}\theta\}. \tag{9.67}$$

计算时取 $\theta_1 = 1^\circ$，积分区间小，利用(9.66)、(9.67)式可以很精确地分别求出问题的初值.

参考文献[16]利用上述方法对三种不同 θ' 的导电圆锥进行了计算，计算了 $m = 0 \sim 50$ 的前50个本征值及相应的归一化常数和相应的本征函数在各个角度上的数值结果，采用双精度运算以保证精确度.

为检验函数值结果的精确度，将上述结果与低阶次的整数次缔合勒让德函数的准确值进行了比较. 低阶低次整数次缔合勒让德函数可以用三角函数表示，它们的值可以严格确定. 表9-1列出了个别函数值的准确值与龙格-库塔法计算值的比较. 比较说明，在龙格-库塔法中若以 $\left(\frac{1}{8}\right)^\circ$ 为步长，其计算结果可准确到至少七位数字.

表 9-1　缔合勒让德函数精确值与龙格-库塔方法计算值的比较

$\theta' = 165^\circ$				
θ'	$P_1(\cos\theta)$		$P_4(\cos\theta)$	
	Vrk	Vex	Vrk	Vex
1	0.9998476	0.998476	0.9984774	0.9984774
30	0.8660254	0.8660254	0.0234375	0.0234375
60	0.5000000	0.5000000	−0.2890625	−0.2890625
90	0	0	0.3750000	0.3750000
120	−0.5000000	−0.5000000	−0.2890625	−0.2890625
150	−0.8660254	−0.8660254	0.0234375	0.0234375

续表

$\theta'=165^\circ$				
θ'	$P_1(\cos\theta)$		$P_2(\cos\theta)$	
	Vrk	Vex	Vrk	Vex
1	−0.0174524	−0.0174524	−0.0523493	−0.0523493
30	−0.5000000	−0.5000000	−1.2990383	−1.2990381
60	−0.8660254	−0.8660254	−1.2990383	−1.2990381
90	−1.0000000	−1.0000000	0	0
120	−0.8660254	−0.8660254	1.2990383	1.2990381
150	−0.5000000	−0.5000000	1.2990383	1.2990381

Vrk:龙格－库塔法计算值

Vex:准确值

其次，还可在 θ' 的一些特殊角度进行检验. 例如 $\theta'=\frac{\pi}{2}$ 时锥面就变成一无限大导电圆盘，它的本征值已知应为

$$\mu=2k+1+m,\qquad (k=0,1,2,3,\cdots)$$
$$\lambda=2k+m.$$

计算结果与其比较，至少可准确到八位数字.

表 9-2、表 9-3 分别列出 $m=0,1$ 时 $\theta'=165^\circ$ 导电圆锥的本征值的前 30 个根以及相应的归一化常数，它们准确到至少七位数字.

表 9-2　**缔合勒让德函数本征值及归一化常数($m=0$)**

$\theta'=165^\circ$				
i	μ_i	$I_{m\mu_i}$	λ_i	$I_{m\lambda_i}$
1	0.23871648	1.19590590	0.0	1.96620740
2	1.35602242	0.48618113	1.03163131	0.62563290
3	2.45994615	0.30692447	2.08443381	0.36513204

续表

$\theta' = 165°$				
i	μ_i	$I_{m\mu_i}$	λ_i	$I_{m\lambda_i}$
4	3.55877322	0.22453410	3.14992904	0.25621596
5	4.65503068	0.17709190	4.22309573	0.19690769
6	5.74979561	0.14622648	5.30108681	0.15974986
7	6.84361357	0.12453346	6.38224866	0.13433453
8	7.93679261	0.10844989	7.46558097	0.11587283
9	9.02952039	0.09604777	8.55042730	0.10186169
10	10.12191791	0.08619226	9.63645021	0.09086810
11	11.21406652	0.07817173	10.72329271	0.08201353
12	12.30602326	0.07151716	11.81078399	0.07472982
13	13.39782882	0.06590691	12.89878320	0.06863343
14	14.48951342	0.06111297	13.98718690	0.06345613
15	15.58109979	0.05696923	15.07591756	0.05900479
16	16.67260523	0.05335179	16.16491604	0.05513680
17	17.76404335	0.05016636	17.25413647	0.05174459
18	18.85542477	0.04733990	18.34354278	0.04874549
19	19.94675811	0.04481497	19.43310624	0.04607493
20	21.03805032	0.04254575	20.52280370	0.04368174
21	22.12930708	0.04049527	21.61261632	0.04152485
22	23.22053301	0.03863335	22.70252858	0.03957091
23	24.31173212	0.03693513	23.79252762	0.03779258
24	25.40290758	0.03537992	24.88260271	0.03616719
25	26.49406226	0.03395039	25.97274479	0.03467584
26	27.58519851	0.03263190	27.06294618	0.03330261
27	28.67631838	0.03141199	28.15320035	0.03203398
28	29.76742338	0.03028001	29.24350166	0.03085846
29	30.85851531	0.02922677	30.33384527	0.02976616
30	31.94959538	0.02824434	31.42422698	0.02874854

表 9-3 **缔合勒让德函数本征值及归一化常数($m=1$)**

		$\theta'=165°$		
i	μ_i	$I_{m\mu_i}$	λ_i	$I_{m\lambda_i}$
1	1.03163131	1.3107823	0.96714027	1.3586189
2	2.08443381	2.3463703	1.91890127	2.4247204
3	3.14992904	3.3473097	2.88708392	3.3679857
4	4.22309573	4.3405888	3.88786000	4.2616197
5	5.30108681	5.3325443	4.91710892	5.1645870
6	6.38224866	6.3249167	5.96563830	6.0907240
7	7.46558097	7.3181415	7.02643883	7.0364838
8	8.55045273	8.3122514	8.09513558	7.9962516
9	9.63645020	9.3071592	9.16908580	8.9657223
10	10.72329269	10.302753	10.24666304	9.9419838
11	11.81078395	11.298925	11.32683231	10.923106
12	12.89878313	12.295584	12.40891121	11.907794
13	13.98718680	13.292652	13.49243457	12.895162
14	15.07591742	14.290067	14.57707563	13.884589
15	16.16491583	15.287776	15.66259867	14.875630
16	17.25413618	16.285737	16.74882965	15.867956
17	18.34354239	17.283914	17.83563738	16.861323
18	19.43310572	18.282280	18.92292116	17.855545
19	20.52280302	19.280810	20.01060243	18.850479
20	21.61261544	20.279485	21.09861901	19.846009
21	22.70252745	21.278288	22.18692109	20.842048
22	23.79252621	22.277204	23.27546823	21.838521
23	24.88260094	23.276222	24.36422733	22.835370
24	25.97274260	24.275333	25.45317098	23.832548
25	27.06294350	25.274526	26.54227633	24.830012
26	28.15319709	26.273796	37.63152415	25.827731
27	29.24349772	27.273125	28.72089814	26.825675
28	30.33384055	28.272538	29.81038442	27.823821
29	31.42422136	29.272000	30.89997107	28.822149
30	32.51463647	30.271518	31.98964780	29.820640

用数值法解缔合勒让德方程从而求得圆锥本征值的方法是计算圆锥边值问题的通用方法，它对于 m、ν、θ' 的取值没有任何限制，运算过程有较好的稳定性，适当控制运算参数易于得到可靠的数值结果和要求的精确度.

计算过程除求得圆锥边值问题的本征值之外，同时还得到了相应的归一化常数以及相应的本征函数在各角度上的值，这正是计算圆锥导体边界电磁散射与辐射问题所需的全部数据，与威尔柯克斯的方法相比较，这一方法所用机时较少，计算结果比威尔柯克斯的结果更精确.

误差主要来自用(9.66)式和(9.67)式确定初值时数值积分所带来的误差，以及龙格-库塔法和插值的误差，这些只要适当选取步长及插值次数就可达到任何要求的精确度.

参 考 文 献

[1] Bailin L L and Silver S. Exterior Electromagnetic Boundary Value Problems for Spheres and Cones, IRE Trans., AP-4, 5 ~ 16, 1956; AP-5, 313(Correction), 1957.

[2] Felsen L B. Back Scattering from Wide — Angle and Narrow—Angle Cones, J. Appl. Phys., 26, 138 ~ 151, 1955.

[3] Felsen L B. Plane—Wave Scattering by Small — Angle Cones, IRE Trans., AP — 5, 121 ~ 129, 1957; AP-5, 402 ~ 404(Correction), 1957.

[4] Felsen L B. Radiation from Ring Sources in the Presence of a Semi — Infinite Cone, IRE Trans., AP-7, 168 ~ 180, 1959; AP-7, 251(Correction), 1959.

[5] Senior T B A. and Wilcox P H. Travelling Waves in Relation to the Surface Fields on a Semi — Infinite Cone, Radio Science, 2, 479 ~ 487, 1967.

[6] Siegel K M. et al., Bistatic Radar Cross Sections of Surfaces

of Revolution, J. Appl. Phys. ,26,297 ～ 305,1955.

[7] Bowman J J,Senior T B A and Uslenghi P L E. Electromagnetic and Acoustic Scattering by Simple Shapes,Amsterdam: North－Holl and Publishing Co. ,1969.

[8] 柯亨玉. 并矢格林函数奇异项及带介质壳导电圆柱电磁辐射与散射的并矢格林函数方法. 武汉大学空间物理系硕士论文,1989.

[9] 柯亨玉. 并矢格林函数本征展开与奇异性. 第四届中国电波传播年会论文,1991.

[10] 柯亨玉,鲁述. 导电圆锥边界电磁散射问题. 武汉大学学报(自然科学版),No. 1,1989.

[11] 鲁述,徐鹏根,方振民,陈建平. 圆锥导体边界电磁辐射问题的解析方法. 电波科学学报,2,No. 2 ～ 3,1987.

[12] 柯亨玉,鲁述. 导电圆锥散射问题的一般解. 中国天线学会天线及电磁兼容测量第三届学术会议论文集,1988.

[13] 鲁述. 振子激励导电圆锥辐射场. 武汉大学学报(自然科学版),No. 1,1985.

[14] 黄锡文,徐鹏根,鲁述等. 导电圆锥上天线空间方向图的UTD计算. 武汉大学学报(自然科学版),No. 1,73 ～ 80,1988.

[15] 鲁述,吴庆麟,朱崇灿. 并矢 Green 函数法计算开缝圆锥的辐射场. 武汉大学学报(自然科学版),No. 2,1980.

[16] 鲁述,陈建平,徐鹏根,吴庆麟. 导电圆锥边界电磁场问题本征值计算. 武汉大学学报(自然科学版),No. 2,1987.

[17] M. L. James,G. M. Smith,and J. C. Wolford,Applied Numerical Methods for Digital Computation With Fortran and CSMP, 2nd Edition,New York:Harper and Row,1977.

[18] Пебедев H H. 张燮译. 特殊函数及其应用. 北京:高等教育出版社,1957.

第 10 章 平面分层媒质

前面引入的圆柱矢量波函数也可用来对平面分层介质系统的并矢格林函数进行本征函数展开. 这里,自由空间的格林函数将变换成适合于构造三类函数的积分形式. 对于平直地面,现在的工作将与索末菲的经典的工作加以比较,并将给出求解并矢格林函数的惟一确定形式的方法. 最后,在这章中还将考虑其他类型的分层介质系统的问题.

10.1 平直地面

我们把空间分成如图 10-1 所示的两个半平面. 其中一半充满空气,另一半为均匀有耗介质,这个几何模型就对应于平直地面. 我们假定地球的电磁特性可以用常数 ε, μ_0 和 σ 来表征. 为了方便起见,我们将把两部分介质中的传播常数分别标记为:

$$k_1 = \omega(\mu_0 \varepsilon_0)^{\frac{1}{2}}, k_2 = \omega\left[\mu_0 \varepsilon\left(1 + \frac{\mathrm{i}\sigma}{\omega\varepsilon}\right)\right]^{1/2}.$$

很自然地,我们也把这种情况下的并矢格林函数分成三类. 为了找出这些函数,我们首先将把自由空间函数用散射场叠加法变换成积分的形式. 为此,我们首先找出 $\overline{\overline{G}}_{e0}$ 的傅立叶 - 贝塞耳或汉克尔变换形式.

从(5.14)式,$\overline{\overline{G}}_{m0}$ 的双重积分表示式为:

$$\overline{\overline{G}}_{m0}(\boldsymbol{R},\boldsymbol{R}') = \int_0^\infty \mathrm{d}\lambda \int_{-\infty}^\infty \mathrm{d}h \sum_n \left[(2-\delta_0)\kappa / 4\pi^2 \lambda(\kappa^2 - \kappa_1^2)\right]$$
$$\left[\boldsymbol{N}_\lambda(h)\boldsymbol{M}'_\lambda(-h) + \boldsymbol{M}_\lambda(h)\boldsymbol{N}'_\lambda(-h)\right]. \qquad (10.1)$$

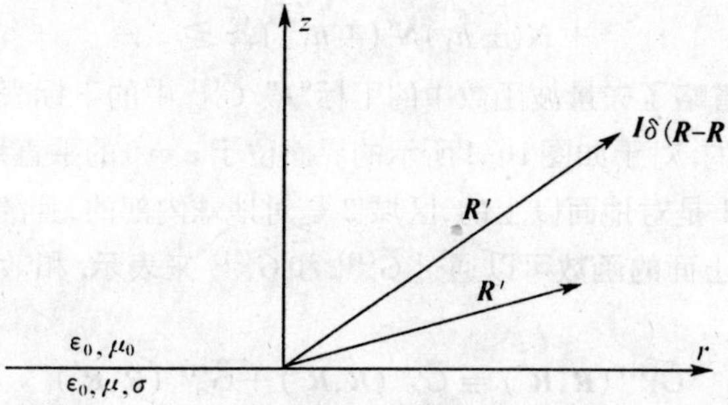

图 10-1 平直地面

其中,(5.14) 式中的波数 k 现在由 k_1 和 $\kappa^2=h^2+\lambda^2$ 所代替. 在并矢格林函数中所用的简化符号与(5.14) 式后面的图中所说明的一样. (10.1) 式中在 h- 平面上的傅立叶积分可以通过留数理论来求得. 积分的极点位于 $h=\pm h_1$,其中 $h_1=(k_1^2-\lambda)^{\frac{1}{2}}$. 其结果为:

$$\bar{\bar{G}}_{m0}^{\pm}(\boldsymbol{R},\boldsymbol{R}')=k\int_0^\infty \mathrm{d}\lambda\sum_n C^{(1)}[\boldsymbol{N}_\lambda(\pm h_1)\boldsymbol{M}'_\lambda(\mp h_1)+\boldsymbol{M}_\lambda(\pm h_1)\boldsymbol{N}'_\lambda(\mp h_1)],z\gtrless z'. \tag{10.2}$$

式中:

$$C^{(1)}=\frac{(2-\delta_0)}{4\pi\lambda h_1}.$$

对于自由空间磁并矢格林函数,其不连续的面是在 $z=z'$ 处. 回顾一下,对圆柱问题,我们消去了 λ 积分而保留了傅立叶积分,但现在我们保留了傅立叶－贝塞耳积分.

用对 $\bar{\bar{G}}_m$ 的方法,$\bar{\bar{G}}_{e0}$ 可以写成下面的形式

$$\begin{aligned}\bar{\bar{G}}_{e0}^{(1)}(\boldsymbol{R},\boldsymbol{R}')&=\frac{1}{k_1^2}[-\hat{z}\hat{z}\delta(\boldsymbol{R}-\boldsymbol{R}')+(\nabla\bar{\bar{G}}_{m0}^{+})U(z-z')\\&\quad-(\nabla\bar{\bar{G}}_{m0}^{-})U(z'-z)]\\&=-\frac{1}{k_1^2}\hat{z}\hat{z}\delta(\boldsymbol{R}-\boldsymbol{R}')\end{aligned}$$

$$+\int_0^\infty d\lambda\sum_n C^{(1)}[M(\pm h_1)\boldsymbol{M}'(\mp h_1)$$
$$+\boldsymbol{N}(\pm h_1)\boldsymbol{N}'(\mp h_1)],z\gtrless z'. \quad (10.3)$$

这里已经省略了矢量波函数中的下标"λ". $\overline{\overline{G}}_{e0}^{(1)}$ 中的下标表示函数是指对于 k_1 的. 对于如图10-1所示的界面位于 $z=0$ 的平直地面,我们特指区域1是对地面以上的,区域2是对地球内部的,且源假定位于区域1,则上面的函数可以通过 $\overline{\overline{G}}_e^{(11)}$ 和 $\overline{\overline{G}}_e^{(21)}$ 来表示. 和散射场叠加法,令

$$\overline{\overline{G}}_e^{(11)}(\boldsymbol{R},\boldsymbol{R}')=\overline{\overline{G}}_{e0}^{(1)}(\boldsymbol{R},\boldsymbol{R}')+\overline{\overline{G}}_{es}^{(11)}(\boldsymbol{R},\boldsymbol{R}') \quad (10.4)$$

和

$$\overline{\overline{G}}_e^{(21)}(\boldsymbol{R},\boldsymbol{R}')=\overline{\overline{G}}_{es}^{(21)}(\boldsymbol{R},\boldsymbol{R}') \quad (10.5)$$

正像以前所多次指出的,散射场的各项一定有下面的形式:

$$\overline{\overline{G}}_{es}^{(11)}(\boldsymbol{R},\boldsymbol{R}')=\int_0^\infty d\lambda\sum_n C^{(1)}[a\boldsymbol{M}(h_1)\boldsymbol{M}'(h_1)+b\boldsymbol{N}(h_1)\boldsymbol{N}'(h_1)], \quad (10.6)$$

$$\overline{\overline{G}}_{es}^{(21)}(\boldsymbol{R},\boldsymbol{R}')=\int_0^\infty d\lambda\sum_n C^{(1)}[c\boldsymbol{M}(-h_2)\boldsymbol{M}'(h_1)$$
$$+d\boldsymbol{N}(-h_2)\boldsymbol{N}'(h_1)]. \quad (10.7)$$

其中 $h_2=(k_2^2-\lambda^2)^{\frac{1}{2}}$. 函数 $\boldsymbol{M}(-h_2)$ 和 $\boldsymbol{N}(-h_2)$ 是区域2中的波函数,它是波数为 k_2 的区域2中波方程的解. 在 $z=0$ 处,其边界条件为:

$$\hat{z}\times[\overline{\overline{G}}_e^{(11)}(\boldsymbol{R},\boldsymbol{R}')-\overline{\overline{G}}_e^{(21)}(\boldsymbol{R},\boldsymbol{R}')]=0 \quad (10.8)$$

和

$$\hat{z}\times[\nabla\overline{\overline{G}}_e^{(11)}(\boldsymbol{R},\boldsymbol{R}')-\nabla\overline{\overline{G}}_e^{(21)}(\boldsymbol{R},\boldsymbol{R}')]=0, \quad (10.9)$$

这里我们已经假定 $\mu_1=\mu_2=\mu_0$. 则系数 a,b,c 和 d 可以由下面的公式所确定:

$$a=\frac{(h_1-h_2)}{(h_1+h_2)},$$

$$b=\frac{(k_2^2h_1-k_1^2h_2)}{(k_2^2h_1+k_1^2h_2)}$$

$$= \frac{(n^2 h_1 - h^2)}{(n^2 h_1 + h^2)},$$

$$c = \frac{2h_1}{(h_1 + h_2)},$$

$$d = \frac{2nh_1}{(n^2 h_1 + h^2)}, n = \frac{k_2}{k_1}.$$

式中：n 表示地球介质的复的折射率. 知道了 $\bar{\bar{G}}_e^{(11)}$ 和 $\bar{\bar{G}}_e^{(21)}$ 后，我们能够得到由区域 1 中的电流分布在两个区域中所产生的电场如下：

$$\boldsymbol{E}_1(\boldsymbol{R}) = \mathrm{i}\omega\mu_0 \iiint \bar{\bar{G}}_e^{(11)}(\boldsymbol{R}, \boldsymbol{R}') \cdot \boldsymbol{J}_1(\boldsymbol{R}') \mathrm{d}V', \tag{10.10}$$

$$\boldsymbol{E}_2(\boldsymbol{R}) = \mathrm{i}\omega\mu_0 \iiint \bar{\bar{G}}_e^{(21)}(\boldsymbol{R}, \boldsymbol{R}') \cdot \boldsymbol{J}_1(\boldsymbol{R}') \mathrm{d}V'. \tag{10.11}$$

10.2　平直地面上电偶极子的辐射，索末菲公式

对于一个位于空气中的$(0,0,z_0)$ 电流矩为 $c\hat{z}$ 的无限小的垂直电偶极子，电流可以表示为

$$\boldsymbol{J}_1(\boldsymbol{R}') = c\hat{z}\delta(x' - 0)\delta(y' - 0)\delta(z' - z_0).$$

为了便于与索末菲的结果进行比较，我们选择 c 在数量上等于 $4\pi k_1^2 / \mathrm{i}\omega\mu_0$. 按(10.10) 式，可得到

$$\boldsymbol{E}_1(\boldsymbol{R}) = 4\pi k_1^2 \bar{\bar{G}}_e^{(11)}(\boldsymbol{R}, \boldsymbol{R}') \cdot \hat{z} \big|_{\boldsymbol{R}'=(0,0,z_0)}. \tag{10.12}$$

用前面一节中的 $\bar{\bar{G}}_e^{(11)}$ 的表达式和在附录 E 中由(E.13) 和(E.14) 式表示的$\boldsymbol{M}'_{\substack{e\\o}n\lambda}$ 和 $\boldsymbol{N}'_{\substack{e\\o}n\lambda}$，但是在带撇的变量中，我们发现当取 $\boldsymbol{R}' = (0,0,z_0)$ 时，只存在 $\boldsymbol{N}'_{\substack{e\\o}n\lambda} \cdot \hat{z}$. 为了简便起见，让我们考虑关于 $z > z_0$ 的 情况. 则

$$\boldsymbol{E}_1(\boldsymbol{R}) = \mathrm{i}k_1 \int_0^\infty \left(\frac{\lambda}{h_1}\right) \boldsymbol{N}_{e0\lambda}(h_1)[\mathrm{e}^{-\mathrm{i}h_1 z_0} + b\mathrm{e}^{\mathrm{i}h_1 z_0}] \mathrm{d}\lambda. \tag{10.13}$$

式中：

$$b = \frac{n^2 h_1 - h_2}{n^2 h_1 + h_2}.$$

对于一个具有同样电流矩的 x 方向的无限小的水平电偶极子，我

们有

$$\boldsymbol{E}_1(\boldsymbol{R}) = 4\pi k_1^2 \overline{\overline{G}}_e^{(11)}(\boldsymbol{R},\boldsymbol{R}') \cdot \hat{x}\,|_{\boldsymbol{R}'=(0,0,z_0)}. \tag{10.14}$$

在这种情况下,只存在 $\boldsymbol{M}_{o1\lambda}$ 和 $\boldsymbol{N}_{e1\lambda}$,可以得到

$$\boldsymbol{E}_1(\boldsymbol{R}) = \mathrm{i}k_1\int_0^\infty \{(h_1/h_1)\boldsymbol{M}_{o1\lambda}(h_1)[\mathrm{e}^{-\mathrm{i}h_1z_0} + a\mathrm{e}^{\mathrm{i}h_1z_0}] - \mathrm{i}\boldsymbol{N}_{e1\lambda}(h_1)[\mathrm{e}^{-\mathrm{i}h_1z_0} - b\mathrm{e}^{\mathrm{i}h_1z_0}]\}\,\mathrm{d}\lambda. \tag{10.15}$$

式中 b 与以前定义的一样,而

$$a = \frac{h_1 - h_2}{h_1 + h_2}.$$

现在,我们将指出,由(10.13)和(10.14)式所给的电场的表达式与索末菲著名的工作所得到的结果是完全等价的,这一工作在他的书中关于偏微分方程的第六章里作了非常完整的处理[1].

索末菲用位函数的方法得到了这些问题的公式.他仅用了一个电赫兹位,所以

$$\boldsymbol{E}_1(\boldsymbol{R}) = k_1^2\boldsymbol{\pi} + \nabla\,\nabla\boldsymbol{\pi}. \tag{10.16}$$

对于 $\boldsymbol{R} \neq \boldsymbol{R}'$,(10.16)式等价于

$$\boldsymbol{E}_1(\boldsymbol{R}) = \nabla\nabla\boldsymbol{\pi}. \tag{10.17}$$

对于垂直偶极子的情况,他指出单独一个 $\boldsymbol{\pi}$ 的 z 向分量对于解决问题和推导公式已经足够了.对于 $\boldsymbol{\pi}_z$ 所得到的表达式,包括原场和散射场,在 $z > z_0$ 时为

$$\boldsymbol{\pi}_z = \int_0^\infty \left(\frac{\lambda}{h_1}\right)\mathrm{J}_0(\lambda r)\mathrm{e}^{\mathrm{i}h_1z}(\mathrm{e}^{-\mathrm{i}h_1z_0} + b\mathrm{e}^{\mathrm{i}h_1z_0})\,\mathrm{d}\lambda. \tag{10.18}$$

我们已经把所有的参量写成我们所用的符号.把(10.18)式代入(10.17)式,得到

$$\boldsymbol{E}_1(\boldsymbol{R}) = \mathrm{i}k_1\int_0^\infty \left(\frac{\lambda}{h_1}\right)\boldsymbol{N}_{e0\lambda}(h_1)(\mathrm{e}^{-\mathrm{i}h_1z_0} + b\mathrm{e}^{\mathrm{i}h_1z_0})\,\mathrm{d}\lambda. \tag{10.19}$$

这式子与(10.13)式是一致的.

对于水平偶极子的情况,他指出需要相应于 $\boldsymbol{\pi}_x$ 和 $\boldsymbol{\pi}_z$ 的 $\boldsymbol{\pi}$ 两个分量.对于 $z > z_0$,为

$$\boldsymbol{\pi}_x = \mathrm{i}\int_0^\infty \left(\frac{\lambda}{h_1}\right)\mathrm{J}_0(\lambda r)\mathrm{e}^{\mathrm{i}h_1z}(\mathrm{e}^{-\mathrm{i}h_1z_0} + a\mathrm{e}^{\mathrm{i}h_1z_0})\,\mathrm{d}\lambda. \tag{10.20}$$

和

$$\pi_z = -2\cos\varphi\int_0^\infty \frac{\lambda^2(h_1-h_2)}{(k_2^2h_1+k_1^2h_2)}J_1(\lambda r)e^{ih_1(z+z_0)}d\lambda. \quad (10.21)$$

显然,π_z 和包含系数 a 的 π_x 部分表示散射场. 把(10.20)和(10.21)式代入(10.17)式,得

$$\begin{aligned}\boldsymbol{E}_1(\boldsymbol{R}) = \mathrm{i}k_1\int_0^\infty\left(\frac{\lambda}{h_1}\right)\boldsymbol{N}_{e0\lambda}^{(x)}(h_1)(e^{ih_1z_0}+ae^{ih_1z_0})d\lambda \\ -2k_1\int_0^\infty\left[\frac{\lambda^2(h_1-h_2)}{(k_2^2h_1+k_1^2h_2)}\right]\boldsymbol{N}_{e1\lambda}(h_1)e^{ih_1z_0}d\lambda.\end{aligned} \quad (10.22)$$

式中:$N_{e0\lambda}^{(x)}$ 表示 x 型的圆柱矢量波函数,它定义为

$$N_{e0\lambda}^{(x)}(h_1) = \left(\frac{1}{k_1}\right)\nabla\nabla[J_0(\lambda r)e^{ih_1z}\hat{x}].$$

如附录B中所示,这种类型的函数与我们在构造并矢格林函数时常用的 z-型函数是有关系的. 特别当 $n=0$ 时,附录E中的(E.18)式变为

$$N_{e0\lambda}^{(x)}(h_1) = \frac{k_1\boldsymbol{M}_{o1\lambda}(h_1)-\mathrm{i}h_1\boldsymbol{N}_{e1\lambda}(h_1)}{\lambda}.$$

把这式代入(10.22)式并利用等式

$$\frac{2\lambda^2(h_1-h_2)}{(k_2^2h_1+k_1^2h_2)} = a+b,$$

式中:a 和 b 与(10.13)和(10.14)式中所定义的系数相同,这样我们确实可以发现(10.22)式和(10.15)式是等价的.

让我们回顾一下,可以看到索末菲的原公式仅用了电赫兹位. 而这里所讨论的公式,从位理论的观点,电赫兹位和磁赫兹位都用了. 前者产生 **N** 类函数,而后者则产生 **M** 类函数. 这是由于索末菲的处理是很巧妙的,而我们则或多或少是普遍性的方法. 对于任何其他类型的电流分布的并矢格林函数都可采用同样的推导方法. 为此,我们不再对每一个问题求其特定的位函数.

最后,我们将高兴地提到巴尼奥斯[2] 所写的关于平直地面的偶极辐射的很好的著作. 他已经系统地把各类积分归结为基本的形式,

不但便于数值计算，还清楚地给出了各种问题间的关系. 毫无疑问，从现在公式的积分结果也可以用巴尼奥斯的基本的函数来表示. 韦特的书[3] 和金、吴及欧文[4] 所写的书也包含了很多有用的信息. 详细地讨论这类问题的数值方法已经超出了本书的范围. 然而，这里还是考虑了某些简单的积分的渐近公式.

在后面将要看到，在某些特定的条件下，我们可以用鞍点积分法找出三类并矢格林函数的渐近表达式. 为了推导这些公式，我们将首先把(10.3) 式和(10.6) 式所给的 $\overline{\overline{G}}_e^{(11)}$ 的积分表达式从半无限的积分途径变换成在λ- 平面上的无限大的积分途径.

我们考虑下面类型的积分

$$F=\int_0^\infty f_n(\lambda)\mathrm{J}_n(\lambda r)\mathrm{d}\lambda, \tag{10.23}$$

它能写成下面的形式

$$F=\frac{1}{2}\int_0^\infty f_n(\lambda)[\mathrm{H}_n^{(1)}(\lambda r)+\mathrm{H}_n^{(2)}(\lambda r)]\mathrm{d}\lambda. \tag{10.24}$$

其中 $\mathrm{H}_n^{(1)}$，$\mathrm{H}_n^{(2)}$ 分别标记第一和第二类汉克尔函数.(10.24) 式中所包含的第二类汉克尔函数积分也可以变换成具有不同途径的如下的第一类汉克尔函数：

$$\begin{aligned}\frac{1}{2}\int_0^\infty f_n(\lambda)\mathrm{H}_n^{(2)}(\lambda r)\mathrm{d}\lambda &= \frac{1}{2}\int_{-\infty}^0 f_n(-\lambda)\mathrm{H}_n^{(2)}(-\lambda r)\mathrm{d}\lambda \\ &= -\frac{1}{2}\int_{-\infty}^0 f_n(-\lambda)\mathrm{e}^{\mathrm{i}n\pi}\mathrm{H}_n^{(1)}(\lambda r)\mathrm{d}\lambda.\end{aligned}$$

这里，我们已经应用了两类汉克尔函数之间的半回路关系[1]. 如果 $f_n(\lambda)$ 满足下面的关系式

$$f_n(\lambda)=-\mathrm{e}^{\mathrm{i}n\pi}f_n(-\lambda),$$

则原积分变成

$$F=\int_{-\infty}^\infty f_n(\lambda)\mathrm{H}_n^{(1)}(\lambda r)\mathrm{d}r. \tag{10.25}$$

从(10.23) 式到(10.25) 式的变换可以用算子的方法推广到并矢函数，如果假定

$$\overline{\overline{F}}=\int_0^\infty \overline{\overline{f}}_n(\lambda)[\mathrm{J}_n(\lambda r)]\mathrm{d}\lambda, \tag{10.26}$$

其中 $\overline{\overline{f}}_n$ 表示满足下面关系的矢量算子

$$\overline{\overline{f}}_n(\lambda) = -\mathrm{e}^{\mathrm{i}n\pi}\overline{\overline{f}}_n(-\lambda), \tag{10.27}$$

则

$$\overline{\overline{F}} = \int_{-\infty}^{\infty} \overline{\overline{f}}_n(\lambda)[\mathrm{H}_n^{(1)}(\lambda r)]\mathrm{d}\lambda. \tag{10.28}$$

现在,考虑对于 $z \geqslant z_0$ 的由(10.3)式所描述的 $\overline{\overline{G}}_{e0}^{(1)}$ 的典型的项

$$\overline{\overline{g}} = \int_0^{\infty} C^{(1)}\boldsymbol{M}(h_1)\boldsymbol{M}'(-h_1)\mathrm{d}\lambda. \tag{10.29}$$

因为 $\boldsymbol{M}(h_1)$ 包含了 $\mathrm{J}_n(\lambda_r)$,(10.29)式可以写成如(10.26)式所示的算子形式,而且这算子确实满足(10.27)式所描述的关系.因而,按(10.28)式,(10.29)式可以变换成

$$\overline{\overline{g}} = \int_{-\infty}^{\infty} C^{(1)}\boldsymbol{M}^{(1)}(h_1)\boldsymbol{M}'(-h_1)\mathrm{d}\lambda. \tag{10.30}$$

其中,$\boldsymbol{M}^{(1)}$ 是对于第一类汉克尔函数来定义的.算子的形式可以避免对包含 $\boldsymbol{M}(h_1)$、$\boldsymbol{M}'(-h_1)$ 的每一项重复运用(10.25)式的标量关系的烦琐运算.从(10.30)式,其他各项也可作类似的变换,在 $z > z'$ 时,$\overline{\overline{G}}_e^{(11)}$ 能写成下面的形式:

$$\begin{aligned}\overline{\overline{G}}_e^{(11)}(\boldsymbol{R},\boldsymbol{R}') = &\int_{-\infty}^{\infty}\sum_n C^{(1)} \\ &\cdot\{\boldsymbol{M}^{(1)}(h_1)[\boldsymbol{M}'(-h_1)+a\boldsymbol{M}'(h_1)] \\ &+\boldsymbol{N}^{(1)}(h_1)[\boldsymbol{N}'(-h_1)+b\boldsymbol{N}'(h_1)]\}.\end{aligned} \tag{10.31}$$

把积分途径变换成无限大的路径,我们能够把鞍点积分法应用于 $kR \gg 1$ 时的(10.31)式.按5.4节同样的处理方法,我们可找出远区场的一阶的渐近解,它可表示为下面的形式:

$$\begin{aligned}\overline{\overline{G}}_e^{(11)}(\boldsymbol{R},\boldsymbol{R}') = &\left(\frac{\mathrm{e}^{\mathrm{i}kR}}{4\pi kR\sin\theta}\right)\sum_{n=0}^{\infty}(2-\delta_0)(-\mathrm{i})^{n+1}\frac{\cos}{\sin}n\varphi \\ &\cdot\{[\boldsymbol{M}'(-k_1\cos\theta)+a(\theta)\boldsymbol{M}'(k_1\cos\theta)]\hat{\varphi} \\ &-\mathrm{i}[\boldsymbol{N}'(-k_1\cos\theta)+b(\theta)\boldsymbol{N}'(k_1\cos)]\hat{\theta}\}.\end{aligned} \tag{10.32}$$

式中:

$$a(\theta) = \frac{[\cos\theta-(n^2-\sin^2\theta)^{\frac{1}{2}}]}{[\cos\theta+(n^2-\sin^2\theta)^{\frac{1}{2}}]},$$

$$b(\theta)=\frac{[n\cos\theta-(n^2-\sin^2\theta)^{\frac{1}{2}}]}{[n^2\cos\theta+(n^2-\sin^2\theta)^{\frac{1}{2}}]},$$

$$\cos\theta=(\hat{R}\cdot\hat{z}).$$

从这一结果可以看到,系数 $a(\theta)$ 和 $b(\theta)$ 起着入射的 E 场不论垂直或者水平入射到入射面时平面波的反射系数的角色. 作为一阶的解,不考虑当鞍点非常接近 λ 平面上的极点时的系数 a 和 b. 实际上,(10.32)式仅表示通常被称为空间波的那部分贡献. 对于观测点不是非常接近地面的情况,这是一个可以用的近似式. 对于高阶解的进一步的讨论,读者可参考前面已提到的巴尼奥斯的书[2]. 范因贝尔格[5] 更详细地讨论了接近地面的场,或者称为地波. 费尔逊等的著作[6] 以及金、吴和欧文的最新的书[4] 中非常详尽地讨论了这类问题的高阶解.

10.3 导电平面上的介质层

下面考虑如图 10-2 所示的结构. 交界面的位置标记为 S,导电平面的位置标记为 S_0. 如果导电平面上有一个孔,这一部分就标记为 S_A. 区域 1(空气)和区域 2(介质)的波数分别标记为 k_1 和 k_2. 我们假定 $\mu_1=\mu_2=\mu_0$,但层内的介电常数可以是复数. 这里按电流源位置的不同,将详细地讨论两种情况. 所用的电并矢格林函数是 $\overline{G}_{e1}^{(11)}$, $\overline{G}_{e1}^{(22)}$, $\overline{G}_{e1}^{(12)}$ 和 $\overline{G}_{e1}^{(21)}$. 下标隐含着这样的意思,即所有这些函数都是第三类. 但是对于现在这样的形式,存在了一个导电平面的复杂结构,下标"$e1$" 表示了这些函数也是第一类函数. 我们将首先推导两个区域中的电场积分表达式,然后找出相关的并矢格林函数的本征函数展开式.

情况 1 在区域 1 中存在电流源.

在这种情况下,在两个区域中的电场的微分方程可表示为

$$\nabla\nabla\,\boldsymbol{E}_1(\boldsymbol{R})-k_1^2\boldsymbol{E}_1(\boldsymbol{R})=\mathrm{i}\omega\mu_0\boldsymbol{J}_1(\boldsymbol{R}),\tag{10.33}$$

$$\nabla\nabla\,\boldsymbol{E}_2(\boldsymbol{R})-k_2^2\boldsymbol{E}_2(\boldsymbol{R})=0.\tag{10.34}$$

为了找出 $\boldsymbol{E}_1$ 和 $\boldsymbol{E}_2$ 的积分表达式,我们要求满足微分方程的并

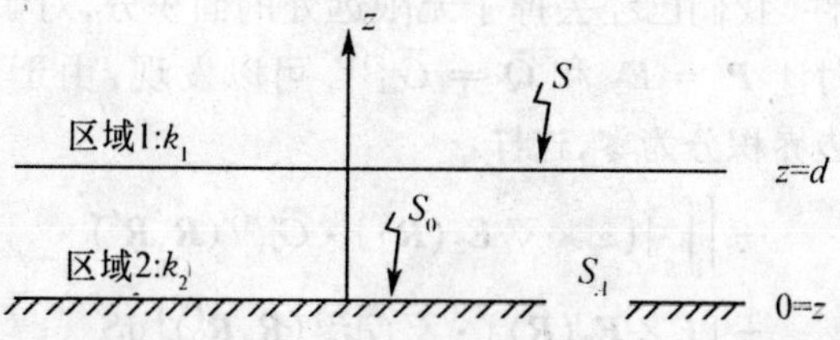

图 10-2 在一个带孔的导电地面上的介质

矢格林函数 $\overline{\overline{G}}_{e1}^{(11)}$,$\overline{\overline{G}}_{e1}$,$\overline{\overline{G}}_{e1}^{(12)}$ 和 $\overline{\overline{G}}_{e1}^{(21)}$.

$$\nabla\nabla\,\overline{\overline{G}}_{e1}^{(11)}(\boldsymbol{R},\boldsymbol{R}')-k_1^2\overline{\overline{G}}_{e1}^{(11)}(\boldsymbol{R},\boldsymbol{R}')=\overline{\overline{I}}\delta(\boldsymbol{R}-\boldsymbol{R}'),\tag{10.35}$$

$$\nabla\nabla\,\overline{\overline{G}}_{e1}^{(22)}(\boldsymbol{R},\boldsymbol{R}')-k_2^2\overline{\overline{G}}_{e1}^{(22)}(\boldsymbol{R},\boldsymbol{R}')=\overline{\overline{I}}\delta(\boldsymbol{R}-\boldsymbol{R}'),\tag{10.36}$$

$$\nabla\nabla\,\overline{\overline{G}}_{e1}^{(12)}(\boldsymbol{R},\boldsymbol{R}')-k_1^2\overline{\overline{G}}_{e1}^{(12)}(\boldsymbol{R},\boldsymbol{R}')=0,\tag{10.37}$$

$$\nabla\nabla\,\overline{\overline{G}}_{e1}^{(21)}(\boldsymbol{R},\boldsymbol{R}')-k_2^2\overline{\overline{G}}_{e1}^{(21)}(\boldsymbol{R},\boldsymbol{R}')=0.\tag{10.38}$$

在边界 S 上这些函数的边界条件是:

$$\hat{z}\times[\overline{\overline{G}}_{e1}^{(11)}-\overline{\overline{G}}_{e1}^{(21)}]=0,\tag{10.39}$$

$$\hat{z}\times[\nabla\,\overline{\overline{G}}_{e1}^{(11)}-\nabla\,\overline{\overline{G}}_{e1}^{(21)}]=0,\tag{10.40}$$

$$\hat{z}\times[\overline{\overline{G}}_{e1}^{(22)}-\overline{\overline{G}}_{e1}^{(12)}]=0,\tag{10.41}$$

$$\hat{z}\times[\nabla\,\overline{\overline{G}}_{e1}^{(22)}-\nabla\,\overline{\overline{G}}_{e1}^{(12)}]=0.\tag{10.42}$$

在 S_0 上,$\overline{\overline{G}}_{e1}^{(21)}$ 和 $\overline{\overline{G}}_{e1}^{(22)}$ 的边界条件是:

$$\hat{z}\times\overline{\overline{G}}_{e1}^{(21)}=0,\tag{10.43}$$

$$\hat{z}\times\overline{\overline{G}}_{e1}^{(22)}=0.\tag{10.44}$$

现在,我们用矢量－并矢格林理论

$$\iiint[\boldsymbol{P}\cdot\nabla\nabla\,\overline{\boldsymbol{Q}}-(\nabla\nabla\,\boldsymbol{P})\cdot\overline{\boldsymbol{Q}}]\mathrm{d}V$$
$$=-\oint\!\!\!\oint[(\hat{n}\times\nabla\,\boldsymbol{P})\cdot\overline{\boldsymbol{Q}}+(\hat{n}\times\boldsymbol{P})\cdot\nabla\,\overline{\boldsymbol{Q}}]\mathrm{d}S,\tag{10.45}$$

对区域 1 有 $\boldsymbol{P}=E_1$,$\overline{\boldsymbol{Q}}=\overline{\overline{G}}_{e1}^{(11)}$. 从(10.33)和(10.35)式,我们得到

$$\boldsymbol{E}_1(\boldsymbol{R}')=\mathrm{i}\omega\mu_0\iiint_{V_1}\boldsymbol{J}_1(\boldsymbol{R})\cdot\overline{\overline{G}}_{e1}^{(11)}(\boldsymbol{R},\boldsymbol{R}')\mathrm{d}V$$
$$+\iint_S\{[\hat{z}\times\nabla\,\boldsymbol{E}_1(\boldsymbol{R})]\cdot\overline{\overline{G}}_{e1}^{(11)}(\boldsymbol{R},\boldsymbol{R}')$$

$$+\left[\hat{z}\times\boldsymbol{E}_1(\boldsymbol{R})\right]\cdot\nabla\overline{\overline{G}}_{e1}^{(11)}(\boldsymbol{R},\boldsymbol{R}')\}\mathrm{d}S. \tag{10.46}$$

由于辐射条件，我们已经去掉了无限远处的面积分，对于区域 2，用 (10.45) 式时让 $\boldsymbol{P}=\boldsymbol{E}_2$ 和 $\overline{\overline{Q}}=\overline{\overline{G}}_{e1}^{(21)}$，可以发现，由于(10.34) 和 (10.38) 式边界积分为零，这样

$$\begin{aligned}&-\iint_S\{\left[\hat{z}\times\nabla\boldsymbol{E}_2(\boldsymbol{R})\right]\cdot\overline{\overline{G}}_{e1}^{(21)}(\boldsymbol{R},\boldsymbol{R}')\\&+\left[\hat{z}\times\boldsymbol{E}_2(\boldsymbol{R})\right]\cdot\nabla\overline{\overline{G}}_{e1}^{(21)}(\boldsymbol{R},\boldsymbol{R}')\}\mathrm{d}S\\&+\iint_{S_0}\{\left[\hat{z}\times\nabla\boldsymbol{E}_2(\boldsymbol{R})\right]\cdot\overline{\overline{G}}_{e1}^{(21)}(\boldsymbol{R},\boldsymbol{R}')\\&+\left[\hat{z}\times\boldsymbol{E}_2(\boldsymbol{R})\right]\cdot\nabla\overline{\overline{G}}_{e1}^{(21)}(\boldsymbol{R},\boldsymbol{R}')\}\mathrm{d}S=0.\end{aligned} \tag{10.47}$$

在 S_0 上，$\overline{\overline{G}}_{e1}^{(21)}$ 满足(10.43) 式所表示的并矢狄里克莱条件，且 $\hat{z}\times\boldsymbol{E}_2(\boldsymbol{R})$ 在除了 S_A 以外的其它地方都为零，所以(10.47) 式简化为

$$\begin{aligned}&\iint_S\{\left[\hat{z}\times\nabla\boldsymbol{E}_2(\boldsymbol{R})\right]\cdot\overline{\overline{G}}_{e1}^{(21)}(\boldsymbol{R},\boldsymbol{R}')\\&+\left[\hat{z}\times\boldsymbol{E}_2(\boldsymbol{R})\right]\cdot\nabla\overline{\overline{G}}_{e1}^{(21)}(\boldsymbol{R},\boldsymbol{R}')\}\mathrm{d}S\\&=\iint_{S_A}\left[\hat{z}\times\boldsymbol{E}_2(\boldsymbol{R})\right]\cdot\nabla\overline{\overline{G}}_{e1}^{(21)}(\boldsymbol{R},\boldsymbol{R}')\mathrm{d}S.\end{aligned} \tag{10.48}$$

由于(10.39) 和(10.40) 式所表示的边界条件和对于 $\boldsymbol{E}_1$ 和 $\boldsymbol{E}_2$ 以及 $\nabla\boldsymbol{E}_1$ 和 $\nabla\boldsymbol{E}_2$ 的两个类似的矢量条件，在 S 上(10.46) 和(10.48) 式中界面两边的面积积分是相等的. 从这两个方程中消去这两个面积积分，得

$$\begin{aligned}\boldsymbol{E}_1(\boldsymbol{R}')=&\,\mathrm{i}\omega\mu_0\iiint_{V_1}\boldsymbol{J}_1(\boldsymbol{R})\cdot\overline{\overline{G}}_{e1}^{(11)}(\boldsymbol{R},\boldsymbol{R}')\mathrm{d}V\\&+\iiint_{S_A}\left[\hat{z}\times\boldsymbol{E}_2(\boldsymbol{R})\right]\cdot\nabla\overline{\overline{G}}_{e1}^{(21)}(\boldsymbol{R},\boldsymbol{R}')\mathrm{d}S.\end{aligned} \tag{10.49}$$

利用带有矢量函数的并矢函数的标积的可互换性，交换 $\boldsymbol{R}$ 和 $\boldsymbol{R}'$，(10.49) 式可变换成

$$\begin{aligned}\boldsymbol{E}_1(\boldsymbol{R}')=&\,\mathrm{i}\omega\mu_0\iiint_V\left[\overline{\overline{G}}_{e1}^{(11)}(\boldsymbol{R}',\boldsymbol{R})\right]^{\mathrm{T}}\cdot\boldsymbol{J}_1(\boldsymbol{R}')\mathrm{d}V'\\&+\oiint_{S_A}\left[\nabla'\overline{\overline{G}}_{e1}^{(21)}(\boldsymbol{R}',\boldsymbol{R})\right]^{\mathrm{T}}\cdot\left[\hat{z}\times\boldsymbol{E}_2(\boldsymbol{R}')\right]\mathrm{d}S'.\end{aligned} \tag{10.50}$$

定义

$$\nabla \bar{\bar{G}}_{e1}^{(21)}(\boldsymbol{R}',\boldsymbol{R}) = \bar{\bar{G}}_{m2}^{(21)}(\boldsymbol{R}',\boldsymbol{R}), \tag{10.51}$$

式中：$\bar{\bar{G}}_{m1}^{(21)}(\boldsymbol{R},\boldsymbol{R}')$ 表示第二类和第三类磁并矢格林函数. 这样，(10.50) 式的另一种形式为

$$\boldsymbol{E}_1(\boldsymbol{R}) = \mathrm{i}\omega\mu_0 \iiint_{V_1} [\bar{\bar{G}}_{e1}^{(11)}(\boldsymbol{R}',\boldsymbol{R})]^{\mathrm{T}} \cdot \boldsymbol{J}_1(\boldsymbol{R}')\mathrm{d}V' + \oiint_{S_A} [\bar{\bar{G}}_{m2}^{(21)}(\boldsymbol{R}',\boldsymbol{R})]^{\mathrm{T}} \cdot [\hat{z} \times \boldsymbol{E}_2(\boldsymbol{R}')]\mathrm{d}S'. \tag{10.52}$$

在我们讨论(10.52) 式中转置函数的对称关系之前，先写出 $\boldsymbol{E}_2(\boldsymbol{R})$ 的表达式，这时电流源依然在区域 1. 首先用(10.45) 式时，对区域 1 让$\boldsymbol{P} = \boldsymbol{E}_1, \bar{\bar{Q}} = \bar{\bar{G}}_{e1}^{(12)}$ 而在区域 2 让 $\boldsymbol{P} = \boldsymbol{E}_2, \bar{\bar{Q}} = \bar{\bar{G}}_{e1}^{(22)}$，我们可以很快导出下面的对 $\boldsymbol{E}_2(\boldsymbol{R})$ 的表达式：

$$\boldsymbol{E}_2(\boldsymbol{R}) = \mathrm{i}\omega\mu_0 \iiint [\bar{\bar{G}}_{e1}^{(12)}(\boldsymbol{R}',\boldsymbol{R})]^{\mathrm{T}} \cdot \boldsymbol{J}_1(\boldsymbol{R})\mathrm{d}V' + \oiint_{S_A} [\bar{\bar{G}}_{m2}^{(22)}(\boldsymbol{R}',\boldsymbol{R})]^{\mathrm{T}} \cdot [\hat{z} \times \boldsymbol{E}_2(\boldsymbol{R}')]\mathrm{d}S'. \tag{10.53}$$

情况 2　在区域 2 中存在电流源.

在这种情况下，两个电场的微分方程是

$$\nabla\nabla \boldsymbol{E}_1(\boldsymbol{R}) - k_1^2 \boldsymbol{E}_1(\boldsymbol{R}) = 0, \tag{10.54}$$

$$\nabla\nabla \boldsymbol{E}_2(\boldsymbol{R}) - k_2^2 \boldsymbol{E}_2(\boldsymbol{R}) = \mathrm{i}\omega\mu_0 \boldsymbol{J}_2(\boldsymbol{R}). \tag{10.55}$$

这里仍需要前面所引入的四个并矢格林函数. 不再重复同样的过程，只给出下面的结果：

$$\boldsymbol{E}_1(\boldsymbol{R}) = \mathrm{i}\omega\mu_0 \iiint_{V_2} [\bar{\bar{G}}_{e1}^{(21)}(\boldsymbol{R}',\boldsymbol{R})]^{\mathrm{T}} \cdot \boldsymbol{J}_2(\boldsymbol{R}')\mathrm{d}V' + \oiint_{S_A} [\bar{\bar{G}}_{m2}^{(21)}(\boldsymbol{R}',\boldsymbol{R})]^{\mathrm{T}} \cdot [\hat{z} \times \boldsymbol{E}_2(\boldsymbol{R}')]\mathrm{d}S', \tag{10.56}$$

$$\boldsymbol{E}_2(\boldsymbol{R}) = \mathrm{i}\omega\mu_0 \iiint_{V_2} [\bar{\bar{G}}_{e1}^{(22)}(\boldsymbol{R}',\boldsymbol{R})]^{\mathrm{T}} \cdot \boldsymbol{J}_2(\boldsymbol{R}')\mathrm{d}V' + \oiint_{S_A} [\bar{\bar{G}}_{m2}^{(22)}(\boldsymbol{R}',\boldsymbol{R})]^{\mathrm{T}} \cdot [\hat{z} \times \boldsymbol{E}_2(\boldsymbol{R})]\mathrm{d}S'. \tag{10.57}$$

方程(10.52) ～(10.53) 和(10.56) ～(10.57) 中包含了六个不同的转置函数. 为了找出这些函数的对称关系，我们将先讨论对于所考虑的这类复合结构有关的互易理论：它们是瑞利－卡森理论和附加的 **J · H** 的互易理论. 这两个理论的概貌在第二章中已经给出.

10.4 分层媒质的互易定理

瑞利－卡森的互易理论是用于如图 10-3 的结构,那里 S_C 是电完纯导体的位置,S 是两个各向同性介质的界面的位置. 利用斯特莱顿的矢量格林理论到这两个不同的区域,可以推导出若干个公式. 其处理过程与 2.5 节非常相似. 这里我们分三种不同的情况来讨论.

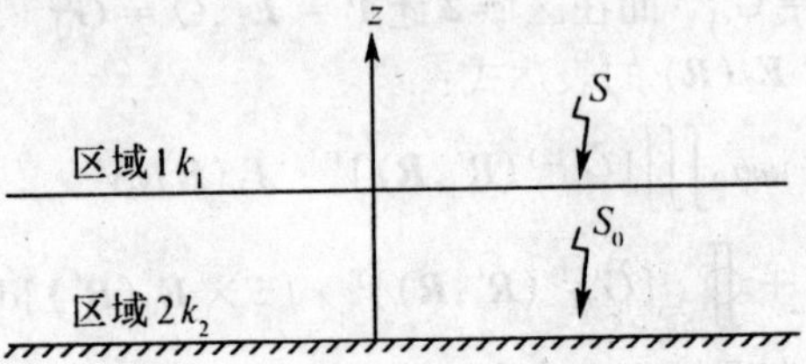

图 10-3　在完纯导电平面上的介质层

情况 1　由都在区域 1 的两个电流源分别产生的两个场.

在这种情况下,瑞利－卡森理论表示为

$$\iiint_{V_a} \boldsymbol{J}_{1a} \cdot \boldsymbol{E}_{1b} \mathrm{d}V = \iiint_{V_b} \boldsymbol{J}_{1b} \cdot \boldsymbol{E}_{1a} \mathrm{d}V. \tag{10.58}$$

式中:$\boldsymbol{E}_{1a}$ 标记由 $\boldsymbol{J}_{1a}$ 产生的电场,而 $\boldsymbol{E}_{1b}$ 为 $\boldsymbol{J}_{1b}$ 产生的电场. 所有的这些量都对区域 1 定义. V_a 和 V_b 分别表示被两个电流源所占据的体积. 当然这两个电场是在完纯导电平面上有一层介质时电流源所产生的电场.

情况 2　由区域 2 的两个电流源所产生的两个场系统.

在这种情况下,我们有

$$\iiint_{V_a} \boldsymbol{J}_{2a} \cdot \boldsymbol{E}_{2b} \mathrm{d}V = \iiint_{V_b} \boldsymbol{J}_{2b} \cdot \boldsymbol{E}_{2a} \mathrm{d}V. \tag{10.59}$$

情况 3　一个电流源 $\boldsymbol{J}_{1a}$ 位于区域 1,而另一个电流源 $\boldsymbol{J}_{2b}$ 位于区域 2.

在这种情况下,互易理论有下面的形式:

$$\iiint_{V_a} \boldsymbol{J}_{1a} \cdot \boldsymbol{E}_{1b} \mathrm{d}V = \iiint_{V_b} \boldsymbol{J}_{2b} \cdot \boldsymbol{E}_{2a} \mathrm{d}V. \tag{10.60}$$

式中:$\boldsymbol{E}_{1b}$ 是由区域2的电流源 $\boldsymbol{J}_{2b}$ 在区域1的电场. 从这些公式,可以立即推导出电并矢格林函数的对称关系.

设电流源 $\boldsymbol{J}_{1a}$ 是区域 1 内位于 $\boldsymbol{R}_a$,在 $\hat{x}_i$ 方向的无限小的电偶极子,设

$$\boldsymbol{J}_{1a} = \frac{\hat{x}_i \delta(\boldsymbol{R} - \boldsymbol{R}_a)}{\mathrm{i}\omega\mu_1}. \tag{10.61}$$

同样设

$$\boldsymbol{J}_{1b} = \frac{\hat{x}_j \delta(\boldsymbol{R} - \boldsymbol{R}_b)}{\mathrm{i}\omega\mu_1}. \tag{10.62}$$

表示一个位于 $\boldsymbol{R}_b$,$\hat{x}_j$ 方向的电流源. 把(10.61)和(10.62)式代入(10.58)式,得

$$\hat{x}_i \cdot \boldsymbol{E}_{1b}(\boldsymbol{R}_a) = \hat{x}_j \cdot \boldsymbol{E}_{1a}(\boldsymbol{R}_b). \tag{10.63}$$

按电并矢格林函数的定义有

$$\boldsymbol{E}_{1a}(\boldsymbol{R}_b) = \overline{\overline{G}}_{e1}^{(11)}(\boldsymbol{R}_b, \boldsymbol{R}_a) \cdot \hat{x}_i, \tag{10.64}$$

$$\boldsymbol{E}_{1b}(\boldsymbol{R}_a) = \overline{\overline{G}}_{e1}^{(11)}(\boldsymbol{R}_a, \boldsymbol{R}_b) \cdot \hat{x}_j, \tag{10.65}$$

这样,

$$\begin{aligned} &\hat{x}_i \cdot \overline{\overline{G}}_{e1}^{(11)}(\boldsymbol{R}_b, \boldsymbol{R}_a) \cdot \hat{x}_j \\ &= \hat{x}_i \cdot \overline{\overline{G}}_{e1}^{(11)}(\boldsymbol{R}_a, \boldsymbol{R}_b) \cdot \hat{x}_i. \end{aligned} \tag{10.66}$$

用并矢分析的术语,并用 $\boldsymbol{R}'$ 和 $\boldsymbol{R}$ 代替 $\boldsymbol{R}_a$ 和 $\boldsymbol{R}_b$,则

$$[\overline{\overline{G}}_{e1}^{(11)}(\boldsymbol{R}', \boldsymbol{R})]^{\mathrm{T}} = \overline{\overline{G}}_{e1}^{(11)}(\boldsymbol{R}, \boldsymbol{R}'). \tag{10.67}$$

类似地,用(10.59)式可以导出

$$[\overline{\overline{G}}_{e1}^{(22)}(\boldsymbol{R}', \boldsymbol{R})]^{\mathrm{T}} = \overline{\overline{G}}_{e1}^{(22)}(\boldsymbol{R}, \boldsymbol{R}'). \tag{10.68}$$

(10.60)式中的两个电场是由位于不同区域的电流所产生的. 这样,如果我们有

$$\boldsymbol{J}_{1a} = \frac{\hat{x}_i \delta(\boldsymbol{R} - \boldsymbol{R}_a)}{\mathrm{i}\omega\mu_1},$$

$$\boldsymbol{J}_{2b} = \frac{\hat{x}_j \delta(\boldsymbol{R} - \boldsymbol{R}_b)}{\mathrm{i}\omega\mu_2},$$

从(10.60)式得

$$\frac{1}{\mu_1}\hat{x}_i \cdot \boldsymbol{E}_{1b}(\boldsymbol{R}_a) = \frac{1}{\mu_2}\hat{x}_j \cdot \boldsymbol{E}_{2a}(\boldsymbol{R}_b). \tag{10.69}$$

在这种情况下,有

$$\boldsymbol{E}_{1b}(\boldsymbol{R}_a) = \overline{\overline{G}}_{e1}^{(12)}(\boldsymbol{R}_a,\boldsymbol{R}_b) \cdot \hat{x}_j,$$

$$\boldsymbol{E}_{2a}(\boldsymbol{R}_b) = \overline{\overline{G}}_{e1}^{(21)}(\boldsymbol{R}_b,\boldsymbol{R}_a) \cdot \hat{x}_i.$$

所以,两个函数之间的对称关系是

$$\frac{1}{\mu_2}[\overline{\overline{G}}_{e1}^{(21)}(\boldsymbol{R}',\boldsymbol{R})]^{\mathrm{T}} = \frac{1}{\mu_1}\overline{\overline{G}}_{e1}^{(12)}(\boldsymbol{R},\boldsymbol{R}'). \tag{10.70}$$

(10.67)、(10.68)和(10.69)式正是我们所寻找的三个对称关系.它们可以合并表示为下面的形式

$$\frac{1}{\mu_i}[\overline{\overline{G}}_{e1}^{(ij)}(\boldsymbol{R}',\boldsymbol{R})]^{\mathrm{T}} = \frac{1}{\mu_j}\overline{\overline{G}}_{e1}^{(ji)}(\boldsymbol{R},\boldsymbol{R}'). \tag{10.71}$$

式中:$i,j=1,2$,而i和j可以是相同的,也可以是不同的.(10.71)式是(2.206)式的扩展形式,而后者没有包括导电表面或导电体.

为了找到基于互易理论的磁并矢格林函数的对称关系,对于所考虑的问题,我们还要推导附加的 **J · H** 的理论.这一推导过程看起来是很复杂的,但其结果与瑞利－卡森理论或者说 **J · E** 的理论在形式上是可以相比的.

图 10-4 表示了两个模型.模型 A 在两个区域中的介质常数分别为 μ_1,ε_1 和 μ_2,ε_2,其波数为 k_1 和 k_2.这些常数假定是已知的.在区域 2 中的地面是一个完纯导电的平面.在模型 B 中,在区域 1 的介质常数是 μ_1',ε_1',波数为 k_1',而在区域 2 中其对应的常数则与模型 A 中一样.在模型 B 中地面是一个完纯导磁的平面.常数 μ_1',ε_1' 就不同了,这些将在以后讨论.

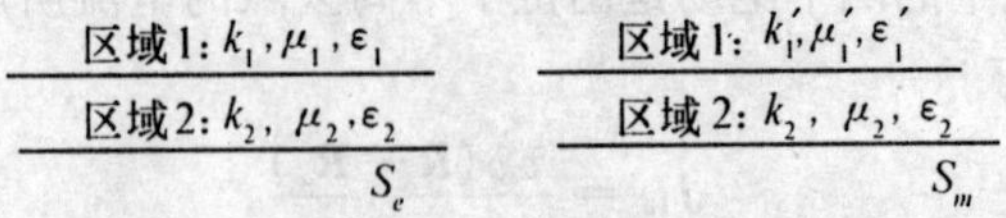

图 10-4　模型 A:与完纯导电壁相接触的两个分层介质平面;
模型 B:与完纯导磁壁相接触的两个分层介质平面.

被电流源所激励的场的微分方程和边界条件为

$$\nabla\nabla \boldsymbol{E}_{1A} - k_1^2 \boldsymbol{E}_{1A} = \mathrm{i}\omega\mu_1 \boldsymbol{J}_{1A}, \tag{10.72}$$

$$\nabla\nabla \boldsymbol{E}_{2A} - k_2^2 \boldsymbol{E}_{2A} = \mathrm{i}\omega\mu_2 \boldsymbol{J}_{2A}, \tag{10.73}$$

$$\nabla\nabla \boldsymbol{E}_{1B} - k'^2_1 \boldsymbol{E}_{1B} = \mathrm{i}\omega\mu'_1 \boldsymbol{J}_{1B}, \tag{10.74}$$

$$\nabla\nabla \boldsymbol{E}_{2B} - k'^2_2 \boldsymbol{E}_{2B} = \mathrm{i}\omega\mu'_2 \boldsymbol{J}_{2B}. \tag{10.75}$$

在 S 上

$$\hat{z} \times (\boldsymbol{E}_{1A} - \boldsymbol{E}_{2A}) = 0, \tag{10.76}$$

$$\hat{z} \times (\boldsymbol{H}_{1A} - \boldsymbol{H}_{2A}) = 0, \tag{10.77}$$

$$\hat{z} \times (\boldsymbol{E}_{1B} - \boldsymbol{E}_{2B}) = 0, \tag{10.78}$$

$$\hat{z} \times (\boldsymbol{H}_{1B} - \boldsymbol{H}_{2B}) = 0. \tag{10.79}$$

在 S_e 上

$$\hat{z} \times \boldsymbol{E}_{2A} = 0. \tag{10.80}$$

在 S_m 上

$$\hat{z} \times \boldsymbol{H}_{2B} = 0. \tag{10.81}$$

下面将考虑几种不同的情况.

情况 1 电流 $\boldsymbol{J}_{1A}$ 和 $\boldsymbol{J}_{1B}$ 都在区域 1,区域 2 没有电流.

现在我们把(4.212)式所表示的矢量格林理论用到区域 1,并有 $\boldsymbol{P} = \boldsymbol{E}_{1A}$ 和 $\boldsymbol{Q} = \boldsymbol{H}_{1B}$,其中 $\boldsymbol{H}_{1B}$ 满足微分方程

$$\nabla\nabla \boldsymbol{H}_{1B} - k'^2_1 \boldsymbol{B}_{1B} = \nabla \boldsymbol{J}_{1B}. \tag{10.82}$$

由此可得到

$$\iiint_{V_1} [\boldsymbol{E}_{1A} \cdot (k'^2_1 \boldsymbol{H}_{1B} + \nabla \boldsymbol{J}_{1B}) - \boldsymbol{H}_{1B} \cdot (k_1^2 \boldsymbol{E}_{1A} + \mathrm{i}\omega\mu_1 \boldsymbol{J}_{1A})] \mathrm{d}V$$

$$= \iint_S \hat{z} \cdot [\mathrm{i}\omega\mu_1 \boldsymbol{H}_{1A} \times \boldsymbol{H}_{1B} + \boldsymbol{E}_{1A} \times (\boldsymbol{J}_{1B} - \mathrm{i}\omega\varepsilon'_1 \boldsymbol{E}_{1B})] \mathrm{d}S. \tag{10.83}$$

由于辐射边界条件,我们已经消去了无限远处的表面积分. (10.83)式中的一个表面积分可以分解成两部分,即

$$\iint_S \hat{z} \cdot (\boldsymbol{E}_{1A} \times \boldsymbol{J}_{1B}) \mathrm{d}S = \iiint_{V_1} \nabla(\boldsymbol{E}_{1A} \times \boldsymbol{J}_{1B}) \mathrm{d}V$$

$$= \iiint_{V_1} (\boldsymbol{J}_{1B} \nabla \boldsymbol{E}_{1A} - \boldsymbol{E}_{1A} \cdot \nabla \boldsymbol{J}_{1B}) \mathrm{d}V$$

$$= \iiint_{V_1} (\mathrm{i}\omega\mu_1 \boldsymbol{J}_{1B} \cdot \boldsymbol{H}_{1A} - \boldsymbol{E}_{1A} \cdot \nabla \boldsymbol{J}_{1B}) \mathrm{d}V. \tag{10.84}$$

把(10.84)式代入(10.83)式,重新把各项安排一下,可得

$$\iiint_{V_1} [(k'^2_1 - k_1^2) \boldsymbol{E}_{1A} \cdot \boldsymbol{H}_{1B} + \mathrm{i}\omega\mu_1 (\boldsymbol{J}_{1B} \cdot \boldsymbol{H}_{1A} - \boldsymbol{J}_{1A} \cdot \boldsymbol{H}_{1B})] \mathrm{d}V$$

$$= \iint_S \hat{z} \cdot (\mathrm{i}\omega\mu_1 \boldsymbol{H}_{1A} \times \boldsymbol{H}_{1B} - \mathrm{i}\omega\varepsilon'_1 \boldsymbol{E}_{1A} \times \boldsymbol{E}_{1B}) \mathrm{d}S. \tag{10.85}$$

现在我们强加一个这样的关系

$$k'_1 = k_1,$$

或

$$\mu'_1 \varepsilon'_1 = \mu_1 \varepsilon_1. \tag{10.86}$$

因为 μ_1 和 ε_1 是给定的常数,(10.86)式只对 μ'_1 和 ε'_1 的积而不对各自的量. 方程(10.86)将作为波数匹配的条件. 在这些条件下,(10.85)式可以写成下面形式:

$$\iiint_{V_1} (\boldsymbol{J}_{1B} \cdot \boldsymbol{H}_{1A} - \boldsymbol{J}_{1A} \cdot \boldsymbol{H}_{1B}) \mathrm{d}V$$

$$= \iint_S \hat{z} \cdot \left[\boldsymbol{H}_{1A} \times \boldsymbol{H}_{1B} - \left(\frac{\varepsilon'_1}{\mu_1}\right) \boldsymbol{E}_{1A} \times \boldsymbol{E}_{1B}\right] \mathrm{d}S. \tag{10.87}$$

把矢量格林理论用于区域 2,并代以 $\boldsymbol{P} = \boldsymbol{E}_{2A}$ 和 $\boldsymbol{Q} = \boldsymbol{H}_{2B}$. 因为 $\boldsymbol{E}_{2A}$ 和 $\boldsymbol{H}_{2B}$ 满足同样波数 k_2 的齐次波方程,所以体积积分为零. 在 S_e 上, $\hat{z} \times \boldsymbol{E}_{2A} = 0$; 在 S_m 上, $\hat{z} \times \boldsymbol{H}_{2B} = 0$,其结果为

$$\iint_S \hat{z} \cdot \left[\boldsymbol{H}_{2A} \times \boldsymbol{H}_{2B} - \left(\frac{\varepsilon_2}{\mu_2}\right) \boldsymbol{E}_{2A} \times \boldsymbol{E}_{2B}\right] \mathrm{d}S = 0. \tag{10.88}$$

现在我们对于 ε'_1 强加下面的条件

$$\varepsilon'_1 = \left(\frac{\mu_1}{\mu_2}\right) \varepsilon_2. \tag{10.89}$$

在上面的假定条件下,由于在 S 上 $\boldsymbol{E}$ 和 $\boldsymbol{H}$ 场的切向分量的连续条件,(10.87)式的面积分和(10.88)式中的面积分相等. 这样(10.87)式变成

$$\iiint_{V_1} (\boldsymbol{J}_{1A} \cdot \boldsymbol{H}_{1B} - \boldsymbol{J}_{1B} \cdot \boldsymbol{H}_{1A}) \mathrm{d}V = 0. \tag{10.90}$$

这是对于模型 A 和模型 B 中两个磁场之间的辅助互易定理，称为 **J · H** 定理. 把(10.86)式或(10.89)式合起来，可以得到

$$\left(\frac{\mu_1\mu_1'}{\varepsilon_1\varepsilon_1'}\right)^{\frac{1}{2}}=\frac{\mu_2}{\varepsilon_2},$$

或

$$z_1z_1'=z_2^2. \tag{10.91}$$

这是对于两种模型的三层介质的波阻抗的辅助阻抗条件. 当 $\mu_1=\mu_2=\mu_0$，$\varepsilon_1=\varepsilon_0$ 和 $\varepsilon_2=\varepsilon$ 时，我们有 $\varepsilon'_1=\varepsilon$ 和 $\mu'_1=(\varepsilon_0/\varepsilon)\mu_0$. 与一般的网络理论不同的是，在模型 B 下，这里并没有说明这一关系的物理内容. 这个模型只是为了推导磁并矢格林函数的对称性时所用到的一个数学关系. 这一情况类似于电磁理论中所引入的位函数，它也不是一个在物理上可测量的量. 它的引入仅仅是作为一个数学工具. 按照推导 **J · H** 定理同样的过程，对于其他几种情况，也可推导出类似的关系.

情况 2 在区域 2 有电流 $\boldsymbol{J}_{2A}$，$\boldsymbol{J}_{2B}$，区域 1 没有电流，则

$$\iiint_{V_2}(\boldsymbol{J}_{2A}\cdot\boldsymbol{H}_{2B}-\boldsymbol{J}_{2B}\cdot\boldsymbol{H}_{2A})\mathrm{d}V=0. \tag{10.92}$$

情况 3 在区域1中有电流 $\boldsymbol{J}_{1A}$，而在区域2中有电流 $\boldsymbol{J}_{2B}$，$\boldsymbol{J}_{2A}=0$，$\boldsymbol{J}_{1B}=0$，则

$$\iiint_{V_1}\boldsymbol{J}_{1A}\cdot\boldsymbol{H}_{1B}\mathrm{d}V=\iiint_{V_2}\boldsymbol{J}_{2B}\cdot\boldsymbol{H}_{2A}\mathrm{d}V. \tag{10.93}$$

情况 4 在区域1中有电流 $\boldsymbol{J}_{1B}$，而在区域2中有电流 $\boldsymbol{J}_{2A}$，$\boldsymbol{J}_{1A}=0$，$\boldsymbol{J}_{2B}=0$，则

$$\iiint_{V_1}\boldsymbol{J}_{1B}\cdot\boldsymbol{H}_{1A}\mathrm{d}V=\iiint_{V_2}\boldsymbol{J}_{2A}\cdot\boldsymbol{H}_{2B}\mathrm{d}V. \tag{10.94}$$

应该强调指出，虽然我们推导 **J · E** 定理和 **J · H** 定理时，只是对于平面分层结构，但它同样也适用于类似的分层结构，如中间有介质材料的分层导电圆柱或球系统. 这一定理也能扩展到完纯导电平面上的多层各向同性介质系统(模型 A).

在一般情况下，对 $n=1,2,\cdots,N$，其中最上层($n=1$)可以扩展到无限大，或者是一个电壁(模型 A)或磁壁(模型 B)，这一定理的一

般化形式为

$$\iiint_{V_i} \boldsymbol{J}_{iA} \cdot \boldsymbol{H}_{iB} \mathrm{d}V = \iiint_{V_j} \boldsymbol{J}_{jB} \cdot \boldsymbol{H}_{jA} \mathrm{d}V. \tag{10.95}$$

式中：$i,j = 1,2,\cdots,N$，这是在条件

$$k_n = k'_n \qquad (n = 1,2,\cdots,N),$$

$$z_n z'_n = z_N^2 \qquad (n = 1,2,\cdots,N)$$

之下推导出来的，其中最后一层($n = N$) 可以与电壁或者与磁壁相接触.

应用辅助的 $\mathbf{J} \cdot \mathbf{H}$ 互易定理后，可以立即找出磁并矢格林函数的对称关系.

例如，考虑情况 3，有两个确定位置的电流：

$$\boldsymbol{J}_{1A} = \frac{\hat{x}_i \delta(\boldsymbol{R} - \boldsymbol{R}_a)}{\mathrm{i}\omega\mu_1}, \tag{10.96}$$

$$\boldsymbol{J}_{2B} = \frac{\hat{x}_j \delta(\boldsymbol{R} - \boldsymbol{R}_b)}{\mathrm{i}\omega\mu_2}. \tag{10.97}$$

按定义，则

$$\boldsymbol{H}_{2A} = \overline{\overline{G}}_{m2}^{(21)}(\boldsymbol{R},\boldsymbol{R}_a) \cdot \frac{\hat{x}_i}{\mathrm{i}\omega\mu_2}, \tag{10.98}$$

$$\boldsymbol{H}_{1B} = \overline{\overline{G}}_{m1}^{(12)}(\boldsymbol{R},\boldsymbol{R}_b) \cdot \frac{\hat{x}_j}{\mathrm{i}\omega\mu'_1}. \tag{10.99}$$

在模型 A 中，因为在 S_d 上 $\boldsymbol{H}_{2A}$ 满足矢量纽曼条件，所以它适用于第二类磁并矢格林函数；而在模型 B 中，在 S_m 上 $\boldsymbol{H}_{2A}$ 满足矢量狄里克莱边界条件，因此相应的磁并矢格林函数必定是第一类的. 当然，下标隐含着的所有这两类函数也都可用于第三类. 把(10.96)～(10.99)式代入(10.93) 式，得

$$\hat{x}_i \cdot \overline{\overline{G}}_{m1}^{(12)}(\boldsymbol{R}_a,\boldsymbol{R}_b) \cdot \frac{\hat{x}_j}{\mu_1\mu'_1} = \hat{x}_j \cdot \overline{\overline{G}}_{m2}^{(21)}(\boldsymbol{R}_b,\boldsymbol{R}_a) \cdot \frac{\hat{x}_i}{\mu_2^2}.$$

因为从(10.86)和(10.89)式可以发现 $\mu_1\mu'_1/\mu_2^2 = k_1^2/k_2^2$，所以上式等价于

$$\frac{1}{k_1^2}[\overline{\overline{G}}_{m1}^{(12)}(\boldsymbol{R},\boldsymbol{R}')] = \frac{1}{k_2^2}[\overline{\overline{G}}_{m2}^{(21)}(\boldsymbol{R}',\boldsymbol{R})]^{\mathrm{T}}. \tag{10.100}$$

同样我们可以推导出

$$\overline{\overline{G}}_{m1}^{(22)}(\boldsymbol{R},\boldsymbol{R}') = [\overline{\overline{G}}_{m2}^{(22)}(\boldsymbol{R}',\boldsymbol{R})]^{\mathrm{T}}. \tag{10.101}$$

上面两个转置函数就是出现在(10.52)、(10.53)、(10.56)和(10.57)诸式中的那些函数.有了并矢格林函数的这些对称关系后,不同情况下的电场表达式可以改写为下面的形式:

$$\boldsymbol{E}_1(\boldsymbol{R}) = \mathrm{i}\omega\mu_0\iiint_{V_1}\overline{\overline{G}}_{e1}^{(11)}(\boldsymbol{R},\boldsymbol{R}')\cdot\boldsymbol{J}_1(\boldsymbol{R}')\mathrm{d}V' + \left(\frac{k_2}{k_1}\right)^2\iint_{S_A}\overline{\overline{G}}_{m1}^{(12)}(\boldsymbol{R},\boldsymbol{R}')\cdot[\hat{z}\times\boldsymbol{E}_2(\boldsymbol{R}')]\mathrm{d}S', \tag{10.102}$$

$$\boldsymbol{E}_2(\boldsymbol{R}) = \mathrm{i}\omega\mu_0\iiint\overline{\overline{G}}_{e1}^{(21)}(\boldsymbol{R},\boldsymbol{R}')\cdot\boldsymbol{J}_1(\boldsymbol{R})\mathrm{d}V' + \iint_{S_A}\overline{\overline{G}}_{m1}^{(22)}(\boldsymbol{R},\boldsymbol{R}')\cdot[\hat{z}\times\boldsymbol{E}_2(\boldsymbol{R}')]\mathrm{d}S', \tag{10.103}$$

$$\boldsymbol{E}_1(\boldsymbol{R}) = \mathrm{i}\omega\mu_0\iiint_{V_2}\overline{\overline{G}}_{e1}^{(12)}(\boldsymbol{R},\boldsymbol{R}')\cdot\boldsymbol{J}_2(\boldsymbol{R}')\mathrm{d}V' + \left(\frac{k_2}{k_1}\right)^2\iint_{S_A}[\overline{\overline{G}}_{m1}^{(12)}(\boldsymbol{R},\boldsymbol{R}')]\cdot[\hat{z}\times\boldsymbol{E}_2(\boldsymbol{R}')]\mathrm{d}S', \tag{10.104}$$

$$\boldsymbol{E}_2(\boldsymbol{R}) = \mathrm{i}\omega\mu_0\iiint_{V_2}\overline{\overline{G}}_{e1}^{(22)}(\boldsymbol{R},\boldsymbol{R}')\cdot\boldsymbol{J}_2(\boldsymbol{R}')\mathrm{d}V' + \iint_{S_A}[\overline{\overline{G}}_{m1}^{(22)}(\boldsymbol{R},\boldsymbol{R}')]\cdot[\hat{z}\times\boldsymbol{E}_2(\boldsymbol{R}')]\mathrm{d}S'. \tag{10.105}$$

这样,就完成了这些公式的又长又烦琐的推导.回过头来看,模型 B 仅仅是为了推导 **J · H** 定理和找出 $\overline{\overline{G}}_{m1}^{(12)}$ 而引入的.特别是,在那个模型中的具体常数并没有物理含义.

10.5 本征函数展开

这一节中,我们将推导(10.102)～(10.105)式中对于导电平面上的介质分层的并矢格林函数的本征函数展开式.我们只对其中一个函数进行详细的推导.对于其他的函数只是把它们的公式列出来.

考虑 $\overline{\overline{G}}_{e1}^{(11)}$ 函数. 用散射场叠加法,令

$$\overline{\overline{G}}_{e1}^{(11)}(\boldsymbol{R},\boldsymbol{R}') = \overline{\overline{G}}_{e0}^{(1)}(\boldsymbol{R},\boldsymbol{R}') + \overline{\overline{G}}_{es}^{(11)}(\boldsymbol{R},\boldsymbol{R}'), \tag{10.106}$$

$$\overline{\overline{G}}_{e1}^{(21)}(\boldsymbol{R},\boldsymbol{R}') = \overline{\overline{G}}_{es}^{(21)}. \tag{10.107}$$

其中,函数 $\overline{\overline{G}}_{e0}^{(1)}$ 表示自由空间并矢格林函数,其介质的特征常数与1区(空气)中的一样. 这里单一的上标是特指这种状况. $\overline{\overline{G}}_{e0}$ 的表达式由(10.3)式所给出,其中 k 用 k_1 所代替,即

$$\begin{aligned}\overline{\overline{G}}_{e0}^{(1)}(\boldsymbol{R},\boldsymbol{R}') = &-\frac{1}{k_1^2}\hat{z}\hat{z}\delta(\boldsymbol{R}-\boldsymbol{R}') \\ &+\int_0^\infty \mathrm{d}\lambda\sum_n C^{(1)}[\boldsymbol{M}(\pm h_1)\boldsymbol{M}'(\mp h_1) \\ &+\boldsymbol{N}(\pm h_1)\boldsymbol{N}'(\mp h_1)],\ z\gtrless z'.\end{aligned} \tag{10.108}$$

式中:

$$C^{(1)} = \frac{\mathrm{i}(2-\delta_0)}{4\pi\lambda h_1};$$

$$h_1 = (k_1^2-\lambda^2)^{\frac{1}{2}}.$$

$\overline{\overline{G}}_{e0}^{(1)}$ 已经表示成简化的符号,即

$$\boldsymbol{M}(\pm h_1) = \boldsymbol{M}_{\substack{e\\o}n\lambda}(\pm h_1),$$

$$\boldsymbol{N}(\pm h_1) = \left(\frac{1}{k_1}\right)\nabla\times\boldsymbol{M}(\pm h_1).$$

散射场中的子波是由 $\overline{\overline{G}}_{e0}^{(1)}$ 的下行的子波所激起的,其系数为 $\boldsymbol{M}'(h_1)$ 和 $\boldsymbol{N}'(h_1)$,而 $\overline{\overline{G}}_{es}^{(11)}$ 中的函数还必须有上行的子波 $\boldsymbol{M}(h_1)$ 和 $\boldsymbol{N}(h_1)$ 所组成. 在 $\overline{\overline{G}}_{es}^{(21)}$ 中,场函数必须由上行和下行的子波所组成. 考虑了上述因素后,散射波一定有下面的形式:

$$\begin{aligned}\overline{\overline{G}}_{es}^{(11)}(\boldsymbol{R},\boldsymbol{R}') = &\int_0^\infty \mathrm{d}\lambda\sum_n C^{(1)}[a_1\boldsymbol{M}(h_1)\boldsymbol{M}'(h_1) \\ &+b_1\boldsymbol{N}(h_1)\boldsymbol{N}(h_1)],\end{aligned} \tag{10.109}$$

$$\begin{aligned}\overline{\overline{G}}_{es}^{(21)}(\boldsymbol{R},\boldsymbol{R}') = &\int_0^\infty \mathrm{d}\lambda\sum_n C^{(1)}\{[a_2^+\boldsymbol{M}'(h_2) \\ &+a_2^-\boldsymbol{M}(-h_2)]\boldsymbol{M}'(h_1) \\ &+[b_2^+\boldsymbol{N}(h_2)+b_2^-\boldsymbol{N}(-h_2)]\boldsymbol{N}(h_1)\}.\end{aligned} \tag{10.110}$$

式中：$h_2 = (k_2^2 - \lambda^2)^{1/2}$. 边界条件满足

在 $z = 0$：$\hat{z} \times \overline{\overline{G}}_{e1}^{(21)} = 0$,

在 $z = d$：$\hat{z} \times [\overline{\overline{G}}_{e1}^{(11)} - \overline{\overline{G}}_{e1}^{(21)}] = 0$,

$$\hat{z} \times [\nabla \overline{\overline{G}}_{e1}^{(11)} - \nabla \overline{\overline{G}}_{e1}^{(21)}] = 0.$$

这里，我们假定 $\mu_1 = \mu_2 = \mu_0$. 在这些条件下，可以找到

$$a_1 = -\mathrm{e}^{\mathrm{i}2(\Delta_2 - \Delta_1)} \frac{(1 + \rho \mathrm{e}^{-\mathrm{i}2\Delta_2})}{D},$$

$$b_1 = \mathrm{e}^{\mathrm{i}2(\Delta_2 - \Delta_1)} \frac{(1 - \rho' \mathrm{e}^{-\mathrm{i}2\Delta_2})}{D'},$$

$$a_2^+ = -a_2^- = -\mathrm{e}^{\mathrm{i}(\Delta_2 - \Delta_1)} \frac{(1 - \rho)}{D},$$

$$b_2^+ = b_2^- = \left(\frac{k_1}{k_2}\right) \mathrm{e}^{\mathrm{i}(\Delta_2 - \Delta_1)} \frac{(1 - \rho')}{D'}.$$

式中：

$$\Delta_1 = h_1 d, \Delta_2 = h_2 d,$$

$$h_1 = (k_1^2 - \lambda^2)^{\frac{1}{2}}, h_2 = (k_2^2 - \lambda^2)^{\frac{1}{2}},$$

$$k_1 = \omega(\mu_0 \varepsilon_1)^{\frac{1}{2}}, k_2 = \omega(\mu_0 \varepsilon_2)^{\frac{1}{2}},$$

$$\rho = \frac{h_2 - h_1}{h_2 + h_1},$$

$$\rho' = \frac{k_1^2 h_2 - k_2^2 h_1}{k_1^2 h_2 - k_2^2 h_1},$$

$$D = 1 + \rho^{\mathrm{i}2\Delta_2}, D' = 1 - \rho' c^{\mathrm{i}2\Delta_2}.$$

公式 $\overline{\overline{G}}_{e1}^{(22)}$ 和 $\overline{\overline{G}}_{e1}^{(12)}$ 可以用同样的方式导出. 这两个函数以及它们有关的系数可列式如下：

$$\overline{\overline{G}}_{e1}^{(22)}(\boldsymbol{R}, \boldsymbol{R}') = \overline{\overline{G}}_{e0}^{(2)}(\boldsymbol{R}, \boldsymbol{R}') + \overline{\overline{G}}_{es}^{(22)}(\boldsymbol{R}, \boldsymbol{R}'), \tag{10.111}$$

$$\overline{\overline{G}}_{e1}^{(12)}(\boldsymbol{R}, \boldsymbol{R}') = \overline{\overline{G}}_{es}^{(12)}(\boldsymbol{R}, \boldsymbol{R}'), \tag{10.112}$$

$$\overline{\overline{G}}_{e0}^{(2)}(\boldsymbol{R}, \boldsymbol{R}') = -\frac{1}{k_2^2} \hat{z}\hat{z}\delta(\boldsymbol{R} - \boldsymbol{R}') + \int_0^\infty \mathrm{d}\lambda \sum_n C^{(2)} [\boldsymbol{M}(\pm h_2) \boldsymbol{M}'(\mp h_2) + \boldsymbol{N}(\pm h_2) \boldsymbol{N}'(\mp h_2)], z \gtrless z'. \tag{10.113}$$

式中：

$$C^{(2)} = \frac{\mathrm{i}(2-\delta_0)}{4\pi\lambda h_2},$$

$$h_2 = (k_2^2 - \lambda^2)^{\frac{1}{2}},$$

和

$$\begin{aligned}\overline{\overline{G}}_{es}^{(22)}(\boldsymbol{R},\boldsymbol{R}') = &\int_0^{\infty} \mathrm{d}\lambda \sum_n C^{(2)} \\ &\cdot \{\boldsymbol{M}(h_2)[A_2^+\boldsymbol{M}'(h_2) + A_2^-\boldsymbol{M}'(-h_2)] \\ &+ \boldsymbol{M}(-h_2)[B_2^+\boldsymbol{N}'(h_2) + B_2^-\boldsymbol{N}'(-h_2)] \\ &+ \boldsymbol{N}(h_2)[C_2^+\boldsymbol{N}'(h_2) + C_2^-\boldsymbol{N}'(-h_2)] \\ &+ \boldsymbol{N}(-h_2)[D_2^+\boldsymbol{N}'(h_2) + D_2^-\boldsymbol{N}'(-h_2)]\},\end{aligned} \tag{10.114}$$

$$\begin{aligned}\overline{\overline{G}}_{es}^{(12)}(\boldsymbol{R},\boldsymbol{R}') = &\int_0^{\infty} \mathrm{d}\lambda \sum_n C^{(2)} \\ &\cdot \{\boldsymbol{M}(h_1)[A_1^+\boldsymbol{M}'(h_2) + A_1^-\boldsymbol{M}'(-h_2)] \\ &+ \boldsymbol{N}(h_1)[C_1^+\boldsymbol{N}'(h_2) + C_1^-\boldsymbol{N}'(-h_2)]\}.\end{aligned} \tag{10.115}$$

式中：

$$A_1^+ = -A_1^- = \mathrm{e}^{\mathrm{i}(\Delta_2-\Delta_1)}\frac{1+\rho}{D},$$

$$C_1^+ = C_1^- = \frac{k_2}{k_1}\mathrm{e}^{\mathrm{i}(\Delta_2-\Delta_1)}\frac{1+\rho'}{D'},$$

$$A_2^+ = \frac{-1}{D},$$

$$A_2^- = B_2^+ = -B_2^- = \frac{-\rho\mathrm{e}^{\mathrm{i}2\Delta_2}}{D},$$

$$C_2^+ = \frac{1}{D'},$$

$$C_2^- = D_2^+ = D_2^- = \frac{\rho'\mathrm{e}^{\mathrm{i}2\Delta_2}}{D'}.$$

系数ρ、ρ'、D和D'与以前(10.109)和(10.110)式后面所定义的一样.

对于(10.102)和(10.105)式中所包含的函数$\overline{\overline{G}}_{m1}^{(22)}(\boldsymbol{R},\boldsymbol{R}')$和

$\overline{\overline{G}}_{m1}^{(12)}(\boldsymbol{R},\boldsymbol{R}')$ 的公式,可以通过取下面的对称关系来求得:

$$\overline{\overline{G}}_{m1}^{(22)}(\boldsymbol{R},\boldsymbol{R}') = [\overline{\overline{G}}_{m2}^{(22)}(\boldsymbol{R}',\boldsymbol{R})]^{\mathrm{T}} = [\nabla'\overline{\overline{G}}_{e1}^{(22)}(\boldsymbol{R}',\boldsymbol{R})]^{\mathrm{T}}, \tag{10.116}$$

$$\overline{\overline{G}}_{m1}^{(12)}(\boldsymbol{R},\boldsymbol{R}') = \left(\frac{k_1}{k_2}\right)^2 [\overline{\overline{G}}_{m2}^{(21)}(\boldsymbol{R}',\boldsymbol{R})]^{\mathrm{T}} = \left(\frac{k_1}{k_2}\right)^2 [\nabla'\overline{\overline{G}}_{e1}^{(21)}(\boldsymbol{R}',\boldsymbol{R})]^{\mathrm{T}}. \tag{10.117}$$

因为我们已经找到了 $\overline{\overline{G}}_{e1}^{(22)}(\boldsymbol{R},\boldsymbol{R}')$ 和 $\overline{\overline{G}}_{e1}^{(21)}(\boldsymbol{R},\boldsymbol{R}')$,只要交换 $\boldsymbol{R}'$ 和 $\boldsymbol{R}$ 并取 $\nabla'\overline{\overline{G}}_{e1}^{(22)}(\boldsymbol{R}',\boldsymbol{R})$ 和 $\nabla\overline{\overline{G}}_{e1}^{(21)}(\boldsymbol{R}',\boldsymbol{R})$ 的转置,就可得到 $\overline{\overline{G}}_{m1}^{(22)}(\boldsymbol{R},\boldsymbol{R}')$ 和 $\overline{\overline{G}}_{m1}^{(12)}(\boldsymbol{R},\boldsymbol{R}')$. 其结果为:

$$\begin{aligned}\overline{\overline{G}}_{m1}^{(22)}(\boldsymbol{R},\boldsymbol{R}') = \int_0^\infty \mathrm{d}\lambda \sum_n \frac{\mathrm{i}(2-\delta_0)k_2}{4\pi\lambda h_2} &\cdot \{[\boldsymbol{M}(\pm h_2)\boldsymbol{N}'(\mp h_2) + \boldsymbol{N}(\pm h_2)\boldsymbol{M}'(\mp h_2)] \\ &+ [A_2^+\boldsymbol{M}(h_2) + A_2^-\boldsymbol{M}(-h_2)]\boldsymbol{N}'(h_2) \\ &+ [B_2^+\boldsymbol{M}(h_2) + B_2^-\boldsymbol{M}(-h_2)]\boldsymbol{N}'(h_2) \\ &+ [C_2^+\boldsymbol{N}(h_2) + C_2^-\boldsymbol{N}(-h_2)]\boldsymbol{M}'(h_2) \\ &+ [D_2^+\boldsymbol{N}(h_2) + D_2^-\boldsymbol{N}(-h_2)]\boldsymbol{M}'(h_2)\}, z \gtrless z',\end{aligned} \tag{10.118}$$

和
$$\begin{aligned}\overline{\overline{G}}_{m1}^{(12)}(\boldsymbol{R},\boldsymbol{R}') = \left(\frac{k_1}{k_2}\right)^2 \int_0^\infty \mathrm{d}\lambda \sum_n \frac{\mathrm{i}(2-\delta_0)k_2}{4\pi\lambda h_2} &\cdot \{\boldsymbol{M}(h_1)[a_2^+\boldsymbol{N}'(h_2) + a_2^-\boldsymbol{N}'(-h_2)] \\ &+ \boldsymbol{N}(h_1)[b_2^+\boldsymbol{M}'(h_2) + b_2^-\boldsymbol{M}'(-h_2)]\}.\end{aligned} \tag{10.119}$$

式中:系数已在表达式 $\overline{\overline{G}}_{e1}^{(22)}$ 和 $\overline{\overline{G}}_{e1}^{(21)}$ 中定义. 在模型 B 中,它能保证在 S_m 上(即 $z=0$ 时),有

$$\hat{z}\times\overline{\overline{G}}_{m1}^{(22)}(\boldsymbol{R},\boldsymbol{R}') = 0. \tag{10.120}$$

这说明了第一类磁并矢格林函数需要满足狄里克莱边界条件. 应该强调指出,函数 $\overline{\overline{G}}_{m1}^{(22)}(\boldsymbol{R},\boldsymbol{R}')$ 和 $\overline{\overline{G}}_{m1}^{(12)}(\boldsymbol{R},\boldsymbol{R}')$ 是在模型 B 中定义的,这时在1区中的结构常数为 μ'_1 和 ε'_1,而在2区中的为 μ_2, ε_2. 对于模型 A,在 $\mu_1=\mu_2=\mu_0$ 的条件下,有

$$\varepsilon_1' = \varepsilon_2$$

和

$$\mu_1' = \mu_0\left(\frac{\varepsilon_1}{\varepsilon_2}\right) = \mu_0\left(\frac{k_1^2}{k_2^2}\right).$$

事实上,不用模型 A 中已知的 $\overline{\overline{G}}_{e1}^{(22)}$ 和 $\overline{\overline{G}}_{e1}^{(12)}$,可直接地去求 $\overline{\overline{G}}_{m1}^{(22)}$ 和 $\overline{\overline{G}}_{m1}^{(21)}$. 从这里,我们将会很清楚地看出这些附加的互易定理的意义.

10.6 空气中的介质片

现在考虑如图 10-5 所示的结构. 那里有 3 个区域,因而包含有三种类型的九个并矢格林函数,称为 $\overline{\overline{G}}_e^{(ij)}$,其中 $i,j = 1,2,3$. 三个区域的波数为 k_1(空气),k_2(介质) 和 k_3(空气). 我们将仅考虑函数 $\overline{\overline{G}}_e^{(i2)}$,$i = 1,2,3$. 这公式除增加了一个附加的区域外,其余与位于导电平面上的介质层的问题是很相似的. 这里只给出最后的结果如下:

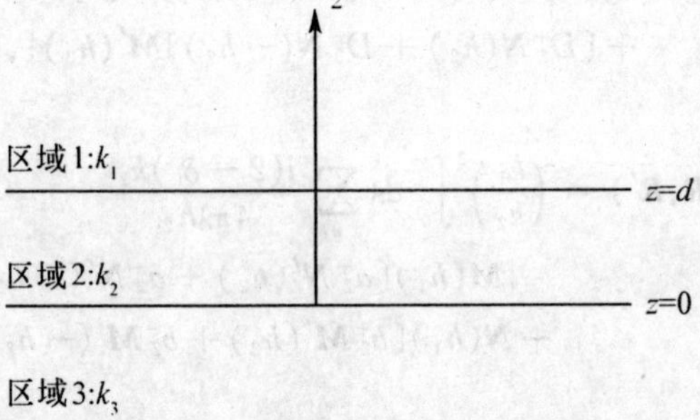

图 10-5 在空气中的介质板

$$\overline{\overline{G}}_e^{(22)}(\boldsymbol{R},\boldsymbol{R}') = \overline{\overline{G}}_{e0}^{(2)}(\boldsymbol{R},\boldsymbol{R}') + \overline{\overline{G}}_{es}^{(22)}(\boldsymbol{R},\boldsymbol{R}'), \tag{10.121}$$

$$\overline{\overline{G}}_e^{(12)}(\boldsymbol{R},\boldsymbol{R}') = \overline{\overline{G}}_{es}^{(12)}, \tag{10.122}$$

$$\overline{\overline{G}}_e^{(32)}(\boldsymbol{R},\boldsymbol{R}') = \overline{\overline{G}}_{es}^{(12)}. \tag{10.123}$$

在(10.121) 式中,自由空间电并矢格林函数是和(10.113) 式中相同的. 除了与波函数相关的系数有不同的值外,$\overline{\overline{G}}_{es}^{(22)}$ 和 $\overline{\overline{G}}_{es}^{(12)}$ 有与

(10.114)和(10.115)式中相同的形式,然而,我们仍保留同样的符号. $\overline{\overline{G}}_{es}^{(32)}$ 必定有下面的形式:

$$\overline{\overline{G}}_{es}^{(32)}(\boldsymbol{R},\boldsymbol{R}') = \int_0^\infty \mathrm{d}\lambda \sum_n C^{(2)} \{\boldsymbol{M}(-h_1)[b_3^\pm \boldsymbol{M}(\pm h_2)] + \boldsymbol{N}(-h_1)[d_3^\pm \boldsymbol{N}(\pm h_2)]\}. \tag{10.124}$$

我们知道 $k_1 = k_3$ 和 $h_1 = h_3$. 在 S_{12} 和 S_{23} 的边界上,对 $\overline{\overline{G}}_e^{(i2)}$ 和 $\nabla \overline{\overline{G}}_e^{(i2)}$ 用边界条件,能够确定 16 个待定系数. 它们是:

$$a_2^+ = \frac{\rho}{\Gamma}, a_2^- = \frac{\rho^2 \mathrm{e}^{\mathrm{i}2\Delta_2}}{\Gamma},$$

$$b_2^+ = \frac{\rho^2 \mathrm{e}^{\mathrm{i}2\Delta_2}}{\Gamma}, b_2^- = \frac{\rho \mathrm{e}^{\mathrm{i}2\Delta_2}}{\Gamma},$$

$$c_2^+ = \frac{\rho'}{\Gamma'}, c_2^- = \frac{\rho'^2 \mathrm{e}^{\mathrm{i}2\Delta_2}}{\Gamma'},$$

$$d_2^+ = \frac{\rho'^2 \mathrm{e}^{\mathrm{i}2\Delta_2}}{\Gamma'}, d_2^- = \frac{\rho' \mathrm{e}^{\mathrm{i}2\Delta_2}}{\Gamma'},$$

$$a_1^+ = \frac{\rho(1+\rho)\mathrm{e}^{\mathrm{i}(\Delta_2-\Delta_1)}}{\Gamma},$$

$$a_1^- = \frac{(1+\rho)\mathrm{e}^{\mathrm{i}(\Delta_2-\Delta_1)}}{\Gamma},$$

$$c_1^+ = \frac{k_2\rho(1+\rho)\mathrm{e}^{\mathrm{i}(\Delta_2-\Delta_1)}}{k_1\Gamma'},$$

$$c_1^- = \frac{k_2\rho(1+\rho)\mathrm{e}^{\mathrm{i}(\Delta_2-\Delta_1)}}{k_1\Gamma'},$$

$$b_3^+ = \frac{(1+\rho)}{\Gamma}, b_3^- = \frac{\rho(1+\rho)\mathrm{e}^{\mathrm{i}2\Delta_2}}{\Gamma},$$

$$d_3^+ = \frac{k_2(1+\rho')}{k_1\Gamma'},$$

$$d_3^- = \frac{k_2\rho'(1+\rho')\mathrm{e}^{\mathrm{i}2\Delta_2}}{k_1\Gamma'}.$$

式中:Δ_1、Δ_2、ρ 和 ρ' 是与(10.115)式中所定义的相同的参量. Γ 和 Γ' 定义为

$$\Gamma = 1 - \rho^2 \mathrm{e}^{\mathrm{i}2\Delta_2}, \quad \Gamma' = 1 - \rho'^2 \mathrm{e}^{\mathrm{i}2\Delta_2}.$$

在这三个格林函数中所包含的波函数的物理解说已经用多个波的反

射和折射的方法进行了讨论[7]. 对于源位于区域1或区域3的其他两类并矢格林函数系列的公式,也可以在参考文献[7]中找到.

我们所讨论过的平面分层介质系统的本征函数展开中,包含了傅立叶－贝塞耳积分和相关的傅立叶级数. 当把这些公式用于实际问题时,我们必须求解通常以索末菲命名的积分. 最近发展起来的快速傅立叶变换(FFT)建议采用平面分层介质格林函数的另一种表示形式[8],即在二维傅立叶变换形式中的本征函数展开. 我们将用自由空间并矢格林函数来说明这些公式.

10.7 并矢格林函数的二维傅立叶变换

用来表示自由空间并矢格林函数的电和磁的两种矢量波函数可以定义为

$$\begin{aligned}\boldsymbol{M}(\boldsymbol{\kappa}) &= \nabla[\mathrm{e}^{\mathrm{i}\boldsymbol{\kappa}\cdot\boldsymbol{R}}\hat{z}] \\ &= \mathrm{i}(\kappa_2\hat{x}-\kappa_1\hat{y})\mathrm{e}^{\mathrm{i}\boldsymbol{k}\cdot\boldsymbol{R}},\end{aligned} \tag{10.125}$$

$$\begin{aligned}\boldsymbol{N}(\boldsymbol{\kappa}) &= \frac{1}{\kappa}\nabla\boldsymbol{M}(\boldsymbol{\kappa}) \\ &= \frac{1}{\kappa}[-\kappa_1\kappa_3\hat{x}-\kappa_1\kappa_2\hat{y}+(\kappa_1^2+\kappa_2^2)\hat{z}]\mathrm{e}^{\mathrm{i}\boldsymbol{k}\cdot\boldsymbol{R}}.\end{aligned} \tag{10.126}$$

式中:

$$\boldsymbol{\kappa} = \kappa_1\hat{x}+\kappa_2\hat{y}+\kappa_3\hat{z}, k = (\kappa_1^2+\kappa_2^2+\kappa_3^2)^{\frac{1}{2}},$$
$$\boldsymbol{R} = x\hat{x}+y\hat{y}+z\hat{z}.$$

可以证明 $\boldsymbol{M}$ 和 $\boldsymbol{N}$ 是正交的:

$$\iiint \boldsymbol{M}(\boldsymbol{\kappa})\cdot\boldsymbol{N}(-\boldsymbol{\kappa}')\mathrm{d}V = 0. \tag{10.127}$$

矢量波函数的归一化系数为:

$$\begin{aligned}&\iiint \boldsymbol{M}(\boldsymbol{\kappa})\cdot\boldsymbol{M}(-\boldsymbol{\kappa})\mathrm{d}V \\ &= \iiint \boldsymbol{N}(\boldsymbol{\kappa})\cdot\boldsymbol{N}(-\boldsymbol{\kappa}')\mathrm{d}V \\ &= (2\pi)^3(\kappa_1^2+\kappa_2^2)\delta(\boldsymbol{\kappa}-\boldsymbol{\kappa}').\end{aligned} \tag{10.128}$$

上面积分中的积分体积包含整个空间. 采用 $\bar{\bar{G}}_m$ 的方法,令

$$\nabla[\bar{\bar{I}}\delta(\boldsymbol{R}-\boldsymbol{R}')]$$

$$=\iiint_{-\infty}^{\infty}\mathrm{d}\kappa_1\mathrm{d}\kappa_2\mathrm{d}\kappa_3[\boldsymbol{M}(\kappa)\boldsymbol{A}(\kappa)+\boldsymbol{N}(\kappa)\boldsymbol{B}(\kappa)]. \tag{10.129}$$

从 $\boldsymbol{M}$ 和 $\boldsymbol{N}$ 的正交性及其归一化常数,我们得到

$$\boldsymbol{A}(\kappa)=\frac{\kappa\boldsymbol{N}'(-\kappa)}{(2\pi)^3}(\kappa_1^2+\kappa_2^2), \tag{10.130}$$

$$\boldsymbol{B}(\kappa)=\frac{\kappa\boldsymbol{M}'(-\kappa)}{(2\pi)^3}(\kappa_1^2+\kappa_2^2). \tag{10.131}$$

式中:

$$\boldsymbol{M}'(-\kappa)=\nabla'[\mathrm{e}^{-\mathrm{i}\kappa\cdot\boldsymbol{R}}\hat{z}], \tag{10.132}$$

$$\boldsymbol{N}'(-\kappa)=\frac{1}{\kappa}\nabla'\boldsymbol{M}(-\kappa). \tag{10.133}$$

由于 $\bar{\bar{G}}_{m0}$ 满足方程

$$\nabla\nabla\bar{\bar{G}}_{m0}-\kappa^2\bar{\bar{G}}_{m0}=\nabla[\bar{\bar{I}}\delta(\boldsymbol{R}-\boldsymbol{R}')],$$

因而它应该有下面的积分表达式:

$$\bar{\bar{G}}_{m0}(\boldsymbol{R},\boldsymbol{R}')=\frac{1}{(2\pi)^3}\iiint_{-\infty}^{\infty}\mathrm{d}\kappa_1\mathrm{d}\kappa_2\mathrm{d}\kappa_3\,\kappa[(\kappa_1^2+\kappa_2^2)(\kappa^2-k^2)]^{-1}$$

$$\cdot[\boldsymbol{N}(\kappa)\boldsymbol{M}'(-\kappa)+\boldsymbol{M}(\kappa)\boldsymbol{N}'(-\kappa)] \tag{10.134}$$

和

$$\nabla\bar{\bar{G}}_{m0}(\boldsymbol{R},\boldsymbol{R}')=\frac{1}{(2\pi)^3}\iiint_{-\infty}^{\infty}\mathrm{d}\kappa_1\mathrm{d}\kappa_2\mathrm{d}\kappa_3\,\kappa^2[(\kappa_1^2+\kappa_2^2)(\kappa^2-k^2)]^{-1}$$

$$\cdot[\boldsymbol{M}(\kappa)\boldsymbol{M}'(-\kappa)+\boldsymbol{N}(\kappa)\boldsymbol{N}'(-\kappa)]. \tag{10.135}$$

用留数定理求(10.135)式对于 κ_3 的积分,得

$$\nabla\bar{\bar{G}}_{m0}^{\pm}(\boldsymbol{R},\boldsymbol{R}')=\frac{\mathrm{i}k^2}{8\pi^2}\iint_{-\infty}^{\infty}\mathrm{d}\kappa_1\mathrm{d}\kappa_2[h(\kappa_1^2+\kappa_2^2)]^{-1}$$

$$\cdot[\boldsymbol{M}(\pm h)\boldsymbol{M}'(\mp h)+\boldsymbol{N}(\pm h)\boldsymbol{N}'(\mp h)],z\gtrless z', \tag{10.136}$$

式中:

$$\boldsymbol{M}(\pm h)=\nabla[\mathrm{e}^{\mathrm{i}(\kappa_1x+\kappa_2y\pm hz)}\hat{z}], \tag{10.137}$$

$$\boldsymbol{N}(\pm h)=\frac{1}{\kappa}\nabla\boldsymbol{M}(\pm h), \tag{10.138}$$

$$h=(k^2-\kappa_1^2-\kappa_2^2)^{\frac{1}{2}}.$$

按照 $\overline{\overline{G}}_m$ 的方法,得 $\overline{\overline{G}}_{e0}$ 的表达式为

$$\begin{aligned}\overline{\overline{G}}_{e0}(\boldsymbol{R},\boldsymbol{R}') &= \frac{1}{k^2}[\nabla\overline{\overline{G}}_{m0} - \overline{\overline{I}}\delta(\boldsymbol{R}-\boldsymbol{R}')] \\ &= -\frac{1}{k^2}\hat{z}\hat{z}\delta(\boldsymbol{R}-\boldsymbol{R}') + \frac{1}{k^2}[\nabla\overline{\overline{G}}{}^{\pm}_{m0}(\boldsymbol{R},\boldsymbol{R}')] \\ &= -\frac{1}{k^2}\hat{z}\hat{z}\delta(\boldsymbol{R}-\boldsymbol{R}') \\ &\quad + \iint_{-\infty}^{\infty} \mathrm{d}\kappa_1\,\mathrm{d}\kappa_2\,C_\kappa[\boldsymbol{M}(\pm h)\boldsymbol{M}'(\mp h) \\ &\quad + \boldsymbol{N}(\pm h)\boldsymbol{N}'(\mp h)], \quad z \gtrless z'. \end{aligned} \tag{10.139}$$

式中:

$$C_\kappa = \frac{\mathrm{i}}{8\pi^2 h(\kappa_1^2+\kappa_2^2)}.$$

比较(10.139)式和(10.3)式,我们可以看到这两个公式中的一一对应关系.为了清楚起见,我们也用 k 代替 k_1 表示(10.3)式中的波数,则可以列出如下的相应项,其中"CW"表示圆柱波的公式,而"PW"表示平面波的公式:

$$\mathrm{CW}:\int_0^{\infty}\mathrm{d}\lambda\sum_n C^{(1)}[\boldsymbol{M}(h_1)\cdots],\quad C^{(1)} = \frac{2-\delta_0}{4\pi\lambda h_1}.$$

$$\mathrm{PW}:\iint_{-\infty}^{\infty}\mathrm{d}k_1\,\mathrm{d}k_2\,C_\kappa[\boldsymbol{M}(h)\cdots],\quad C_\kappa = \frac{i}{8\pi^2 h(\kappa_1^2+\kappa_2^2)}.$$

$$\mathrm{CW}:h_1 = (k^2-\lambda^2)^{\frac{1}{2}},\quad \boldsymbol{M}(h_1) = \nabla[J_n(\lambda r)\begin{matrix}\cos\\ \sin\end{matrix} n\varphi\,\mathrm{e}^{\mathrm{i}h_1 z}\hat{z}].$$

$$\mathrm{PW}:h = (k^2-\kappa_1^2-\kappa_2^2)^{\frac{1}{2}},\quad \boldsymbol{M}(h) = \nabla[\mathrm{e}^{\mathrm{i}(\kappa_1 x+\kappa_2 y+hz)}\hat{z}],$$

$$\mathrm{CW}:\boldsymbol{N}(h_1) = \frac{1}{k}\nabla\boldsymbol{M}(h_1).$$

$$\mathrm{PW}:\boldsymbol{N}(h) = \frac{1}{k}\nabla\boldsymbol{M}(h).$$

如果(10.139)式用来构造包含有平面分层介质问题中的散射项,矢量波函数中的系数将精确地与"CW"公式中系数保持一致.例如前面用(10.115)式所描述的散射函数,现在被下面的公式所代替:

$$\overline{\overline{G}}{}^{(12)}_{es}(\boldsymbol{R},\boldsymbol{R}') = \iint_{-\infty}^{\infty}\mathrm{d}\kappa_1\,\mathrm{d}\kappa_2\,C_\kappa^{(2)}\{\boldsymbol{M}(h_1)[a_1^{\pm}\boldsymbol{M}'(\pm h_2)]$$

$$+\boldsymbol{N}(h_1)[c_1^{\pm}\boldsymbol{N}'(\pm h_2)]\}. \quad (10.140)$$

式中:

$$C_{\kappa}^{(2)}=\frac{i}{8\pi^2 h_2(\kappa_1^2+\kappa_2^2)},$$

$$\boldsymbol{M}(h_1)=\nabla[\mathrm{e}^{\mathrm{i}(\kappa_1 x+\kappa_2 y+h_1 z)}\hat{z}],$$

$$\boldsymbol{N}(h_1)=\frac{1}{k_1}\nabla\boldsymbol{M}(h_1),$$

$$\boldsymbol{M}(h_2)=\nabla[\mathrm{e}^{\mathrm{i}(\kappa_1 x+\kappa_2 y+h_2 z)}\hat{z}],$$

$$\boldsymbol{N}(h_2)=\frac{1}{k_2}\nabla\boldsymbol{M}(h_2).$$

而系数 $a_1^{\pm}$ 和 $c_1^{\pm}$,除了 h_1 和 h_2 被下面的关系

$$h_1=(k_1^2-\kappa_1^2-\kappa_2^2)^{\frac{1}{2}}$$

和

$$h_2=(k_2^2-\kappa_1^2-\kappa_2^2)^{\frac{1}{2}}$$

所代替外,其他都与(10.115)式所列的表达式相同.在两个不同的表达式中,系数 $a_1^{\pm}$ 和 $c_1^{\pm}$ 有相同的形式.这是由于这样的事实:边界条件仅仅依赖于参量 k_1,k_2,h_1 和 h_2,且对于两个公式来说,函数 $e^{\pm ih_1 z}$ 和 $e^{\pm ih_2 z}$ 及其依赖关系都是相同的.

参考文献

[1] Sommerfeld A. Partial Differential Equations, Academic Press, New York, 1949.

[2] Baños A. Dipole Radiation in the Presence of a Conducting Half-Plane, Pergamon Press, New York, 1966.

[3] Wait J R. Electromagnetic Waves in Stratified Media, Pergamon Press, New York, 1962.

[4] King R W P, Wu T T and Owens M. Lateral Electromagnetic Waves, Springer Verlag, New York, 1991.

[5] Feynberg Y L. The Propagation of Radio Waves Along the

Surface of the Earth, English translation of 1961 Russian Book Published by the Foreign Technology Division, Wright—Patterson Air Force Base, Dayton, Ohio, 1961.

[6] Felsen L B and Marcuvitz N. Radiation and Scattering of Waves, Prentice Hall, Englewood Cliffs, N. J. , 1973.

[7] Cheng D H S. On the Formulation of the Dyadic Green Function in a Lagered Medium, Electromagnetics, Vol. 6, No. 2, 1986.

[8] Nussbaumer H J. Fast Fourier Transform and Convolution Algorithms, Springer Verlag, New York, 1982.

[9] Tai C T. Dyadic Green Functions in Electromagnetic theory, 2nd ed. , IEEE Press, New York, 1993.

第 11 章 非均匀媒质和运动媒质

本章把并矢格林函数技术推广到更复杂的媒质中去，特别是非均匀媒质和运动的各向同性媒质. 引入了平面分层和球面分层媒质的矢量波函数. 详细地处理了几种球透镜函数，这些内容在以前的不论电磁场理论还是微分方程的书中都没有给出过. 这一章的其余部分处理运动的各向同性媒质的问题. 本章中还把麦克斯韦方程与基于闵可夫斯基的相对论公式的关系结合在一起，求解单色光振荡激励和迁移电流源. 在后面一种情况，微分方程第一次在空间和虚假时间系统中进行处理，然后用傅立叶变换的方法来解. 用这种方法可以不必引入如康普顿[1] 所作的四维的空间和时间算子，而这种四维算子需用若干新的数学理论. 这一章以充满运动媒质的波导和放在这样媒质中的导电圆柱的并矢格林函数的推导作为终结.

11.1 平面分层媒质的矢量波函数

当媒质的导磁率和介电常数是位置的函数时，我们把这类媒质称为不均匀的. 对于不均匀的各向同性媒质，简谐场的麦克斯韦方程可表示为

$$\nabla E = \mathrm{i}\omega\mu_0\mu_r(\boldsymbol{R})\boldsymbol{H},$$

$$\nabla \boldsymbol{H} = \boldsymbol{J} - \mathrm{i}\omega\varepsilon_0\varepsilon_r(\boldsymbol{R})E.$$

式中：$\mu_r(\boldsymbol{R})$ 和 $\varepsilon_r(\boldsymbol{R})$ 分别标记媒质的相对的导磁率和介电常数的函

数. 在大多数感兴趣的实际情况下,我们只考虑介电常数的不均匀性,所以 $\mu_r(\boldsymbol{R})$ 是常数. 在这一节和随后的几节里,我们将只讨论这种情况,并让 $\mu_r(\boldsymbol{R})$ 等于 1. 在这种情况下,对于 $\boldsymbol{E}$ 和 $\boldsymbol{H}$ 的波方程为

$$\nabla\nabla \boldsymbol{E} - k^2 \varepsilon_r(\boldsymbol{R})\boldsymbol{E} = \mathrm{i}\omega\mu_0 \boldsymbol{J}, \tag{11.1}$$

$$\nabla\left[\frac{1}{\varepsilon_r(\boldsymbol{R})}\nabla \boldsymbol{H}\right] - k^2 \boldsymbol{H} = \nabla\left[\frac{\boldsymbol{J}}{\varepsilon_r(\boldsymbol{R})}\right]. \tag{11.2}$$

我们将寻找在各种不同的边界条件下这两个方程的并矢格林函数,特别是对于由不同形状的这类不均匀媒质所组成物体的这些函数的本征函数展开. 对于最后这个问题,我们必须讨论下面形式的矢量波方程,它是如下形式的不均匀矢量波方程

$$\nabla\nabla \boldsymbol{E} - k^2 \varepsilon_r(\boldsymbol{R})\boldsymbol{E} = 0 \tag{11.3}$$

和

$$\nabla\left[\frac{1}{\varepsilon_r(\boldsymbol{R})}\nabla \boldsymbol{H}\right] - k^2 \boldsymbol{H} = 0 \tag{11.4}$$

的解. 如果 $\varepsilon_r(\boldsymbol{R})$ 是一个正交系统中的所有三个变量的函数,至今我们还没有办法去找出这些矢量波函数. 事实上,我们只能对两类不均匀媒质找出其合适的矢量波函数. 第一类是平面分层的媒质,那里 $\varepsilon_r(\boldsymbol{R})$ 仅仅是直角坐标中的一个变量如 z 的函数. 在第二类情况中,媒质是以球坐标系统中的径向来分层的,所以介电常数只是 R 的函数. 很奇怪,至今我们还没有找到对于圆柱分层的媒质系统的矢量波函数的一般的形式,除了几种特殊的情况(如考虑的问题是回旋对称的或者场是与纵向轴无关的情况). 由于这一原因,这里仅讨论平面和球面分层媒质的矢量波函数.

对于平面媒质,我们假定分层仅对 z 方向,所以 $\varepsilon_r(\boldsymbol{R}) = \varepsilon_r(z)$. 在这种条件下,我们有

$$\nabla\nabla \boldsymbol{E} - k^2 \varepsilon_r(z)\boldsymbol{E} = 0, \tag{11.5}$$

$$\nabla\left[\frac{1}{\varepsilon_r(z)}\nabla \boldsymbol{H}\right] - k^2 \boldsymbol{H} = 0. \tag{11.6}$$

很容易证明,下面两类矢量波函数是(11.5)式的解:

$$\boldsymbol{M}^{(m)} = \nabla(\Psi\hat{z}) \tag{11.7}$$

和

$$\boldsymbol{N}^{(e)}=\frac{1}{k\varepsilon_r(z)}\nabla\nabla(\Phi\hat{z}).\tag{11.8}$$

式中:两个构造函数 Φ 和 Ψ 分别满足微分方程

$$\nabla\nabla\Psi+k^2\varepsilon_r(z)\Psi=0\tag{11.9}$$

和

$$\nabla\nabla\Phi-\frac{1}{\varepsilon_r}\frac{\mathrm{d}\varepsilon_r}{\mathrm{d}z}\frac{\partial\Phi}{\partial z}+k^2\varepsilon_r(z)\Phi=0.\tag{11.10}$$

M- 函数的上标 m 表示它对于 z 轴是磁的或横电类的,而上标 e 表示电的或横磁类的. 类似地,作为(11.6)式解的矢量波函数可以表示为

$$\boldsymbol{M}^{(e)}=\nabla(\Phi\hat{z})\tag{11.11}$$

和

$$\boldsymbol{N}^{(m)}=\frac{1}{k}\nabla\nabla(\Psi\hat{z}).\tag{11.12}$$

这四类矢量波函数满足下面的对称关系:

$$\boldsymbol{N}^{(e)}=\frac{1}{k\varepsilon_r}\nabla\boldsymbol{M}^{(e)},$$

$$\boldsymbol{M}^{(e)}=\frac{1}{k}\nabla\boldsymbol{N}^{(e)},$$

$$\boldsymbol{N}^{(m)}=\frac{1}{k}\nabla\boldsymbol{M}^{(m)},$$

$$\boldsymbol{M}^{(m)}=\frac{1}{k\varepsilon_r}\nabla\boldsymbol{N}^{(m)}.$$

我们重复一下,$\boldsymbol{M}^{(m)}$ 和 $\boldsymbol{N}^{(e)}$ 是满足电场的矢量波方程的解,即

$$\nabla\nabla\begin{Bmatrix}\boldsymbol{M}^{(m)}\\\boldsymbol{N}^{(e)}\end{Bmatrix}-k^2\varepsilon_r(z)\begin{Bmatrix}\boldsymbol{M}^{(m)}\\\boldsymbol{N}^{(e)}\end{Bmatrix}=0.$$

而 $\boldsymbol{M}^{(e)}$ 和 $\boldsymbol{N}^{(m)}$ 是满足磁场的矢量波方程的解

$$\nabla\frac{1}{\varepsilon_r(z)}\nabla\begin{Bmatrix}\boldsymbol{M}^{(e)}\\\boldsymbol{N}^{(m)}\end{Bmatrix}-k^2\begin{Bmatrix}\boldsymbol{M}^{(e)}\\\boldsymbol{N}^{(m)}\end{Bmatrix}=0.$$

我们很难再找到这些函数的更好的表达方式,而不引起混淆. 为了找到用于并矢格林函数展开的本征函数,不但 $\varepsilon_r(z)$ 的形式而且所考虑的几何形状都必须确定. 例如,如果我们有一个充满 z 方向(相应于

波导的纵向轴）分层的媒质的矩形波导，则(11.9)和(11.10)式必须在直角坐标系统中来求解．这时 Ψ 和 Φ 的合适的解是

$$\Psi=\Psi_{emn}=\cos\frac{m\pi x}{a}\cos\frac{n\pi y}{b}F_1(z)$$

和

$$\Phi=\Phi_{omn}=\sin\frac{m\pi x}{a}\sin\frac{n\pi y}{b}F_2(z).$$

式中：$F_1(z)$ 和 $F_2(z)$ 分别满足下面的方程

$$\frac{\mathrm{d}^2F_1(z)}{\mathrm{d}z^2}+\left[k^2\varepsilon_r(z)-\left(\frac{m\pi}{a}\right)^2-\left(\frac{n\pi}{b}\right)^2\right]F_1(z)=0, \tag{11.13}$$

$$\frac{\mathrm{d}^2F_2(z)}{\mathrm{d}z^2}-\frac{1}{\varepsilon_r(z)}\frac{\mathrm{d}\varepsilon_r(z)}{\mathrm{d}z}\frac{\mathrm{d}F_2(z)}{\mathrm{d}z}+\left[k^2\varepsilon_r(z)-\left(\frac{m\pi}{a}\right)^2-\left(\frac{n\pi}{b}\right)^2\right]F_2(z)=0. \tag{11.14}$$

F_1 或 F_2 的两个完全解扮演着与均匀媒质中的指数函数 $e^{\pm ihz}$ 相同的角色．至今仅仅只研究了有限的几种分层的分布形式，对此能得到可表达成已知函数形式的解．在本书中我们并不企图覆盖这样一大类的问题．这里只要强调这一点就够了，即一旦有了 $F_1(z)$ 和 $F_2(z)$ 解的可用的形式，按与均匀媒质中同样的过程可以构造出并矢格林函数．上面的陈述也同样适合于纵向分层的圆柱波导或不均匀的平直地面问题．对于平面分层的平直地面，Ψ 和 Φ 的合适的解为

$$\Psi_{\substack{e\\o}n\lambda}=\mathrm{J}_n(\lambda r)\,{\cos\atop\sin}n\varphi F_1(z),$$

$$\Phi_{\substack{e\\o}n\lambda}=\mathrm{J}_n(\lambda r)\,{\cos\atop\sin}n\varphi F_2(z).$$

式中：F_1 和 F_2 仍是(11.13)式和(11.14)式的解．当然，在构造 $\bar{\bar{G}}_e^{(22)}$ 和 $\bar{\bar{G}}_e^{(12)}$ 时，我们采用的边界条件，使它能在 $z=-\infty$ 处满足辐射边界条件．对于平面分层媒质的并矢格林函数的一般的构造方法，我们就讨论到这里．

11.2 球面分层媒质的矢量波函数

当介电常数仅是球变量 R 的函数时，对于 $\boldsymbol{E}$ 和 $\boldsymbol{H}$ 的波方程，按(11.3)式和(11.4)式，变为

$$\nabla\times\nabla\times\boldsymbol{E}-k^2\varepsilon_r(R)\boldsymbol{E}=0, \tag{11.15}$$

$$\nabla\times\left[\frac{1}{\varepsilon_r(R)}\nabla\times\boldsymbol{H}\right]-k^2\boldsymbol{H}=0. \tag{11.16}$$

我们现在定义四类不均匀的球矢量波函数[2]，它是对均匀媒质所定义的函数的推广. 它们是:

$$\boldsymbol{M}^{(m)}=\nabla\times(\Psi\boldsymbol{R}), \tag{11.17}$$

$$\boldsymbol{N}^{(m)}=\frac{1}{k}\nabla\times\nabla\times(\Psi\boldsymbol{R}), \tag{11.18}$$

$$\boldsymbol{M}^{(e)}=\nabla\times(\Phi\boldsymbol{R}), \tag{11.19}$$

$$\boldsymbol{N}^{(e)}=\frac{1}{k\varepsilon_r(R)}\nabla\times\nabla\times(\Phi\boldsymbol{R}). \tag{11.20}$$

可以证明，(11.17)式和(11.20)式是(11.15)式的解，而(11.18)式和(11.19)式是(11.16)式的解，且 Ψ 和 Φ 满足标量方程:

$$\nabla^2\Psi+k^2\varepsilon_r(R)\Psi=0, \tag{11.21}$$

$$\nabla^2\Phi-\frac{1}{\varepsilon_r(R)}\frac{\mathrm{d}\varepsilon_r(R)}{\mathrm{d}R}\frac{\partial\Phi}{\partial R}+k^2\varepsilon_r(R)\Phi=0. \tag{11.22}$$

这四个矢量波函数有确定的对称关系，它们是:

$$\boldsymbol{N}^{(e)}=\frac{1}{k\varepsilon_r(R)}\nabla\times\boldsymbol{M}^{(e)}, \tag{11.23}$$

$$\boldsymbol{M}^{(e)}=\frac{1}{k}\nabla\times\boldsymbol{N}^{(e)}, \tag{11.24}$$

$$\boldsymbol{N}^{(m)}=\frac{1}{k}\nabla\times\boldsymbol{M}^{(m)}, \tag{11.25}$$

$$\boldsymbol{M}^{(m)}=\frac{1}{k\varepsilon_r(R)}\nabla\times\boldsymbol{N}^{(m)}. \tag{11.26}$$

用球坐标系统中的分离变量法，可以找到下面形式的本征函数:

$$\Psi_{\substack{e\\o}n\lambda}=\frac{1}{R}S_n(kR)\mathrm{P}_n^m(\cos\theta)\,\frac{\cos}{\sin}m\varphi,\tag{11.27}$$

$$\Phi_{\substack{e\\o}n\lambda}=\frac{1}{R}T_n(kR)\mathrm{P}_n^m(\cos\theta)\,\frac{\cos}{\sin}m\varphi.\tag{11.28}$$

式中：$S_n(kR)$ 和 $T_n(kR)$ 分别满足下面的微分方程

$$\frac{\mathrm{d}^2S_n}{\mathrm{d}R^2}+\left[k^2\varepsilon_r(R)-\frac{n(n+1)}{R^2}\right]S_n=0\tag{11.29}$$

和

$$\varepsilon_R(R)\,\frac{\mathrm{d}}{\mathrm{d}R}\left[\frac{1}{\varepsilon_r(R)}\,\frac{\mathrm{d}T_n}{\mathrm{d}R}\right]+\left[k^2\varepsilon_r(R)-\frac{n(n+1)}{R^2}\right]T_n=0.\tag{11.30}$$

函数 S_n 和 T_n 扮演着与均匀情况下的函数 $R\mathrm{j}_n(kR)$ 相同的角色. 显然，当 $\varepsilon_r(R)=1$ 时，(11.29) 式和(11.30) 式都简化为如 8.1 节中所讨论的其解为 $R\mathrm{j}_n(kR)$ 的方程. 采用(11.27) 和(11.28) 式为构造函数，可以找出四个矢量波函数的表达式. 它们为：

$$\boldsymbol{M}_{\substack{e\\o}mn}^{(m)}=\frac{S_n(kR)}{R}\boldsymbol{m}_{\substack{e\\o}mn},\tag{11.31}$$

$$\boldsymbol{N}_{\substack{e\\o}mn}^{(m)}=\frac{1}{k}\left[\frac{S_n(kR)}{R^2}\boldsymbol{l}_{\substack{e\\o}mn}+\frac{1}{R}\,\frac{\partial S_n(kR)}{\partial R}\hat{R}\times\boldsymbol{m}_{\substack{e\\o}mn}\right],\tag{11.32}$$

$$\boldsymbol{M}_{\substack{e\\o}mn}^{(e)}=\frac{T_n(kR)}{R}\boldsymbol{m}_{\substack{e\\o}mn},\tag{11.33}$$

$$\boldsymbol{N}_{\substack{e\\o}mn}^{(e)}=\frac{1}{k\varepsilon_r(R)}\left[\frac{T_n(kR)}{R^2}\boldsymbol{l}_{\substack{e\\o}mn}+\frac{1}{R}\,\frac{\partial T_n(kR)}{\partial R}\hat{R}\times\boldsymbol{m}_{\substack{e\\o}mn}\right].\tag{11.34}$$

式中：

$$\boldsymbol{l}_{\substack{e\\o}mn}=n(n+1)\mathrm{P}_n^m(\cos\theta)\,\frac{\cos}{\sin}m\varphi\hat{R};$$

$$\boldsymbol{m}_{\substack{e\\o}mn}=\mp\frac{m\mathrm{P}_n^m}{\sin\theta}\,\frac{\sin}{\cos}m\varphi\hat{\theta}-\frac{\partial\mathrm{P}_n^m}{\partial\theta}\,\frac{\cos}{\sin}m\varphi\hat{\varphi}.$$

除了归一化常数不同外，这些矢量调和函数类似于莫尔斯和费什巴赫[3] 用来表示球矢量波函数的 P、C 和 B 函数. 这些矢量波函数现在将用来进行不均匀球透镜并矢格林函数的本征函数展开.

11.3 非均匀球形透镜

本节所讨论的各种球透镜的特征由介电常数函数的形状来表征. 这些介电常数的分布函数中的大多数都以其发现者的名字来命名,且都基于几何光学理论中的费马原理. 然而野村－高久分布是用在波传播的研究中. 表 11-1 列出了其中一些分布. 这些分布的波理论将在这节中加以讨论.

表 11-1 某些介电常数函数的分布形状

麦克斯韦鱼眼(1860)	$\dfrac{4}{[1+(R/a)^2]}, a \geqslant R \geqslant 0$
龙伯透镜(1944)	$2-\left(\dfrac{R}{a}\right)^2, a \geqslant R \geqslant 0$
圆锥形龙伯透镜(1944)	$K\left[1+\left(\dfrac{R_1}{R}\right)\right]$
依顿透镜(1952)	$\left(\dfrac{R}{a}\right)^2, a \geqslant R \geqslant 0$
野村－高久分布(1955)	$\left(\dfrac{R}{a}\right)^{2q}$

我们将非常详细地处理一种分布,以说明如何去找出对于特殊分布的 S_n 和 T_n 的解. 戴的工作[2] 中包含有在以前电磁理论和微分方程中所没有的某些分析方法. 这里将考虑的一种情况是球的龙伯透镜,它的介电常数分布为

$$\varepsilon_r(R) = 2-\left(\frac{R}{a}\right)^2 \quad (a \geqslant R \geqslant 0). \tag{11.35}$$

式中:a 表示不均匀透镜的半径. 按照龙伯原来的理论[4],这个透镜将把从位于边缘的点源发射光线聚成平行的光束. 因为原来的理论是基于标量公式的基础上的,它不能表达源的极化状态. 从电磁理论的观点看,这是一个重要的因素. 一个完全的理论应该能够克服几何

绕射理论所得到的某些不确定的特性.

把(11.35)式代入(11.29)式,并作下面的变量变换

$$kR=\rho,ka=\rho_a,$$

$$S_n(kR)=\rho^{n+1}\mathrm{e}^{-\rho^2/2\rho_a}U_n(\rho),n=1,2,\cdots$$

可发现函数 $U_n(\rho)$ 必须满足下面的微分方程:

$$\frac{\mathrm{d}^2U_n}{\mathrm{d}\rho^2}+2\left(\frac{n-1}{\rho}-\frac{\rho}{\rho_0}\right)\frac{\mathrm{d}U_n}{\mathrm{d}\rho}+\left(2-\frac{2n+3}{\rho_a}\right)U_n=0. \tag{11.36}$$

令

$$\frac{\rho^2}{\rho_a}=z,$$

$$\nu=n-\frac{3}{2},$$

$$\alpha=\frac{1}{2}\left(n+\frac{3}{2}-\rho_a\right).$$

上面的方程可以变换成合流超几何函数方程的标准形式[5],即

$$z\frac{\mathrm{d}^2U_n(z)}{\mathrm{d}z^2}+(\nu-z)\frac{\mathrm{d}U_n(z)}{\mathrm{d}z}-\alpha U_n(z)=0. \tag{11.37}$$

为了进行源位于边缘的龙伯透镜的分析,我们需要用一种函数,它在 $R=0$ 时是正则的. 这一函数可用库默尔函数来表示:

$$U_n(z)={}_1F_1(\alpha,\nu,z)=1+\frac{\alpha}{\nu}z+\frac{\alpha(\alpha+1)}{\nu(\nu+1)}\frac{z^2}{2!}+\cdots \tag{11.38}$$

方程(11.37)的另一独立解

$$z^{1-\nu}\,{}_1F_1(\alpha-\nu+1,2-\nu,z)$$

则不需要. 这样,我们确定了 $S_n(\rho)$ 函数为

$$S_n(\rho)=\rho^{n+1}\,\mathrm{e}^{-\rho^2/2\rho_a}\,{}_1F_1\left(\alpha,\nu,\frac{\rho^2}{\rho_a}\right). \tag{11.39}$$

对于 $T_n(kR)$ 函数分析方法更为复杂. 首先,对于(11.35)式所表示的 $\varepsilon_r(R)$,(11.30)式不能简化为一个标准形式的微分方程. 如果令

$$kR=\rho,k\alpha=\rho_a,$$

$$T_n(\rho)=(2\rho_a^2-\rho^2)\rho^{n+1}\mathrm{e}^{-\rho^2/2\rho_a}V_n(\rho), \tag{11.40}$$

则函数 $V_n(\rho)$ 满足下面方程

$$\frac{d^2V_n}{d\rho^2}+2\left(\frac{n+1}{\rho}-\frac{\rho}{\rho_a}\right)\frac{dV_n}{d\rho}$$
$$+\left[2-\frac{2n+3}{\rho_a}-\frac{1}{2\rho_a^2-\rho^2}-\frac{3\rho^2}{(2\rho_a^2-\rho^2)^2}\right]V_n=0.$$

进一步作变量变换,令 $z=\rho^2/\rho_a$,则有

$$\frac{d^2V_n}{dz^2}+\left(\frac{\nu}{z}-1\right)\frac{dV_n}{dz}-\left[\frac{\alpha_1}{z}+\frac{2\alpha_2}{z-a_2}-\frac{2\alpha_2\alpha_3}{(z-a_2)^2}\right]V_n=0. \tag{11.41}$$

其中各常数定义为:

$$\nu=n+\frac{3}{2},$$
$$\alpha_1=\frac{1}{2}\left(n+\frac{3}{2}-\rho_a+\frac{1}{4\rho_a}\right),$$
$$\alpha_2=-\frac{1}{16\rho_a},$$
$$\alpha_3=-\frac{3}{16\rho_a},$$
$$a_2=2\rho_a.$$

(11.41) 式类似于(11.37) 式定义的合流超几何函数方程,只是它在 $z=a_2$ 处有另一个正则的奇点. 方程中的常数已经进行了适当的安排,以简化下面所讨论的级数解. 为了更充分地了解(11.41) 式解的性质,对于这个方程的一般特性加以讨论是有益的. 类似于超几何方程,它在 $z=0$ 也有一个幂次为 0 和 $1-\nu$ 的正则奇点[5],在 ∞ 处有一个非正则奇点. $z=a_2$ 处为正则奇点,其阶数等于 3/2 和 −1/2. 从微分方程理论可知,合流超几何函数能够通过把两个超几何方程的正则奇点合流为一的办法来得到. 我们将先以黎曼 P - 方程的佩珀里兹方程为例子,以便比较容易地把这一合流过程弄明白[3]. 所以可以期望由(11.41) 式所定义的新方程,通过把至少有四个或更多奇点的二阶偏微分方程的正则奇点用适当的方法合流为一的办法来得到. 应该指出,除非常数 α_1,α_2 和 α_3 在某一特殊的方法中是相关的,一般说来,作为开始,我们需要有五个奇点的二阶偏微分方程. 能充

分满足这一要求的方程由费特克和沃森所给出[6]，它可写成如下的形式：

$$\frac{d^2 u}{dz^2}+\sum_{r=1}^{4}\frac{1-\lambda_r-\lambda'_r}{z-a_r}\frac{du}{dz}+\Big[\frac{1}{\Pi_{r=1}^{4}(z-a_r)}\Big)$$

$$\Big[Az^2+Bz+C+\sum_{r=1}^{4}\frac{C_r}{(z-a_r)}\Big]u=0. \qquad (11.42)$$

式中：a_1, a_2, a_3 和 a_4 表示四个正则奇点. 它们的阶数为 λ_r 和 $\lambda'_r z=\infty$ 的点看做为正则奇点，其阶数为 μ 和 μ'. 常数 A 和 C_r 为

$$\alpha^2-\Big[3-\sum_{r=1}^{4}(\mu_r+\lambda'_r)\Big]\alpha+A=0, \quad \alpha=\mu \text{ 或 } \mu'$$

$$C_r=\frac{\lambda_r\lambda'_r}{\Pi_s(a_r-a_s)}, \quad s=1,2,\cdots \quad s\neq r.$$

到目前为止，常数 B 和 C 是任意的. 常数 A、B、C 与费特克和沃森方程中的那些常数是不同的. 这是显然的，因为我们已取了不同形式的 (11.42) 式，对于 μ 和 μ' 的指数方程的形式也改变了. (11.42) 式的最方便的表示方法可用黎曼方法，即

$$P\begin{Bmatrix} a_1 & a_2 & a_3 & a_4 & \infty & \\ \lambda_1 & \lambda_2 & \lambda_3 & \lambda_4 & \mu & z \\ \lambda'_1 & \lambda'_2 & \lambda'_3 & \lambda'_4 & \mu' & \end{Bmatrix}.$$

为了把(11.42) 式简化成(11.41) 式，首先令

$$a_1=0, \quad \lambda_1=0, \quad \lambda'_1=1-\nu,$$

$$a_2=\alpha_2, \quad \lambda_2=\frac{3}{2}, \quad \lambda'_2=-\frac{1}{2}.$$

它相应于(11.41) 式中的两个正则奇点和它们的阶数. 不作精确的处理，假定 a_3 和 a_4 趋于无限大时，有

$$\frac{1-\lambda_3-\lambda'_3}{a_3}+\frac{1-\lambda_4-\lambda'_4}{a_4}\to -1,$$

$$\frac{A}{a_3 a_4}\to 0,$$

$$\frac{B}{a_3 a_a}, \frac{C}{a_3 a_4}, \frac{\lambda_3\lambda'_3(a_3-a_4)}{a_4}, \frac{\lambda_4\lambda'_4(a_3-a_4)}{a_3}\to\infty$$

则(11.42)式简化为

$$\frac{\mathrm{d}^2u}{\mathrm{d}z^2}+\left(\frac{\nu}{z}-1\right)\frac{\mathrm{d}u}{\mathrm{d}z}$$

$$+\left[\frac{\beta}{z-a_2}+\frac{\delta}{z(z-a^2)}+\frac{\lambda_2\lambda_2'}{z(z-a_2)^2}\right]u=0. \qquad (11.43)$$

式中:β 和 δ 是两个任意常数.重新安排最后一个方括号内的各项并引入两个新的任意常数 α_1 和 α_2,我们能把(11.43)式写成下面的形式:

$$\frac{\mathrm{d}^2u}{\mathrm{d}z^2}+\left(\frac{\nu}{z}-1\right)\frac{\mathrm{d}u}{\mathrm{d}z}-\left[\frac{\alpha_1}{z}+\frac{2\alpha_2}{z-a_2}-\frac{\lambda_2\lambda_2'}{(z-a_2)^2}\right]u=0. \qquad (11.44)$$

它在形式上与(11.41)式是相同的,并可看到

$$\lambda_2\lambda_2'=2a_2\alpha_3=-\frac{3}{4}.$$

以上对于函数 V 的解析性质的讨论只说明用佩珀里兹方程的两个正则奇点合并的方法可以得到合流超几何函数,而由(11.41)式所定义的"扩展的"合流超几何函数则可用把三个正则奇点合流为一的办法来得到.上面的处理过程,并不是从一个更一般化的二阶线性微分方程导出(11.41)式的惟一的方法.若以五个正则奇点的方程并把无限大处的点视为一个普通的点作为出发点,也可以得到同样的结果,如果我们用英斯[7] 的表示方法,(11.41)式可以归入(0,2,1)类型,它可通过对于(8,0,0)类型的方程的奇点合流的方法推导出来.所以,结论是:为了通过适当的合流方法来得到(11.41)式,至少需要五个正则奇点.以上讨论说明了下面的事实:从解析的角度看,对于 T_n 的微分方程基本上有别于对于 S_s 的微分方程,它们之间不存在简单的关系.这也说明了"扩展的"合流超几何方程是一个与其他的已知的方程没有关系的全新的方程.

通过龙伯透镜问题,去求得一个对于 V_n 的级数解是必要的,因为 T_n 在 $z=0$ 时是有限值.回顾前面可知,在 $z=0$ 处的两个幂次是 0 和 $1-\gamma$,而对于这个问题,γ 远远大于1.这个级数解在原点保持有限值,所以它相应于幂次等于0.另一方面,幂次 $1-\gamma$ 导致一个在原

点为奇点的解.这个所希望的解扮演与库默尔函数(11.38)式相同的角色.这个令人感兴趣的解有下面的形式

$$V_n = \sum_{m=0}^{\infty} A_m z^m. \tag{11.45}$$

把(11.45)式代入(11.41)式,可发现

$$\frac{A_1}{A_0} = \frac{\alpha_1}{\gamma},$$

$$\frac{A_2}{A_0} = \frac{1}{2}\frac{\alpha_1(\alpha_1+1)}{\gamma(\gamma+1)} - \frac{\alpha_2+\alpha_3}{(\gamma+1)a_2},$$

$$\frac{A_3}{A_0} = \frac{1}{3!}\frac{\alpha_1(\alpha_1+1)(\alpha_1+2)}{\gamma(\gamma+1)(\gamma+2)} - \frac{1}{3(\gamma+2)} \cdot \left[\frac{(\alpha_1+2)(\alpha_2+\alpha_3)}{(\gamma+1)a_2} + \frac{2\alpha_1(\alpha_2+\alpha_3)}{\gamma a_2} + \frac{2(\alpha_2+2\alpha_3)}{a_2^2}\right].$$

对于 $m \geqslant 3$,从下面四项循环关系可以得到:

$$a_2^2(m+1)(m+\gamma)A_{m+1} - a_2[a_2(m+\alpha_1)+2n(\gamma-m+1)]A_m + [2a_2(\alpha_1+\alpha_2+\alpha_3+m-1)+(n-1)(\gamma+m-2)]A_{m-1} - (\alpha_1+2\alpha_2+m-2)A_{m-2} = 0.$$

这个对于 V_n 的级数解在 $z < a_2$ 或 $\rho < 2\rho_a$ 时是均匀和绝对收敛的.事实上,在龙伯透镜问题中,ρ_a 的值从不超过 ρ.显然,对于大的 ρ_a 值,A_m/A_0 的领头的一项实际上与库默尔函数的级数展开式的相应的系数是相同的.例如,当 ρ_a 大时,有

$$\alpha_1 \approx \alpha = \frac{1}{2}\left(n + \frac{3}{2} - \rho_a\right)$$

和

$$-\frac{\alpha_2+\alpha_3}{a_2} = \frac{5}{32\rho_a^2}.$$

所以 A_2/A_0 的第二项比第一项小得多.在 $\rho = \rho_a$ 时,T_n 函数实际上等于 S_n 函数.当 ρ_a 足够大时,T 对于 r 求导也确实是相等的.

知道了两个径向函数 S_n 和 T_n 后,按(11.31)~(11.34)式,我们可以构造出矢量波函数,并可由此找出球龙伯透镜的并矢格林函数.按散射场叠加法,令

$$\bar{\bar{G}}_e^{(11)}(\boldsymbol{R},\boldsymbol{R}') = \bar{\bar{G}}_{e0}^o(\boldsymbol{R},\boldsymbol{R}') + \bar{\bar{G}}_{es}^{(11)}(\boldsymbol{R},\boldsymbol{R}'), \tag{11.46}$$

$$\bar{\bar{G}}_e^{(21)}(\boldsymbol{R},\boldsymbol{R}') = \bar{\bar{G}}_{es}^{(21)}(\boldsymbol{R},\boldsymbol{R}'). \tag{11.47}$$

式中：$\bar{\bar{G}}_{e0}$ 由(10.24)式给出.当然，上面的关系已经隐含了源在透镜的外面.按照与10.3中所描述的对于媒质球相同的推导过程，可以找出

$$\bar{\bar{G}}_{es}^{(11)} = \frac{ik}{4\pi}\sum_{n=1}^{\infty}\sum_{m=0}^{n}(2-\delta_0)\frac{2n+1}{n(n+1)}\frac{(n-m)!}{(n+m)!}$$
$$\cdot[A_n\boldsymbol{M}^{(1)}(k)\boldsymbol{N}'^{(1)}(k) + B_n\boldsymbol{N}^{(1)}(k)\boldsymbol{N}'^{(1)}(k)], \tag{11.48}$$

$$\bar{\bar{G}}_{es}^{(21)}(\boldsymbol{R},\boldsymbol{R}') = \frac{ik}{4\pi}\sum_{n=1}^{\infty}\sum_{m=0}^{n}(2-\delta_0)\frac{2n+1}{n(n+1)}\frac{(n-m)!}{(n+m)!}$$
$$\cdot[C_n\boldsymbol{M}^{(m)}(k)\boldsymbol{M}'^{(1)}(k) + D_n\boldsymbol{N}^{(e)}(k)\boldsymbol{N}'^{(1)}(k)]. \tag{11.49}$$

式中：系数 A_n、B_n、C_n 和 D_n 取决于方程组：

$$P_a + A_nQ_a = C_nS_a,$$
$$P'_a + A_nQ'_a = C_nS'_a,$$
$$P_a + B_nQ_a = D_nT_a,$$
$$P'_n + B_nQ'_a = D_nT'_a.$$

它是第三类函数的边界条件的匹配结果.

式中：

$$P_a = \rho_a \mathrm{j}_n(\rho_a), P'_a = \frac{\mathrm{d}}{\mathrm{d}\rho_a}[\rho_a \mathrm{j}_n(\rho_a)],$$

$$Q_a = \rho_a \mathrm{h}_n^{(1)}(\rho_a), Q'_a = \frac{\mathrm{d}}{\mathrm{d}\rho_a}[\rho_a \mathrm{h}_n^{(1)}(\rho_a)],$$

$$S_a = S_n(\rho_a), S'_a = \frac{\mathrm{d}}{\mathrm{d}\rho_a}S_n(\rho_a),$$

$$T_a = T_n(\rho_a), T'_a = \frac{\mathrm{d}}{\mathrm{d}\rho_a}T_n(\rho_a).$$

在(11.48)式和(11.49)式中，我们已经去掉了波函数的下标“${}_{o}^{e}mn$”.

基于几何光学理论的龙伯透镜激励的要求，源应该位于球透镜的边缘.如果我们把它表示为 x 方向的电流矩等于 c 的电偶极子，则

$$\boldsymbol{J}(\boldsymbol{R}') = c(x'-0)\delta(y'-0)\delta(z'+a)\hat{x},$$

如图 11-1 所示. 则透镜以外的总电场为

$$
\begin{aligned}
\boldsymbol{E}(\boldsymbol{R}) &= \mathrm{i}\omega\mu_0 \iiint \bar{\bar{G}}_e^{(11)}(\boldsymbol{R},\boldsymbol{R}') \cdot \boldsymbol{J}(\boldsymbol{R}')\mathrm{d}V' \\
&= \frac{-\mathrm{i}\omega\mu_0 c}{4\pi a}\sum_{n=1}^{\infty}(-1)^{n+1}\frac{2n+1}{n(n+1)} \\
&\quad \cdot \frac{1}{Q_a}\left(\left[\frac{1}{(Q_a'/Q_a - S_a'/S_a)}\right]\boldsymbol{M}_{o1n}^{(1)}\right. \\
&\quad \left. -\left\{\frac{1}{[(T_a/T_a')(Q_a'/Q_a)-1]}\right\}\boldsymbol{N}_{e1n}^{(1)}\right).
\end{aligned} \tag{11.50}
$$

用对于大 kR 值的 $\boldsymbol{M}_{o1n}^{(1)}$ 和 $\boldsymbol{N}_{e1n}^{(1)}$ 的渐近式可得到 $\boldsymbol{E}(R)$ 的远区场:

$$
\boldsymbol{M}_{o1n}^{(1)} \approx (-\mathrm{i})^{n+1}\frac{\mathrm{e}^{\mathrm{i}kR}}{kR}\boldsymbol{m}_{o1n},
$$

$$
\boldsymbol{N}_{e1n}^{(1)} \approx (-\mathrm{i})^{n+1}\frac{\mathrm{e}^{\mathrm{i}kR}}{kR}\boldsymbol{n}_{e1n}.
$$

这些是求解由无限小电偶极子激励下球透镜的场图所需要的基本公式. 显然,如果激励源是磁偶极子时,也可以推导出类似的表达式,其结果只是稍有差别.

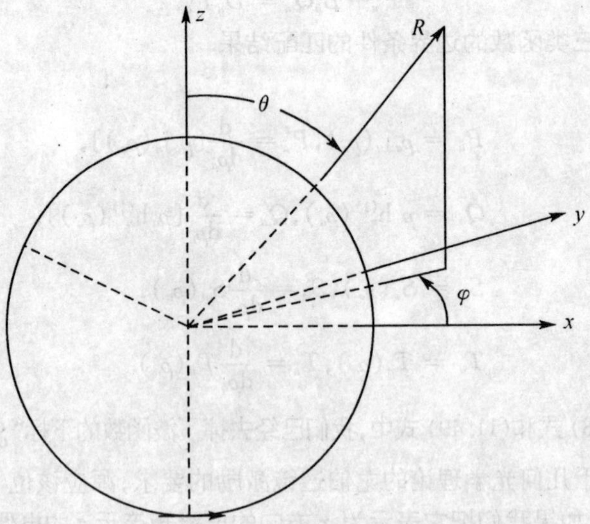

图 11-1　位于球龙伯透镜表面的水平电偶极子

对于球龙伯透镜的场理论来说，要达到所需要的结论并不一定要用并矢格林函数的方法．通过用球矢量波函数来表示偶极子的场然后用散射场叠加的方法，我们能够推导出同样的结果．事实上，这就是取自作者以前发表的论文．球龙伯透镜的电磁理论同样被威尔科克斯[8] 独立地予以解决．然而这两种方法之间有明显的差别．威尔科克斯直接地找到了 T_n 的级数解，但没有从微分方程的角度对这些函数的解析性质进行详细的讨论．

虽然对于圆柱分层透镜的普遍并矢格林函数的构造还没有一个合适的方法，但是如果场是二维的，与纵向变量无关时，或者场是回旋对称的，对于这些透镜电磁理论同样可以求得所需要的公式．龙伯透镜的第一个电磁理论是由贾西克[9] 建立的，他用的正是圆柱分层透镜，用一个线电流作为激励源．在他的书中所用到的径向函数都表示成合流超几何函数的形式．在贾西克的原始工作中进行了少量的计算，找出了中等大小的圆柱龙伯透镜的辐射图．当然，这里并没有提供这种透镜的几何光学理论所导出的理想特性．最重要的是，在现在的理论中，这种透镜在远区将发射出场图与透镜大小有关的圆柱波，而不是如几何光学理论所预示的平行线．被磁线源激励的圆柱龙伯透镜也可以用类似的方法去分析[10]．在那种情况下，我们再次遇到径向函数问题，它也是属于扩展的合流超几何函数类型．

对于圆锥形龙伯透镜，S_n 函数可以用合流超几何函数来表示，而 T_n 函数则是扩展的合流超几何函数类型．在两种不同的龙伯透镜中包含有相同的函数类型，这或许只是一种巧合．

对于麦克斯韦鱼眼，介电常数函数表示为

$$\varepsilon_r(R) = \frac{4}{[1-(R/a)^2]^2} \quad (a \geqslant R \geqslant 0).$$

按照麦克斯韦原来的理论，透镜将把从一个位于透镜表面的点源发射的光线聚焦到在透镜对面的另一个焦点上，因而称为“鱼眼”．如果我们让

$$\rho = kR, \rho_a = ka, \xi = -\left(\frac{\rho}{\rho_a}\right)^2$$

和

$$S_n(\xi)=\xi^{\frac{n+1}{2}}(\xi-1)^{\mu}U_n(\xi), \tag{11.51}$$

$$T_n(\xi)=\xi^{\frac{n+1}{2}}(\xi-1)^{\mu-1}V_n(\xi), \tag{11.52}$$

式中：

$$\mu=\frac{1}{2}\left(1+\sqrt{1+4\rho_a^2}\right),$$

则函数 $U_n(\xi)$ 和 $V_n(\xi)$ 分别满足下面两个方程：

$$\xi(\xi-1)\frac{\mathrm{d}^2U_n}{\mathrm{d}\xi^2}+[(2\mu+\beta)\xi-\beta]\frac{\mathrm{d}U_n}{\mathrm{d}\xi}+\alpha U_n=0, \tag{11.53}$$

$$\xi(\xi-1)\frac{\mathrm{d}^2V_n}{\mathrm{d}\xi^2}+[(2\mu+\beta)\xi-\beta]\frac{\mathrm{d}V_n}{\mathrm{d}\xi}+\left(\alpha-\frac{1}{2}\right)V_n=0. \tag{11.54}$$

式中：

$$\beta=n+\frac{3}{2},$$

$$\alpha=\beta\mu+\rho_a^2.$$

方程(11.53)和(11.54)在形式上与一个通常写成的超几何方程[5]

$$\xi(\xi-1)\frac{\mathrm{d}^2\omega}{\mathrm{d}\xi^2}+[(a+b+1)\xi-c]\frac{\mathrm{d}\omega}{\mathrm{d}\xi}+abw=0. \tag{11.55}$$

是一致的.

对于这两种情况，常数 a、b 和 c 很容易用 α、β 和 μ 来表示. 对于麦克斯韦鱼眼，我们仅需要函数 $F(a,b,c,\xi)$，它在 $\xi=0$ 上是正则的. 在麦克斯韦鱼眼的电磁理论中不涉及扩展的合流超几何函数，这一点是很令人感兴趣的.

关于野村 - 高久分布，正如这两个作者所表示的，S_n 和 T_n 的微分方程是马尔姆斯滕方程的一种特殊情况[11]. 这些函数能够用 $q\neq-1$ 的分数阶贝塞耳函数来表示. 它们之间的关系是

$$S_n(\rho)=\rho^{\frac{1}{2}}\mathrm{J}_\nu\left[\frac{\rho^{q+1}}{(q+1)\rho_a^q}\right] \tag{11.56}$$

和

$$T_n(\rho)=\rho^{q+\frac{1}{2}}\mathrm{J}_{\nu'}\Big[\frac{\rho^{q+1}}{(q+1)\rho_a^q}\Big]. \tag{11.57}$$

式中：

$$\rho=kR,\rho_a=ka,$$

$$\nu=\frac{(n+1/2)}{(q+1)},$$

$$\nu'=\frac{[(n+1/2)^2+q^2+q]^{\frac{1}{2}}}{(q+1)}.$$

对于 $q=1$，分布简化为依顿透镜的分布情况. 对于 $q=-1$，S 和 T 函数可以表达成初等函数. 两个典型的解为

$$S_n=\rho^{\frac{1}{2}}\sin\Big[\Big(\rho_a^2-n^2-n-\frac{1}{4}\Big)^{\frac{1}{2}}\ln\rho\Big], \tag{11.58}$$

$$T_n=\rho^{\frac{1}{2}}\Big[\Big(\rho_a^2-n^2-n-\frac{1}{4}\Big)^{\frac{1}{2}}\ln\rho\Big]. \tag{11.59}$$

这个函数分布太特殊了，它在物理上是不可能实现的. 如果我们让 R 趋于零，则 T_n 函数在 $\rho=0$ 处有一个奇点.

虽然除了龙伯透镜[12] 之外，我们对于这些公式没有做任何数值工作，但这里所提供的各种类型透镜的理论基础对于这些透镜的场图研究和对于聚焦点的精确性质的研究，都是有用的. 因为几何光学理论不能提供在这点上或这点附近的能量分布情况.

11.4 运动的各向同性媒质中的简谐场

基于闵可夫斯基的相对论电动力学理论[13~14]，在一个运动的各向同性媒质中的场矢量之间的基本关系能够描述为一个简洁的形式[15~16]. 它们是

$$\boldsymbol{B}=\mu\,\bar{\bar{\alpha}}\cdot\boldsymbol{H}-\boldsymbol{\Omega}\times\boldsymbol{E} \tag{11.60}$$

和

$$\boldsymbol{D}=\varepsilon\,\bar{\bar{\alpha}}\cdot\boldsymbol{E}+\boldsymbol{\Omega}\times\boldsymbol{H}. \tag{11.61}$$

式中：

μ,ϵ 是静止媒质中的导磁率和介电常数，

$$\Omega = \frac{n^2 - 1}{(1 - n^2\beta^2)c^2};$$

$v = v\hat{z}$ 是运动媒质的速度,假定它在 z 方向,且是常数;

$c = (\mu_0\varepsilon_0)^{\frac{1}{2}}$(光速);

$n = (\mu_0\varepsilon_0)^{\frac{1}{2}}$(折射率);

$\beta = \dfrac{v}{c}$;

$\bar{\bar{\alpha}} = a(\hat{x}\hat{x} + \hat{y}\hat{y}) + \hat{z}\hat{z}$;

$a = \dfrac{(1-\beta^2)}{(1-n^2\beta^2)}$.

并矢系数 $\bar{\bar{\alpha}}$ 是这个理论的一个特征参量. 当 $v = 0$ 或 $n = 1$ 时,(11.60) 式和(11.61) 式简化为静止媒质或真空(空气) 中应有的那些关系式. 对于一个以角频率 ω 振荡的简谐场,麦克斯韦方程为

$$\nabla \boldsymbol{E} = \mathrm{i}\omega(\mu\bar{\bar{\alpha}} \cdot \boldsymbol{H} - \Omega \times \boldsymbol{E}), \tag{11.62}$$

$$\nabla \boldsymbol{H} = \boldsymbol{J} - \mathrm{i}\omega(\varepsilon\bar{\bar{\alpha}} \cdot \boldsymbol{E} + \Omega \times \boldsymbol{H}). \tag{11.63}$$

现在,我们引入两个附加的场矢量 $\boldsymbol{E}^{(b)}$ 和 $\boldsymbol{H}^{(b)}$,定义为

$$\boldsymbol{E} = \mathrm{e}^{-\mathrm{i}\omega\Omega z}\bar{\bar{b}} \cdot \boldsymbol{E}^{(b)}, \tag{11.64}$$

$$\boldsymbol{H} = \mathrm{e}^{-\mathrm{i}\omega\Omega z}\bar{\bar{b}} \cdot \boldsymbol{H}^{(b)}. \tag{11.65}$$

式中:

$$\bar{\bar{b}} = \frac{1}{a}(\hat{x}\hat{x} + \hat{y}\hat{y}) + \hat{z}\hat{z}.$$

它与 $\bar{\bar{\alpha}}$ 在下面的意义上互成倒数

$$\bar{\bar{\alpha}} \cdot \bar{\bar{b}} = \bar{\bar{I}}.$$

其中 $\bar{\bar{I}}$ 表示单位并矢或称归本因子. 把(11.64) 式和(11.62) 式代入(11.62) 式 和(11.63) 式,我们发现 $\boldsymbol{E}^{(b)}$ 和 $\boldsymbol{H}^{(b)}$ 满足下面一对方程:

$$\nabla(\bar{\bar{b}} \cdot \boldsymbol{E}^{(b)}) = \mathrm{i}\omega\mu\boldsymbol{H}^{(b)}, \tag{11.66}$$

$$\nabla(\bar{\bar{b}} \cdot \boldsymbol{H}^{(b)}) = \boldsymbol{J}\mathrm{e}^{\mathrm{i}\omega\Omega z} - \mathrm{i}\omega\varepsilon\boldsymbol{E}^{(b)}. \tag{11.67}$$

这两个函数的波方程是:

$$\nabla[\bar{\bar{b}} \cdot \nabla(\bar{\bar{b}} \cdot \boldsymbol{E}^{(b)})] - k^2\boldsymbol{E}^{(b)} = \mathrm{i}\omega\mu\mathrm{e}^{\mathrm{i}\omega\Omega z}\boldsymbol{J}, \tag{11.68}$$

$$\nabla[\bar{\bar{b}} \cdot \nabla(\bar{\bar{b}} \cdot \boldsymbol{H}^{(b)})] - k^2\boldsymbol{H}^{(b)} = \nabla(\bar{\bar{b}} \cdot \mathrm{J}\mathrm{e}^{\mathrm{i}\omega\Omega z}). \tag{11.69}$$

为了找出这两个附加的场函数的积分解，我们引入两个并矢格林函数 $\bar{\bar{G}}_e^{(b)}$ 和 $\bar{\bar{G}}_m^{(b)}$，它们满足如下的方程组：

$$\nabla(\bar{\bar{b}}\cdot\bar{\bar{G}}_e^{(b)})=\bar{\bar{G}}_m^{(b)}, \tag{11.70}$$

$$\nabla(\bar{\bar{b}}\cdot\bar{\bar{G}}_m^{(b)})=\bar{\bar{I}}\delta(\boldsymbol{R}-\boldsymbol{R}')+k^2\bar{\bar{G}}_e^{(b)}, \tag{11.71}$$

$$\nabla[\bar{\bar{b}}\cdot\nabla(\bar{\bar{b}}\cdot\bar{\bar{G}}_e^{(b)})]-k^2\bar{\bar{G}}_e^{(b)}=\bar{\bar{I}}\delta(\boldsymbol{R}-\boldsymbol{R}'), \tag{11.72}$$

$$\nabla[\bar{\bar{b}}\cdot\nabla(\bar{\bar{b}}\cdot\bar{\bar{G}}_m^{(b)})]-k^2\bar{\bar{G}}_m^{(b)}=\nabla[\bar{\bar{b}}\delta(\boldsymbol{R}-\boldsymbol{R}')]. \tag{11.73}$$

为了以这两个并矢格林函数为目标对(11.68)式和(11.69)式进行积分，我们需要比(1.51)式更一般化的矢量并矢格林理论. 为了这一目的. 我们引入

$$A=(\bar{\bar{b}}\cdot\boldsymbol{Q})\times[\bar{\bar{b}}\cdot\nabla(\bar{\bar{b}}\cdot\bar{\bar{P}})]+[\bar{\bar{b}}\cdot\nabla(\bar{\bar{b}}\cdot\boldsymbol{Q})]\times(\bar{\bar{b}}\cdot\bar{\bar{P}}). \tag{11.74}$$

式中：$\boldsymbol{Q}$ 是一个矢量函数；$\bar{\bar{P}}$ 是一个并矢函数. 这样就很容易证明

$$\begin{aligned}\nabla A=\{&\nabla[\bar{\bar{b}}\cdot\nabla(\bar{\bar{b}}\cdot\boldsymbol{Q})]\cdot(\bar{\bar{b}}\cdot\bar{\bar{P}})\\&-(\bar{\bar{b}}\cdot\boldsymbol{Q})\cdot\nabla[\bar{\bar{b}}\cdot\nabla(\bar{\bar{b}}\cdot\bar{\bar{P}})]\}.\end{aligned} \tag{11.75}$$

只要 $\bar{\bar{b}}$ 是一个如前面公式中所定义的常系数的对称并矢，(11.75)式就适用. 应用散度理论

$$\iiint\nabla A\mathrm{d}V=\oiint(\hat{n}\cdot A)\mathrm{d}S, \tag{11.76}$$

我们得到如下形式的所希望的矢量－并矢理论：

$$\begin{aligned}&\iiint(\{\nabla[\bar{\bar{b}}\cdot\nabla(\bar{\bar{b}}\cdot\boldsymbol{Q})]\}\cdot(\bar{\bar{b}}\cdot\bar{\bar{P}})\\&\quad-(\bar{\bar{b}}\cdot\bar{Q})\cdot\nabla[\bar{\bar{b}}\cdot\nabla(\bar{\bar{b}}\cdot\bar{\bar{P}})])\mathrm{d}V\\&=\oiint\{[\hat{n}\times(\bar{\bar{b}}\cdot\boldsymbol{Q})]\cdot\bar{\bar{b}}\cdot\nabla(\bar{\bar{b}}\cdot\bar{\bar{P}})\\&\quad+(\hat{n}\times[\bar{\bar{b}}\cdot\nabla(\bar{\bar{b}}\cdot\boldsymbol{Q})])\cdot\bar{\bar{b}}\cdot\bar{\bar{P}}\}\mathrm{d}S.\end{aligned} \tag{11.77}$$

对于一个无限扩展的运动媒质，我们让 $\boldsymbol{Q}=\boldsymbol{E}^{(b)}(\boldsymbol{R})$ 和 $\bar{\bar{P}}=\bar{\bar{G}}_{e0}^{(b)}(\boldsymbol{R},\boldsymbol{R}')$，$\bar{\bar{G}}_{e0}^{(b)}(\boldsymbol{R},\boldsymbol{R}')$ 即为这样一个无约束的区域中的电并矢格林函数. 把(11.67)、(11.68)、(11.72)三式代入到(11.77)式，并把(11.72)式中的 $\bar{\bar{G}}_e^{(b)}$ 代之以 $\bar{\bar{G}}_{e0}^{(b)}$，得

$$\bar{\bar{b}}\cdot\boldsymbol{E}^{(b)}(\boldsymbol{R}')=\mathrm{i}\omega\mu\iiint \mathrm{e}^{\mathrm{i}\omega\Omega z}\boldsymbol{J}(\boldsymbol{R})\cdot\bar{\bar{b}}\cdot\bar{\bar{G}}_{e0}^{(b)}(\boldsymbol{R},\boldsymbol{R}')\mathrm{d}V$$
$$-\oiint\{(\hat{n}\times[\bar{\bar{b}}\cdot\boldsymbol{E}^{(b)}(\boldsymbol{R})])\cdot\bar{\bar{b}}\cdot\nabla[\bar{\bar{b}}\cdot\bar{\bar{G}}_{e0}^{(b)}(\boldsymbol{R},\boldsymbol{R}')]$$
$$+\mathrm{i}\omega\mu(\hat{n}\times[\bar{\bar{b}}\cdot\boldsymbol{H}^{(b)}(\boldsymbol{R})])\cdot\bar{\bar{b}}\cdot\bar{\bar{G}}_{e0}^{(b)}(\boldsymbol{R},\boldsymbol{R}')\}\mathrm{d}S.\quad(11.78)$$

变换(11.78)式中 $\boldsymbol{R}$ 和 $\boldsymbol{R}'$ 并用对称关系

$$[\bar{\bar{b}}\cdot\bar{\bar{G}}_{e0}^{(b)}(\boldsymbol{R}',\boldsymbol{R})]^{\mathrm{T}}=\bar{\bar{b}}\cdot\bar{\bar{G}}_{e0}^{(b)}(\boldsymbol{R},\boldsymbol{R}')\quad(11.79)$$

和

$$\bar{\bar{b}}\cdot[\nabla\bar{\bar{b}}\cdot\bar{\bar{G}}_{e0}^{(b)}(\boldsymbol{R}',\boldsymbol{R})]^{\mathrm{T}}=\bar{\bar{b}}\cdot\nabla[\bar{\bar{b}}\cdot\bar{\bar{G}}_{e0}^{(b)}(\boldsymbol{R},\boldsymbol{R}')],\quad(11.80)$$

(11.78)式能写成下面的形式:

$$\bar{\bar{b}}\cdot\boldsymbol{E}^{(b)}(\boldsymbol{R})=\mathrm{i}\omega\mu\iiint \mathrm{e}^{\mathrm{i}\omega\Omega z'}\bar{\bar{b}}\cdot\bar{\bar{G}}_{e0}^{(b)}(\boldsymbol{R},\boldsymbol{R}')\cdot\boldsymbol{J}(\boldsymbol{R}')\mathrm{d}V'$$
$$-\oiint\{\bar{\bar{b}}\cdot\nabla[\bar{\bar{b}}\cdot\bar{\bar{G}}_{e0}^{(b)}(\boldsymbol{R},\boldsymbol{R}')]\cdot(\hat{n}\times[\bar{\bar{b}}\cdot\boldsymbol{E}^{(b)}(\boldsymbol{R}')])$$
$$+\mathrm{i}\omega\mu\bar{\bar{b}}\cdot\bar{\bar{G}}_{e0}^{(b)}(\boldsymbol{R},\boldsymbol{R}')\cdot(\hat{n}\times[\bar{\bar{b}}\cdot\boldsymbol{H}^{(b)}(\boldsymbol{R}')])\}\mathrm{d}S'.\quad(11.81)$$

当积分的面趋向无限远时,因为辐射边界条件,边界积分为零,则

$$\bar{\bar{b}}\cdot\boldsymbol{E}^{(b)}(\boldsymbol{R})=\mathrm{i}\omega\mu\iiint \mathrm{e}^{\mathrm{i}\omega\Omega z'}\bar{\bar{b}}\cdot\bar{\bar{G}}_{e0}^{(b)}(\boldsymbol{R},\boldsymbol{R}')\cdot\boldsymbol{J}(\boldsymbol{R}')\mathrm{d}V'.$$

因而,从(11.64)式的观点看,

$$\boldsymbol{E}(\boldsymbol{R})=\mathrm{i}\omega\mu\iiint \mathrm{e}^{-\mathrm{i}\omega\Omega(z-z')}\bar{\bar{b}}\cdot\bar{\bar{G}}_{e0}^{(b)}(\boldsymbol{R},\boldsymbol{R}')\cdot\boldsymbol{J}(\boldsymbol{R}')\mathrm{d}V'.\quad(11.82)$$

没有电流源的区域(11.81)式变成

$$\bar{\bar{b}}\cdot\boldsymbol{E}^{(b)}(\boldsymbol{R})=-\oiint_S\{\bar{\bar{b}}\cdot\nabla[\bar{\bar{b}}\cdot\bar{\bar{G}}_{e0}^{(b)}(\boldsymbol{R},\boldsymbol{R}')]$$
$$\cdot(\hat{n}\times[\bar{\bar{b}}\cdot\boldsymbol{E}^{(b)}(\boldsymbol{R}')])+\mathrm{i}\omega\mu\bar{\bar{b}}\cdot\bar{\bar{G}}_{e0}^{(b)}(\boldsymbol{R},\boldsymbol{R}')$$
$$\cdot(\hat{n}\times[\bar{\bar{b}}\cdot\boldsymbol{H}^{(b)}(\boldsymbol{R}')])\}\mathrm{d}S'.\quad(11.83)$$

用实际的场 $\boldsymbol{E}(\boldsymbol{R})$ 和 $\boldsymbol{H}(\boldsymbol{R})$ 来表示,(11.83)式变成

$$\boldsymbol{E}(\boldsymbol{R})=-\oiint_S \mathrm{e}^{-\mathrm{i}\omega\Omega(z-z')}\{\bar{\bar{b}}\cdot\nabla[\bar{\bar{b}}\cdot\bar{\bar{G}}_{e0}^{(b)}(\boldsymbol{R},\boldsymbol{R}')]\cdot[\hat{n}\times\boldsymbol{E}(\boldsymbol{R}')]$$
$$+\mathrm{i}\omega\mu\bar{\bar{b}}\cdot\bar{\bar{G}}_{e0}^{(b)}(\boldsymbol{R},\boldsymbol{R}')\cdot[\hat{n}\times\boldsymbol{H}(\boldsymbol{R}')]\}\mathrm{d}S'.\quad(11.84)$$

这是惠更斯原理在运动的各向同性媒质中的数学形式. 在这节中剩

下的问题是求 $\bar{\bar{G}}_{e0}^{(b)}$ 的明显的表达式. 最方便的方法是利用第四章中关于静止媒质的莱文和史文格方法.

我们考虑把(11.72)式中的 $\bar{\bar{G}}_{e}^{(b)}$ 用 $\bar{\bar{G}}_{e0}^{(b)}$ 来代替而给出的关于 $\bar{\bar{G}}_{e0}^{(b)}$ 的方程,则

$$\bar{\nabla}\cdot\bar{\bar{G}}_{e0}^{(b)}(\boldsymbol{R},\boldsymbol{R}')=-\frac{1}{k^2}\nabla\delta(\boldsymbol{R}-\boldsymbol{R}'). \tag{11.85}$$

上式可以改变为

$$\nabla[\bar{\bar{b}}\cdot\bar{\nabla}(\bar{\bar{b}}\cdot\bar{\bar{G}}_{e0}^{(b)})]=\frac{1}{a}[\nabla_a\bar{\nabla}\bar{\bar{G}}_{e0}^{(b)}-(\bar{\nabla}_a\nabla)\bar{\bar{G}}_{e0}^{(b)}]. \tag{11.86}$$

式中:算子 ∇_a 和 $(\bar{\nabla}_a\nabla)$ 定义为

$$\nabla_a=\hat{x}\frac{\partial}{\partial x}+\hat{y}\frac{\partial}{\partial y}+\hat{z}\frac{\partial}{a\partial z}=\frac{1}{a}\bar{\bar{\alpha}}\cdot\nabla, \tag{11.87a}$$

$$\bar{\nabla}_a=\hat{x}\cdot\frac{\partial}{\partial x}+\hat{y}\cdot\frac{\partial}{\partial y}+\hat{z}\cdot\frac{1}{a}\frac{\partial}{\partial z} \tag{11.87b}$$

和

$$\bar{\nabla}_a\nabla=\frac{\partial^2}{\partial x^2}+\frac{\partial^2}{\partial y^2}+\frac{1}{a}\frac{\partial^2}{\partial z^2}. \tag{11.88}$$

(11.86)式合理性的最容易证明的办法是把方程中的并矢函数用矢量函数来代替.

作为(11.85)式和(11.86)式的结果,(11.72)式可以写成下面的形式:

$$\begin{aligned}&(\bar{\nabla}_a\nabla)\bar{\bar{G}}_{e0}^{(b)}(\boldsymbol{R},\boldsymbol{R}')+k^2a\bar{\bar{G}}_{e0}^{(b)}(\boldsymbol{R},\boldsymbol{R}')\\&=-a\left(\bar{\bar{I}}+\frac{1}{k^2a^2}\bar{\bar{\alpha}}\cdot\nabla\nabla\right)\delta(\boldsymbol{R}-\boldsymbol{R}').\end{aligned} \tag{11.89}$$

我们写出 $\bar{\bar{G}}_{e0}^{(b)}$ 与 $\bar{\bar{G}}_{0}^{(b)}$ 之间的关系:

$$\bar{\bar{G}}_{e0}^{(b)}(\boldsymbol{R},\boldsymbol{R}')=\alpha\left(\bar{\bar{I}}+\frac{1}{k^2a^2}\bar{\bar{\alpha}}\cdot\nabla\nabla\right)G_0^{(b)}(\boldsymbol{R},\boldsymbol{R}'). \tag{11.90}$$

如果 $G_0^{(b)}$ 满足微分方程

$$[(\bar{\nabla}_a\nabla)+k^2a]G_0^{(b)}(\boldsymbol{R},\boldsymbol{R}')=-\delta(\boldsymbol{R}-\boldsymbol{R}')$$

或

$$\left(\frac{\partial^2}{\partial x^2}+\frac{\partial^2}{\partial y^2}+\frac{1}{a}\frac{\partial^2}{\partial z^2}+k^2a\right)G_0^{(b)}(\boldsymbol{R},\boldsymbol{R}')=-\delta(\boldsymbol{R}-\boldsymbol{R}'). \tag{11.91}$$

则(11.90)式即为(11.72)式的解. $G_0^{(b)}$ 的解与"a"的值,特别与它的符号有关.

情况 1

$$a=\frac{(1-\beta^2)}{(1-n^2\beta^2)}>0,\text{或 } n\beta<1.$$

$$G_0^{(b)}(\boldsymbol{R},\boldsymbol{R}')=\frac{a^{\frac{1}{2}}\mathrm{e}^{\mathrm{i}ka^{\frac{1}{2}}R_a}}{4\pi R_a}. \tag{11.92}$$

式中:

$$R_a=[(x-x')^2+(y-y')^2+a(z-z')^2]^{\frac{1}{2}}.$$

这个解是通过引入一个新的变量 $z_a=a^{\frac{1}{2}}z$,并把(11.91)式处理为在伪笛卡儿坐标系(x,y,z_a)中的标量波方程.

情况 2

$$a<0,\text{或 } n\beta>1.$$

在 $a=-|a|$ 的情况下,(11.91)式能够处理成二维的克莱茵－戈登方程.它的解为

$$G_0^{(b)}(\boldsymbol{R},\boldsymbol{R}')=\begin{cases}0, & |a|^{\frac{1}{2}}(z-z')<r.\\ \dfrac{|a|^{\frac{1}{2}}\cos(k|a|^{\frac{1}{2}}R_a')}{2\pi R_a'}, & |a|^{\frac{1}{2}}(z-z')>r.\end{cases} \tag{11.93}$$

式中:

$$R_a'=[|a|^{\frac{1}{2}}(z-z')^2-r^2]^{\frac{1}{2}},$$
$$r^2=(x-x')^2+(y-y')^2.$$

函数的不连续性是齐兰可夫现象的表现,它相应于流体动力学中的超声流.

这一节的余下部分,我们将给出一个基于(11.82)式的位于运动媒质中的赫兹偶极子电磁场的完整的表达式.为了简化起见,我们仅考虑相应于 $n\beta<1$ 的情况.把(11.64)式与(11.82)式联系在一起,我们得到公式

$$\boldsymbol{E}(\boldsymbol{R})=\mathrm{i}\omega\mu\iiint\overline{\overline{b}}\cdot\overline{\overline{G}}_{e0}^{(b)}(\boldsymbol{R},\boldsymbol{R}')\cdot\boldsymbol{J}(\boldsymbol{R}')\mathrm{e}^{-\mathrm{i}\omega\Omega(z-z')}\mathrm{d}V'.$$

对于我们来说,考虑运动方向为 $\hat{z}$ 两种相应于不同的偶极子方向的情况就足够了.

1. 平行于运动方向的偶极子

$$\boldsymbol{J}(\boldsymbol{R}') = c\delta(\boldsymbol{R}' - 0)\hat{z}.$$

在这种情况下,我们发现场的表达式为

$$E_R = \frac{\eta c k^2 a^2 \mathrm{e}^{\mathrm{i}(D - a\Omega z)}}{2\pi D^2}\left(1 + \frac{\mathrm{i}}{D}\right)\cos\theta,$$

$$E_\theta = \frac{-\mathrm{i}\ \eta c k^2 a^2 \mathrm{e}^{\mathrm{i}(D - a\Omega z)}}{4\pi f^2 D} \cdot \left\{1 + \frac{\mathrm{i}}{D}\left(1 + \frac{\mathrm{i}}{D}\right)\left[1 - 2(a-1)\cos^2\theta\right]\right\}\sin\theta,$$

$$H_\varphi = \frac{-\mathrm{i} c k^2 a^{3/2} \mathrm{e}^{\mathrm{i}(D - a\Omega z)}}{4\pi f^2 D}\left(1 + \frac{\mathrm{i}}{D}\right)\sin\theta.$$

式中:

$$D = k a^{\frac{1}{2}} R f;$$

$$f = \left[1 + (a-1)\cos^2\theta\right]^{\frac{1}{2}};$$

$$R = (x^2 + y^2 + z^2)^{\frac{1}{2}};$$

$$\eta = \left(\frac{\mu}{\varepsilon}\right)^{\frac{1}{2}};$$

$$c = \text{电流矩}.$$

2. 垂直于运动方向的偶极子

$$\boldsymbol{J}(\boldsymbol{R}') = c\delta(\boldsymbol{R}' - 0)\hat{x}.$$

$$E_R = \frac{\eta c k^2 a^2 \mathrm{e}^{\mathrm{i}(D - a\Omega z)}}{2\pi D^2}\left(1 + \frac{\mathrm{i}}{D}\right)\cos\theta\cos\varphi,$$

$$E_\theta = -\frac{\mathrm{i}\eta c k^2 a^2 \mathrm{e}^{\mathrm{i}(D - a\Omega z)}}{4\pi f^2 D} \cdot \left\{1 + \frac{\mathrm{i}}{D}\left(1 + \frac{\mathrm{i}}{D}\right)\left[1 + 2\left(1 - \frac{1}{a}\right)\sin^2\theta\right]\right\}\cos\theta\cos\varphi,$$

$$E_\varphi = -\frac{\mathrm{i}\eta c k^2 a \mathrm{e}^{\mathrm{i}(D - a\Omega z)}}{4\pi D}\left(1 + \frac{\mathrm{i}}{D}\right) - \frac{\mathrm{i}}{D^2}\sin\varphi,$$

$$\boldsymbol{H} = \frac{\mathrm{i}ck^2 a^{3/2} \mathrm{e}^{\mathrm{i}(D-\omega\Omega z)}}{4\pi f D}\left(1 + \frac{\mathrm{i}}{D}\right)(\sin\varphi\hat{\theta} + \cos\theta\cos\varphi\hat{\varphi}).$$

在地球的环境中,a 非常接近于1,而 Ω 是一个非常小的量. 所以媒质的运动效应是不明显的. 然而这里所给出的理论确实给我们提供了一个在这类媒质中的辐射过程完整的理解.

这里所推导的公式也能用另外更烦琐的方法来推导[17],那种方法是在更复杂的分析基础上,通过傅立叶变换来实现的.

11.5 运动媒质中与时间相关的场

当电流源是一个任意的时间函数时,在运动的各向同性的无色散媒质中的场必须从时间和空间域中的麦克斯韦方程入手,即

$$\nabla \boldsymbol{E}(\boldsymbol{R},t) = -\frac{\partial \boldsymbol{B}(\boldsymbol{R},t)}{\partial t}, \tag{11.94}$$

$$\nabla \boldsymbol{H}(\boldsymbol{R},t) = \boldsymbol{J}(\boldsymbol{R},t) + \frac{\partial \boldsymbol{D}(\boldsymbol{R},t)}{\partial t}. \tag{11.95}$$

场矢量的本构关系有与(11.60)式和(11.61)式相同的关系. 只是这里的场矢量都变成了时间和空间的函数. 如上面两个方程所表示的,它们都用括号内的 $\boldsymbol{R}$ 和 t 两个量来标记. 这个问题以前已经被康普顿所研究并解决,他用的是基于傅立叶变换的十分复杂的方法. 应用上一节所描述的对于简谐场的结果,他的部分工作也可以大大地简化.

从(11.60)式和(11.61)式的本构关系,对于如 $\boldsymbol{B}(\boldsymbol{R},t)$ 这样的函数,我们可以引入一个新的独立变量 τ,定义为

$$\tau = t + \Omega z. \tag{11.96}$$

它通常称为"伪 - 时间变量". 其中,

$$\Omega = \frac{(n^2-1)v}{(1-n^2\beta^2)c^2}. \tag{11.97}$$

常数 Ω 的量纲为时间的倒数. 现在我们把标量函数 $f(\boldsymbol{R},t)$ 视为对 $\boldsymbol{R}$ 和 τ 的函数来处理,有如下的微分关系:

$$\frac{\partial f(\boldsymbol{R},t)}{\partial t} = \frac{\partial f(\boldsymbol{R},\tau)}{\partial \tau}\frac{\partial \tau}{\partial t} = \frac{\partial f(\boldsymbol{R},\tau)}{\partial \tau}, \tag{11.98}$$

$$\frac{\partial f(\boldsymbol{R},t)}{\partial z} = \frac{\partial f(\boldsymbol{R},\tau)}{\partial z} + \frac{\partial f(\boldsymbol{R},\tau)}{\partial \tau}\frac{\partial \tau}{\partial z}$$
$$= \frac{\partial f(\boldsymbol{R},\tau)}{\partial z} + \Omega\frac{\partial f(\boldsymbol{R},\tau)}{\partial \tau}. \tag{11.99}$$

在矢量函数 $\nabla \boldsymbol{E}(\boldsymbol{R},t)$ 中,所包含的对 z 求导的成分为

$$-\hat{x}\frac{\partial E_y(\boldsymbol{R},t)}{\partial z} + \hat{y}\frac{\partial E_x(\boldsymbol{R},t)}{\partial z}$$
$$= -\hat{x}\left[\frac{\partial E_y(\boldsymbol{R},\tau)}{\partial z} + \Omega\frac{\partial E_y(\boldsymbol{R},\tau)}{\partial \tau}\right]$$
$$+\hat{y}\left[\frac{\partial E_x(\boldsymbol{R},\tau)}{\partial z} + \Omega\frac{\partial E_x(\boldsymbol{R},\tau)}{\partial \tau}\right]$$
$$= -\hat{x}\frac{\partial E_y(\boldsymbol{R},\tau)}{\partial z} + \hat{y}\frac{\partial E_x(\boldsymbol{R},\tau)}{\partial z} + \boldsymbol{\Omega}\times\frac{\partial \boldsymbol{E}(\boldsymbol{R},\tau)}{\partial \tau}. \tag{11.100}$$

式中:$\boldsymbol{\Omega} = \Omega\hat{z}$,因而

$$\nabla \boldsymbol{E}(\boldsymbol{R},t) = \nabla \boldsymbol{E}(\boldsymbol{R},\tau) + \boldsymbol{\Omega}\times\frac{\partial \boldsymbol{E}(\boldsymbol{R},\tau)}{\partial \tau}. \tag{11.101}$$

对时间 t 的导数可写成下面的形式:

$$\frac{\partial \boldsymbol{B}(\boldsymbol{R},t)}{\partial t} = \frac{\partial \boldsymbol{B}(\boldsymbol{R},\tau)}{\partial \tau}$$
$$= \mu\bar{\bar{\alpha}}\cdot\frac{\partial \boldsymbol{H}(\boldsymbol{R},\tau)}{\partial \tau} - \boldsymbol{\Omega}\times\frac{\partial \boldsymbol{E}(\boldsymbol{R},\tau)}{\partial \tau}. \tag{11.102}$$

把(11.101)和(11.102)式代入(11.94)式,得到

$$\nabla \boldsymbol{E}(\boldsymbol{R},\tau) = -\mu\bar{\bar{\alpha}}\cdot\frac{\partial \boldsymbol{H}(\boldsymbol{R},\tau)}{\partial \tau}. \tag{11.103}$$

类似地,(11.95)式可以变换成

$$\nabla \boldsymbol{H}(\boldsymbol{R},\tau) = \boldsymbol{J}(\boldsymbol{R},\tau) + \varepsilon\bar{\bar{\alpha}}\cdot\frac{\partial \boldsymbol{E}(\boldsymbol{R},\tau)}{\partial \tau}. \tag{11.104}$$

这一公式的重要性在于把变量组从$(x,y,z;t)$变到$(x,y,z;\tau)$,这与康普顿的工作不同,在他的公式中引入了一个空间－时间算子. 我们的方法是按照达伦贝特在解一维标量波方程时所用的方法[18]. 从现在起,我们将忘掉原来的时间变量"t",而把场看成$(x,y,z;\tau)$的函数. 为了解(11.69)和(11.70)式,我们采用傅立叶变换的方法. 把

$\boldsymbol{E}(\boldsymbol{R},\tau)$ 简化为 $\boldsymbol{E}(R)$，它的傅立叶变换为 ω 的函数，即

$$\boldsymbol{E}(\boldsymbol{R}) = \int_{-\infty}^{\infty} \boldsymbol{E}(\boldsymbol{R},\tau)\mathrm{e}^{\mathrm{i}\omega\tau}\mathrm{d}\tau, \tag{11.105}$$

$$\boldsymbol{E}(\boldsymbol{R},\tau) = \frac{1}{2\pi}\int_{-\infty}^{\infty} \boldsymbol{E}(\boldsymbol{R})\mathrm{e}^{-\mathrm{i}\omega\tau}\mathrm{d}\omega. \tag{11.106}$$

从(11.103)和(11.104)式的傅立叶变换得

$$\nabla \boldsymbol{E}(\boldsymbol{R}) = \mathrm{i}\omega\mu\bar{\bar{\alpha}} \cdot \boldsymbol{H}(\boldsymbol{R}), \tag{11.107}$$

$$\nabla \boldsymbol{H}(\boldsymbol{R}) = \boldsymbol{J}(\boldsymbol{R}) - \mathrm{i}\omega\varepsilon\bar{\bar{\alpha}} \cdot \boldsymbol{E}(\boldsymbol{R}). \tag{11.108}$$

因为$\nabla[\bar{\bar{\alpha}} \cdot \boldsymbol{H}(\boldsymbol{R})] = 0$，经典的位的方法稍作修改后，可以在这里得到应用. 令

$$\mu\bar{\bar{\alpha}} \cdot \boldsymbol{H}(\boldsymbol{R}) = \nabla[\bar{\bar{b}} \cdot \boldsymbol{A}(\boldsymbol{R})], \tag{11.109}$$

式中：$\bar{\bar{b}} = [\bar{\bar{\alpha}}]^{-1}$，如上一节中所引入的.

把(11.109)式代入(11.107)式，我们可以通过动态的标量位函数 φ 建立 $\boldsymbol{E}$ 和 $\bar{\bar{b}} \cdot \boldsymbol{A}$ 两个矢量函数之间的关系：

$$\boldsymbol{E}(\boldsymbol{R}) = \mathrm{i}\omega\bar{\bar{b}} \cdot \boldsymbol{A}(\boldsymbol{R}) - \nabla\varphi(\boldsymbol{R}). \tag{11.110}$$

$\boldsymbol{A}(\boldsymbol{R})$ 和 $\varphi(\boldsymbol{R})$ 是在这一公式中引入的两个位函数. 把(11.109)和(11.110)式代入(11.108)式，有

$$\begin{aligned} &\nabla\{\bar{\bar{b}} \cdot \nabla[\bar{\bar{b}} \cdot \boldsymbol{A}(\boldsymbol{R})]\} \\ &= \mu[\boldsymbol{J}(\boldsymbol{R}) + \omega^2\varepsilon\boldsymbol{A}(\boldsymbol{R}) + \mathrm{i}\omega\varepsilon\bar{\bar{\alpha}} \cdot \nabla\varphi]. \end{aligned} \tag{11.111}$$

(11.111)式的第一项可以分成如(11.86)式所示的两部分，只是把那方程中的并矢函数用$\boldsymbol{A}(\boldsymbol{R})$表示，而函数$\bar{\bar{\alpha}} \cdot \nabla\varphi$按(11.87)式等于$\nabla_a\varphi$. 其结果是

$$\begin{aligned} &\nabla_a \nabla\boldsymbol{A}(\boldsymbol{R}) - (\nabla_a\nabla)\boldsymbol{A}(\boldsymbol{R}) \\ &= \mu a[\boldsymbol{J}(\boldsymbol{R}) + \omega^2\varepsilon\boldsymbol{A}(\boldsymbol{R}) + \mathrm{i}\omega\varepsilon a\nabla_a\varphi]. \end{aligned} \tag{11.112}$$

现在对 A 和 φ 加以下面的规范：

$$\nabla\boldsymbol{A}(\boldsymbol{R}') = \mathrm{i}\omega\mu\varepsilon a^2\varphi. \tag{11.113}$$

在这一规范下，(11.112)式简化为

$$(\nabla_a\nabla)\boldsymbol{A}(\boldsymbol{R}) + k^2 a\boldsymbol{A}(\boldsymbol{R}) = -\mu a\boldsymbol{J}(\boldsymbol{R}). \tag{11.114}$$

式中：$k^2 = \omega^2\mu\varepsilon = (\omega n/c)^2$，算子 $\nabla_a \cdot \nabla$ 定义为

$$\nabla_a\nabla = \frac{\partial^2}{\partial x^2} + \frac{\partial^2}{\partial y^2} + \frac{1}{a}\frac{\partial^2}{\partial z^2}. \tag{11.115}$$

为了找到 $\boldsymbol{A}(\boldsymbol{R})$ 的积分解，我们利用(11.91)式中引入的同样的标量格林函数. 这里需要类似于一般的第二类格林定理，但包含了修正的拉普拉斯算子 $\nabla_a\nabla$ 的某些数学定理.

我们考虑一个如下定义的矢量函数 $\boldsymbol{f}$：

$$\boldsymbol{f} = F\nabla_a G - G\nabla_a F.$$

式中：∇_a 是由(11.81)式所定义的修正的"梯度"算子，即

$$\nabla_a = \frac{1}{a}\bar{\bar{\alpha}}\cdot\nabla = \hat{x}\frac{\partial}{\partial x} + \hat{y}\frac{\partial}{\partial y} + \hat{z}\frac{1}{a}\frac{\partial}{\partial z}.$$

则

$$\begin{aligned}\nabla\boldsymbol{f} &= F\nabla(\nabla_a G) - G\nabla(\nabla_a F)\\ &= F(\nabla\nabla_a)G - G(\nabla\nabla_a)F.\end{aligned} \tag{11.116}$$

把散度理论用于 $\nabla\boldsymbol{f}$，我们得到一个如下形式的修正的第二类格林定理

$$\iiint[F(\nabla_a\nabla)G - G(\nabla_a\nabla)F]\mathrm{d}V = \oiint\hat{n}\cdot(F\nabla_a G - G\nabla_a F)\mathrm{d}S. \tag{11.117}$$

考虑三个不同的标量函数 $F_i(i=1,2,3)$，作为笛卡儿坐标系统中矢量 $\boldsymbol{F}$ 的三个分量，可以推导出包含矢量 $\boldsymbol{F}$ 和标量函数 G 的混合定理，它有下面的形式

$$\iiint[\boldsymbol{F}(\nabla_a\nabla)G - G(\nabla_a\nabla)\boldsymbol{F}]\mathrm{d}V = \oiint\hat{n}\cdot[(\nabla_a G)\boldsymbol{F} - G\nabla_a\boldsymbol{F}]\mathrm{d}S. \tag{11.118}$$

当然，函数 $\nabla_a\boldsymbol{F}$ 是一个并矢函数.

从(11.117)～(11.118)式的推导过程，在戴振铎教授关于矢量分析书的附录D中进行了讨论，所不同的只是现在扩展到被 ∇_a 和 $\nabla_a\nabla$ 所运算的函数. 由(11.117)式所表示的定理也可用来证明函数 $G_0^{(b)}$ 的对称关系，这是后面所需要的. 我们考虑两个有不同 $\boldsymbol{R}'$ 值的函数，记以 $G_0^{(b)}(\boldsymbol{R},\boldsymbol{R}_A)$ 和 $G_0^{(b)}(\boldsymbol{R},\boldsymbol{R}_B)$，它们满足方程

$$(\nabla_a\nabla + k^2 a)G_0^{(b)}(\boldsymbol{R},\boldsymbol{R}_A) = -\delta(\boldsymbol{R}-\boldsymbol{R}_A), \tag{11.119}$$

$$(\nabla_a \nabla + k^2 a) G_0^{(b)}(\boldsymbol{R}, \boldsymbol{R}_B) = -\delta(\boldsymbol{R} - \boldsymbol{R}_B). \quad (11.120)$$

在(11.117)式中,我们令 $F = G_0^{(b)}(\boldsymbol{R}, \boldsymbol{R}_A)$ 和 $G = G_0^{(b)}(\boldsymbol{R}, \boldsymbol{R}_B)$,从上面两个方程,得

$$G_0^{(b)}(\boldsymbol{R}_B, \boldsymbol{R}_A) = G_0^{(b)}(\boldsymbol{R}_A, \boldsymbol{R}_B). \quad (11.121)$$

对于一个无约束的边界,对两个函数假定合适的辐射边界条件,(11.116)式在无限远处的表面积分为零.如果我们用 $\boldsymbol{R}$ 和 $\boldsymbol{R}'$ 代替(11.121)式中的 $\boldsymbol{R}_A$ 和 $\boldsymbol{R}_B$,则

$$G_0^{(b)}(\boldsymbol{R}', \boldsymbol{R}) = G_0^{(b)}(\boldsymbol{R}, \boldsymbol{R}'). \quad (11.122)$$

这是后面要用到的对称关系.应该说明,现在的 $G_0^{(b)}(\boldsymbol{R}, \boldsymbol{R}')$ 是作为定义在 τ 域上的瞬态函数 $G_0^{(b)}(\boldsymbol{R}, \boldsymbol{R}', \tau)$ 的傅立叶变换来处理的,即

$$G_0^{(b)}(\boldsymbol{R}, \boldsymbol{R}') = \int_{-\infty}^{\infty} G_0^{(b)}(\boldsymbol{R}, \boldsymbol{R}', \tau) \mathrm{e}^{\mathrm{i}\omega\tau} \mathrm{d}\tau. \quad (11.123)$$

式中:$G_0^{(b)}(\boldsymbol{R}, \boldsymbol{R}', \tau)$ 满足微分方程

$$\left[\nabla_a \nabla - a\left(\frac{n^2}{c^2}\right)\frac{\partial^2}{\partial \tau^2}\right] G_0^{(b)}(\boldsymbol{R}, \boldsymbol{R}', \tau) = -\delta(\boldsymbol{R} - \boldsymbol{R}')\delta(\tau - 0), \quad (11.124)$$

这里,我们有意地取 τ 的初值为零.

(11.124)式的傅立叶变换产生了对于 $G_0^{(b)}(\boldsymbol{R}, \boldsymbol{R}')$ 的方程:

$$(\nabla_a \nabla + k^2 a) G_0^{(b)}(\boldsymbol{R}, \boldsymbol{R}') = -\delta(\boldsymbol{R} - \boldsymbol{R}'). \quad (11.125)$$

式中:$k = \omega n / c$.这个方程与在运动媒质中单色场的(11.91)式一致.现在,这个公式可用到 ω 域中的连续谱.

有了对于 $G_0^{(b)}(\boldsymbol{R}, \boldsymbol{R}')$ 的原来的和现在的意义的详细说明后,通过令(11.118)式中的 $\boldsymbol{F} = \boldsymbol{A}(\boldsymbol{R})$ 和 $G = G_0^{(b)}(\boldsymbol{R}, \boldsymbol{R}')$,并把域扩展到无限大域或开域,我们能够找出 $\boldsymbol{A}(\boldsymbol{R}, \boldsymbol{R}')$ 的积分解.从定义这两个函数的方程,(11.114)式和(11.124)式,我们可得到

$$\boldsymbol{A}(\boldsymbol{R}') = \mu a \iiint \boldsymbol{J}(\boldsymbol{R}) G_0^{(b)}(\boldsymbol{R}, \boldsymbol{R}') \mathrm{d}V. \quad (11.126)$$

假定对于两个方程的合适的辐射条件,无限大处的表面积分为零.这些条件的精确形式依赖于问题的性质,特别是常数 a 的值和符号.暂时地作为理所当然的假定,我们只取表面积分为零.对于静止媒质的情况,$a = 1$,其辐射条件当然是知道的.把(11.125)式中 $\boldsymbol{R}$ 和 $\boldsymbol{R}'$ 交

换,并用(11.122)式所描述的对称关系,我们有

$$\boldsymbol{A}(\boldsymbol{R}) = \mu a \iiint \boldsymbol{J}(\boldsymbol{R}') G_0^{(b)}(\boldsymbol{R},\boldsymbol{R}')\mathrm{d}V'. \tag{11.127}$$

为了找出 $\boldsymbol{A}(\boldsymbol{R},\tau)$ 的瞬时的表达式或最终地找出表达成原变量$(x, y,z;t)$的同样函数,让我们考虑相应于 $a>0$ 或 $n\beta<1$ 的情况,这个对于 $G_0^{(b)}(\boldsymbol{R},\boldsymbol{R}')$ 的表达式则由(11.92)式所给出,即

$$G_0^{(b)}(\boldsymbol{R},\boldsymbol{R}') = \frac{a^{\frac{1}{2}}\mathrm{e}^{ika\frac{1}{2}R_a}}{4\pi R_a}.$$

式中:

$$R_a = (r^2 + a\xi^2);$$

$$r^2 = (x-x')^2 + (y-y')^2, \xi = z - z';$$

$$k = \frac{\omega n}{c}.$$

(11.127)式对于 ω 的逆傅立叶变换提供了关于 $\boldsymbol{A}(\boldsymbol{R},\tau)$ 的解,即

$$\boldsymbol{A}(\boldsymbol{R},\tau) = \frac{\mu a^{\frac{3}{2}}}{2\pi}\int_{-\infty}^{\infty}\left\{\mathrm{e}^{-\mathrm{i}\omega\tau}\cdot\iiint_V\left[\frac{\boldsymbol{J}(\boldsymbol{R}')\mathrm{e}^{\mathrm{i}\omega\tau_a}}{4\pi R_a}\right]\mathrm{d}V'\right\}\mathrm{d}\omega. \tag{11.128}$$

式中:

$$\tau_a = nc^{-1}a^{\frac{1}{2}}R_a.$$

从(11.124)式显然可以看到,在 τ' 的初值为零的条件下,(11.128)式已经推导出来了.如果初值选择为 τ',相应的表达式将是

$$\begin{aligned}\boldsymbol{A}(\boldsymbol{R},\tau) &= \frac{\mu \alpha^{\frac{3}{2}}}{2\pi}\int_{-\infty}^{\infty}\left\{\mathrm{e}^{-\mathrm{i}\omega(\tau-\tau')}\cdot\iiint_V\left[\frac{\boldsymbol{J}(\boldsymbol{R}')\mathrm{e}^{\mathrm{i}\omega\tau_a})}{4\pi R_a}\right]\mathrm{d}V'\right\}\mathrm{d}\omega \\ &= \frac{\mu \alpha^{\frac{3}{2}}}{2\pi}\int_{-\infty}^{\infty}\left\{\mathrm{e}^{-\mathrm{i}\omega\tau}\cdot\iiint\left[\frac{\boldsymbol{J}(\boldsymbol{R}')\mathrm{e}^{\mathrm{i}\omega(\tau'+\tau_a)}}{4\pi R_a}\right]\mathrm{d}V'\right\}\mathrm{d}\omega.\end{aligned} \tag{11.129}$$

现在,(11.129)式中的傅立叶积分可以用傅立叶积分理论中的卷积定理来求得.如果 $\boldsymbol{g}_1(\omega)$ 和 $g_2(\omega)$ 分别标记在 τ-域中的两个函数 $\boldsymbol{f}_1(\tau)$ 和 $f_2(\tau)$ 的傅立叶变换,则定理为

$$\frac{1}{2\pi}\int_{-\infty}^{\infty}\boldsymbol{g}_1(\omega)g_2(\omega)\mathrm{e}^{-\mathrm{i}\omega\tau}\mathrm{d}\omega$$

$$= \int_{-\infty}^{\infty} f_1(\tau - \tau_0) f_2(\tau_0) \mathrm{d}\tau_0. \quad (11.130)$$

因为我们简化了变换函数的符号，$\boldsymbol{J}(\boldsymbol{R}')$ 对 ω 的显函数的关系没有表示出来．我们应该清楚在公式中 $\boldsymbol{g}_1(\omega)$、$g_2(\omega)$、$\boldsymbol{f}_1(\tau)$ 和 $f_2(\tau)$ 的实在内容，它们是

$$\begin{aligned}
\boldsymbol{g}_1(\omega) &= \boldsymbol{J}(\boldsymbol{R}'), \\
\boldsymbol{f}_1(\tau) &= \boldsymbol{J}(\boldsymbol{R}', \tau), \\
g_2(\omega) &= \mathrm{e}^{\mathrm{i}\omega(\tau' + \tau_a)}, \\
f_2(\tau) &= \frac{1}{2\pi}\int_{-\infty}^{\infty} g_2(\omega) \mathrm{e}^{-\mathrm{i}\omega\tau} \mathrm{d}\omega \\
&= \delta(\tau - \tau' - \tau_a).
\end{aligned}$$

把这些函数代入(11.130)式，发现

$$\begin{aligned}
&\frac{1}{2\pi}\int_{-\infty}^{\infty} [\boldsymbol{J}(\boldsymbol{R}')\mathrm{e}^{\mathrm{i}\omega(\tau' + \tau_a)}] \mathrm{e}^{-\mathrm{i}\omega\tau} \mathrm{d}\omega \\
&= \boldsymbol{J}(\boldsymbol{R}', \tau - \tau' - \tau_a),
\end{aligned}$$

因而

$$\boldsymbol{A}(\boldsymbol{R}, \tau) = \mu a^{\frac{3}{2}} \iiint_V \left[\frac{\boldsymbol{J}(\boldsymbol{R}', \tau - \tau' - \tau_a)}{4\pi R_a}\right] \mathrm{d}V'. \quad (11.131)$$

除了这一表达式是在伪－时间域外，它与推迟位有相同的特性．

为了把 $\boldsymbol{A}(\boldsymbol{R}, \tau)$ 恢复到原变量 $(\boldsymbol{R}, t)$，我们只要取 $\tau = t + \Omega z$，$\tau' = t + \Omega z'$，则

$$\boldsymbol{A}(\boldsymbol{R}, t) = \mu a^{\frac{3}{2}} \iiint_V \left[\frac{\boldsymbol{J}(\boldsymbol{R}', t - t_d)}{4\pi R_a}\right] \mathrm{d}V'. \quad (11.132)$$

式中：

$$\begin{aligned}
t - t_d &= t - t' + \Omega(z - z') - \tau_a \\
&= t - t' + \Omega(z - z') - nc^{-1} a^{\frac{1}{2}} R_a. \quad (11.133)
\end{aligned}$$

令 $t - t' = \eta$，$z - z' = \xi$，则 $R_a = (r^2 + a\xi^2)^{\frac{1}{2}}$．这样，从位于 $\boldsymbol{R}'$ 的点源发射的波前的位置相应于

$$\eta + \Omega\xi - nc^{-1} a^{\frac{1}{2}} (r^2 + a\xi^2)^{\frac{1}{2}} = 0, \quad (11.134)$$

式中：常数 a 定义为

$$a=\frac{(1-\beta^2)}{(1-n^2\beta^2)}.$$

假定在现在情况下它是正的($n\beta<1$),(11.134)式可以变为

$$\frac{(\xi-\xi_c)^2}{A^2}+\frac{r^2}{B^2}=1. \tag{11.135}$$

式中:

$$A=\frac{c\eta n(1-\beta^2)}{(\eta^2-\beta^2)};$$

$$B=c\eta\left[\frac{(1-\beta^2)}{(n^2-\beta^2)}\right]^{\frac{1}{2}};$$

$$\xi_c=c\eta\,\frac{(n^2-1)\beta}{(n^2-\beta^2)}.$$

它表示以 $\xi=\xi_c$,$r=0$ 为中心的一个椭球.对于现在所考虑的情况,$a>0$ 时,相应于 $\eta\beta<1$,可以证明下面的不等式是正确的:

$$\frac{A}{B}<1,\quad \frac{A}{\xi_c}>1.$$

当 $n=1$(空气媒质)或 $\beta=0$(静止媒质)时,椭球圆变为一个球表面,这正是它所应该有的.

对于 $a<0$ 的情况,相应于 $n\beta>1$,齐兰可夫条件占优势.在(11.126)式中所用的函数 G 由(11.93)式所给出.按下面类似的分析,可以看出

$$\boldsymbol{A}(\boldsymbol{R},t)=\mu\mid a\mid^{\frac{3}{2}}\iiint_V\left[\frac{\boldsymbol{J}(\boldsymbol{R}',t-t'_d)}{4\pi R'_a}\right]\mathrm{d}V'. \tag{11.136}$$

式中:

$$t-t'_d=\eta+\Omega\xi-\tau'_a,$$

而

$$\tau'_a=nc^{-1}\mid a\mid^{\frac{1}{2}}R'_a,$$

$$R'_a=(\mid a\mid\xi^2-r^2)^{\frac{1}{2}}.$$

电磁马赫圆锥定义为 $r=\mid a\mid\xi$.在圆锥之内,可用(11.136)式来求场;在圆锥之外,场为零.这个情况与简谐场精确地相一致.这说明了波前仍由(11.135)式所给出,但 $A/\xi<1$.在电磁马赫圆锥内描述的

是孤立的椭球波前的情况. 对于 $a>0$ 和 $a<0$ 的两种情况下的波前的物理解释,可以在康普顿的工作中找到.

为了找到 $\boldsymbol{E}(\boldsymbol{R},t)$、$\boldsymbol{H}(\boldsymbol{R},t)$ 的表达式,我们必须返回(11.109)、(11.110)、(11.113) 式. $\boldsymbol{H}(\boldsymbol{R},t)$ 的表达式能用比较简单的方法找到. (11.109) 式对于 ω 作逆变换,我们有

$$\mu\bar{\bar{\alpha}}\cdot\boldsymbol{H}(\boldsymbol{R},\tau)=\nabla[\bar{\bar{b}}\cdot\boldsymbol{A}(\boldsymbol{R},\tau)]. \qquad (11.137)$$

现在把这些函数处理成 $\boldsymbol{R}$ 和 t 的隐函数,发现

$$\nabla[\bar{\bar{b}}\cdot\boldsymbol{A}(\boldsymbol{R},\tau)]=\nabla[\bar{\bar{b}}\cdot\boldsymbol{A}(\boldsymbol{R},t)]-\Omega\times\frac{\partial}{\partial t}[\bar{\bar{b}}\cdot\boldsymbol{A}(\boldsymbol{R},t)]. \qquad (11.138)$$

这一变换类似于(11.101) 式,但以相反的方向进行. 所以方程(11.137) 等价于

$$\mu\bar{\bar{\alpha}}\cdot\boldsymbol{H}(\boldsymbol{R},t)=\nabla[\bar{\bar{b}}\cdot\boldsymbol{A}(\boldsymbol{R},t)]-\Omega\times\frac{\partial}{\partial t}[\bar{\bar{b}}\cdot\boldsymbol{A}(\boldsymbol{R},t)]. \qquad (11.139)$$

这是计算 $\boldsymbol{H}(\boldsymbol{R},t)$ 时所希望的公式,而 $\boldsymbol{A}(\boldsymbol{R},t)$ 由(11.132) 式或(11.136) 式所给出. $\boldsymbol{E}(\boldsymbol{R},t)$ 的计算比较复杂一些. 读者不妨作为练习来推导. 应该注意,由(11.102) 式和(11.104) 式所描述的 $\boldsymbol{E}(\boldsymbol{R},\tau)$ 和 $\boldsymbol{H}(\boldsymbol{R},\tau)$ 的方程,也可以通过引入两个在$(\boldsymbol{R},\tau)$ 域中的并矢格林函数 $\bar{\bar{G}}_{e0}(\boldsymbol{R},\tau)$ 和 $\bar{\bar{G}}_{m0}(\boldsymbol{R},\tau)$ 来求解.

我们这里已经通过引入伪时间变量给出了运动媒质中场方程及其求解的方法,它相当大地简化了原微分方程的处理方法. 这一理论是建立在数学分析中泛函映射的基础上的. 因为需要的只是用于单色场理论中的激励公式,所以这种方法比康普顿所用的时间 - 空间四维算子的直接方法要简单得多. 就本节有关的结果而言,解也可从考虑时域场的傅立叶变换的单色解来得到. 逆傅立叶变换将直接产生时域并矢格林函数.

11.6 充有运动媒质的矩形波导

本征函数展开法也可用来寻找充满运动的各向同性媒质波导中

的并矢格林函数. 从(11.66)式和(11.67)式,我们定义满足单色振动场的两个方程的一对电和磁的并矢格林函数如下:

$$\nabla[\bar{\bar{b}}\cdot\bar{\bar{G}}_e^{(b)}]=\bar{\bar{G}}_m^{(b)},\tag{11.140}$$

$$\nabla[\bar{\bar{b}}\cdot\bar{\bar{G}}_m^{(b)}]=\bar{\bar{I}}\delta(\boldsymbol{R}-\boldsymbol{R}')+k^2\bar{\bar{G}}_e^{(b)}.\tag{11.141}$$

这两个函数的波方程为:

$$\nabla[\bar{\bar{b}}\cdot\nabla(\bar{\bar{b}}\cdot\bar{\bar{G}}_e^{(b)})]-k^2\bar{\bar{G}}_e^{(b)}=\bar{\bar{I}}\delta(\boldsymbol{R}-\boldsymbol{R}'),\tag{11.142}$$

$$\nabla[\bar{\bar{b}}\cdot\nabla(\bar{\bar{b}}\cdot\bar{\bar{G}}_m^{(b)})]-k^2\bar{\bar{G}}_m^{(b)}=\nabla[\bar{\bar{b}}\delta(\boldsymbol{R}-\boldsymbol{R}')].\tag{11.143}$$

为了找到矩形波导中两个函数的本征函数展开式,我们需要 $\bar{\bar{G}}_{e1}^{(b)}$ 和 $\bar{\bar{G}}_{m2}^{(b)}$. 它们在相应于 $x=0$ 和 x, $y=0$ 和 y 处的波导内表面上满足边界条件:

$$\hat{n}\times[\bar{\bar{b}}\cdot\bar{\bar{G}}_{e1}^{(b)}]=0,\tag{11.144}$$

$$\hat{n}\times\nabla[\bar{\bar{b}}\cdot\bar{\bar{G}}_{m2}^{(b)}]=0.\tag{11.145}$$

在第四章中我们对 x_0 和 y_0 用"a"和"b"表示. 在本章中"a"和"b"已经用来标记运动媒质的本构关系中的两个参量,因而对波导宽度的标记作些改变是必要的.

用以构造 $\bar{\bar{b}}\cdot\bar{\bar{G}}_{e1}^{(b)}$ 和 $\bar{\bar{b}}\cdot\bar{\bar{G}}_{m2}^{(b)}$ 的旋量的矢量波函数是下面的齐次微分方程的解

$$\nabla[\bar{\bar{b}}\cdot\nabla(\bar{\bar{b}}\cdot\boldsymbol{F})]-k^2\boldsymbol{F}=0.\tag{11.146}$$

它们是

$$\boldsymbol{M}_{\substack{e\\o}mn}(h)=\nabla[\Phi_{\substack{e\\o}mn}(h)\hat{z}]\tag{11.147}$$

和

$$\begin{aligned}\boldsymbol{N}_{\substack{e\\o}mn}(h)&=\frac{1}{\kappa}\nabla[\bar{\bar{b}}\cdot\boldsymbol{M}_{\substack{e\\o}mn}(h)]\\&=\frac{1}{\kappa a}\nabla\nabla[\Phi_{\substack{e\\o}mn}(h)\hat{z}].\end{aligned}\tag{11.148}$$

其中标量函数 $\Phi_{\substack{e\\o}mn}(h)$ 满足下面的方程:

$$\left(\frac{\partial^2}{\partial x^2}+\frac{\partial^2}{\partial y^2}+\frac{1}{a}\frac{\partial^2}{\partial z^2}+k^2a\right)\Phi_{\substack{e\\o}mn}(h)=0.\tag{11.149}$$

用(11.146)～(11.148)式的方法,可很快看出

$$\boldsymbol{M}_{\substack{e\\o}mn}(h)=\frac{1}{\kappa}\nabla[\bar{\bar{b}}\cdot\boldsymbol{N}_{\substack{e\\o}mn}(h)].\tag{11.150}$$

对(11.149)式用分离变量法,可发现其本征函数为

$$\Phi_{\substack{e\\o}mn}(h) = \begin{pmatrix} C_x C_y \\ S_x S_y \end{pmatrix} e^{ihz}. \tag{11.151}$$

式中:

$$C_x = \cos\left(\frac{m\pi x}{x_0}\right);$$

$$S_x = \sin\left(\frac{m\pi x}{x_0}\right);$$

$$C_y = \cos\left(\frac{n\pi y}{y_0}\right);$$

$$S_y = \sin\left(\frac{n\pi y}{y_0}\right).$$

式中:

$$(m,n) = 0,1,2,\cdots$$

$$\kappa^2 a^2 = h^2 + a k_c^2; \tag{11.152}$$

$$k_c^2 = \left(\frac{m\pi}{x_0}\right)^2 + \left(\frac{n\pi}{y_0}\right)^2.$$

在以前的静止媒质的矩形波导理论中出现过对角矩阵函数和截止波数 k. 然而,由(11.152)式所给出的本征值的关系是很不相同的. 在那个方程中,常数“a”如(11.114)式所定义为

$$a = \frac{(1-\beta^2)}{(1-n^2\beta^2)}.$$

式中:$\beta = v/c, n = (\omega\varepsilon/\omega_0\varepsilon_0)$. 回顾前面,随着 $n\beta$ 值的不同,“a”既可以是正的,也可以是负的.

能够证明这里所引入的矢量波函数的归一化关系为:

$$\iiint \boldsymbol{M}_{\substack{e\\o}mn}(h)\cdot \boldsymbol{N}_{\substack{e\\o}m'n'}(-h')\mathrm{d}V = 0,$$

$$\iiint \boldsymbol{M}_{\substack{e\\o}mn}(h)\cdot \boldsymbol{M}_{\substack{e\\o}m'n'}(-h')\mathrm{d}V$$

$$= \begin{cases} 0 & (m\neq m', n\neq n'), \\ \dfrac{1}{2}(1+\delta_0)\pi k_c^2 x_0 y_0 \delta(h-h'), \end{cases} \tag{11.153}$$

$$\iiint \boldsymbol{N}_{\substack{e\\o}mn}(h)\cdot\boldsymbol{N}_{\substack{e\\o}m'n'}(-h')\mathrm{d}V$$

$$=\begin{cases}0 & (m\neq m',n\neq n'),\\ \dfrac{1}{2\kappa^2a^2}(1+\delta_0)\pi k_c^2x_0y_0\delta(h-h')(h^2+k_c^2).\end{cases}\tag{11.154}$$

式中：

$$\delta_0=\begin{cases}0 & (m\text{ 或 }n=0),\\ 1 & (m\neq 0,n\neq 0).\end{cases}$$

按照磁并矢格林函数的方法，令

$$\nabla[\overline{\overline{b}}\delta(\boldsymbol{R}-\boldsymbol{R}')]=\int_{-\infty}^{\infty}\mathrm{d}h\sum_{m,\eta}[\boldsymbol{M}_{omn}(h)\boldsymbol{A}_{omn}(h)$$
$$+\boldsymbol{N}_{emn}(h)\boldsymbol{B}_{emn}(h)].\tag{11.155}$$

作为矢量波函数的归一化关系的结果，我们发现：

$$\boldsymbol{A}_{omn}(h)=\frac{(2-\delta_0)\kappa a\overline{\overline{b}}\cdot\boldsymbol{N}'_{omn}(-h)}{\pi k_c^2x_0y_0},$$

$$\boldsymbol{B}_{emn}(h)=\frac{(2-\delta_0)\kappa a\overline{\overline{b}}\cdot\boldsymbol{M}'_{emn}(-h)}{\pi k_c^2x_0y_0}.$$

带撇的函数是对 (x',y',z') 来定义的，其坐标变量为 $\boldsymbol{R}'$. 作为(11.142)、(11.148) 和(11.149) 式的结果，函数 $\overline{\overline{G}}{}_{m2}^{(b)}$ 必定有下面的形式

$$\overline{\overline{G}}{}_{m2}^{(b)}(\boldsymbol{R},\boldsymbol{R}')=\int_{-\infty}^{\infty}\mathrm{d}h\sum_{m,n}\kappa D$$
$$\cdot\frac{[\boldsymbol{M}_o(h)\overline{\overline{b}}\cdot\boldsymbol{N}'_o(-h)+\boldsymbol{N}_e(h)\overline{\overline{b}}\cdot\boldsymbol{M}_e(-h)]}{(\kappa^2-k^2)}.\tag{11.156}$$

式中：

$$D=\frac{a(2-\delta_0)}{\pi k_c^2x_0y_0},$$

$$\kappa^2-k^2=\frac{(h^2-a^2k^2+ak_c^2)}{a^2}.\tag{11.157}$$

为了写法上简单起见，我们取消了对于波函数的下标“mn”. 与一般的矩形波导不同，必须考虑两种情况.

情况 1 $a=(1-\beta^2)(1-n^2\beta^2)>0$，或 $n\beta<1$.

在这种情况下，从 $\kappa^2 - k^2 = 0$,(11.154) 式的积分有两个极点，它们是

$$h = \pm k_g = \pm (a^2 k^2 - ak_c^2)^{\frac{1}{2}}. \tag{11.158}$$

在 h - 平面上对(11.156) 式用留数定理，得

$$\overline{\overline{G}}_{m2}^{(b)\pm}(\boldsymbol{R},\boldsymbol{R}') = \sum_{m,n} \frac{\mathrm{i}\pi k a^2}{k_g} D[\boldsymbol{M}_o(\pm k_g)\overline{\overline{b}} \cdot \boldsymbol{N}'_o(\mp k_g) + \boldsymbol{N}_e(\pm k_g)\overline{\overline{b}} \cdot \boldsymbol{M}_e(\mp k_g)], z \gtrless z'. \tag{11.159}$$

式中：k_g 表示导波波数.

从(11.141) 式可导出，在 $z = z'$ 面上 $\overline{\overline{G}}_{m2}^{(b)}$ 的不连续条件可由下面公式给出：

$$\hat{z} \times [\overline{\overline{b}} \cdot (\overline{\overline{G}}_{m2}^{(b)+} - \overline{\overline{G}}_{m2}^{(b)-})] = \overline{\overline{I}}_t \delta(\boldsymbol{R} - \boldsymbol{R}'). \tag{11.160}$$

式中：

$$\overline{\overline{I}}_t = \hat{x}\hat{x} + \hat{y}\hat{y},$$

$$\delta(\boldsymbol{R} - \boldsymbol{R}') = \delta(x - x')\delta(y - y').$$

其次，可以找出

$$\overline{\overline{G}}_{e1}^{(b)} = \frac{1}{k^2}[\nabla(\overline{\overline{b}} \cdot \overline{\overline{G}}_{m2}^{(b)+})U(z - z') + \nabla(\overline{\overline{b}} \cdot \overline{\overline{G}}_{m2}^{(b)-})U(z' - z) - \hat{z}\hat{z}\delta(\boldsymbol{R} - \boldsymbol{R}')]. \tag{11.161}$$

把这一对于 $\overline{\overline{G}}_{m2}^{(b)\pm}$ 的表达式代入(11.159) ～ (11.161) 式，可得到关于 $\overline{\overline{G}}_{e1}^{(b)}$ 的所希望的表达式

$$\overline{\overline{G}}_{e1}^{(b)}(\boldsymbol{R},\boldsymbol{R}') = -\frac{1}{k^2}\hat{z}\hat{z}\delta(\boldsymbol{R} - \boldsymbol{R}') + \sum_{m,n} G[\boldsymbol{M}_e(\pm k_g)\overline{\overline{b}} \cdot \boldsymbol{M}_e(\mp k_g) + \boldsymbol{N}_o(\pm k_g)\overline{\overline{b}} \cdot \boldsymbol{N}'_o(\mp k_g)], z \gtrless z'. \tag{11.162}$$

式中：

$$C = \frac{\mathrm{i}a^3(2 - \delta_0)}{k_c^2 k_g x_0 y_0}.$$

方程(11.159) 和(11.162) 式已经在 $a > 0$ 或 $n\beta < 1$ 的条件下推导出来了. 当 $a = 1$ 时，它们简化为静止媒质波导的表达式.

情况 2 $a = \dfrac{(1 - \beta^2)}{(1 - n^2\beta^2)} < 0$，或 $n\beta > 1$.

在这种情况下,(11.154) 式积分的极点变为实数,由下式可给出

$$h = \pm k'_g = \pm (a^2 k^2 + | a | k_c^2)^{\frac{1}{2}}. \tag{11.163}$$

因为不存在波导时的原场限制在马赫圆锥或齐兰可夫圆锥内,积分的围道必须排除 $z > z'$ 的这些极点,而包含 $z > z'$ 的两个极点. $\overline{\overline{G}}_{m2}^{(b)+}$ 的表达式则给定为

$$\begin{aligned}\overline{\overline{G}}_{m2}^{(b)}(\boldsymbol{R},\boldsymbol{R}') = \sum_{mn} \frac{\mathrm{i}\pi k a^2}{k'_g} D \\ \cdot [\boldsymbol{M}_o(k_g)\overline{\overline{b}} \cdot \boldsymbol{N}'_o(-k_g) + N_e(k_g)\overline{\overline{b}} \cdot \boldsymbol{M}'_e(-k_g) \\ - \boldsymbol{M}_o(-k_g)\overline{\overline{b}} \cdot \boldsymbol{N}'_o(k_g) - \boldsymbol{N}_e(-k_g)\overline{\overline{b}} \cdot \boldsymbol{M}'_e(k_g)] \quad (z > z').\end{aligned} \tag{11.164}$$

当 $z < z'$ 时,函数 $\overline{\overline{G}}_{m2}^{(b)-}$ 为零. $\overline{\overline{G}}_{e1}^{(b)}$ 相应的表达式变为

$$\begin{aligned}\overline{\overline{G}}_{e1}^{(b)}(\boldsymbol{R},\boldsymbol{R}') = -\frac{1}{k^2}\hat{z}\hat{z}\delta(\boldsymbol{R}-\boldsymbol{R}') \\ + \sum_{m,n} C' [\boldsymbol{M}_e(k_g)\overline{\overline{b}} \cdot \boldsymbol{M}'_e(-k_g) + N_o(k_g)\overline{\overline{b}} \cdot \boldsymbol{N}'_o(-k_g) \\ - \boldsymbol{M}_e(-k_g)\overline{\overline{b}} \cdot \boldsymbol{M}'_e(k_g) - N_o(-k_g)\overline{\overline{b}} \cdot \boldsymbol{N}'_o(k_g)] \quad (z > z').\end{aligned} \tag{11.165}$$

式中:

$$C' = \mathrm{i}a^3(2-\delta_0)' k_c^2 k'_g x_0 y_0.$$

当 $z < z'$ 时,函数 $\overline{\overline{G}}_{e1}^{-}$ 为零, $\overline{\overline{G}}_{e1}^{(b)+}$ 和 $\overline{\overline{G}}_{m2}^{(b)-}$ 的结构说明了在原齐兰可夫圆锥内存在着驻波. 这个现象类似于在无限大域中由(11.93)式所给的 $\overline{\overline{G}}_{e0}^{(b)}$ 的解.

11.7 充有运动媒质的圆柱波导

不进行与前面非常类似的详细推导,这里只给出对于 $\overline{\overline{G}}_{m2}^{(b)}$ 和 $\overline{\overline{G}}_{e1}^{(b)}$ 的如下的答案:

情况 1 $a = \dfrac{(1-\beta^2)}{(1-n^2\beta^2)} > 0$

$$\overline{\overline{G}}_{m2}^{(b)}(\boldsymbol{R},\boldsymbol{R}')=\frac{\mathrm{i}ka^3}{4\pi}\sum_n(2-\delta_0)$$

$$\cdot\left\{\sum_\lambda\frac{1}{\lambda^2 I_\lambda k_\lambda}[\boldsymbol{M}_\lambda(\pm k_\lambda)\overline{\overline{b}}\cdot\boldsymbol{N}'_\lambda(\mp k_\lambda)]\right.$$

$$\left.+\sum_\mu\frac{1}{\mu^2 I_\mu k_\mu}[\boldsymbol{M}_\mu(\pm k_\mu)\overline{\overline{b}}\cdot\boldsymbol{M}'_\mu(\mp k_\mu)]\right\}\quad(z\gtrless z'),\ (11.166)$$

$$\overline{\overline{G}}_{e1}^{(b)}(\boldsymbol{R},\boldsymbol{R}')=-\frac{1}{k^2}\hat{z}\hat{z}\delta(\boldsymbol{R}-\boldsymbol{R}')+\frac{\mathrm{i}a^3}{4\pi}\sum_n(2-\delta_0)$$

$$\cdot\left\{\sum_\lambda\frac{1}{\lambda^2 I_\lambda k_\lambda}[\boldsymbol{N}_\lambda(\pm k_\lambda)\overline{\overline{b}}\cdot\boldsymbol{N}'_\lambda(\mp k_\lambda)]\right.$$

$$\left.+\sum_\mu\frac{1}{\mu^2 I_\mu k_\mu}[\boldsymbol{M}_\mu(\pm k_\mu)\overline{\overline{b}}\cdot\boldsymbol{M}'_\mu(\mp k_\mu)\ ]\right\}\quad(z\gtrless z').$$

(11.167)

式中：

$$\boldsymbol{M}_\lambda(k_\lambda)=\boldsymbol{M}_{\substack{e\\o}n\lambda}(k_\lambda)=\overline{\nabla}[\boldsymbol{\Psi}_{\substack{e\\o}n\lambda}(k_\lambda)\hat{z}];$$

$$\boldsymbol{N}_\lambda(k_\lambda)=\boldsymbol{N}_{\substack{e\\o}n\lambda}(k_\lambda)=\frac{1}{k}\overline{\nabla}[\overline{\overline{b}}\cdot\boldsymbol{M}_\lambda(k_\lambda)];$$

$$\boldsymbol{M}_\mu(k_\mu)=\boldsymbol{M}_{\substack{e\\o}n\mu}(k_\mu)=\overline{\nabla}[\boldsymbol{\Psi}_{\substack{e\\o}n\mu}(k_\mu)\hat{z}];$$

$$\boldsymbol{N}_\lambda(k_\mu)=\boldsymbol{N}_{\substack{e\\o}n\mu}(k_\mu)=\frac{1}{k}\overline{\nabla}[\overline{\overline{b}}\cdot\boldsymbol{M}_\mu(k_\mu)];$$

$\mathrm{J}_n(\lambda r_0)=0$；

$\mathrm{J}'_n(\mu r_0)=0,\mathrm{J}'_n(\mu r_0)=\mathrm{dJ}_n(\mu r_0)/\mathrm{d}(\mu r_0)$；

r_0 为圆波导的半径；

$k_\lambda=(a^2k^2-a\lambda^2)^{\frac{1}{2}}$；

$k_\mu=(a^2k^2-a\mu^2)^{\frac{1}{2}}$；

$I_\lambda=\dfrac{r_0^2}{2}[\mathrm{J}'_n(\lambda r_0)]^2,\mathrm{J}'_n(\lambda r_0)=\dfrac{\mathrm{dJ}_n(\lambda r_0)}{\mathrm{d}(\lambda r_0)}$；

$I_\mu=\dfrac{1}{2\mu^2}(\mu^2r_0^2-n^2)\mathrm{J}_n^2(\mu r_0)$；

$\Psi_{\substack{e\\o}n\lambda}(k_\lambda)=\mathrm{J}_n(\lambda r)\begin{matrix}\cos\\ \sin\end{matrix}n\varphi\mathrm{e}^{\mathrm{i}k_\lambda z}$；

$$\Psi_{\substack{e\\o}n\mu}(k_\mu) = \mathrm{J}_n(\mu r)\,{\cos \atop \sin} n\varphi \mathrm{e}^{\mathrm{i}k_\mu z}.$$

情况 2 $a = \dfrac{(1-\beta^2)}{(1-n^2\beta^2)} < 0$

$$\overline{\overline{G}}_{m2}^{(b)}(\boldsymbol{R},\boldsymbol{R}') = \frac{\mathrm{i}ka^3}{2\pi}\sum_n (2-\delta_0)$$

$$\cdot\Big\{\sum_\lambda \frac{1}{\lambda^2 I_\lambda k'_\lambda}[\boldsymbol{M}_\lambda(k'_\lambda)\overline{\overline{b}}\cdot\boldsymbol{M}'_\lambda(-k'_\lambda)$$

$$-\boldsymbol{M}_\lambda(-k'_\lambda)\overline{\overline{b}}\cdot\boldsymbol{M}_\lambda(k'_\lambda)] + \sum_\mu \frac{1}{\mu^2 I_\mu k'_\mu}[\boldsymbol{N}_\mu(k'_\mu)\overline{\overline{b}}$$

$$\cdot\boldsymbol{N}'_\mu(-k'_\mu) - \boldsymbol{M}_\mu(-k'_\mu)\overline{\overline{b}}\cdot\boldsymbol{N}'_\mu(k'_\mu)]\Big\} \quad (z > z'), \tag{11.168}$$

$$\overline{\overline{G}}_{m2}^{(b)}(\boldsymbol{R},\boldsymbol{R}') = 0 \quad (z < z'),$$

$$\overline{\overline{G}}_{e1}^{(b)}(\boldsymbol{R},\boldsymbol{R}') = -\frac{1}{k^2}\hat{z}\hat{z}\delta(\boldsymbol{R}-\boldsymbol{R}') + \frac{\mathrm{i}a^3}{2\pi}\sum (2-\delta_0)$$

$$\Big\{\sum_\lambda \frac{1}{\lambda^2 I_\lambda k'_\lambda}[\boldsymbol{N}_\lambda(h'_\lambda)\overline{\overline{b}}\cdot\boldsymbol{N}'_\lambda(-h'_\lambda)$$

$$-\boldsymbol{N}_\lambda(-h'_\lambda)\overline{\overline{b}}\cdot\boldsymbol{N}'_\lambda(h'_\lambda)] + \sum_\mu \frac{1}{\mu^2 I_\mu k'_\mu}$$

$$\cdot[\boldsymbol{M}_\mu(h'_\mu)\overline{\overline{b}}\cdot\boldsymbol{M}'_\mu(-h'_\mu)$$

$$-\boldsymbol{M}'_\mu(-h'_\mu)\overline{\overline{b}}\cdot\boldsymbol{M}_\mu(h'_\mu)]\Big\} \quad (z > z'),$$

$$\overline{\overline{G}}_{e1}^{(b)-}(\boldsymbol{R},\boldsymbol{R}') = 0 \quad (z < z'). \tag{11.169}$$

式中：

$$k'_\lambda = (a^2k^2 + |a|\lambda^2)^{\frac{1}{2}},$$

$$k'_\mu = (a^2k^2 + |a|\mu^2)^{\frac{1}{2}}.$$

这个函数和其他的参量与情况 1 中所定义的一致.

应该注意,关于这一题目的早期工作[19] 中有一个错误,它是由对 $\overline{\overline{G}}_{e1}^{(b)}$ 的直接综合而未考虑纵向函数所造成的.现在 $\overline{\overline{G}}_{m2}^{(b)}$ 的方法已经改正了这一错误.

11.8 运动媒质中的无限长导电柱体

这里所考虑问题的几何形状与第七章中所讨论的是相同的，只是导电圆筒内的媒质是以速度 $v = v\hat{z}$ 运动的各向同性媒质. 这里我们感兴趣的函数仍是 $\overline{\overline{G}}_{m2}$ 和 $\overline{\overline{G}}_{e1}$. 只处理 $a > 0$ 的情况. 相应于 $a < 0$ 的其他情况现在还没有实际意义. 从相对运动的观点，这个问题等价于导电圆筒以 $-v\hat{z}$ 的速度在静止媒质中运动. 这样所研究的场就表示成相对于运动圆筒的静止框架下的形式.

为了解这一问题，我们需要函数 $\overline{\overline{G}}_{m0}^{(b)}$ 和 $\overline{\overline{G}}_{e0}^{(b)}$ 的傅立叶积分表达式. 用于本征展开的矢量波函数为定义在 λ 和 h 域中都为连续谱的函数，它们是

$$\boldsymbol{M}_{{}^{e}_{o}mn}(h) = \nabla\left[\mathrm{J}_n(\lambda r) \begin{matrix}\cos\\ \sin\end{matrix} n\varphi \mathrm{e}^{\mathrm{i}hz} \hat{z}\right],$$

$$\boldsymbol{N}_{{}^{e}_{o}mn}(h) = \frac{1}{\kappa} \nabla\left[\overline{\overline{b}} \cdot \boldsymbol{M}_{{}^{e}_{o}mn}(h)\right].$$

式中:

$$\kappa^2 a^2 = \lambda^2 a^2 + h^2.$$

而

$$\boldsymbol{M}_{{}^{e}_{o}mn}(h) = \frac{1}{\kappa} \nabla\left[\overline{\overline{b}} \cdot \boldsymbol{N}_{{}^{e}_{o}mn}(h)\right].$$

这些函数的正交关系是:

$$\iiint \boldsymbol{M}_{{}^{e}_{o}mn}(h) \cdot \boldsymbol{M}_{{}^{e}_{o}m'n'}(-h')\mathrm{d}V$$

$$= \begin{cases} 0 & (m \neq m', n \neq n'), \\ 2\pi^2(1+\delta_0)\lambda\delta(h-h')\delta(\lambda-\lambda') & (m = m', n = n'), \end{cases}$$

$$\iiint \boldsymbol{N}_{{}^{e}_{o}mn}(h) \cdot \boldsymbol{N}_{{}^{e}_{o}m'n'}(-h')\mathrm{d}V$$

$$= \begin{cases} 0 & (m \neq m', n \neq n'), \\ \dfrac{2\pi^2(1+\delta_0)\lambda\delta(h-h')\delta(\lambda-\lambda')(h^2+\lambda^2)}{k^2 a^2}, \end{cases}$$

$$\iiint \boldsymbol{M}_{\substack{e\\o}mn}(h)\cdot\boldsymbol{N}_{\substack{e\\o}m'n'}(-h')\mathrm{d}V = 0.$$

在这些关系的帮助下,可得

$$\nabla[\overline{\overline{b}}\delta(\boldsymbol{R}-\boldsymbol{R}')] = \int_{-\infty}^{\infty}\mathrm{d}h\int_{-\infty}^{\infty}\mathrm{d}\lambda$$

$$\cdot\sum_n \frac{(2-\delta_0)\kappa a}{4\pi^2\lambda}[\boldsymbol{M}\overline{\overline{b}}\cdot\boldsymbol{N}'+\boldsymbol{N}\overline{\overline{b}}\cdot\boldsymbol{M}']. \quad (11.170)$$

为了简化起见,矢量波函数中的下标"$\substack{e\\o}mn$"已经省略,即

$$\boldsymbol{N} = \boldsymbol{N}_{\substack{e\\o}mn}(h),$$
$$\boldsymbol{M} = \boldsymbol{M}_{\substack{e\\o}mn}(h).$$

(11.171) 式中带撇的函数是对于 $\boldsymbol{R}'$ 定义的. 按照(11.143) 式的观点,在无界域中的磁并矢格林函数 $\overline{\overline{G}}_{m0}^{(b)}$ 为

$$\overline{\overline{G}}_{m0}^{(b)}(\boldsymbol{R},\boldsymbol{R}') = \int_{-\infty}^{\infty}\mathrm{d}h\int_0^{\infty}\mathrm{d}\lambda$$

$$\cdot\sum_n \frac{(2-\delta_0)\kappa a}{4\pi^2\lambda(\kappa^2-k^2)}[\boldsymbol{M}\overline{\overline{b}}\cdot\boldsymbol{N}'+\boldsymbol{N}\overline{\overline{b}}\cdot\boldsymbol{M}']. \quad (11.171)$$

用 4.2 节中所描述的并矢算子的方法消去 λ 积分,得到

$$\overline{\overline{G}}_{m0}^{(b)}(\boldsymbol{R},\boldsymbol{R}') = \int_{-\infty}^{\infty}\mathrm{d}h\sum_n \frac{\mathrm{i}(2-\delta_0)ka^2}{8\pi\eta^2}$$

$$\cdot\begin{Bmatrix}\boldsymbol{M}^{(1)}\overline{\overline{b}}\cdot\boldsymbol{N}'+\boldsymbol{N}^{(1)}\overline{\overline{b}}\cdot\boldsymbol{M}'\\ \boldsymbol{M}\overline{\overline{b}}\cdot\boldsymbol{N}'^{(1)}+\boldsymbol{N}\overline{\overline{b}}\cdot\boldsymbol{M}'^{(1)}\end{Bmatrix}\quad(z\gtrless z'), \quad (11.172)$$

$$\eta^2 = \frac{1}{a}(k^2a^2-h^2).$$

其次,用 $\overline{\overline{G}}_m$ 的方法得到

$$\overline{\overline{G}}_{e0}^{(b)}(\boldsymbol{R},\boldsymbol{R}') = -\frac{1}{k^2}\hat{z}\hat{z}\delta(\boldsymbol{R}-\boldsymbol{R}')$$

$$+\int_{-\infty}^{\infty}\mathrm{d}h\sum_n C_\eta\begin{Bmatrix}\boldsymbol{M}^{(1)}\overline{\overline{b}}\cdot\boldsymbol{M}'+\boldsymbol{N}^{(1)}\overline{\overline{b}}\cdot\boldsymbol{N}'\\ \boldsymbol{M}\overline{\overline{b}}\cdot\boldsymbol{M}'^{(1)}+\boldsymbol{N}\overline{\overline{b}}\cdot\boldsymbol{N}'^{(1)}\end{Bmatrix}\quad(z\gtrless z'). \quad (11.173)$$

式中:

$$C_\eta = \frac{\mathrm{i}a^2(2-\delta_0)}{8\pi\eta^2}.$$

带上标"(1)"的矢量波函数是对于第一类汉克尔函数定义的. 当存在一个半径为 r_0 的导电圆筒时,用散射场叠加法得到

$$\overline{\overline{G}}_{e1}^{(b)}(\boldsymbol{R},\boldsymbol{R}') = \overline{\overline{G}}_{e0}^{(b)}(\boldsymbol{R},\boldsymbol{R}') + \overline{\overline{G}}_{es}^{(b)}(\boldsymbol{R},\boldsymbol{R}'). \tag{11.174}$$

其散射项给定为

$$\overline{\overline{G}}_{es}^{(b)}(\boldsymbol{R},\boldsymbol{R}') = \int_{-\infty}^{\infty} \mathrm{d}h \sum_n C_\eta \cdot [\alpha \boldsymbol{M}^{(1)}\overline{\overline{b}}M'^{(1)} + \beta \boldsymbol{N}^{(1)}\overline{\overline{b}}\cdot \boldsymbol{N}'^{(1)}]. \tag{11.175}$$

式中:

$$\alpha = \frac{\dfrac{\partial \mathrm{J}_n(x)}{\partial x}}{\dfrac{\partial \mathrm{H}_n^{(1)}(x)}{\partial x}}; \quad x = \eta r_0;$$

$$\beta = \frac{-\mathrm{J}_n(\eta r_0)}{\mathrm{H}_n^{(1)}(\eta r_0)}.$$

如果 $\overline{\overline{G}}_{e1}^{(b)}$ 已知,位于圆筒以外的电流分布所产生的电场可以用下面的公式计算:

$$\boldsymbol{E}(\boldsymbol{R}') = \mathrm{i}\omega\mu \iiint \overline{\overline{b}} \cdot \overline{\overline{G}}_{e1}(\boldsymbol{R},\boldsymbol{R}') \cdot \boldsymbol{J}(\boldsymbol{R}')\mathrm{e}^{-\mathrm{i}\omega\Omega(z-z')}\mathrm{d}V'. \tag{11.176}$$

类似的问题(如一个运动的介质圆筒,在圆筒的外面或内部有电流源时),其电场的公式可按照文献[20]算出.

在这本书中,我们已经搜集了许多可作为范例的问题的并矢格林函数的基本公式,它可以用来解决各种电磁理论中的边值问题. 有些论题在书的正文中没有包括进去,建议读者作为习题来练习,使读者扩展研究的视野,并增加消化和应用本书中引入的方法的信心.

参考文献

[1] Compton Jr. R T. Time—dependent Electromagnetic Field in a Moving Medium, J. Math. Physics, Vol. 7, 1966.

[2] Tai C T. Electromagnetie Theory of Spherical Luneberg Lens, Appl. Sci. Res., Sec. B, Vol. T, 1958.
[3] Morse P M and Feshbach H. Methods of Theoretical physics, Part Ⅱ, McGraw—Hill, New York, 1953.
[4] Luneburg R K. The Mathematical Theory of Optics, Brown University Press, Providence, R. I., 1944.
[5] Copson E T. Theory of Function of a Complex Variable, Oxford University Press, London, 1948.
[6] Whittaker E T and Watson G N. Modern Analysis, Cambridge University Press, Cambridge, 1943.
[7] Ince E L. Ordinary Differential Equations, Dover Publications, New York, 1944.
[8] Wilcox C H. Electromagnetic Theory of Luneburg Lens, Technical Report No. MSD—1802, Lockheed Aircraft Corporation, Burbank, California, 1956.
[9] Jasik H. Electromagnetic Theory of Luneburg Lens, Dissertation, Dept. of Electrical Engineering, Polytechnic Institute of Blooklyn, New York, 1954.
[10] Tai, C. T., Theory of Cylindrical Luneburg Lens Excited by a Line Magnetic Current, Technical Report 678—3, Antenna Lab. The Ohio State University, Columbus, ohio, 1956.
[10′] Tai C T. Maxwell Fish-eye Treated by Maxwell Equations, Nature, Vol. 182, 1958.
[11] Watson G N. Theory of Bessel Functions, Cambridge University Press, Cambridge, 1922.
[12] Rozenfeld P. The Electromagnetic Theory of Three—Dimensional Inhomogeneous Lenses, IEEE Trans. Antennas and Propagation, Vol. 24, 1976.
[13] Minkowski H. Die Grundgleichungen Für Die Elektro Magnetischen Vorgange in Bewegten Korpern, Gottingen

Nachrichten, 1908.
[14] Sommerfeld A. Electrodynamics, Academic Press, New York, 1952.
[15] Tai C T. Huygens' Principle in a Moving Isotropic, Homogeneus and Linear Medium, Applied Optics, Vol. 4, 1965.
[16] Tai C T. Present Views on Electromagnetics of Moving Media, Radio Science, Vol. 2, 1967.
[17] Lee K S H and Papas C H. Electromagnetic Radiation in the Presence of Moving Simple Media, J. Math. Phys., Vol. 5, 1964.
[18] Sommerfeld A. Partial Differential Equations, Academic Press, New York, 1949.
[19] Stubenrauch C F. and Tai, C T. Dyadic Green Function for Cylindrical Wave—guide With Moving Medium, Appl. Science, Vol. 25, 1971.
[20] Stubenrauch C F. Radiation from Source in the Presence of a Moving Dielectric Column, Ph, D, Dissertation, Dept. of Electrical Engineering, The University of Michigan, Ann Arbor, Michigan, 1972.
[21] Tai C T. Dyadic Green Functions in Electromagnetic Theory, Second Edition, IEEE Press, New York, 1993.
[22] Tai C T. Transient Radiation in a Moving Isotropic Medium, J. Electromagnetic Waves and Applications, Vol. 2, No. 1, 1993.

附　　录

A. 矢量分析和并矢分析

A.1　矢量符号和坐标系

本书中矢量或者矢量函数都用黑斜体字母表示，例如 $\boldsymbol{F}$；在字母顶上带有“ˆ”符号的，例如 $\hat{x}$，是用来表示这个字母所示的方向上的单位矢量.

对于正交曲线坐标系，本书中用

v_1, v_2, v_3　　表示三个坐标变量；

$\hat{u}_1, \hat{u}_2, \hat{u}_3$　　表示三个坐标轴上的单位矢量；

h_1, h_2, h_3　　表示度量系数，并令 $h_1 h_2 h_3 = \Omega$.

本书常用的坐标系有：

笛卡儿坐标系　　$v_1, v_2, v_3 = x, y, z = x_1, x_2, x_3$

（直角坐标系）　　$\hat{u}_1, \hat{u}_2, \hat{u}_3 = \hat{x}, \hat{y}, \hat{z} = \hat{x}_1, \hat{x}_2, \hat{x}_3$

$h_1, h_2, h_3 = 1, 1, 1$

圆柱坐标系　　$v_1, v_2, v_3 = r, \varphi, z$

$\hat{u}_1, \hat{u}_2, \hat{u}_3 = \hat{r}, \hat{\varphi}, \hat{z}$

$h_1, h_2, h_3 = 1, r, 1$

圆球坐标系　　$v_1, v_2, v_3 = R, \theta, \varphi$

$\hat{u}_1, \hat{u}_2, \hat{u}_3 = \hat{R}, \hat{\theta}, \hat{\varphi}$

$h_1, h_2, h_3 = 1, R, R\sin\theta$

椭圆柱坐标系　　$v_1, v_2, v_3 = u, v, z$

$$\hat{u}_1, \hat{u}_2, \hat{u}_3 = \hat{u}, \hat{v}, \hat{z}$$

$$h_1, h_2, h_3 = c(\mathrm{ch}^2 u - \cos^2 v), c(\mathrm{ch}^2 u - \cos^2 v), 1.$$

图 A-1 及图 A-2 分别给出了直角、圆柱及圆球三个常用坐标系统的坐标变量及单位矢量之间的关系.

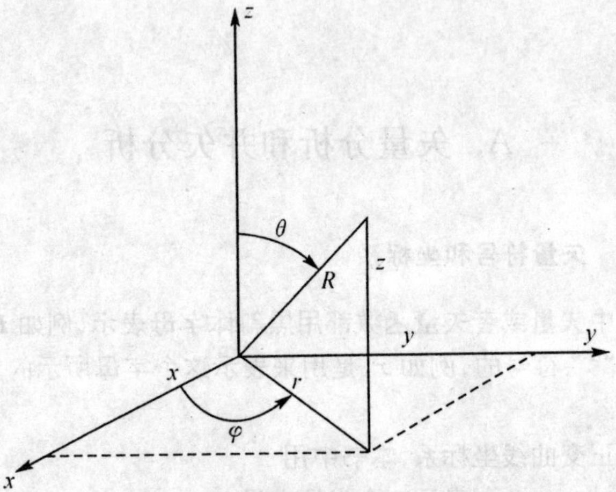

图 A-1　三个常用坐标系统图

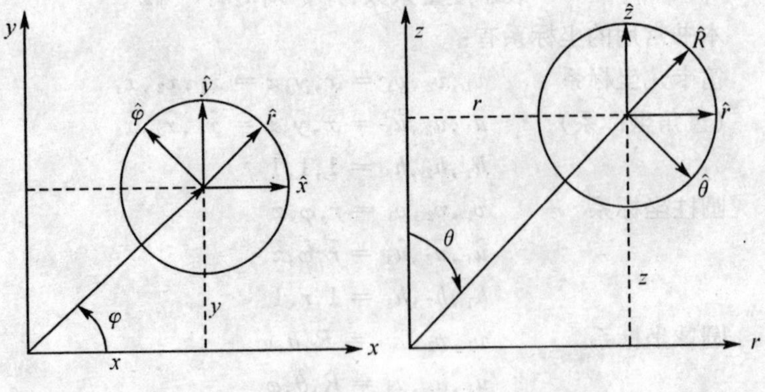

图 A-2　三个常用坐标系统中的单位矢量图

图 A-3 给出了椭圆柱坐标系统在垂直于 z 轴的平面上的截面图. u 为常数和 v 为常数的曲线相应地代表一族共焦椭圆和一族共焦双曲线,(x,y) 和 (u,v) 之间及另外两个坐标变量 (ξ,η) 与 (u,v) 之间的关系分别为: $x = c\cosh u\cos v$, $y = c\sinh u\sin v$, $\xi = \cosh u$, $\eta = \cos v$. 其中 $\infty > u \geqslant 0$, $2\pi \geqslant u \geqslant 0$, $\infty > \xi \geqslant 0$, $1 \geqslant \eta \geqslant -1$.

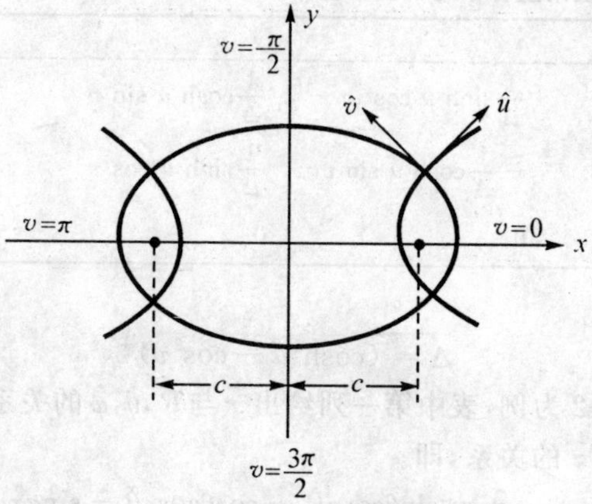

图 A-3 椭圆柱坐标系统的截面图

表 A-1 ~ A-3 分别给出了直角坐标系与圆柱、球及椭圆柱坐标系中单位矢量之间的对应关系.

表 A-1 直角坐标系与圆柱坐标系中单位矢量之间的关系

	$\hat{x}$	$\hat{y}$	$\hat{z}$
$\hat{r}$	$\cos\varphi$	$\sin\varphi$	0
$\hat{\varphi}$	$-\sin\varphi$	$\cos\varphi$	0
$\hat{z}$	0	0	1

表 A-2　直角坐标系与球坐标系中单位矢量之间的关系

	$\hat{x}$	$\hat{y}$	$\hat{z}$
$\hat{R}$	$\sin\theta\cos\varphi$	$\sin\theta\sin\varphi$	$\cos\theta$
$\hat{\theta}$	$\cos\theta\cos\varphi$	$\cos\theta\sin\varphi$	$-\sin\theta$
$\hat{\varphi}$	$-\sin\varphi$	$\cos\varphi$	0

表 A-3　直角坐标系与椭圆柱坐标系中单位矢量之间的关系

	$\hat{x}$	$\hat{y}$	$\hat{z}$
$\hat{u}$	$\frac{1}{\Delta}\sinh u\cos v$	$\frac{1}{\Delta}\cosh u\sin v$	0
$\hat{v}$	$-\frac{1}{\Delta}\cosh u\sin v$	$\frac{1}{\Delta}\sinh u\cos v$	0
$\hat{z}$	0	0	1

$$\Delta = (\cosh^2 u - \cos^2 v)^{\frac{1}{2}}$$

以表 A-2 为例，表中第一列给出 $\hat{x}$ 与 $\hat{R}$，$\hat{\theta}$，$\hat{\varphi}$ 的关系，第二行则给出 $\hat{\theta}$ 与 $\hat{x}$，$\hat{y}$，$\hat{z}$ 的关系，即

$$\hat{x} = \sin\theta\cos\varphi\hat{R} + \cos\theta\cos\varphi\hat{\theta} - \sin\varphi\hat{\varphi},$$

$$\hat{\theta} = \cos\theta\cos\varphi\hat{x} + \cos\theta\sin\varphi\hat{y} - \sin\theta\hat{z}.$$

可以证明，上述各表同样适用于坐标系中的矢量各分量之间的变换，例如：

$$A_\theta = \cos\theta\cos\varphi A_x + \cos\theta\sin\varphi A_y - \sin\theta A_z.$$

A.2　正交坐标系中的梯度、散度和旋度

用 f 和 $\boldsymbol{F}$ 分别表示一个标量函数（标量场）和矢量函数（矢量场），则

f 的梯度　　$$\nabla f = \sum_i \frac{\hat{u}_i}{h_i}\frac{\partial f}{\partial v_i}. \tag{A.1}$$

$\boldsymbol{F}$ 的散度　　$$\nabla \boldsymbol{F} = \sum_i \frac{\hat{u}_i}{h_i}\cdot\frac{\partial \boldsymbol{F}}{\partial v_i}$$

$$= \sum_i \frac{1}{\Omega}\frac{\partial}{\partial v_i}\left(\frac{\Omega}{h_i}F_i\right). \tag{A.2}$$

$\boldsymbol{F}$ 的旋度 $$\nabla\times\boldsymbol{F}=\sum_i\frac{\hat{u}_i}{h_i}\times\frac{\partial\boldsymbol{F}}{\partial v_i}$$

$$=\sum_i\frac{h_i\hat{u}_i}{\Omega}\left[\frac{\partial(h_kF_k)}{\partial v_j}-\frac{\partial(h_jF_j)}{\partial v_k}\right].\qquad(\text{A. }3)$$

其中,$(i,j,k)=(1,2,3)$,顺序循环取值.

f 的拉普拉斯运算式:

$$\nabla\cdot\nabla f=\sum_i\frac{1}{\Omega}\frac{\partial}{\partial v_i}\left(\frac{\Omega}{h_i^2}\frac{\partial f}{\partial v_i}\right).\qquad(\text{A. }4)$$

$\boldsymbol{F}$ 的拉普拉斯运算式:

$$\nabla\cdot\nabla\boldsymbol{F}=\sum_i\frac{1}{\Omega}\frac{\partial}{\partial v_i}\left(\frac{\Omega}{h_i^2}\frac{\partial\boldsymbol{F}}{\partial v_i}\right)=\nabla\ \nabla\cdot\boldsymbol{F}-\nabla\times\nabla\times\boldsymbol{F}.\qquad(\text{A. }5)$$

单位矢量的导数:

$$\frac{\partial\hat{u}_j}{\partial v_k}=\frac{1}{h_j}\frac{\partial h_k}{\partial v_j}\hat{u}_k\quad(j\neq k),$$

$$\frac{\partial\hat{u}_i}{\partial v_i}=-\left(\frac{1}{h_j}\frac{\partial h_i}{\partial v_j}\hat{u}_j+\frac{1}{h_k}\frac{\partial h_i}{\partial u_k}\hat{u}_k\right),\qquad(\text{A. }6)$$

$(i,j,k)=(1,2,3)$,顺序循环取值.

微分算子的不变性(对任意两个正交集均满足):

$$\sum_i\frac{\hat{u}'_i}{h_i}\frac{\partial}{\partial v_i}=\sum_i\frac{\hat{u}_i}{h'_i}\frac{\partial}{\partial v'_i},\qquad(\text{梯度算子})\quad(\text{A. }7)$$

$$\sum_i\frac{\hat{u}_i}{h_i}\cdot\frac{\partial}{\partial v_i}=\sum_i\frac{\hat{u}'_i}{h'_i}\cdot\frac{\partial}{\partial v'_i},\qquad(\text{散度算子})\quad(\text{A. }8)$$

$$\sum_i\frac{\hat{u}_i}{h_i}\times\frac{\partial}{\partial v_i}=\sum_i\frac{\hat{u}'_i}{h'_i}\times\frac{\partial}{\partial v'_i}.\qquad(\text{旋度算子})\quad(\text{A. }9)$$

A.3 矢量恒等式

$$\boldsymbol{a}\cdot(\boldsymbol{b}\times\boldsymbol{c})=\boldsymbol{b}\cdot(\boldsymbol{c}\times\boldsymbol{a})=\boldsymbol{c}\cdot(\boldsymbol{a}\times\boldsymbol{b}).\qquad(\text{A. }10)$$

$$\boldsymbol{a}\times(\boldsymbol{b}\times\boldsymbol{c})=(\boldsymbol{a}\cdot\boldsymbol{c})\boldsymbol{b}-(\boldsymbol{a}\cdot\boldsymbol{b})\boldsymbol{c}.\qquad(\text{A. }11)$$

$$\nabla(ab)=a\nabla b+b\nabla a.\qquad(\text{A. }12)$$

$$\nabla\cdot(a\boldsymbol{b})=a\nabla\cdot\boldsymbol{b}+\boldsymbol{b}\cdot\nabla a.\qquad(\text{A. }13)$$

$$\nabla\times(a\boldsymbol{b})=a\nabla\times\boldsymbol{b}-\boldsymbol{b}\times\nabla a.\qquad(\text{A. }14)$$

$$\nabla\cdot(\boldsymbol{a}\times\boldsymbol{b})=\boldsymbol{b}\cdot(\nabla\times\boldsymbol{a})-\boldsymbol{a}\cdot\nabla\times\boldsymbol{b}.\qquad(\text{A. }15)$$

$$\nabla(\boldsymbol{a}\cdot\boldsymbol{b})=\boldsymbol{a}\times\nabla\times\boldsymbol{b}+\boldsymbol{b}\times\nabla\times\boldsymbol{a}+(\boldsymbol{a}\cdot\nabla)\boldsymbol{b}+(\boldsymbol{b}\cdot\nabla)\boldsymbol{a}. \tag{A.16}$$

$$\nabla\times(\boldsymbol{a}\times\boldsymbol{b})=(\boldsymbol{b}\cdot\nabla)\boldsymbol{a}+\boldsymbol{a}\nabla\cdot\boldsymbol{b}-(\boldsymbol{a}\cdot\nabla)\boldsymbol{b}-\boldsymbol{b}\nabla\cdot\boldsymbol{a}. \tag{A.17}$$

$$\nabla\times(\nabla\times\boldsymbol{a})=\nabla(\nabla\cdot\boldsymbol{a})-\nabla\cdot\nabla\boldsymbol{a}. \tag{A.18}$$

$$\nabla\times(\nabla a)=0. \tag{A.19}$$

$$\nabla\cdot(\nabla\times\boldsymbol{a})=0. \tag{A.20}$$

A.4 矢量积分定理

用$\boldsymbol{F}$和f分别表示任意位置的矢量和标量函数,$\boldsymbol{F}$和f在闭合曲面S所包围的体积V的闭域上或在以曲线L为周界的非闭合曲面S上有一阶连续导数,$\hat{n}$为闭合面S的单位外法矢.曲线L的单位切矢l与L所围曲面S的法矢$\hat{n}$成右手螺旋关系.

高斯定理或散度定理:

$$\iiint_V \nabla\cdot\boldsymbol{F}\mathrm{d}V=\oiint_S(\hat{n}\cdot\boldsymbol{F})\mathrm{d}S. \tag{A.21}$$

旋度定理:

$$\iiint_V \nabla\times\boldsymbol{F}\mathrm{d}V=\oiint_S(\hat{n}\times\boldsymbol{F})\mathrm{d}S. \tag{A.22}$$

梯度定理:

$$\iiint_V \nabla f\mathrm{d}V=\oiint_S\hat{n}f\mathrm{d}s. \tag{A.23}$$

面散度定理:

$$\iint_S \nabla_s\cdot\boldsymbol{F}\mathrm{d}S=\oint_l(\hat{m}\cdot\boldsymbol{F})\mathrm{d}l. \tag{A.24}$$

$$(\hat{m}=\hat{l}\times\hat{n})$$

面旋度定理:

$$\iint_S \nabla_s\times\boldsymbol{F}\mathrm{d}S=\oint_L(\hat{m}\times\boldsymbol{F})\mathrm{d}l. \tag{A.25}$$

面梯度定理:

$$\iint_S \nabla_s f\mathrm{d}S=\oint_L\hat{m}f\mathrm{d}l. \tag{A.26}$$

斯托克斯定理：

$$\iint_S \hat{n}\cdot\nabla\times\boldsymbol{F}\mathrm{d}S=\oint_L \boldsymbol{F}\cdot\mathrm{d}\boldsymbol{l}. \tag{A.27}$$

叉积梯度定理：

$$\iint_S \hat{n}\times\nabla f\mathrm{d}S=\oint_L f\mathrm{d}\boldsymbol{l}. \tag{A.28}$$

叉 ▽ 叉积定理：

$$\iint_S (\hat{n}\times\nabla)\times\boldsymbol{F}\mathrm{d}S=\oint_L \mathrm{d}\boldsymbol{l}\times\boldsymbol{F}. \tag{A.29}$$

第一标量格林定理：

$$\iint_S (\cdot f_1\nabla\cdot\nabla f_2+\nabla f_1\cdot\nabla f_2)\mathrm{d}V=\oint_S f_1\nabla f_2\cdot\mathrm{d}\boldsymbol{S}. \tag{A.30}$$

第二标量格林定理：

$$\iint_V (f_1\nabla\cdot\nabla f_2-f_2\nabla\cdot\nabla f_1)\mathrm{d}V=\oint_S (f_1\nabla f_2-f_2\nabla f_1)\cdot\mathrm{d}\boldsymbol{S}. \tag{A.31}$$

第一矢量格林定理：

$$\iiint_V (\nabla\times\boldsymbol{F}_1\cdot\nabla\times\boldsymbol{F}_2-\boldsymbol{F}_1\cdot\nabla\times\nabla\times\boldsymbol{F}_2)\mathrm{d}V=\oiint_S \hat{n}\cdot(\boldsymbol{F}_1\times\nabla\times\boldsymbol{F}_2)\mathrm{d}S. \tag{A.32}$$

第二矢量格林定理：

$$\begin{aligned}&\iiint_V (\boldsymbol{F}_1\cdot\nabla\times\nabla\times\boldsymbol{F}_2-\boldsymbol{F}_2\cdot\nabla\times\nabla\times\boldsymbol{F}_1)\mathrm{d}V\\ &=\oiint_S \hat{n}\cdot[\boldsymbol{F}_2\times\nabla\times\boldsymbol{F}_1-\boldsymbol{F}_1\times\nabla\times\boldsymbol{F}_2]\mathrm{d}\boldsymbol{S}.\end{aligned} \tag{A.33}$$

格林定理也可以由高斯定理导出. 如果我们定义

$$\boldsymbol{A}=f_1\nabla f_2-f_2\nabla f_1,$$

式中：f_1 和 f_2 是两个位置的标量函数. 根据(A.11)和(A.16)式，有

$$\nabla\cdot\boldsymbol{A}=f_1\nabla\cdot\nabla f_2-f_2\nabla\cdot\nabla f_1.$$

式中：$\nabla\cdot\nabla f_1$ 和 $\nabla\cdot\nabla f_2$ 分别是 f_1 和 f_2 的拉普拉斯运算式. 代入高斯定理可得到(A.31)式所示的第二标量格林定理.

如果我们定义

$$\boldsymbol{A}=\boldsymbol{F}_1\times\nabla\times\boldsymbol{F}_2,$$

式中：$\boldsymbol{F}_1$ 和 $\boldsymbol{F}_2$ 是两个矢量函数. 根据(A.15) 式，有

$$\nabla \boldsymbol{A} = \nabla \boldsymbol{F}_1 \cdot \nabla \boldsymbol{F}_2 - \boldsymbol{F}_1 \cdot \nabla\nabla \boldsymbol{F}_2.$$

将上式代入高斯定理，就可得到(A.32) 式所示的第一矢量格林定理.

如果将(A.32) 式中的 $\boldsymbol{F}_1$ 和 $\boldsymbol{F}_2$ 的位置对调，并将所得公式与之相减，就可得到(A.33) 式所示的第二矢量格林定理.

上述定理的推导以及它们之间的关系，在戴振铎教授于 1992 年出版的专著[10] 中有详细论述.

A.5 并矢及其运算

这一节中，我们将介绍并矢分析中的一些重要公式，这是矢量分析向高水平的扩展.

在笛卡儿坐标系中，一个矢量函数或矢量 $\boldsymbol{F}$ 可表示为

$$\boldsymbol{F} = \sum_{i=1}^{3} F_i \hat{x}_i. \tag{A.34}$$

式中，当取 $i = 1,2,3$ 时，F_i 表示 $\boldsymbol{F}$ 的三个标量分量，$\hat{x}_i$ 表示 x_i 方向上三个单位矢量. 这是用 x_i 表示笛卡儿变量 (x, y, z)，如(A.34) 式所示，所以求和符号可用于 $\boldsymbol{F}$. 今后，除特殊说明之外，求和指数总是按从 1 到 3 轮流顺序取值.

现在考虑三个不同的矢量函数

$$\boldsymbol{F}_j = \sum_{i} F_{ij} \hat{x}_i, \quad j = 1,2,3 \tag{A.35}$$

则并矢函数或并矢 $\overline{\overline{F}}$ 可定义为

$$\overline{\overline{F}} = \sum_{j} \boldsymbol{F}_j \hat{x}_j. \tag{A.36}$$

式中：$\boldsymbol{F}_j (j = 1,2,3)$ 称为 $\overline{\overline{F}}$ 的三个矢量分量. 将(A.35) 式代入(A.36) 式，则

$$\overline{\overline{F}} = \sum_{i} \sum_{j} F_{ij} \hat{x}_i \hat{x}_j. \tag{A.37}$$

其中 F_{ij} 称为 $\overline{\overline{F}}$ 的九个标量分量，$\hat{x}_i \hat{x}_j$ 则是九个单位并矢，每一个都是一对单位矢量按顺序排列组成的，它们的顺序是不能颠倒的，即

$$\hat{x}_i \hat{x}_j \neq \hat{x}_j \hat{x}_i. \tag{A.38}$$

(A.36)式所表示的并矢的转置用$(\overline{\overline{F}})^{\mathrm{T}}$表示,它定义为

$$(\overline{\overline{F}})^{\mathrm{T}}=\sum_j\hat{x}_j\overline{F}_j=\sum_i\sum_jF_{ij}\hat{x}_j\hat{x}_i=\sum_j\sum_iF_{ji}\hat{x}_i\hat{x}_j. \tag{A.39}$$

(A.39)式与(A.36)式及(A.37)式相比较可以看出,$\overline{\overline{F}}$中$\boldsymbol{F}_j$和$\hat{x}_j$的排序已经改变了,或者说$\overline{\overline{F}}$中的标量分量F_{ij}已置换成$(\overline{\overline{F}})^{\mathrm{T}}$中的$F_{ji}$,因此叫做“转置”.

对称并矢用$\overline{\overline{F}}_S$表示.对于对称并矢,有$F_{ij}=F_{ji}$,因此,

$$(\overline{\overline{F}}_S)^{\mathrm{T}}=\overline{\overline{F}}_S. \tag{A.40}$$

对称并矢的九个分量中只有六个是独立分量.反对称并矢用$\overline{\overline{F}}_a$表示,对于反对称并矢,有$F_{ij}=-F_{ji}$,因此,$F_{ii}=0(i=1,2,3)$,且

$$(\overline{\overline{F}}_a)^{\mathrm{T}}=-\overline{\overline{F}}_a. \tag{A.41}$$

一个反对称并矢如果不考虑正负号的差别,则只有三个独立标量分量,且它有六个非零的并矢分量.

下面讨论一种对称并矢的特殊情况.

$$F_{ij}=1 \qquad (i=j),$$
$$F_{ij}=0 \qquad (i\neq j),$$

或

$$F_{ij}=\delta_{ij}. \tag{A.42}$$

这里,δ_{ij}表示克罗内克δ函数.这个并矢用$\overline{\overline{I}}$表示,称为归本因子,它的显式为

$$\overline{\overline{I}}=\sum_i\hat{x}_i\hat{x}_i. \tag{A.43}$$

一个并矢单独存在时就像矩阵那样不具有代数性质.当构成一定的乘积时它起算子的作用.特别是,我们可以在矢量$\boldsymbol{a}$和并矢$\overline{\overline{F}}$之间定义两个标积,前标积定义为:

$$\boldsymbol{a}\cdot\overline{\overline{F}}=\sum_j(\boldsymbol{a}\cdot\boldsymbol{F}_j)\hat{x}_j=\sum_i\sum_ja_iF_{ij}\hat{x}_j, \tag{A.44}$$

它是一矢量.后标积定义为:

$$\begin{aligned}\overline{\overline{F}}\cdot\boldsymbol{a}&=\sum_j\boldsymbol{F}_j(\hat{x}_j\cdot\boldsymbol{a})=\sum_i\sum_ja_jF_{ij}\hat{x}_i\\&=\sum_i\sum_ja_iF_{ji}\hat{x}_j.\end{aligned} \tag{A.45}$$

它也是一矢量.一般情况下,两个标积是不相等的,除非 $\overline{\overline{F}}$ 是一对称并矢.对于任意并矢,有

$$\boldsymbol{a}\cdot(\overline{\overline{F}})^{\mathrm{T}}=\overline{\overline{F}}\cdot\boldsymbol{a}. \tag{A.46}$$

在并矢分析中,这是一个重要的等式.作为(A.40)及(A.41)式的结果,可得

$$\boldsymbol{a}\cdot\overline{\overline{F}}_S=\overline{\overline{F}}_S\cdot\boldsymbol{a}, \tag{A.47}$$

$$\boldsymbol{a}\cdot\overline{\overline{F}}_a=-\overline{\overline{F}}_a\cdot\boldsymbol{a}. \tag{A.48}$$

若 $\overline{\overline{F}}=\overline{\overline{I}}$,则

$$\boldsymbol{a}\cdot\overline{\overline{I}}=\overline{\overline{I}}\cdot\boldsymbol{a}=\boldsymbol{a}. \tag{A.49}$$

这就是 $\overline{\overline{I}}$ 被称为归本因子的原因.

在矢量 $\boldsymbol{a}$ 和并矢 $\overline{\overline{F}}$ 之间也有两个矢积.前矢积定义为:

$$\boldsymbol{a}\times\overline{\overline{F}}=\sum_j(\boldsymbol{a}\times\boldsymbol{F}_j)\hat{x}_j. \tag{A.50}$$

后矢积定义为:

$$\overline{\overline{F}}\times\boldsymbol{a}=\sum_j\boldsymbol{F}_j(\hat{x}_j\times\boldsymbol{a}). \tag{A.51}$$

前矢积和后矢积都是并矢,这两个矢积没有类似于(A.46)式那样的关系式.

在矢量分析中,我们已经有下述包括三个矢量的恒等式

$$\boldsymbol{a}\cdot(\boldsymbol{b}\times\boldsymbol{c})=\boldsymbol{b}\cdot(\boldsymbol{c}\times\boldsymbol{a})=\boldsymbol{c}\cdot(\boldsymbol{a}\times\boldsymbol{b}). \tag{A.52}$$

这些恒等式可以推广到包括并矢的情况.我们考虑含有三个不同矢量函数 $\boldsymbol{c}_j$ 的三组不同的三重积

$$\boldsymbol{a}\cdot(\boldsymbol{b}\times\boldsymbol{c}_j)=-\boldsymbol{b}\cdot(\boldsymbol{a}\times\boldsymbol{c}_j)=(\boldsymbol{a}\times\boldsymbol{b})\cdot\boldsymbol{c}_j, \tag{A.53}$$

$j=1,2,3$.现在对(A.53)式的每一项都后置 $\hat{x}_j$,并将所得结果按 j 求和,得

$$\boldsymbol{a}\cdot(\boldsymbol{b}\times\overline{\overline{c}})=-\boldsymbol{b}\cdot(\boldsymbol{a}\times\overline{\overline{c}})=(\boldsymbol{a}\times\boldsymbol{b})\cdot\overline{\overline{c}}. \tag{A.54}$$

(A.53)式中每一项都是标量,而(A.54)式中每一项都是矢量.(A.54)式是将(A.53)式的矢量三乘积升格为包含一个并矢和两个矢量的公式,利用(A.46)式我们还可将(A.54)式后两项中的 $\boldsymbol{b}$ 变为并矢,这只要考虑下面三个独立的方程

$$-(\boldsymbol{a}\times\overline{\overline{c}})^{\mathrm{T}}\cdot\boldsymbol{b}_j=(\overline{\overline{c}})^{\mathrm{T}}.(a\times b_j), \tag{A.55}$$

$j=1,2,3$. 在(A. 55)式两项之后并置一单位矢量 $\hat{x}_j$,并将所得式对 j 求和,得

$$-(\boldsymbol{a}\times\bar{\bar{c}})^{\mathrm{T}}\cdot\bar{\bar{b}}=(\bar{\bar{c}})^{\mathrm{T}}\cdot(\boldsymbol{a}\times\bar{\bar{b}}). \tag{A.56}$$

式中:每项都是两个并矢的标积,其结果给出了一个关于两个并矢的等式.

在结束这一节时,我们将前面已经导出的及一些以后经常要用到的并矢计算公式整理排列如下,以便于读者查寻.

$$\boldsymbol{a}\cdot(\boldsymbol{b}\times\bar{\bar{c}})=-\boldsymbol{b}\cdot(\boldsymbol{a}\times\bar{\bar{c}})=(\boldsymbol{a}\times\boldsymbol{b})\cdot\bar{\bar{c}}. \tag{A.57}$$

$$\boldsymbol{a}\times(\boldsymbol{b}\times\bar{\bar{c}})=\boldsymbol{b}\cdot(\boldsymbol{a}\times\bar{\bar{c}})-(\boldsymbol{a}\cdot\boldsymbol{b})\bar{\bar{c}}. \tag{A.58}$$

$$\nabla(a\boldsymbol{b})=a\nabla\boldsymbol{b}+(\nabla a)\boldsymbol{b}. \tag{A.59}$$

$$\nabla(a\bar{\bar{b}})=a\nabla\bar{\bar{b}}+(\nabla a)\cdot\bar{\bar{b}}. \tag{A.60}$$

$$\overline{\nabla}(a\bar{\bar{b}})=a\overline{\nabla}\bar{\bar{b}}+(\nabla a)\times\bar{\bar{b}}. \tag{A.61}$$

$$\overline{\nabla}(\overline{\nabla}\bar{\bar{a}})=\nabla(\nabla\bar{\bar{a}})-\nabla(\nabla\bar{\bar{a}}). \tag{A.62}$$

$$\nabla(\overline{\nabla}\bar{\bar{a}})=0. \tag{A.63}$$

$$\boldsymbol{a}\cdot\bar{\bar{b}}=(\bar{\bar{b}})^{\mathrm{T}}\cdot\boldsymbol{a}. \tag{A.64}$$

$$\boldsymbol{a}\times\bar{\bar{b}}=-[(\bar{\bar{b}})^{\mathrm{T}}\times\boldsymbol{a}]^{\mathrm{T}}. \tag{A.65}$$

$$(\bar{\bar{c}})^{\mathrm{T}}\cdot(\boldsymbol{a}\times\bar{\bar{b}})=-(\boldsymbol{a}\times\bar{\bar{c}})^{\mathrm{T}}\cdot\bar{\bar{b}}. \tag{A.66}$$

A.6 并矢的微分与积分公式

上面主要讨论并矢的代数运算,下面介绍包括并矢微分和积分的一些定义和公式.

并矢函数的散度 $\nabla\bar{\bar{F}}$ 定义为

$$\nabla\bar{\bar{F}}=\sum_j(\nabla\boldsymbol{F}_j)\hat{x}_j=\sum_i\sum_j\frac{\partial F_{ij}}{\partial x_j}\hat{x}_j. \tag{A.67}$$

它是一个矢量函数. 并矢函数的旋度 $\overline{\nabla}\bar{\bar{F}}$ 定义为

$$\overline{\nabla}\bar{\bar{F}}=\sum_j(\overline{\nabla}\boldsymbol{F}_j)\hat{x}_j=\sum_i\sum_j(\nabla F_{ij}\times\hat{x}_i)\hat{x}_j. \tag{A.68}$$

这里已经应用了矢量恒等式

$$\overline{\nabla}(F_{ij}\hat{x}_j)=\nabla F_{ij}\times\hat{x}_j. \tag{A.69}$$

(A. 68)式的结果是一并矢函数. 一个矢量函数的梯度定义为

$$\nabla \boldsymbol{F} = \sum_j (\nabla F_j)\hat{x}_j = \sum_i \sum_j \frac{\partial F_j}{\partial x_i}\hat{x}_i\hat{x}_j, \tag{A.70}$$

它是一个并矢.

若一个并矢函数由一归本因子 $\bar{\bar{I}}$ 和一个标量函数 f 构成,即

$$\bar{\bar{F}} = f\bar{\bar{I}},$$

则 $$\nabla \bar{\bar{F}} = \nabla(f\bar{\bar{I}}) = \sum_i \nabla(f\hat{x}_i)\hat{x}_i = \sum_i \frac{\partial f}{\partial x_i}\hat{x}_i = \nabla f, \tag{A.71}$$

且 $$\begin{aligned}\nabla \bar{\bar{F}} &= \nabla(f\bar{\bar{I}}) = \sum_i \nabla(f\hat{x}_i)\hat{x}_i \\ &= \sum_i (\nabla f \times \hat{x}_i)\hat{x}_i = \nabla f \times \bar{\bar{I}}.\end{aligned} \tag{A.72}$$

下面从几个矢量格林定理出发,导出它们的并矢形式.考虑三个不同的第一矢量格林定理

$$\begin{aligned}&\iiint_V [(\nabla \boldsymbol{P}) \cdot \nabla \boldsymbol{Q}_j) - \boldsymbol{P} \cdot \nabla\nabla \boldsymbol{Q}_j]\mathrm{d}V \\ &= \oint\!\!\!\oint_S \hat{n} \cdot (\boldsymbol{p} \times \nabla \boldsymbol{Q}_j)\mathrm{d}S \qquad (j = 1,2,3),\end{aligned} \tag{A.73}$$

在每个方程之后并置一单位矢量 $\hat{x}_j$,然后相加,就得到第一矢量并矢格林定理:

$$\begin{aligned}&\iiint_V [(\nabla \boldsymbol{P}) \cdot (\nabla \bar{\bar{Q}}) - \boldsymbol{P} \cdot \nabla\nabla \bar{\bar{Q}}]\mathrm{d}V \\ &= \oint\!\!\!\oint_S \hat{n} \cdot (\boldsymbol{p} \times \nabla \bar{\bar{Q}})\mathrm{d}S.\end{aligned} \tag{A.74}$$

下面由第二矢量格林定理推出它的矢量并矢形式.为此,先考虑定理的三个不同方程式:

$$\begin{aligned}&\iiint_V [\boldsymbol{P} \cdot \nabla\nabla \boldsymbol{Q}_j - (\nabla\nabla \boldsymbol{P}) \cdot \boldsymbol{Q}_j]\mathrm{d}V \\ &= -\oint\!\!\!\oint_S \hat{n} \cdot [(\nabla \boldsymbol{P}) \times \boldsymbol{Q}_j + \boldsymbol{P} \times \nabla \boldsymbol{Q}_j]\mathrm{d}S \\ &= -\iint_S [(\hat{n} \times \nabla \boldsymbol{P}) \cdot \boldsymbol{Q}_j + (\hat{n} \times \boldsymbol{P}) \cdot \nabla \boldsymbol{Q}_j]\mathrm{d}S \quad (j = 1,2,3).\end{aligned} \tag{A.75}$$

在每个方程之后并置一单位矢量 $\hat{x}_j$,然后三式相加就得到第二矢量并矢格林定理,即

$$\iiint_V [\boldsymbol{P} \cdot \nabla\nabla \bar{\bar{Q}} - (\nabla\nabla \boldsymbol{P}) \cdot \bar{\bar{Q}}] \mathrm{d}V$$

$$= -\oiint_S [(\hat{n} \times \nabla \boldsymbol{P}) \cdot \bar{\bar{Q}} + (\hat{n} \times \boldsymbol{P}) \cdot \nabla \bar{\bar{Q}}] \mathrm{d}S. \qquad (A.76)$$

(A.74) 式还可写成下式

$$\iiint_V [(\nabla \bar{\bar{Q}})^{\mathrm{T}} \cdot \nabla \boldsymbol{P} - (\nabla\nabla \bar{\bar{Q}})^{\mathrm{T}} \cdot \boldsymbol{P}] \mathrm{d}V$$

$$= \oiint_S (\hat{n} \times \boldsymbol{P}) \cdot \nabla \bar{\bar{Q}} \mathrm{d}S = \oiint_S (\nabla \bar{\bar{Q}})^{\mathrm{T}} \cdot (\hat{n} \times \boldsymbol{P}) \mathrm{d}S.$$

用同样的办法将 $\boldsymbol{P}$ 升格为并矢，就得到第一并矢格林定理：

$$\iiint_V [(\nabla \bar{\bar{Q}})^{\mathrm{T}} \cdot \nabla \bar{\bar{P}} - (\nabla\nabla \bar{\bar{Q}})^{\mathrm{T}} \cdot \bar{\bar{P}}] \mathrm{d}V$$

$$= \oiint_S (\nabla \bar{\bar{Q}})^{\mathrm{T}} \cdot (\hat{n} \times \bar{\bar{P}}) \mathrm{d}S. \qquad (A.77)$$

对(A.76)式用同样的方法，得到第二并矢格林定理，即

$$\iiint_V [(\nabla\nabla \bar{\bar{Q}})^{\mathrm{T}} \cdot \bar{\bar{P}} - (\bar{\bar{Q}})^{\mathrm{T}} \cdot \nabla\nabla \bar{\bar{P}}] \mathrm{d}V$$

$$= -\oiint_S [(\bar{\bar{Q}})^{\mathrm{T}} \cdot (\hat{n} \times \nabla \bar{\bar{P}}) + (\nabla \bar{\bar{Q}})^{\mathrm{T}} \cdot (\hat{n} \times \bar{\bar{P}})] \mathrm{d}S. \qquad (A.78)$$

用并矢格林函数积分麦克斯韦方程和证明并矢格林函数的对称性时，要用到上面这些定理. 并矢格林函数的概念和它们的精确表达式是本书主要的讨论内容.

B. 标量格林函数

本附录首先从格林函数法的观点温习传输线理论，作为介绍术语、概念和各种类型并矢格林函数推导方法的入门. 附录中的很多内容在本书处理矢量波动方程时可以找到它们的相似性.

B.1 一维波动方程的标量格林函数 —— 传输线理论

考虑由分布电流源 $K(x)$ 激励的传输线，如图 B-1 所示. 这一传输线可以是有限长的，也可以是无限长的；每一端可能接有一个阻

抗,也可能是接另一根传输线. 对于简谐振荡源 $K(x)$,线上电压和电流满足下列方程:

$$\frac{\mathrm{d}V(x)}{\mathrm{d}x} = \mathrm{i}\omega LI(x), \tag{B.1}$$

$$\frac{\mathrm{d}I(x)}{\mathrm{d}x} = \mathrm{i}\omega CV(x) + K(x). \tag{B.2}$$

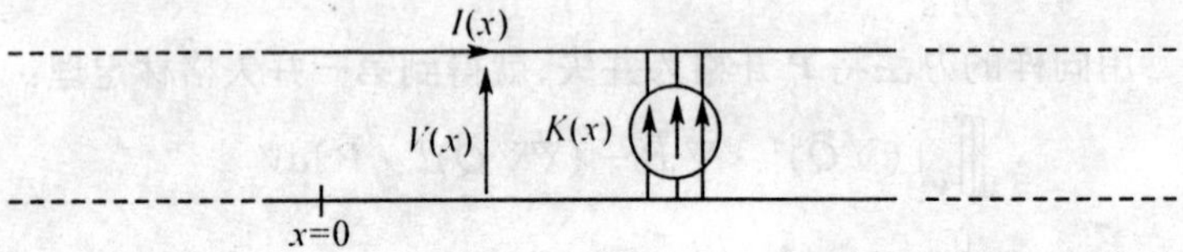

图 B-1 分布电流源 $K(x)$ 激励的传输线

式中:L 和 C 分别表示传输线的分布电感和分布电容. 我们的目的是求一定终端情况下线上的 $V(x)$ 和 $I(x)$. 由(B.1)、(B.2) 两式消去 $I(x)$,可得

$$\frac{\mathrm{d}^2V(x)}{\mathrm{d}x^2} + k^2V(x) = \mathrm{i}\omega LK(x). \tag{B.3}$$

式中:$k = \omega\sqrt{LC}$ 表示线上的传播常数. 方程(B-3) 称为非齐次一维标量波动方程. 格林函数方法在解这一类方程中已经建立了一套十分简洁的方法,这种方法与电路理论中的方法相似. 在电路理论中,对于任意输入函数,网络的响应可由网络的脉冲响应的积分来决定. 空间分布问题中的格林函数和时域问题中脉冲响应函数起着相同的作用. 对于瞬变场问题,格林函数也可以包含脉冲的时间特性. 根据定义,一维标量波动方程的格林函数 $g(x,x')$ 是下列方程的解:

$$\frac{\mathrm{d}^2g(x,x')}{\mathrm{d}x^2} + k^2g(x,x') = -\delta(x-x'). \tag{B.4}$$

式中:$\delta(x-x')$ 是 δ 函数. 方程(B.4) 的物理含义是这样的:若取

$$K(x) = \frac{\mathrm{i}}{\omega L}\delta(x-x'), \tag{B.5}$$

则
$$\int_{x'-\varepsilon}^{x'+\varepsilon} K(x)\mathrm{d}x = \frac{\mathrm{i}}{\omega L}. \tag{B.6}$$

此时,(B.3) 式就简化为(B.4) 式,(B.5)、(B.6) 两式就意指传输线是由 $x = x'$ 处幅度为 $\frac{\mathrm{i}}{\omega L}$ 的集中电流源激发的. 从微分方程理论已经知道,满足(B.4) 式的 $g(x,x')$ 还不能完全确定,因为尚未列出函数被定义空间的终端必须满足的两个边界条件. $g(x,x')$ 所必须满足的边界条件和我们所要决定的函数 $V(x)$ 所需满足的边界条件是一样的. 所以格林函数要按照其必须服从的边界条件来分类. 关于传输线的一些典型的边界条件示于图 B-2 中. 为了区别满足不同边界条件的各种函数的类型,我们用一个下标来识别它们. 一般地,用"0"

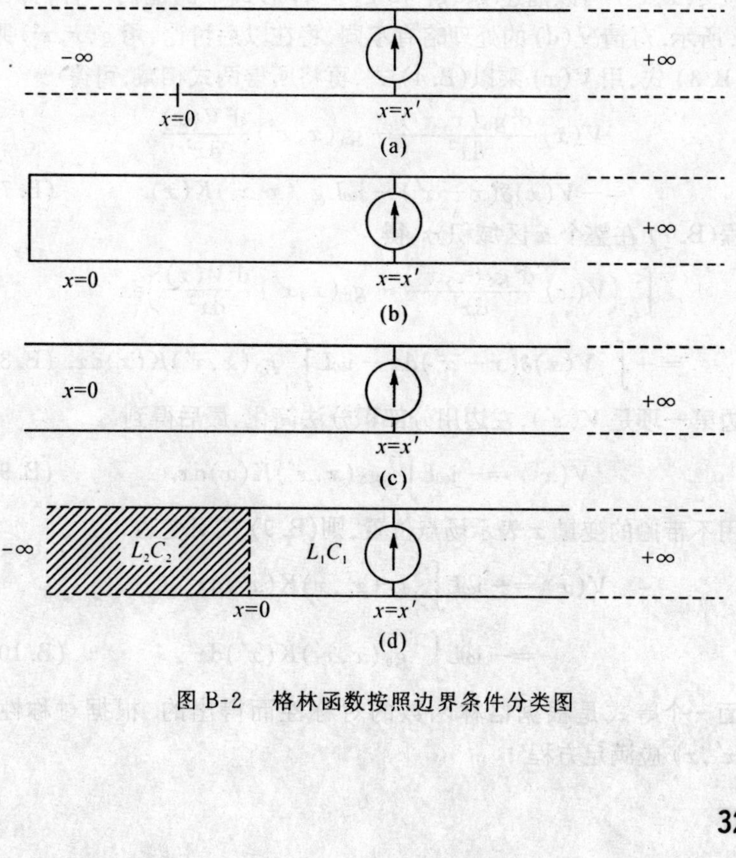

图 B-2 格林函数按照边界条件分类图

表示无限区域，所以为出射波，在 $x\to\pm\infty$ 处满足辐射条件. 脚注"1"的意思是边界条件之一满足狄里克莱条件，而其他则满足辐射条件. 下标"2" 表示边界条件之一满足纽曼条件. 而下标"3" 则用于混合边界条件. 在讨论并矢格林函数的分类时也采用同样的命名法则. 对两种不同的边界条件将使用双脚注. 例如，图 B-2(b) 的情况用 g_{01} 表示它包括一个辐射条件和一个狄里克莱条件. 在情况(d) 中，因为这个问题中有两组传输线电压和电流，即(V_1, I_1) 和(V_2, I_2)，同时两个区域中的格林函数也有不同的形式，所以还要使用上标. 第一个上标表示函数定义的区域，第二个上标表示源所在的区域. 在推导各种类型格林函数的表达式之前，先导出表明格林函数应用的主要公式.

首先，讨论一简单传输线. 令 x 的区域为(x_1, x_2). 公式(B. 4) 的函数 $g(x,x')$ 可以描述 g_0、g_1 和 g_2 三种形式中的任何一种，如图 B-2 所示. 对情况(d) 的处理略有不同，将在以后讨论，用 $g(x,x')$ 乘以(B. 3) 式，用 $V(x)$ 乘以(B. 4) 式，再将所得两式相减，可得

$$V(x)\frac{\mathrm{d}^2 g_0(x,x')}{\mathrm{d}x^2}-g_0(x,x')\frac{\mathrm{d}^2 V(x)}{\mathrm{d}x^2}$$
$$=-V(x)\delta(x-x')-\mathrm{i}\omega L g_0(x,x')K(x). \tag{B. 7}$$

方程(B. 7) 在整个 x 区域积分，得

$$\int_{x_1}^{x_2}\left[V(x)\frac{\mathrm{d}^2 g_0(x,x')}{\mathrm{d}x^2}-g_0(x,x')\frac{\mathrm{d}^2 V(x)}{\mathrm{d}x^2}\right]\mathrm{d}x$$
$$=-\int_{x_1}^{x_2}V(x)\delta(x-x')\mathrm{d}x-\mathrm{i}\omega L\int_{x_1}^{x_2}g_0(x,x')K(x)\mathrm{d}x. \tag{B. 8}$$

右边第一项是 $V(x')$，左边用分部积分法简化，最后得到

$$V(x')=-\mathrm{i}\omega L\int_{x_1}^{x_2}g_0(x,x')K(x)\mathrm{d}x. \tag{B. 9}$$

若用不带撇的变量 x 表示场点位置，则(B. 9) 式可变为

$$V(x)=-\mathrm{i}\omega L\int_{x_1}^{x_2}g_0(x',x)K(x')\mathrm{d}x'$$
$$=-\mathrm{i}\omega L\int_{x_1}^{x_2}g_0(x,x')K(x')\mathrm{d}x'. \tag{B. 10}$$

后面一个等式是根据格林函数的对称性而得出的. 根据对称性，$g(x',x)$ 应满足方程

$$\frac{\mathrm{d}^2 g(x',x)}{\mathrm{d}x'^2} + k^2 g(x',x) = -\delta(x'-x). \tag{B.11}$$

比较方程(B.4)和(B.10),有助于我们认识在 $g_0(x,x')$ 中 x 和 x' 的位置不能任意交换的重要性.

B.2 用通常的方法和欧姆-瑞利方法推导 $g_0(x,x')$

各种格林函数的表达式可以用微分方程理论中论述的通常方法推导. 另一种方法是欧姆 — 瑞利方法,或者称为本征函数展开法. 欧姆 — 瑞利方法这一术语是索末菲首先引用的[1]. 对于传输线这类问题,并不需要用这种方法,但是对于并矢格林函数的问题,这种方法就是一种很重要的工具. 下面,我们首先用通常的方法推导各种 g 的表示式,而后用欧姆 — 瑞利方法导出自由空间的格林函数,作为这种方法所包括的各种技巧的说明.

1. 自由空间格林函数 $g_0(x,x')$

参看图 B-2 所示的情况,在两个区域中公式(B.4) 的一般解是

$$g_0(x,x') = \begin{cases} A\mathrm{e}^{\mathrm{i}kx}, & \\ B\mathrm{e}^{-\mathrm{i}kx}, & \end{cases} \quad x \gtrless x'. \qquad \begin{matrix}(B.12)\\(B.13)\end{matrix}$$

指数函数中正、负号的选择要保证在无限远处满足边界条件. 在 $x = x'$ 处函数必须连续,而它的导数是不连续的. 这两个条件的物理解释是这样的:在 x' 处电压是连续的,但电流的差值等于源电流. 在代数上,若将方程(B.4) 在 x' 附近一小段中积分,并让 $g(x,x')$ 等于 $g_0(x,x')$,可得

$$\int_{x'-\varepsilon}^{x'+\varepsilon} \frac{\mathrm{d}^2 g_0(x,x')}{\mathrm{d}x^2}\mathrm{d}x + k^2\int_{x'-\varepsilon}^{x'+\varepsilon} g_0(x,x')\mathrm{d}x = -1. \tag{B.14}$$

取 $\varepsilon \to 0$ 的极限,假定 $g_0(x,x')$ 在 x' 处有限,第二项趋向于零,则(B.14) 式可变成

$$\left[\frac{\mathrm{d}g_0(x,x')}{\mathrm{d}x}\right]_{x'-0}^{x'+0} = -1. \tag{B.15}$$

$g_0(x,x')$ 在 x' 处连续,即

$$\left[g_0(x,x')\right]_{x'-0}^{x'+0} = 0. \tag{B.16}$$

将这两个条件应用于(B. 12) 式及(B. 13) 式，我们就得到

$$g_0(x,x')=\begin{cases}\dfrac{\mathrm{i}}{2k}\mathrm{e}^{\mathrm{i}k(x-x')} & (x\geqslant x'),\\ \dfrac{\mathrm{i}}{2k}\mathrm{e}^{-\mathrm{i}k(x-x')} & (x\leqslant x').\end{cases}\tag{B. 17}$$

也可写成更简洁的形式

$$g_0(x,x')=\frac{\mathrm{i}}{2k}\mathrm{e}^{\mathrm{i}k|x-x'|}.\tag{B. 18}$$

2. 第一类格林函数 $g_1(x,x')$

对于这种情况，取

$$g_1(x,x')=\begin{cases}A\mathrm{e}^{\mathrm{i}kx} & (x\geqslant x'),\\ B\sin kx & (x'\geqslant x\geqslant 0).\end{cases}\tag{B. 19}$$

选择正弦函数是保证在 $x=0$ 处满足狄里克莱条件. 利用(B. 15)、(B. 16) 两式，将 $g_0(x,x')$ 换成 $g_1(x,x')$，有

$$g_1(x,x')=\begin{cases}\dfrac{1}{k}\sin kx'\,\mathrm{e}^{\mathrm{i}kx} & (x\geqslant x'),\\ \dfrac{1}{k}\sin kx\,\mathrm{e}^{\mathrm{i}kx'} & (x'\geqslant x\geqslant 0).\end{cases}\tag{B. 20}$$

这个式子可写成下面的形式

$$g_1(x,x')=\begin{cases}\dfrac{\mathrm{i}}{2k}[\mathrm{e}^{\mathrm{i}k(x-x')}-\mathrm{e}^{\mathrm{i}k(x+x')}] & (x\geqslant x'),\\ \dfrac{\mathrm{i}}{2k}[\mathrm{e}^{-\mathrm{i}k(x-x')}-\mathrm{e}^{\mathrm{i}k(x+x')}] & (x'\geqslant x\geqslant 0).\end{cases}\tag{B. 21}$$

根据公式(B. 17)，上式可解释为由一个入射波和一个散射波构成，即

$$g_1(x,x')=g_0(x,x')+g_{1S}(x,x'),$$
$$g_{1S}(x,x')=-\frac{\mathrm{i}}{2k}\mathrm{e}^{\mathrm{i}k(x+x')}.\tag{B. 22}$$

这种概念不仅在物理上有用，而且在数学上提出了寻求复合格林函数的捷径. 因为一旦 $g_0(x,x')$ 已知，则剩下的只是求 g_S 的问

题，这样便可满足需要的边界条件. 可以看到，$g_{1S}(x,x')$ 或 $g_S(x,x')$ 是齐次微分方程

$$\frac{d^2 g_S}{dx^2} + k_2 g_S = 0 \tag{B.23}$$

的解，它不像 $g_0(x,x')$ 那样，它没有任何不连续性. 下面用这种简便的方法或者散射叠加法给出一个求出 $g_2(x,x')$ 的例子.

3. 第二类格林函数 $g_2(x,x')$

散射叠加方法启发我们从下式着手：

$$g_2(x,x') = g_0(x,x') + A e^{ikx} \tag{B.24}$$

$$\left[\frac{dg_0(x,x')}{dx} + ikA e^{ikx}\right]_{x=0} = 0, \tag{B.25}$$

或

$$\frac{1}{2} e^{ikx'} + ikA = 0.$$

因此，

$$A = \frac{i}{2k} e^{ikx'}. \tag{B.26}$$

于是 $g_2(x,x')$ 的完整表达式是

$$g_2(x,x') = \frac{i}{2k}\begin{cases} e^{ik(x-x')} + e^{ik(x+x')} & (x \geqslant x'), \\ e^{-ik(x-x')} + e^{ik(x+x')} & (x' \geqslant x \geqslant 0), \end{cases}$$

$$= \frac{i}{k}\begin{cases} \cos kx' e^{ikx} & (x \geqslant x'), \\ \cos kx e^{ikx'} & (x' \geqslant x \geqslant 0). \end{cases} \tag{B.27}$$

4. 第三类格林函数 $g^{(ij)}(x,x')$

在这种情况下，从两个微分方程出发：

$$\frac{d^2 v_1(x)}{dx^2} + k_1^2 V_1(x) = i\omega L_1 k_1(x) \qquad (x \geqslant 0), \tag{B.28}$$

$$\frac{d^2 V_2(x)}{dx^2} + k_2^2 V_2(x) = 0 \qquad (x \leqslant 0). \tag{B.29}$$

假定电流源位于区域 1 中(见图 B-2). 引进两个第三类格林函数 $g^{(11)}(x,x^1)$ 和 $g^{(21)}(x,x^2)$. 第三类格林函数有两个数字组成的上角标，第一个数字表示函数所定义的区域，第二个数字表示源所在的区域. 有

$$\frac{\mathrm{d}^2 g^{(11)}(x,x')}{\mathrm{d}x^2}+k_1^2 g^{(11)}(x,x')=-\delta(x-x') \qquad (x\geqslant 0), \tag{B.30}$$

$$\frac{\mathrm{d}^2 g^{(21)}(x,x')}{\mathrm{d}x^2}+k_2^2 g^{(21)}(x,x')=0 \qquad (x\leqslant 0). \tag{B.31}$$

在 $x=0$ 的接合处，$g^{(11)}$ 与 $g^{(21)}$ 满足下列边界条件：

$$g^{(11)}(x,x')_{x=0}=g^{(21)}(x,x')_{x=0}, \tag{B.32}$$

$$\frac{1}{L_1}\left.\frac{\mathrm{d}g^{(11)}(x,x')}{\mathrm{d}x}\right|_{x=0}=\frac{1}{L_2}\left.\frac{\mathrm{d}g^{(21)}(x,x')}{\mathrm{d}x}\right|_{x=0}. \tag{B.33}$$

后面一个条件相应于物理上的要求，即接合处电流连续. 此外，利用散射叠加方法，可写出

$$\begin{aligned} g^{(11)}(x,x') &= g_0(x,x')+g_S^{(11)}(x,x') \\ &= \frac{\mathrm{i}}{2k_1}\begin{cases} \mathrm{e}^{\mathrm{i}k_1(x-x')}+R\mathrm{e}^{\mathrm{i}k_1(x+x')} & (x\geqslant x'), \\ \mathrm{e}^{-\mathrm{i}k_1(x-x')}+R\mathrm{e}^{\mathrm{i}k_1(x+x')} & (x'\geqslant x\geqslant 0), \end{cases} \end{aligned} \tag{B.34}$$

$$g^{(21)}(x,x')=\frac{\mathrm{i}}{2k_1}T\mathrm{e}^{-\mathrm{i}(k_2x-k_1x')} \qquad (x\leqslant 0). \tag{B.35}$$

上面的公式中，已经附加上带有未知系数 R 和 T 的项. 将边界条件(B.32) 式及(B.33) 式用到上面两个函数中，得

$$1+R=T, \tag{B.36}$$

$$\frac{k_1}{L_1}(1-R)=\frac{k_2}{L_2}T, \tag{B.37}$$

$$\frac{1}{Z_1}(1-R)=\frac{1}{Z_2}T. \tag{B.38}$$

式中：
$$Z_1=\left(\frac{L_1}{C_1}\right)^{1/2}, \quad Z_2=\left(\frac{L_2}{C_2}\right)^{1/2}. \tag{B.39}$$

它们分别表示线的特性阻抗. 从(B.36)、(B.38) 两式中解出 R 和 T，有

$$R=\frac{Z_2-Z_1}{Z_2+Z_1}, \tag{B.40}$$

$$T=\frac{2Z_2}{Z_2+Z_1}. \tag{B.41}$$

这正是从线 Ⅰ 向线 Ⅱ 传播的反射系数和传输系数. 知道 $g^{(11)}(x,$

x') 及 $g^{(21)}(x,x')$ 以后,我们就可以像前面推导(B. 9) 式一样,将一维格林定理用于(B. 28) ~ (B. 31) 式中而求得 V_1 及 V_2. 于是,由(B. 28) 式及(B. 30) 式得到

$$V_1(x') = -i\omega L_1\int_0^{\infty} g^{(11)}(x,x')K_1(x)dx + \left[g^{(11)}(x,x')\frac{dV_1(x)}{dx} - V_1(x)\frac{dg^{(11)}(x,x')}{dx}\right]_0^{\infty}. \quad (B.42)$$

从(B. 29) 式及(B. 31) 式,有

$$\left[g^{(21)}(x,x')\frac{dV_2(x)}{dx} - V_2(x)\frac{dg^{(21)}(x,x')}{dx}\right]_{-\infty}^{0} = 0. \quad (B.43)$$

由于在 $x=-\infty$ 处的辐射条件,以及

$$\frac{dV_2(x)}{dx} = i\omega L_2 I_2(x),$$

$$\frac{dg^{(21)}(x,x')}{dx} = -ik_2 g^{(21)}(x,x'),$$

及

$$V_2(x) = Z_2 I_2(x),$$

所以等式(B. 43) 确实是满足的. 同样的道理,公式(B. 42) 右边第二项为零. 于是得

$$V_1(x') = -i\omega L_1\int_0^{\infty} g^{(11)}(x,x')K_1(x)dx. \quad (B.44)$$

将变量 x 与 x' 互换,得

$$V_1(x) = -i\omega L_1\int_0^{\infty} g^{(11)}(x,x')K_1(x')dx' \quad (x \geqslant 0). \quad (B.45)$$

其中我们已经使用了格林函数的对称性: $g^{(11)}(x,x') = g^{(11)}(x',x)$, 下面将证明这个公式. 为了确定 $V_2(x)$, 我们写出

$$V_2(x) = V_2(0)e^{-ik_2x} = V_1(0)e^{-ik_2x}. \quad (B.46)$$

它是(B. 29) 式在 $x=-\infty$ 处满足辐射条件的解. $V_1(0)$ 的值可以从(B. 45) 式中取 $x=0$ 而得到. 这样,从 $V_2(x)$ 的积分表示式中就可得到

$$V_2(x) = \left[-\mathrm{i}\omega L_1\int_0^{\infty} g^{(11)}(0,x')K_1(x')\mathrm{d}x'\right]\mathrm{e}^{-\mathrm{i}k_2 x}. \quad \text{(B. 47)}$$

根据(B. 32) ～ (B. 35) 式,有

$$g^{(21)}(x,x') = g^{(21)}(0,x')\mathrm{e}^{-\mathrm{i}k_2 x} = g^{(11)}(0,x')\mathrm{e}^{-\mathrm{i}k_2 x}. \quad \text{(B. 48)}$$

则(B. 47) 式可写成下述形式:

$$V_2(x) = -\mathrm{i}\omega L_1\int_0^{\infty} g^{(21)}(x,x')K_1(x')\mathrm{d}x' \qquad (x \leqslant 0). \quad \text{(B. 49)}$$

把它和(B. 45) 式比较可知,除因两式中 x 的可变区域不同,$g^{(11)}(x,x')$ 由 $g^{(21)}(x,x')$ 所替换之外,两公式有同样的形式.

上面用通常的方法推导了各种类型的格林函数. 作为欧姆 - 瑞利方法的入门,我们用这种方法再来导出 $g_0(x,x')$ 的表达式. 为方便起见,下面再重写 $g_0(x,x')$ 的微分方程

$$\frac{\mathrm{d}^2 g_0(x,x')}{\mathrm{d}x^2} + k^2 g_0(x,x') = -\delta(x-x') \qquad (\infty > x > -\infty). \quad \text{(B. 50)}$$

欧姆 - 瑞利方法的关键步骤,是将 $\delta(x-x')$ 按(B. 50) 式相同的齐次方程本征函数展开. 此情况下的本征函数是 $\mathrm{e}^{\mathrm{i}hx}$,它是下述方程的解:

$$\frac{\mathrm{d}^2 f}{\mathrm{d}x^2} + h^2 f = 0. \quad \text{(B. 51)}$$

式中:h 为任意常数. 物理上,$\mathrm{e}^{\mathrm{i}hx}$ 表示在无限长传输线上可以存在的传播常数等于 h 的波. 因为 $\mathrm{e}^{\mathrm{i}hx}$ 是傅立叶变换中所用的谱函数,所以在这种情况下欧姆 — 端利方法就等效于求解公式(B. 50) 的傅立叶变换法. 在我们对(B. 50) 式应用这一方法之前,对关于存在 δ 函数的傅立叶变换的严密性问题还必须说几句. 这一问题的严格理论应基于广义函数理论[2],本书中仅只是应用由这一理论得到的一些公式. 于是我们就可以用傅立叶变换的方法来求解(B. 50) 式. 我们定义

$$f(h) = \int_{-\infty}^{\infty} g_0(x,x')\mathrm{e}^{-\mathrm{i}hx}\mathrm{d}x, \quad \text{(B. 52)}$$

则

$$g_0(x,x') = \frac{1}{2\pi}\int_{-\infty}^{\infty} f(h)\mathrm{e}^{\mathrm{i}hx}\mathrm{d}h. \quad \text{(B. 53)}$$

对(B. 50)式应用傅立叶变换,并假定在 $x=\pm\infty$ 处 g_0 和 $\frac{\mathrm{d}g_0}{\mathrm{d}x}$ 都趋于零,就得到

$$\int_{-\infty}^{\infty}\left[\frac{\mathrm{d}^2 g_0(x,x')}{\mathrm{d}x^2}+k^2 g_0(x,x')\right]\mathrm{e}^{-\mathrm{j}hx}\,\mathrm{d}x$$
$$=(k^2-h^2)f(h)=-\,\mathrm{e}^{-\mathrm{i}hx'},\tag{B. 54}$$

或

$$f(h)=\frac{\mathrm{e}^{-\mathrm{i}hx'}}{h^2-k^2}.\tag{B. 55}$$

因此

$$g_0(x,x')=\frac{1}{2x}\int_{-\infty}^{\infty}\frac{\mathrm{e}^{\mathrm{i}h(x-x')}}{h^2-k^2}\mathrm{d}h.\tag{B. 56}$$

若令 k 为复数,且虚数部分 $\mathrm{Im}(k)>0$,则关于 g_0 和 $\mathrm{d}g_0/\mathrm{d}x$ 在无穷远处的性质的假定可以证明是正确的. 这相应于有效传输线的情况. 在 $g_0(x,x')$ 的最后表达式得到之后,再让 $\mathrm{Im}(k)\to 0$ 以恢复无耗条件. 被积函数在 h 面中极点的位置如图 B-3 所示,其中积分回路假定是沿实轴的.

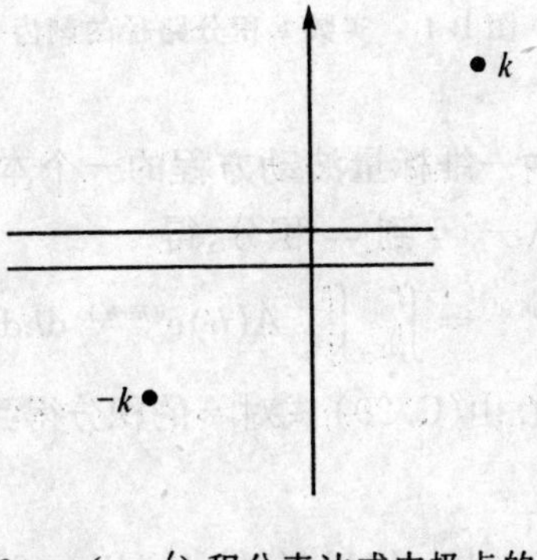

图 B-3 $g_0(x,x')$ 积分表达式中极点的位置

$x-x'\geqslant 0$时,积分回路可以通过上半平面无限远路径闭合起来而不会改变它的值. $x-x'\leqslant 0$时,积分回路可以在下半平面闭合. 将柯西留数定理应用于闭合回路积分,可得

$$g_0(x,x') = \frac{\mathrm{i}}{2k}\begin{cases} \mathrm{e}^{\mathrm{i}k(x-x')} & (x \geqslant x'), \\ \mathrm{e}^{-\mathrm{i}k(x-x')} & (x \leqslant x'). \end{cases} \tag{B.57}$$

对于 k 为实数的情况，把积分路径改变一下，使其在极点处有一刻齿，如图 B-4 所示，则可得到同样的结果.

如果我们严格地按照欧姆 — 瑞利方法的步骤，则过程稍有不同. 首先取

$$\delta(x-x') = \int_{-\infty}^{\infty} A(h)\mathrm{e}^{\mathrm{i}hx}\,\mathrm{d}h, \tag{B.58}$$

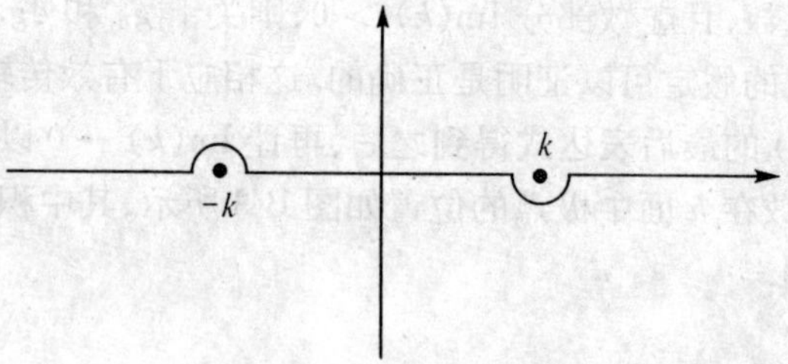

图 B-4 实数 k 积分路径的刻齿

$\mathrm{e}^{\mathrm{i}hx}$ 作为无限区域中一维标量波动方程的一个本征函数. 以 $\mathrm{e}^{-\mathrm{i}h'x}$ 乘 (B.58) 式并对 x 从 $-\infty$ 到 ∞ 积分，得

$$\mathrm{e}^{-\mathrm{i}h'x'} = \int_{-\infty}^{\infty}\int_{-\infty}^{\infty} A(h)\mathrm{e}^{\mathrm{i}(h-h')x}\,\mathrm{d}h\mathrm{d}x. \tag{B.59}$$

式中 h' 是任意常数. 由(C.29)式对 x 的积分得到 $2\pi\delta(h-h')$，这样就有

$$\mathrm{e}^{-\mathrm{i}h'x'} = 2\pi\int_{-\infty}^{\infty} A(h)\delta(h-h')\mathrm{d}h = 2\pi A(h'). \tag{B.60}$$

因而
$$A(h) = \frac{1}{2\pi}\mathrm{e}^{-\mathrm{i}hx'}, \tag{B.61}$$

或
$$\delta(x-x') = \frac{1}{2\pi}\int_{-\infty}^{\infty} \mathrm{e}^{\mathrm{i}h(x-x')}\,\mathrm{d}h. \tag{B.62}$$

现在，我们假定 $g_0(x,x')$ 可以用本征函数 $\mathrm{e}^{\mathrm{i}hx}$ 的相似的积分来

表示,即令

$$g_0(x,x') = \frac{1}{2\pi}\int_{-\infty}^{\infty} B(h)e^{ih(x-x')}dh. \tag{B.63}$$

将(B.62)、(B.63)两式代入(B.50)式,有

$$B(h)(k^2-h^2) = -1. \tag{B.64}$$

因此,

$$g_0(x,x') = \frac{1}{2\pi}\int_{-\infty}^{\infty} \frac{e^{ih(x-x')}}{h^2-k^2}dh. \tag{B.65}$$

虽然直接傅立叶变换法和欧姆—瑞利方法是等效的,但是这两种方法所含的概念是十分不同的.在欧姆—端利方法中,e^{ihx} 是所讨论的微分方程的一个本征函数,所以我们把方程(B.62)及(B.63)作为这两个函数的本征函数展开式.在讨论并矢格林函数的本征函数展开式时,将按照和这里相同的步骤.

B.3 格林函数的对称性

格林函数的对称性已经在推导(B.10)式与(B.45)式时使用过了,但未给说明,下面来详细补充这一内容.我们考虑相应于两种不同源位置的两种格林函数,但它们所定义的区域相同.这样,分别用 x_a 及 x_b 表示源的位置,而用 (x_1,x_2) 表示 x 的区域,则有

$$\frac{d^2g(x,x_a)}{dx^2} + k^2g(x,x_a) = -\delta(x-x_a), \tag{B.66}$$

$$\frac{d^2g(x,x_b)}{dx^2} + k^2g(x,x_b) = -\delta(x-x_b). \tag{B.67}$$

用 $g(x,x_b)$ 及 $g(x,x_a)$ 分别乘以(B.66)式及(B.67)式,然后相减,并对 x 在整个区域积分,得

$$g(x_a,x_b) - g(x_b,x_a) = \left[g(x,x_b)\frac{dg(x,x_a)}{dx} - g(x,x_a)\frac{dg(x,x_b)}{dx}\right]_{x_1}^{x_2}. \tag{B.68}$$

若 $g(x,x_a)$ 及 $g(x,x_b)$ 代表四类函数 g_0、g_1、g_2 及 $g^{(11)}$ 中的任何一类,它们在终端满足相同的边界条件,因而(B.68)式的右边项为零,所以得到结果

$$g(x_a, x_b) = g(x_b, x_a). \tag{B.69}$$

这就是格林函数 g_0、g_1、g_2 及 $g^{(11)}$ 的对称性的数学表述形式. 它意味着 x_a 和 x_b 处于函数定义的区域之中. $g^{(21)}$ 的对称性的表述形式稍有不同. 首先,有四个三类函数,即 $g^{(11)}$、$g^{(21)}$、$g^{(22)}$ 及 $g^{(12)}$. 若让 x_a 位于区域 1($x > 0$),而 x_b 位于区域 2,则各个 g 满足下列方程:

$$\frac{d^2 g^{(11)}(x, x_a)}{dx^2} + k_1^2 g^{(11)}(x, x_a) = -\delta(x - x_a) \quad (x \geqslant 0), \tag{B.70}$$

$$\frac{d^2 g^{(21)}(x, x_a)}{dx^2} + k_2^2 g^{(21)}(x, x_a) = 0 \quad (x \leqslant 0), \tag{B.71}$$

$$\frac{d^2 g^{(22)}(x, x_b)}{dx^2} + k_2^2 g^{(22)}(x, x_b) = -\delta(x - x_b) \quad (x \leqslant 0), \tag{B.72}$$

$$\frac{d^2 g^{(12)}(x, x_b)}{dx^2} + k_1^2 g^{(12)}(x, x_b) = 0 \quad (x \geqslant 0). \tag{B.73}$$

在 $x = +\infty$ 处,$g^{(11)}$ 及 $g^{(12)}$ 都满足区域 Ⅰ 所要求的辐射条件. 在 $x = -\infty$ 处,$g^{(22)}$ 及 $g^{(21)}$ 都满足区域 Ⅱ 所要求的辐射条件. 在 $x = 0$ 处,满足下列边界条件:

$$\begin{cases} g^{(11)}(0, x_a) = g^{(21)}(0, x_a), \\ \dfrac{1}{L_1} \dfrac{dg^{(11)}(x, x_a)}{dx}\bigg|_{x=0} = \dfrac{1}{L_2} \dfrac{dg^{(21)}(x, x_a)}{dx}\bigg|_{x=0}, \\ g^{(22)}(0, x_b) = g^{(12)}(0, x_b), \\ \dfrac{1}{L_2} \dfrac{dg^{(22)}(x, x_b)}{dx}\bigg|_{x=0} = \dfrac{1}{L_1} \dfrac{dg^{(12)}(x, x_b)}{dx}\bigg|_{x=0}. \end{cases} \tag{B.74}$$

用 $g^{(12)}$ 乘以(B.70)式,用 $g^{(11)}$ 乘以(B.73)式,所得两式相减并从 $x = 0$ 到 $x = +\infty$ 积分,得到

$$\begin{aligned} & g^{(12)}(x_a, x_b) = \\ & \left[g^{(11)}(x, x_a) \frac{dg^{(12)}(x, x_b)}{dx} - g^{(12)}(x, x_b) \frac{dg^{(11)}(x, x_a)}{dx} \right]_0^{\infty} = \\ & \left[g^{(12)}(x, x_b) \frac{dg^{(11)}(x, x_a)}{dx} - g^{(11)}(x, x_a) \frac{dg^{(12)}(x, x_b)}{dx} \right]_{x=0}. \end{aligned} \tag{B.75}$$

在 $x=+\infty$ 处，因为有相同的辐射条件，故方括号中两项互相抵消.在负 x 区域，对(B.71)式及(B.72)式重复同样的计算，得

$$g^{(21)}(x_b,x_a)=\left[g^{(22)}(x,x_b)\frac{\mathrm{d}g^{(21)}(x,x_a)}{\mathrm{d}x}-g^{(21)}(x,x_a)\frac{\mathrm{d}g^{(22)}(x,x_b)}{\mathrm{d}x}\right]_{x=0}. \tag{B.76}$$

根据(B.74)式，容易看出

$$L_1g^{(21)}(x_b,x_a)=L_2g^{(12)}(x_a,x_b). \tag{B.77}$$

当然，从(B.35)式出发，将 x 及 x'，k_1 及 k_2，z_1 及 z_2 互换，也能得到同样的结果.但是，这里的证明却不需要 $g^{(12)}$ 或 $g^{(21)}$ 的显式解.

由(B.20)式及(B.27)式可得另外一个关于 g_1 与 g_2 的关系式

$$\frac{\partial g_1(x,x')}{\partial x}=-\frac{\partial g_2(x,x')}{\partial x'}. \tag{B.78}$$

这个关系也可以由 g_1 和 g_2 的微分方程直接导出，而不需依靠它们的显式解.

B.4 自由空间三维标量波动方程的格林函数

三维标量波动方程自由空间格林函数 $G_0(\boldsymbol{R},\boldsymbol{R}')$ 满足下列方程

$$\nabla\nabla G_0(\boldsymbol{R},\boldsymbol{R}')+k^2G_0(\boldsymbol{R},\boldsymbol{R}')=-\delta(\boldsymbol{R}-\boldsymbol{R}'). \tag{B.79}$$

格林函数须满足下列辐射条件：

$$\lim_{R\to\infty}R\left(\frac{\partial G_0}{\partial R}-\mathrm{i}kG_0\right)=0. \tag{B.80}$$

我们改变一下变量，如图B-5所示 $\boldsymbol{R}-\boldsymbol{R}'=\boldsymbol{R}_1$，则问题对新的坐标原点是球对称的，因此 G_0 仅只是 R_1 的函数.对于以 O' 为原点的新的球坐标系，以 $G_0(\boldsymbol{R}_1,0)$ 表示自由空间格林函数，它满足

$$\frac{1}{R_1^2}\frac{\mathrm{d}}{\mathrm{d}R_1}\left[R_1^2\frac{\mathrm{d}G_0(\boldsymbol{R}_1,0)}{\mathrm{d}R_1}\right]+k^2G_0(\boldsymbol{R}_1,0)=-\frac{\delta(\boldsymbol{R}_1-0)}{4\pi R_1^2}. \tag{B.81}$$

加在 $\delta(\boldsymbol{R}_1,0)$ 前的权系数 $1/4\pi R_1^2$ 是因为要满足

$$\iiint_V\delta(\boldsymbol{R}-\boldsymbol{R}')\mathrm{d}V=1. \tag{B.82}$$

式中：V 包含 O'. $\boldsymbol{R}_1 \neq 0$ 时，齐次方程和零阶球贝塞耳方程相同，所以在无穷远处满足辐射条件的 $G_0(\boldsymbol{R}_1, 0)$ 的适当解必须正比于零阶第一类球汉克尔函数[3]，或

$$G_0(\boldsymbol{R}_1, 0) = Ah_0^{(1)}(kR_1) = A\left(\frac{\mathrm{e}^{\mathrm{i}kR_1}}{\mathrm{i}kR_1}\right). \tag{B. 83}$$

为确定比例常数 A，我们应用高斯定理

$$\iiint \nabla^2 \psi \mathrm{d}V = \oiint \nabla \psi \cdot \mathrm{d}\boldsymbol{S}. \tag{B. 84}$$

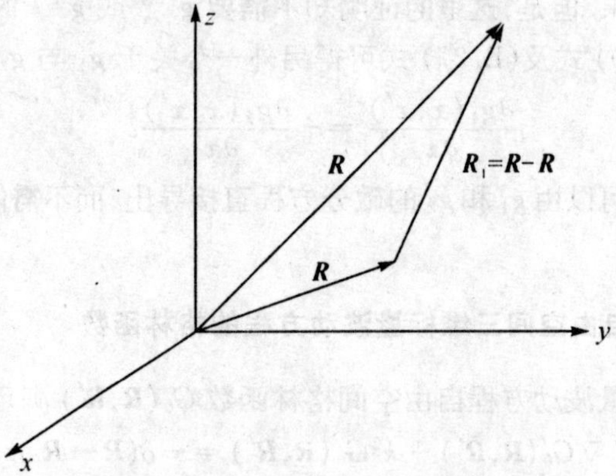

图 B-5　函数 $G_0(\boldsymbol{R}, \boldsymbol{R}')$ 中的位置矢量

这样，通过以 O' 为圆心的小球区域的(B. 81)式的体积分，给出

$$4\pi R_1^2 \left| \frac{\mathrm{d}G_0(R_1, 0)}{\mathrm{d}R_1} \right|_{R_1 = a} + k^2 \int_0^a G_0(R_1, 0) 4\pi R_1^2 \mathrm{d}R_1 = -1. \tag{B. 85}$$

将(B. 83)式代入(B. 85)式，取 $a \to 0$，得 $A = \frac{\mathrm{i}k}{4\pi}$. 所以，$G_0(\boldsymbol{R}_1, 0)$ 的完整表达式是

$$G_0(\boldsymbol{R}_1, 0) = \frac{\mathrm{e}^{\mathrm{i}kR_1}}{4\pi R_1}. \tag{B. 86}$$

再复回到原来以 O 为圆心的坐标系,得

$$G_0(\boldsymbol{R},\boldsymbol{R}')=\frac{e^{ik|\boldsymbol{R}-\boldsymbol{R}'|}}{4\pi|\boldsymbol{R}-\boldsymbol{R}'|}. \tag{B.87}$$

二维标量波动方程相应的格林函数是

$$G_0(\boldsymbol{r},\boldsymbol{r}')=\frac{i}{4}H_0^{(1)}(k|\boldsymbol{r}-\boldsymbol{r}'|). \tag{B.88}$$

式中:$\boldsymbol{r}$ 和 $\boldsymbol{r}'$ 表示圆柱坐标系中的位置矢量,$H_0^{(1)}$ 表示零阶第一类汉克尔函数,讨论中已假定 G_0 的微分方程与 z 无关.

C. 傅立叶变换和汉克尔变换

分段连续函数 $f(\xi)$ 的傅立叶变换定义为

$$g(h)=\int_{-\infty}^{\infty}f(\xi)e^{-ih\xi}d\xi. \tag{C.1}$$

$g(h)$ 存在,要求 $\int_{-\infty}^{\infty}|f(\xi)|d\xi$ 是有界的.(C.1) 式的反变换是

$$f(x)=\frac{1}{2\pi}\int_{-\infty}^{\infty}g(h)e^{ihx}dh. \tag{C.2}$$

傅立叶变换可以扩展到多变量函数,特别是有两个变量的函数.下面写出二维傅立叶变换对:

$$g(h_1,h_2)=\int_{-\infty}^{\infty}\int_{-\infty}^{\infty}f(\xi_1,\xi_2)e^{-i(h_1\xi_1+h_2\xi_2)}d\xi_1d\xi_2, \tag{C.3}$$

$$f(x_1,x_2)=\frac{1}{(2\pi)^2}\int_{-\infty}^{\infty}\int_{-\infty}^{\infty}g(h_1,h_2)e^{i(h_1x_1+h_2x_2)}dh_1dh_2. \tag{C.4}$$

汉克尔变换或傅立叶 — 贝塞耳变换可以看成是二维傅立叶变换的特例,它处理的函数 $f(x_1,x_2)$ 是径向柱坐标变量 r 和 φ 的函数.为了从这种观点出发导出汉克尔变换对,我们作如下变量变换:

$$x_1=r\cos\varphi,\qquad x_2=r\sin\varphi.$$

$$\xi_1=\rho\cos\beta,\qquad \xi_2=\rho\sin\beta.$$

$$h_1=\lambda\cos\alpha,\qquad h_2=\lambda\sin\alpha.$$

于是,(C.3) 式及(C.4) 式可改写成:

$$g(\lambda,\alpha)=\int_0^{\infty}\rho\mathrm{d}\rho\int_0^{2\pi}\mathrm{d}\beta f(\rho,\beta)\mathrm{e}^{-\mathrm{i}\lambda\rho\cos(\beta-\alpha)},\tag{C.5}$$

$$f(r,\varphi)=\frac{1}{(2\pi)^2}\int_0^{\infty}\lambda\mathrm{d}\lambda\int_0^{2\pi}\mathrm{d}\alpha g(\lambda,\alpha)\mathrm{e}^{\mathrm{i}\lambda r\cos(\alpha-\varphi)}.\tag{C.6}$$

联立(C.5)及(C.6)两式,得

$$f(r,\varphi)=\frac{1}{(2\pi)^2}\int_0^{\infty}\rho\mathrm{d}\rho\int_0^{\infty}\lambda\mathrm{d}\lambda\int_0^{2\pi}\mathrm{d}\beta\int_0^{2\pi}\mathrm{d}\alpha f(\rho,\beta)\cdot \exp\{\mathrm{i}[\lambda r\cos(\alpha-\varphi)-\lambda\rho\cos(\beta-\alpha)]\}.\tag{C.7}$$

现在,令 $f(r,\varphi)$ 是一个有 $F(r)\mathrm{e}^{\mathrm{i}n\varphi}$ 形式的函数,其中 n 假定是一正的实常数,但不一定是整数.则(C.7)式变成

$$F(r)\mathrm{e}^{\mathrm{i}n\varphi}=\frac{1}{(2\pi)^2}\int_0^{\infty}\rho\mathrm{d}\rho\int_0^{\infty}\lambda\mathrm{d}\lambda\int_0^{2\pi}\mathrm{d}\beta\int_0^{2\pi}\mathrm{d}\alpha F(\rho)\mathrm{e}^{\mathrm{i}n\beta}\cdot \exp\{\mathrm{i}[\lambda r\cos(\alpha-\varphi)-\lambda\rho\cos(\beta-\alpha)]\}.\tag{C.8}$$

将整个方程除以 $\mathrm{e}^{\mathrm{i}n\varphi}$,重新排列各指数函数项,希望对于 α 及 β 的积分具有贝塞耳积分表达式的形式.于是可将所得公式写作如下形式:

$$F(r)=\frac{1}{(2\pi)^2}\cdot\int_0^{\infty}\rho\mathrm{d}\rho\int_0^{\infty}\lambda\mathrm{d}\lambda\int_0^{2\pi}\mathrm{d}\beta\int_0^{2\pi}\mathrm{d}\alpha\cdot F(\rho)\exp\left\{\mathrm{i}\left[\lambda r\cos(\alpha-\varphi)+n\left(\alpha-\varphi-\frac{\pi}{2}\right)-\lambda\rho\cos(\beta-\alpha)+n\left(\beta-\alpha+\frac{\pi}{2}\right)\right]\right\}.\tag{C.9}$$

现在,首先考虑对 β 的积分,即

$$\frac{1}{2\pi}\int_0^{2\pi}\exp\left\{\mathrm{i}\left[-\lambda\rho\cos(\beta-\alpha)+n\left(\beta-\alpha+\frac{\pi}{2}\right)\right]\right\}\mathrm{d}\beta.\tag{C.10}$$

取 $\omega=\beta-\alpha$,将积分变量改为 ω,上式变成

$$\frac{1}{2\pi}\int_{-\alpha}^{2\pi-\alpha}\exp\{\mathrm{i}[-\lambda\rho\cos\omega+n(\omega+\pi/2)]\}\mathrm{d}\omega.\tag{C.11}$$

如果我们谨慎地选择积分限,使积分路径从 $-\frac{3\pi}{2}+\mathrm{i}\infty$ 到 $\frac{\pi}{2}+\mathrm{i}\infty$,则积分式变成 n 阶贝塞耳函数的积分表达式,其中 n 假定为正实数(不一定限制为整数).于是有

$$\mathrm{J}_n(\lambda\rho)=\frac{1}{2\pi}\int_{-\frac{3\pi}{2}+\mathrm{i}\infty}^{\frac{\pi}{2}+\mathrm{i}\infty}\exp\left\{-\mathrm{i}\left[\lambda\rho\cos\omega-n\left(\omega+\frac{\pi}{2}\right)\right]\right\}\mathrm{d}\omega. \tag{C.12}$$

用相同的方法计算余下部分对 α 的积分，将积分变量改为 $\omega=\alpha-\varphi$，并选择积分路径从 $-\frac{\pi}{2}+\mathrm{i}\infty$ 到 $\frac{3}{2}\pi+\mathrm{i}\infty$，则有

$$\mathrm{J}_n(nr)=\frac{1}{2\pi}\int_{-\frac{\pi}{2}+\mathrm{i}\infty}^{\frac{3}{2}\pi+\mathrm{i}\infty}\exp\left\{\mathrm{i}\left[\lambda r\cos\omega+n\left(\omega-\frac{\pi}{2}\right)\right]\right\}\mathrm{d}\omega. \tag{C.13}$$

这样简化角度积分之后，(C. 9) 式的最后形式变成

$$F(r)=\int_0^\infty\lambda\mathrm{d}\lambda\int_0^\infty\rho\mathrm{d}\rho F(\rho)\mathrm{J}_n(\lambda\rho)J_n(\lambda r). \tag{C.14}$$

若令
$$G(\lambda)=\int_0^\infty F(\rho)\mathrm{J}_n(\lambda\rho)\rho\mathrm{d}\rho, \tag{C.15}$$

则
$$F(r)=\int_0^\infty G(\lambda)\mathrm{J}_n(\lambda r)\lambda\mathrm{d}\lambda. \tag{C.16}$$

于是(C. 14) 式就分成为两个等式，它们构成了一对汉克尔变换式，对任意阶贝塞耳函数都成立. 应该注意到，我们这里的推导过程十分接近索末菲介绍的一种办法[1]. 不过，他是在 n 为整数的情况下推导的，然后又把这些表达式用到 n 为非整数的情况，而没有进一步的推敲. 事实上，当汉克尔变换用于球形问题时，它所涉及的贝塞尔函数都是半整数阶的，或者更准确地说都是球贝塞耳函数. 正因为如此，就可以很方便地把公式(C. 15) 及(C. 16) 进行修正，使它们直接包含这些函数. 为了得到这些表达式，取 $n=m+\frac{1}{2}$，球贝塞耳函数定义为

$$\mathrm{j}_m(\xi)=\left(\frac{\pi}{2\xi}\right)^{1/2}\mathrm{J}_{m+\frac{1}{2}}(\xi). \tag{C.17}$$

于是，(C. 15) 及(C. 16) 两式可以写成：

$$G(\lambda)=\int_0^\infty\left(\frac{2\lambda\rho}{\pi}\right)^{1/2}F(\rho)\mathrm{j}_m(\lambda\rho)\rho\mathrm{d}\rho, \tag{C.18}$$

$$F(R)=\int_0^\infty\left(\frac{2\lambda R}{\pi}\right)^{1/2}G(\lambda)\mathrm{j}_m(\lambda R)\lambda\mathrm{d}\lambda. \tag{C.19}$$

为了将(C.18)式及(C.19)式写成对称的形式,下面引进两个新的函数 $f(R)$ 和 $g(\lambda)$,它们定义为

$$G(\lambda) = \lambda^{\frac{1}{2}} g(\lambda),$$
$$F(R) = R^{\frac{1}{2}} f(R). \tag{C.20}$$

用球贝塞耳函数表示的 $f(R)$ 和 $g(\lambda)$ 的汉克尔变换对具有下面的形式:

$$g(\lambda) = \left(\frac{2}{\pi}\right)^{\frac{1}{2}} \int_0^\infty f(\rho) \mathrm{j}_m(\lambda\rho) \rho^2 \mathrm{d}\rho, \tag{C.21}$$

$$f(R) = \left(\frac{2}{\pi}\right)^{1/2} \int_0^\infty g(\lambda) \mathrm{j}_m(\lambda R) \lambda^2 \mathrm{d}\lambda. \tag{C.22}$$

这两个公式以前曾有人用另一种方法导出过[3],这里的推导似乎不太严格,但比较简单.

现在用傅立叶变换对(C.1)式及(C.2)式,汉克尔变换对(C.15)式及(C.16)式、(C.21)式及(C.22)式,推导按函数的维数加权的 δ 函数的积分表达式.这些加权的 δ 函数这样定义:

一维 $\qquad \delta(x - x');$ $\qquad$ (C.23)

二维 $\qquad \delta(r - r')/r;$ $\qquad$ (C.24)

三维 $\qquad \delta(R - R')/R^2.$ $\qquad$ (C.25)

δ 函数的积分特性意指

$$\int_{-\infty}^\infty f(x)\delta(x - x')\mathrm{d}x = f(x'). \tag{C.26}$$

因而对两维加权 δ 函数,有

$$\int_0^\infty f(r)\left[\frac{\delta(r - r')}{r}\right] r \mathrm{d}r = f(r'). \tag{C.27}$$

同样,对三维情况是

$$\int_0^\infty f(R)\left[\frac{\delta(R - R')}{R^2}\right] R^2 \mathrm{d}R = f(R'). \tag{C.28}$$

将 $f(x) = \delta(x - x')$ 或 $f(\xi) = \delta(\xi - x')$ 代入(C.1)式及(C.2)式,有

$$\delta(x - x') = \frac{1}{2\pi}\int_{-\infty}^\infty \mathrm{e}^{ih(x - x')} \mathrm{d}h. \tag{C.29}$$

与此相似,令 $F(r) = \delta(r - r')/r$ 或 $F(\rho) = \delta(\rho - r')/\rho$,代入(C.15)

式及(C.16)式,得

$$\frac{\delta(r-r')}{r}=\int_0^\infty \mathrm{J}_n(\lambda r)\mathrm{J}_n(\lambda r')\lambda\,\mathrm{d}\lambda. \tag{C.30}$$

最后,将三维加权 δ 函数用于(C.18)式及(C.19)式,得

$$\frac{\delta(R-R')}{R^2}=\frac{2}{\pi}\int_0^\infty \mathrm{j}_n(\lambda R)\mathrm{j}_n(\lambda R')\lambda^2\,\mathrm{d}\lambda. \tag{C.31}$$

在用连续本征函数展开方法求解矢量波动方程时,公式(C.29)、(C.30)及(C.31)会经常用到.

D. 积分的鞍点法和贝塞耳函数乘积的半无限积分

本书中常遇到以下形式的复数积分

$$F(\rho)=\int_{-\infty}^\infty f(h)\mathrm{e}^{\mathrm{i}\rho\varphi(h)}\,\mathrm{d}h. \tag{D.1}$$

在一定条件下,这个积分可以用鞍点积分法近似计算.其关键条件是 ρ 与1比较是一个大数,$\varphi(h)$ 的幅值是1的数量级,它在某一点 h_0 有极值,因而有 $\varphi'(h_0)=0$.函数 $f(h)$ 在 h_0 点附近设为慢变函数.我们考虑 $\varphi(h)$ 是复变量 $h=\xi+\mathrm{i}\eta$ 的正则函数,于是

$$\varphi(h)=u(\xi,\eta)+\mathrm{i}v(\xi,\eta). \tag{D.2}$$

则 u 及 v 满足柯西—黎曼关系:

$$\frac{\partial v}{\partial \xi}=\frac{\partial v}{\partial \eta},\quad \frac{\partial u}{\partial \eta}=-\frac{\partial v}{\partial \xi}. \tag{D.3}$$

而 $z=v(\xi,\eta)$ 的三维图形显示在点 $h=h_0$ 或者说 $\xi=\xi_0,\eta=\eta_0$ 点附近有马鞍形状.因为

$$\left[\frac{\partial^2 v}{\partial \xi^2}\cdot\frac{\partial^2 v}{\partial \eta^2}-\left(\frac{\partial^2 v}{\partial\xi\partial\eta}\right)^2\right]_{\xi=\xi_0,\,\eta=\eta_0}<0 \tag{D.4}$$

是柯西—黎曼关系的结果[4].在鞍点附近,由

$$v(\xi,\eta)=c \tag{D.5}$$

描述的曲线族对不同 c 值有如图D-1所示的图形,其中 $v_0=v(\xi_0,\eta_0)$.

上面的叙述同样适用于函数 $u(\xi,\eta)$.相应于 $u(\xi,\eta)$ 为常数的曲

线族与图 D-1 所示的那些曲线正交. 现在,改变一下积分路径,以使积分回路通过 h_0 点并在鞍点附近沿着相应于

$$u(\xi,\eta)=u_0 \tag{D.6}$$

的路径. 图 D-1 中用虚线画出了这个路径的一段. 在这种情况下,原来的积分可以写成如下形式:

$$\begin{aligned}F(\rho)&=\int_c f(h)\mathrm{e}^{\mathrm{i}\rho(u_0+\mathrm{i}v)}\,\mathrm{d}h\\&=\mathrm{e}^{\mathrm{i}\rho u_0}\int_c f(h)\mathrm{e}^{-\rho v}\,\mathrm{d}h.\end{aligned} \tag{D.7}$$

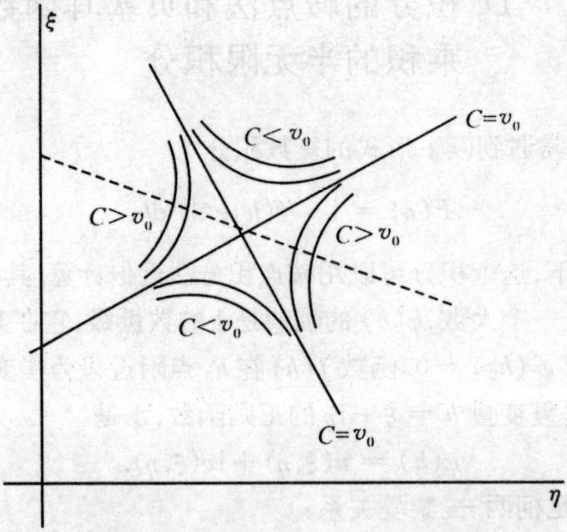

图 D-1 $v(\xi,\eta)=c$ 描绘的曲线族

函数 $\mathrm{e}^{-\rho v}$ 仅在鞍点附近沿一小段路径上才具有有意义的值. 这样,我们就可在 h_0 点附近用级数展开来逼近函数 $\varphi(h)$. 若只保留前三项,则

$$\begin{aligned}\varphi(h)&=\varphi(h_0)+\varphi'(h_0)(h-h_0)+\frac{1}{2}\varphi''(h_0)(h-h_0)^2\\&=\varphi(h_0)+\frac{1}{2}\varphi''(h_0)(h-h_0)^2.\end{aligned} \tag{D.8}$$

慢变函数 $f(h)$ 可以用 $f(h_0)$ 代替，于是原来的积分近似为

$$F(\rho)=\mathrm{e}^{\mathrm{i}\rho\varphi(h_0)}f(h_0)\int_{h_0-\Delta h}^{h_0+\Delta h}\mathrm{e}^{\mathrm{i}\frac{1}{2}\rho\varphi''(h_0)(h-h_0)^2}\,\mathrm{d}h. \tag{D.9}$$

若令

$$h-h_0=s\mathrm{e}^{\mathrm{i}\alpha},$$

$$\varphi''(h_0)=|\varphi''(h_0)|\,\mathrm{e}^{\mathrm{i}\beta},$$

则

$$\mathrm{i}\,\frac{1}{2}\rho\varphi''(h_0)(h-h_0)^2=\frac{1}{2}\rho\,|\varphi''(h_0)|\,s^2\mathrm{e}^{\mathrm{i}\left(2\alpha+\beta+\frac{\pi}{2}\right)}. \tag{D.10}$$

这样，方程(D.9)就可以简化. 为了限制积分路径沿着回路 $u=u_0$，角 α 必须这样选择，以使

$$\alpha=\frac{1}{2}\left(\frac{\pi}{2}-\beta\right).$$

在此情况下，(D.9)式简化为

$$F(\rho)=\exp\left\{\mathrm{i}\left[\rho\varphi(h_0)-\frac{\beta}{2}+\frac{\pi}{4}\right]\right\}$$

$$\cdot f(h_0)\int_{-\tau}^{\tau}\exp\left[-\frac{1}{2}\rho\,|\varphi''(h_0)|\,s^2\right]\mathrm{d}s. \tag{D.11}$$

式中 $\tau=|\Delta h|$. 把上式中的积分变量改变一下，即取

$$\tau\theta=\left[\frac{\rho\,|\varphi''(h_0)|}{2}\right]^{1/2}s, \tag{D.12}$$

且当

$$\left[\frac{\rho\,|\varphi''(h_0)|}{2}\right]^{1/2}\tau \tag{D.13}$$

变得很大时取极限值，就可得到(D.11)式中的积分渐近计算式. 此时，(D.11)式可写成

$$F(\rho)=\left[\frac{2\pi}{\rho\,|\varphi''(h_0)|}\right]^{1/2}f(h_0)\exp\left\{\mathrm{i}\left[\rho\varphi(h_0)-\frac{\beta}{2}+\frac{\pi}{4}\right]\right\}. \tag{D.14}$$

这就是在我们所说的条件下(D.1)式的近似公式.

作为一个例子，我们考虑如下形式的积分：

$$F(r,z)=\int_{-\infty}^{\infty}\frac{G(h)}{\sqrt{2\pi\lambda r}}\mathrm{e}^{\mathrm{i}(hz+\lambda r)}\,\mathrm{d}h. \tag{D.15}$$

式中：

$$\lambda=\sqrt{k^2-h^2}. \tag{D.16}$$

r 和 z 表示柱坐标系中的两个变量，k 是一个常数. 于是有

$$\rho\varphi(h) = hz + \sqrt{k^2 - h^2}\,r,$$

$$h_0 = \frac{kz}{\sqrt{r^2 + z^2}} = k\cos\theta,$$

$$\rho\varphi(h_0) = k\sqrt{k^2 + z^2} = kR,$$

$$\rho\varphi''(h_0) = -\frac{k^2 r}{(k^2 - h_0^2)^{3/2}} = -\frac{R}{k\sin^2\theta}. \tag{D.17}$$

式中:R 和 θ 表示所定义的球坐标系中的两个变量. 当 kR 很大时,原来的积分非常近似于

$$F(R,\theta) = \frac{G(k\cos\theta)}{R}\mathrm{e}^{\mathrm{i}\left(kR - \frac{\pi}{4}\right)}. \tag{D.18}$$

这个近似式可用于求各种并矢格林函数的近似表达式.

本书中还会经常遇到的另一种积分有下述形式

$$f(r,r') = \int_0^\infty g(\lambda)\frac{\mathrm{J}_\nu(\lambda r)\mathrm{J}_\nu(\lambda r')}{\lambda^2 - k^2}\mathrm{d}\lambda. \tag{D.19}$$

式中:$\mathrm{J}_\nu(\lambda r)$ 和 $\mathrm{J}_\nu(\lambda r')$ 表示两个 ν 阶贝塞耳函数,ν 不一定是整数. $g(\lambda)$ 是一个在复数 λ 平面上没有极点的奇函数. 对于这类积分的计算,当乘积是两个球贝塞耳函数的积时索末菲已经讨论过了[1]. 我们沿用他的方法,但对 ν 的取值不加限制. 利用熟知的贝塞耳函数与两个汉克尔函数之间的关系,可将(D.19) 式写为

$$\begin{aligned} f(r,r') &= \frac{1}{2}\int_0^\infty \frac{g(\lambda)\mathrm{J}_\nu(\lambda r)}{\lambda^2 - k^2}\left[\mathrm{H}_\nu^{(1)}(\lambda r') + \mathrm{H}_\nu^{(2)}(\lambda r')\right]\mathrm{d}\lambda \\ &= f_1 + f_2. \end{aligned} \tag{D.20}$$

将积分变量由 λ 改为 $\lambda e^{-\mathrm{i}\pi}$,则有

$$f_2 = \frac{1}{2}\int_0^{-\infty} \frac{g(\lambda\mathrm{e}^{-\mathrm{i}\pi})}{\lambda^2 - k^2}\mathrm{J}_\nu(\lambda r\mathrm{e}^{-\mathrm{i}\pi})\mathrm{H}_\nu^{(2)}(\lambda r'\mathrm{e}^{-\mathrm{i}\pi})(-\mathrm{d}\lambda). \tag{D.21}$$

根据贝塞耳函数的递推关系,有

$$\begin{aligned} \mathrm{J}_\nu(\lambda r\mathrm{e}^{-\mathrm{i}\pi}) &= \mathrm{e}^{-\mathrm{i}\nu\pi}\mathrm{J}_\nu(\lambda r), \\ \mathrm{H}_\nu^{(2)}(\lambda r\mathrm{e}^{-\mathrm{i}\pi}) &= -\mathrm{e}^{-\mathrm{i}\nu\pi}\mathrm{H}_\nu^{(1)}(\lambda r). \end{aligned} \tag{D.22}$$

因为 $g(\lambda) = -g(-\lambda)$,故

$$f_2 = \frac{1}{2}\int_{-\infty}^0 \frac{g(\lambda)}{\lambda^2 - k^2}\mathrm{J}_\nu(\lambda r)\mathrm{H}_\nu^{(1)}(\lambda r')\mathrm{d}\lambda \tag{D.23}$$

所以,原来的积分可写成下式:

$$f(r,r')=\frac{1}{2}\int_{-\infty}^{\infty}\frac{g(\lambda)}{\lambda^2-k^2}\mathrm{J}_\nu(\lambda r)\mathrm{H}_\nu^{(1)}(\lambda r')\mathrm{d}\lambda. \tag{D.24}$$

同样的道理,(D.19)式可改为下面的形式:

$$f(r,r')=\frac{1}{2}\int_{-\infty}^{\infty}\frac{g(\lambda)}{\lambda^2-k^2}\mathrm{H}_\nu^{(1)}(\lambda r)\mathrm{J}_\nu(\lambda r')\mathrm{d}\lambda. \tag{D.25}$$

取积分回路沿上半λ平面的半无限圆路径,利用留数定理,可以完成这一积分的计算.结果为:

$$f(r,r')=\frac{\mathrm{i}\pi g(k)}{2k}\begin{cases}\mathrm{J}_\nu(kr)\mathrm{H}_\nu^{(1)}(kr') & (r<r'),\\ \mathrm{H}_\nu^{(1)}(kr)\mathrm{J}_\nu(kr') & (r>r').\end{cases} \tag{D.26}$$

对于球形和锥形问题,会遇到下面形式的积分:

$$F(R,R')=\int_0^{\infty}\frac{G(\lambda)\mathrm{j}_\nu(\lambda R)\mathrm{j}_\nu(\lambda R')}{\lambda^2-k^2}\mathrm{d}\lambda. \tag{D.27}$$

式中:$\mathrm{j}_\nu(\lambda R')$及$\mathrm{j}_\nu(\lambda r')$表示两个球贝塞耳函数,$G(\lambda)$是$\lambda$的一个偶函数,利用关系

$$\mathrm{j}_\nu(x)=\left(\frac{\pi}{2x}\right)^{1/2}\mathrm{J}_{\nu+\frac{1}{2}}(x), \tag{D.28}$$

(D.27)式可以写成

$$F(R,R')=\frac{\pi}{2(RR')^{1/2}}\int_0^{\infty}\frac{G(\lambda)}{\lambda(\lambda^2-k^2)}\mathrm{J}_{\nu+\frac{1}{2}}(\lambda R)\mathrm{J}_{\nu+\frac{1}{2}}(\lambda R')\mathrm{d}\lambda. \tag{D.29}$$

若$G(\lambda)/\lambda$在λ平面上没有极点,则(D.29)与(D.19)两式有相同的形式.利用(D.26)式,得

$$\begin{aligned}&F(R,R')\\&=\frac{\mathrm{i}\pi^2G(k)}{4k^2(RR')^{1/2}}\begin{cases}\mathrm{J}_{\nu+\frac{1}{2}}(kR)\mathrm{H}_{\nu+\frac{1}{2}}^{(1)}(kR') & (R<R'),\\ \mathrm{H}_{\nu+\frac{1}{2}}^{(1)}(kR)\mathrm{J}_{\nu+\frac{1}{2}}(kR') & (R>R').\end{cases}\\&=\frac{\mathrm{i}\pi G(k)}{2k}\begin{cases}\mathrm{j}_\nu(kR)\mathrm{h}_\nu^{(1)}(kR') & (R<R'),\\ \mathrm{h}_\nu^{(1)}(kR)\mathrm{j}_\nu(kR') & (R>R').\end{cases}\end{aligned} \tag{D.30}$$

式中:$\mathrm{h}_\nu^{(1)}(kR)$表示第一类球汉克尔函数,即

$$h_\nu^{(1)}(x) = \left(\frac{\pi}{2x}\right)^{1/2} H_\nu^{(1)}(x). \qquad (D.31)$$

公式(D.30)对任意阶函数都是正确的,它并不要求ν一定是整数.事实上,对于圆锥问题,ν一般是分数.

E. 矢量波函数及它们的相互关系

E.1 直角矢量波函数

$$\psi_{\substack{e\\o}mn}(h) = \begin{Bmatrix} C_x & C_y \\ S_x & S_y \end{Bmatrix} e^{ihz} \quad (m,n = 0,1,2,\cdots),$$

$$C_x = \cos\frac{m\pi x}{a} = \cos k_x x,$$

$$S_x = \sin\frac{m\pi x}{a} = \sin k_x x,$$

$$C_y = \cos\frac{n\pi y}{b} = \cos k_y y,$$

$$S_y = \sin\frac{n\pi y}{b} = \sin k_y y,$$

$$k_x = \frac{m\pi}{a}, k_y = \frac{n\pi}{b},$$

$$\nabla\nabla\psi_{\substack{e\\o}mn}(h) + \kappa^2\psi_{\substack{e\\o}mn}(h) = 0,$$

$$\kappa^2 = k_x^2 + k_y^2 + h^2 = k_c^2 + h^2,$$

$$k_c^2 = k_x^2 + k_y^2,$$

$$\begin{aligned} \boldsymbol{M}_{\substack{e\\o}mn}(h) &= \nabla[\psi_{\substack{e\\o}mn}(h)\hat{z}] \\ &= \left[\mp k_y \begin{pmatrix} C_x & S_y \\ S_x & C_y \end{pmatrix}\hat{x} \pm k_y \begin{pmatrix} S_x & C_y \\ C_x & S_y \end{pmatrix}\hat{y}\right] e^{ihz}, \end{aligned} \qquad (E.1)$$

$$\begin{aligned} \boldsymbol{M}_{\substack{e\\o}mn}(h) &= \frac{1}{\kappa}\nabla\nabla[\psi_{\substack{e\\o}mn}(h)\hat{z}] \\ &= \frac{1}{\kappa}\left[\mp ihk_x \begin{pmatrix} S_x & C_y \\ C_x & S_y \end{pmatrix}\hat{x} \mp ihk_y \begin{pmatrix} C_x & S_y \\ S_x & C_y \end{pmatrix}\hat{y}\right. \end{aligned}$$

$$+k_c^2\begin{pmatrix}C_x & C_y\\ S_x & S_y\end{pmatrix}\hat{z}\Big]e^{ihz}, \tag{E.2}$$

$$\nabla\!\!\!\!\nabla\, \boldsymbol{M}_{\substack{e\\o}mn}(h)=\kappa\overline{N}_{\substack{e\\o}mn}(h), \tag{E.3}$$

$$\nabla\!\!\!\!\nabla\, \boldsymbol{N}_{\substack{e\\o}mn}(h)=\kappa\overline{M}_{\substack{e\\o}mn}(h), \tag{E.4}$$

$$\begin{aligned}\boldsymbol{M}_{mn}^{(x)}(h)&=\nabla\!\!\!\!\nabla(S_xC_y e^{ihz}\hat{x})\\&=(ihS_xC_y\hat{y}+k_yS_xS_y\hat{z})e^{ihz},\end{aligned} \tag{E.5}$$

$$\begin{aligned}\boldsymbol{M}_{mn}^{(y)}(h)&=\nabla\!\!\!\!\nabla(C_xS_y e^{ihz}\hat{y})\\&=(-ihC_xS_y\hat{x}-k_yS_xS_y\hat{z})e^{ihz},\end{aligned} \tag{E.6}$$

$$\begin{aligned}\boldsymbol{N}_{mn}^{(x)}(h)&=\frac{1}{\kappa}\nabla\!\!\!\!\nabla\nabla\!\!\!\!\nabla(C_xS_y e^{ihz}\hat{x})\\&=\frac{1}{\kappa}[(\kappa^2-k_x^2)C_xS_y\hat{x}-k_xk_yS_xC_y\hat{y}\\&\quad -ihk_xS_xS_y\hat{z}]e^{ihz},\end{aligned} \tag{E.7}$$

$$\begin{aligned}\boldsymbol{N}_{mn}^{(y)}(h)&=\frac{1}{\kappa}\nabla\!\!\!\!\nabla\nabla\!\!\!\!\nabla(S_xC_y e^{ihz}\hat{y})\\&=\frac{1}{\kappa}[-k_xk_yC_xS_y\hat{x}+(\kappa^2-k_y^2)S_xC_y\hat{y}\\&\quad -ihk_yS_xS_y\hat{z}]e^{ihz},\end{aligned} \tag{E.8}$$

$$\boldsymbol{M}_{mn}^{(x)}(h)=\frac{1}{k_c^2}[\kappa k_y\boldsymbol{N}_{omn}(h)+ihk_x\boldsymbol{M}_{emn}(h)], \tag{E.9}$$

$$\boldsymbol{M}_{mn}^{(y)}(h)=\frac{1}{k_c^2}[-\kappa k_x\boldsymbol{N}_{omn}(h)+ihk_y\boldsymbol{M}_{emn}(h)], \tag{E.10}$$

$$\boldsymbol{N}_{mn}^{(x)}(h)=\frac{1}{k_c^2}[-ihk_x\boldsymbol{N}_{omn}(h)-\kappa k_y\boldsymbol{M}_{emn}(h)], \tag{E.11}$$

$$\boldsymbol{N}_{mn}^{(y)}(h)=\frac{1}{k_c^2}[-ihk_y\boldsymbol{N}_{omn}(h)+\kappa k_y\boldsymbol{M}_{emn}(h)]. \tag{E.12}$$

需要注意，$\boldsymbol{N}_{mn}^{(x)}$ 并不等于$\frac{1}{k}\nabla\!\!\!\!\nabla\boldsymbol{M}_{mn}^{(x)}$，因为用来定义它们的生成函数是不同的. 在矩形波导壁上，即相应于 $x=0$ 和 a，$y=0$ 和 b 处，由(E.5) ~ (E.8) 式所定义的函数都满足矢量狄里克莱边界条件. 用同样的方法可求出另外四个满足矢量纽曼条件的函数.

E.2 具有离散本征值的圆柱矢量波函数

$$\psi_{{}^e_on\lambda}(h)=\mathrm{J}_n(\lambda r)\begin{matrix}\cos\\ \sin\end{matrix}n\varphi e^{ihz}\qquad(n=0,1,2,\cdots),$$

$$\mathrm{J}_n(\lambda_{nm}a)=0\text{ 或 }\lambda_{nm}a=p_{nm}\quad(m=1,2,3,\cdots),$$

$$\psi_{{}^e_on\mu}(h)=\mathrm{J}_n(\mu r)\begin{matrix}\cos\\ \sin\end{matrix}n\varphi e^{ihz},$$

$$\frac{\mathrm{dJ}_n(\mu_{nm}a)}{\mathrm{d}(\mu_{nm}a)}=0\text{ 或 }\mu_{nm}a=q_{nm},$$

$$\nabla\cdot\nabla\psi_{{}^e_on\mu}+\kappa_\mu^2\psi_{{}^e_on\mu}(h)=0,\kappa_\mu^2=\mu^2+h^2,$$

$$\nabla\cdot\nabla\psi_{{}^e_on\lambda}+\kappa_\lambda^2\psi_{{}^e_on\lambda}(h)=0,\kappa_\lambda^2=\lambda^2+h^2,$$

$$\boldsymbol{M}_{{}^e_on\mu}(h)=\nabla\times[\psi_{{}^e_on\mu}(h)\hat{z}]$$
$$=\left[\mp\frac{n\mathrm{J}_n(\mu r)}{r}\begin{matrix}\sin\\ \cos\end{matrix}n\varphi\hat{r}-\frac{\partial\mathrm{J}_n(\mu r)}{\partial r}\begin{matrix}\cos\\ \sin\end{matrix}n\varphi\hat{\varphi}\right]e^{ihz},\qquad\text{(E.13)}$$

$$\boldsymbol{N}_{{}^e_on\lambda}(h)=\frac{1}{\kappa\lambda}\nabla\times\nabla\times[\psi_{{}^e_on\lambda}(h)\hat{z}]=\frac{1}{\kappa\lambda}\left[ih\frac{\partial\mathrm{J}_n(\lambda r)}{\partial r}\begin{matrix}\cos\\ \sin\end{matrix}n\varphi\hat{r}\right.$$
$$\left.\mp\frac{ihn}{r}\mathrm{J}_n(\lambda r)\begin{matrix}\sin\\ \cos\end{matrix}n\varphi\hat{\varphi}+\lambda^2\mathrm{J}_n(\lambda r)\begin{matrix}\cos\\ \sin\end{matrix}n\varphi\hat{z}\right]e^{ihz}.\qquad\text{(E.14)}$$

函数$\boldsymbol{M}_{{}^e_on\lambda}$和$\boldsymbol{N}_{{}^e_on\mu}$可分别将(E.13)式中的$\mu$换成$\lambda$以及将(E.14)式中的$\lambda$换成$\mu$而求得.

当本征值是连续的时候,我们去掉对λ和μ的限制,它们可以任意取值.此时,我们只用两组函数,即$\boldsymbol{M}_{{}^e_on\lambda}$和$\boldsymbol{N}_{{}^e_on\lambda}$,而不用四组函数.其他类型的圆柱矢量波函数也可以用来表示电磁场.于是有

$$\boldsymbol{M}^{(x)}_{{}^e_on\lambda}(h)=\nabla\times\left[\mathrm{J}_n(\lambda r)\begin{matrix}\cos\\ \sin\end{matrix}n\varphi e^{ihz}\hat{x}\right],\qquad\text{(E.15)}$$

$$\boldsymbol{N}^{(x)}_{{}^e_on\lambda}(h)=\frac{1}{\kappa}\nabla\times\nabla\times\left[\mathrm{J}_n(\lambda r)\begin{matrix}\cos\\ \sin\end{matrix}n\varphi e^{ihz}\hat{x}\right],\qquad\text{(E.16)}$$

$$\boldsymbol{M}^{(x)}_{{}^e_on\lambda}(h)=\frac{1}{2}\left\{\frac{-ih}{\lambda}[\boldsymbol{M}_{{}^e_o(n+1)\lambda}(h)-\boldsymbol{M}_{{}^e_o(n-1)\lambda}(h)]\right.$$
$$\left.\mp\frac{\kappa}{\lambda}[\boldsymbol{N}_{{}^o_e(n+1)\lambda}(h)+\boldsymbol{N}_{{}^o_e(n-1)\lambda}(h)]\right\},\qquad\text{(E.17)}$$

$$\boldsymbol{N}^{(x)}_{{}^e_on\lambda}(h)=\frac{1}{2}\left\{\frac{-ih}{\lambda}[\boldsymbol{N}_{{}^e_o(n+1)\lambda}(h)-\boldsymbol{N}_{{}^e_o(n-1)\lambda}(h)]\right.$$

$$\pm\frac{\kappa}{\lambda}\left[\boldsymbol{M}_{\substack{o\\e}(n+1)\lambda}(h)+\overline{\boldsymbol{N}}_{\substack{o\\e}(n-1)\lambda}(h)\right]\Bigg\}. \tag{E.18}$$

E.3 球矢量波函数

$$\psi_{\substack{e\\o}mn}(\kappa)=\mathrm{j}_n(\kappa R)\mathrm{P}_n^m(\cos\theta)\,\frac{\cos}{\sin}m\varphi,$$

$$\dot{\nabla}\,\nabla\psi_{\substack{e\\o}mn}(\kappa)+\kappa^2\psi_{\substack{e\\o}mn}(\kappa)=0,$$

$$\begin{aligned}\boldsymbol{M}_{\substack{e\\o}mn}(\kappa)&=\nabla\!\!\!\!\nabla[\psi_{\substack{e\\o}mn}(\kappa)\boldsymbol{R}]\\&=\mathrm{j}_n(\kappa R)\Big[\mp\frac{m}{\sin\theta}\mathrm{P}_n^m(\cos\theta)\,\frac{\sin}{\cos}m\varphi\hat{\theta}\\&\quad-\frac{\partial\mathrm{P}_n^m(\cos\theta)}{\partial\theta}\,\frac{\cos}{\sin}m\varphi\hat{\varphi}\Big],\end{aligned} \tag{E.19}$$

$$\begin{aligned}\boldsymbol{N}_{\substack{e\\o}mn}(\kappa)&=\frac{1}{\kappa}\,\nabla\!\!\!\!\nabla\nabla\!\!\!\!\nabla[\psi_{\substack{e\\o}mn}(\kappa)\boldsymbol{R}]\\&=\frac{n(n+1)}{\kappa R}\mathrm{j}_n(\kappa R)\mathrm{P}_n^m(\cos\theta)m\varphi\hat{R}+\frac{1}{\kappa R}\,\frac{\partial}{\partial R}[R\mathrm{j}_n(\kappa R)]\\&\quad\cdot\Big[\frac{\partial\mathrm{P}_n^m}{\partial\theta}\,\frac{\cos}{\sin}m\varphi\hat{\theta}\mp\frac{m}{\sin\theta}\mathrm{P}_n^m(\cos\theta)\,\frac{\sin}{\cos}m\varphi\hat{\varphi}\Big],\end{aligned} \tag{E.20}$$

$$\begin{aligned}\boldsymbol{M}_{\substack{e\\o}mn}^{(x)}(\kappa)&=\frac{1}{\kappa}\,\nabla\!\!\!\!\nabla[\psi_{\substack{e\\o}mn}(\kappa)\hat{x}]\\&=\frac{1}{\kappa}\,\nabla\!\!\!\!\nabla[\psi_{\substack{e\\o}mn}(\kappa)(\sin\theta\cos\varphi\hat{R}\mp\cos\theta\cos\varphi\hat{\theta}-\sin\varphi\hat{\varphi})]\\&=\pm\frac{1}{2n(n+1)}[\boldsymbol{N}_{\substack{o\\e}(m+1)n}\\&\quad+(n+m)(n-m+1)\boldsymbol{N}_{\substack{o\\e}(m-1)n}]\\&\quad+\frac{1}{2(n+1)(2n+1)}[\boldsymbol{M}_{\substack{e\\o}(m+1)(n+1)}\\&\quad-(n-m+1)(n-m+2)\boldsymbol{M}_{\substack{o\\e}(m-1)(n+1)}]\\&\quad-\frac{1}{2n(2n+1)}[\boldsymbol{M}_{\substack{e\\o}(m+1)(n-1)}\\&\quad-(n+m-1)(n+m)\boldsymbol{M}_{\substack{e\\o}(m-1)(n-1)}],\end{aligned} \tag{E.21}$$

式中:$\boldsymbol{N}$ 和 $\boldsymbol{M}$ 是 κ 的函数.

$$\boldsymbol{M}^{(y)}_{\substack{e\\o}mn}(\kappa) = \frac{1}{\kappa}\nabla[\psi_{\substack{e\\o}mn}(\kappa)\hat{y}]$$
$$= \frac{1}{\kappa}\nabla[\psi_{\substack{e\\o}mn}(\kappa)(\sin\theta\sin\varphi\hat{R}$$
$$+ \cos\theta\sin\varphi\hat{\theta} + \cos\varphi\hat{\varphi})]$$
$$= -\frac{1}{2n(n+1)}[\boldsymbol{N}_{\substack{e\\o}(m+1)n}$$
$$-(n+m)(n-m+1)\boldsymbol{N}_{\substack{e\\o}(m-1)n}]$$
$$\pm\frac{1}{2(n+1)(2n+1)}[\boldsymbol{M}_{\substack{o\\e}(m+1)(n+1)}$$
$$+(n-m+1)(n-m+2)\boldsymbol{M}_{\substack{o\\e}(m-1)(n+1)}]$$
$$\mp\frac{1}{2n(2n+1)}[\boldsymbol{M}_{\substack{o\\e}(m+1)(n-1)}$$
$$+(n+m-1)(n+m)\boldsymbol{M}_{\substack{o\\e}(m-1)(n-1)}], \tag{E.22}$$

$$\boldsymbol{M}^{(z)}_{\substack{e\\o}mn}(\kappa) = \frac{1}{\kappa}\nabla[\psi_{\substack{e\\o}mn}(\kappa)\hat{z}]$$
$$= \frac{1}{\kappa}\nabla[\psi_{\substack{e\\o}mn}(\kappa)(\cos\theta\hat{R} - \sin\theta\hat{\theta})]$$
$$= \mp\frac{m}{n(n+1)}\boldsymbol{N}_{\substack{o\\e}mn} + \frac{1}{2n+1}$$
$$\cdot\left[\frac{n-m+1}{n+1}\boldsymbol{M}_{\substack{e\\o}m(n+1)} + \frac{n+m}{n}\boldsymbol{M}_{\substack{e\\o}m(n-1)}\right]. \tag{E.23}$$

对(E.21)、(E.22)和(E.23)三式取旋度，可得到 $\boldsymbol{N}^{(x)}_{\substack{e\\o}mn}$、$\boldsymbol{N}^{(y)}_{\substack{e\\o}mn}$、$\boldsymbol{N}^{(z)}_{\substack{e\\o}mn}$ 及 $\boldsymbol{M}_{\substack{e\\o}mn}$、$\boldsymbol{N}_{\substack{e\\o}mn}$ 之间的关系. 其结果与将(E.21)～(E.23)式中的 $\boldsymbol{M}$ 及 $\boldsymbol{N}$ 对换所得的结果相同. 举例来说，有

$$\boldsymbol{N}^{(z)}_{\substack{e\\o}mn}(\kappa) = \mp\frac{m}{n(n+1)}\boldsymbol{M}_{\substack{e\\o}mn} + \frac{1}{2n+1}$$
$$\cdot\left[\frac{n-m+1}{n+1}\boldsymbol{N}_{\substack{e\\o}m(n+1)} + \frac{n+m}{n}\boldsymbol{N}_{\substack{e\\o}m(n-1)}\right]. \tag{E.24}$$

E.4 圆锥矢量波函数

$$\psi_{\substack{e\\o}m\mu}(\kappa) = \mathrm{j}_\mu(\kappa R)\mathrm{P}^m_\mu(\cos\theta)\begin{matrix}\cos\\ \sin\end{matrix} m\varphi. \tag{E.25}$$

μ 的特征方程是

$$\left.\frac{\partial \mathrm{P}_{\mu}^{m}(\cos\theta)}{\partial\theta}\right|_{\theta=\theta_0} = 0, \tag{E.26}$$

又有

$$\Psi_{\substack{e\\o}m\nu}(\kappa) = \mathrm{j}_{\nu}(\kappa R)\mathrm{P}_{\nu}^{m}(\cos\theta)\begin{matrix}\cos\\ \sin\end{matrix} m\varphi. \tag{E.27}$$

ν 的特征方程是

$$\mathrm{P}_{\nu}^{m}(\cos\theta_0) = 0. \tag{E.28}$$

$\psi_{\substack{e\\o}m\mu}$ 与 $\psi_{\substack{e\\o}m\nu}$ 都满足下列波动方程:

$$(\nabla\nabla + \kappa^2)\begin{Bmatrix}\psi_{\substack{e\\o}m\mu}\\ \psi_{\substack{e\\o}m\nu}\end{Bmatrix} = 0. \tag{E.29}$$

$\boldsymbol{M}_{\substack{e\\o}m\mu}$, $\boldsymbol{N}_{\substack{e\\o}m\mu}$, $\boldsymbol{M}_{\substack{e\\o}m\nu}$ 和 $\boldsymbol{N}_{\substack{e\\o}m\nu}$ 形式上与(E.19)式及(E.20)式定义的球矢量波函数相同,只要把球矢量波函数的 n 换成 μ 或 ν 即可.

参考文献

[1] Sommerfeld A. Partial Differential Equations in Physics, Academic Press, New York, 1949.

[2] Gelfand I M and Shilov G E. Generalized Functions, Vols. 1～3, Academic Press, New York, 1964.

[3] Stratton J A. Electromagnetic Theory, McGraw-Hill, New York, 1941.

[4] Courant R. Differential and Integral Calculus, Vol. Ⅱ, Interscience Publishers, New York, 1936.

[5] Tai C T. Dyadic Green Function in Electromagnetic Theory, 2nd ed. IEEE Press, New York, 1993.

外国人名对照

Abraham	阿布拉罕
Abramowitz	阿布拉莫维兹
Ampere	安培
Bailin	贝林
Baiker	贝克
Banos	巴尼奥斯
Bessel	贝塞耳
Bladel	布兰德
Bowman	鲍曼
Carson	卡森
Cauchy	柯西
Cerenkov	齐兰可夫
Cohen	科恩
Collin	柯林
Compton	康普顿
Coulomb	库伦
Copson	科普森
Courant	库朗特
D'Alemberts	达伦贝特
Descartes	笛卡儿
Dirichlet	狄里克莱
Dwight	德怀特
Eaton	依顿
Faraday	法拉第
Felsen	费尔森
Fermat	费马
Feshbach	费什巴赫
Feynberg	范因贝尔格
Fock	福克
Fourier	傅立叶
Franz	弗朗茨
Fresnel	菲涅耳
Gelfand	盖尔芬德
Gordon	戈登
Hankel	汉克尔
Hansen	汉森
Hargreaves	哈格里夫斯
Harrington	哈林顿
Helmholtz	亥姆霍兹

Henry	亨利
Hopf	霍卜夫
Huygens	惠更斯
Ince	英斯
Infeld	英菲尔德
Jasik	贾西克
Johnson	约翰逊
Jordan	约当
King	金
Klein	克莱因
Kronecker	克罗内克
Kummer	库默尔
Kutta	库　塔
Laplace	拉普拉斯
Lee	李
Levine	莱文
Lorentz	洛仑兹
Luneburg	龙伯
Mach	马赫
Malmsten	马尔姆斯滕
Marcuvitz	马可维兹
Mathien	马蒂厄
Maxwell	麦克斯韦
Meixner	迈克斯纳
Mentzer	门采尔
Mie	米
Minkowski	闵可夫斯基
Moon	穆恩
Morse	莫尔斯
Neumann	纽曼
Nomura	野村
Nussbanmer	努斯鲍姆尔
Ohm	欧姆
Owen	欧文
Papas	巴巴斯
Papperitz	佩珀里兹
Pincherle	平凯莱
Poisson	泊松
Ramo	拉莫
Rayleigh	瑞利
Riemann	黎曼
Rozenfeld	罗森菲尔德
Runge	龙　格
Schelkunoff	谢昆诺夫
Schwinger	史文格
Senior	西尼尔
Silver	西维尔
Sommerfeld	索末菲
Spencer	斯宾塞
Stegan	施特根

Stokes	斯托克斯	Wait	韦特
Stratton	斯特莱顿	Watson	沃森
Synge	辛格	Weber	韦伯
		Weiner	魏纳
Tai C T	戴振铎	Whittaker	费特克
Takaku	高久	Wilcox	威尔柯克斯

武汉大学学术丛书 书目

中国当代哲学问题探索
中国辩证法史稿（第一卷）
德国古典哲学逻辑进程（修订版）
毛泽东哲学分支学科研究
哲学研究方法论
改革开放的社会学研究
邓小平哲学研究
社会认识方法论
康德黑格尔哲学研究
人文社会科学哲学
中国共产党解放和发展生产力思想研究
思想政治教育有效性研究
政治文明论
中国现代价值观的初生历程
精神动力论
广义政治论
中西文化分野的历史反思
第二次世界大战与战后欧洲一体化起源研究
哲学与美学问题

国际经济法概论
国际私法
国际组织法
国际条约法
国际强行法与国际公共政策
比较外资法
比较民法学
犯罪通论
刑罚通论
中国刑事政策学
中国冲突法研究
中国与国际私法统一化进程（修订版）
比较宪法学
人民代表大会制度的理论与实践
国际民商新秩序的理论建构
中国涉外经济法律问题新探
良法论
国际私法（冲突法篇）（修订版）
比较刑法原理
担保物权法比较研究
澳门有组织犯罪研究
行政法基本原则研究

当代西方经济学说（上、下）
唐代人口问题研究
非农化及城镇化理论与实践
马克思经济学手稿研究
西方利润理论研究
西方经济发展思想史
宏观市场营销研究
经济运行机制与宏观调控体系
三峡工程移民与库区发展研究
２１世纪长江三峡库区的协调与可持续发展
经济全球化条件下的世界金融危机研究
中国跨世纪的改革与发展
中国特色的社会保障道路探索
发展经济学的新发展
跨国公司海外直接投资研究
利益冲突与制度变迁
市场营销审计研究
以人为本的企业文化
路径依赖、管理哲理与第三种调节方式研究

武汉大学学术丛书 书目

中日战争史
中苏外交关系研究（1931~1945）
汗简注释
国民军史
中国俸禄制度史
斯坦因所获吐鲁番文书研究
敦煌吐鲁番文书初探（二编）
十五十六世纪东西方历史初学集（续编）
清代军费研究
魏晋南北朝隋唐史三论
湖北考古发现与研究
德国资本主义发展史
法国文明史
李鸿章思想体系研究
唐长孺社会文化史论丛
殷墟文化研究
战时美国大战略与中国抗日战场（1941~1945年）
古代荆楚地理新探·续集
汉水中下游河道变迁与堤防

随机分析学基础
流形的拓扑学
环论
近代鞅论
鞅与banach空间几何学
现代偏微分方程引论
算子函数论
随机分形引论
随机过程论
平面弹性复变方法（第二版）
光纤孤子理论基础
Banach空间结构理论
电磁波传播原理
计算固体物理学
电磁理论中的并矢格林函数
穆斯堡尔效应与晶格动力学
植物进化生物学
广义遗传学的探索
水稻雄性不育生物学
植物逆境细胞及生理学
输卵管生殖生理与临床
Agent和多Agent系统的设计与应用
因特网信息资源深层开发与利用研究
并行计算机程序设计导论
并行分布计算中的调度算法理论与设计
水文非线性系统理论与方法
拱坝CADC的理论与实践
河流水沙灾害及其防治
地球重力场逼近理论与中国2000似大地水准面的确定
碾压混凝土材料、结构与性能
喷射技术理论及应用
Dirichlet级数与随机Dirichlet级数的值分布
地下水的体视化研究
病毒分子生态学
解析函数边值问题（第二版）
工业测量
日本血吸虫超微结构
能动构造及其时间标度
基于内容的视频编码与传输控制技术

文言小说高峰的回归
文坛是非辩
评康殷文字学
中国戏曲文化概论（修订版）
法国小说论
宋代女性文学
《古尊宿语要》代词助词研究
社会主义文艺学
文言小学审美发展史
海外汉学研究
《文心雕龙》义疏
选择·接受·转化
中国早期文化意识的嬗变（第一卷）
中国早期文化意识的嬗变（第二卷）
中国文学流派意识的发生和发展
汉语语义结构研究

中国印刷术的起源
现代情报学理论
信息经济学
中国古籍编撰史
大众媒介的政治社会化功能
现代信息管理机制研究
科学信息交流研究